普通高等教育"十一五"国家级规划教材

普通高等教育电气工程与自动化类"十三五"规划教材

过程控制与自动化仪表

第 3 版

杨延西　潘永湘　赵　跃　编著

机 械 工 业 出 版 社

本书是根据普通高等学校"过程控制与自动化仪表"教学大纲的要求，在《过程控制与自动化仪表》（2000 年机械工业出版社出版，西安理工大学侯志林主编）和《过程控制与自动化仪表》第 2 版（2007 年机械工业出版社出版，西安理工大学潘永湘主编）两书的基础上修订而成。本书从当前生产过程自动化的实际需要和过程控制的最新发展出发，在介绍了生产过程控制系统与自动化仪表的基本概念、工作原理及使用要求、简单控制系统设计方案的基础上，重点介绍了智能仪表、过程系统建模、特殊工艺及复杂过程控制系统的分析与设计、基于网络的计算机控制系统及工程应用等问题。

本书取材适当、深度与广度适中，能适应不同高校本科电气信息类专业的教学需求；内容叙述简明扼要、通俗易懂、循序渐进、方便自学；每章开始扼要提出了本章教学内容和应达到的基本要求；每章末编写了基本练习题、综合练习题和设计题，以适应学生不同的学习需求，也便于教师因材施教。

本书可作为高等学校电气信息类专业的教材，也可供相关专业师生和专业工程技术人员参考。

本书配有电子课件等教学资源，欢迎选用本书作教材的教师登录 www. cmpedu. com 注册下载或发邮件至 wangkang _ maizi9@ 126. com 索取。

图书在版编目（CIP）数据

过程控制与自动化仪表/杨延西，潘永湘，赵跃编著. —3 版. —北京：机械工业出版社，2017.2（2018.7 重印）

普通高等教育"十一五"国家级规划教材　普通高等教育电气工程与自动化类"十三五"规划教材

ISBN 978-7-111-55653-4

Ⅰ. ①过…　Ⅱ. ①杨…②潘…③赵…　Ⅲ. ①过程控制－高等学校－教材②自动化仪表－高等学校－教材　Ⅳ. ①TP273②TH86

中国版本图书馆 CIP 数据核字（2016）第 302668 号

机械工业出版社（北京市百万庄大街 22 号　邮政编码 100037）
策划编辑：于苏华　王　康　责任编辑：于苏华　王　康
责任校对：张　薇　　　　封面设计：马精明
责任印制：常天培
北京机工印刷厂印刷
2018 年 7 月第 3 版第 3 次印刷
184mm×260mm · 21.75 印张 · 524 千字
标准书号：ISBN 978-7-111-55653-4
定价：49.00 元

全国高等学校电气工程与自动化系列教材
编审委员会

序

随着科学技术的不断进步，电气工程与自动化技术正以令人瞩目的发展速度，改变着我国工业的整体面貌。同时，对社会的生产方式、人们的生活方式和思想观念也产生了重大的影响，并在现代化建设中发挥着越来越重要的作用。随着与信息科学、计算机科学和能源科学等相关学科的交叉融合，它正在向智能化、网络化和集成化的方向发展。

教育是培养人才和增强民族创新能力的基础，高等学校作为国家培养人才的主要基地，肩负着教书育人的神圣使命。在实际教学中，根据社会需求，构建具有时代特征、反映最新科技成果的知识体系是每个教育工作者义不容辞的光荣任务。

教书育人，教材先行。机械工业出版社几十年来出版了大量的电气工程与自动化类教材，有些教材十几年、几十年长盛不衰，有着很好的基础。为了适应我国目前高等学校电气工程与自动化类专业人才培养的需要，配合各高等学校的教学改革进程，满足不同类型、不同层次的学校在课程设置上的需求，由中国机械工业教育协会电气工程及自动化学科教学委员会、中国电工技术学会高校工业自动化教育专业委员会、机械工业出版社共同发起成立了"全国高等学校电气工程与自动化系列教材编审委员会"，组织出版新的电气工程与自动化类系列教材。这套教材基于**"加强基础，削枝强干，循序渐进，力求创新"**的原则，通过对传统课程内容的整合、交融和改革，以不同的模块组合来满足各类学校特色办学的需要。并力求做到：

1. 适用性： 结合电气工程与自动化类专业的培养目标、专业定位，按技术基础课、专业基础课、专业课和教学实践等环节，进行选材组稿。对有的具有特色的教材采取一纲多本的方法。注重课程之间的交叉与衔接，在满足系统性的前提下，尽量减少内容上的重复。

2. 示范性： 力求教材中展现的教学理念、知识体系、知识点和实施方案在本领域中具有广泛的辐射性和示范性，代表并引导教学发展的趋势和方向。

3. 创新性： 在教材编写中强调与时俱进，对原有的知识体系进行实质性的改革和发展，鼓励教材涵盖新体系、新内容、新技术，注重教学理论创新和实践创新，以适应新形势下的教学规律。

4. 权威性： 本系列教材的编委由长期工作在教学第一线的知名教授和学者组成。他们知识渊博，经验丰富。组稿过程严谨细致，对书目确定、主编征集、资料申报和专家评审等都有明确的规范和要求，为确保教材的高质量提供了有力保障。

此套教材的顺利出版，先后得到全国数十所高校相关领导的大力支持和广大骨干教师的积极参与，在此谨表示衷心的感谢，并欢迎广大师生提出宝贵的意见和建议。

此套教材的出版如能在转变教学思想、推动教学改革、更新专业知识体系、创造适应学生个性和多样化发展的学习环境、培养学生的创新能力等方面收到成效，我们将会感到莫大的欣慰。

全国高等学校电气工程与自动化系列教材编审委员会

前 言

本书是依据普通高等学校"过程控制与自动化仪表"教学大纲的要求,在《过程控制与自动化仪表》(2000年机械工业出版社出版,西安理工大学侯志林主编)和《过程控制与自动化仪表》第2版(2007年机械工业出版社出版,西安理工大学潘永湘主编)两书的基础上修订而成。本书从当前生产过程自动化的实际需要和过程控制的最新发展出发,在介绍了生产过程控制系统与自动化仪表的基本概念、工作原理及使用要求、简单控制系统设计方案的基础上,重点介绍了智能仪表、过程系统建模、特殊工艺及复杂过程控制系统的分析与设计、基于网络的计算机控制系统及工程应用等问题。

本书的主要特点有:①在保留第1版和第2版主要特色的基础上更新了内容,引进了新的成果与应用实例,并严格按照本科专业的培养目标和教学大纲的要求编写,取材适当、深度与广度适中;②在保持系统性与完整性的基础上按模块化结构编写,以适应不同高校的教学要求;③从生产实际需要出发,从工程实用性入手,尽可能采用各种先进而又成熟的控制策略与自动化仪表,力求做到技术的先进性与工程实用性相统一;④采用简明扼要、通俗易懂、由浅入深、先易后难、先简单再复杂的叙述方法,循序渐进,便于自学;⑤为便于学习,每章均提出了本章的主要内容和应达到的学习要求;⑥每章习题按基本练习题、综合练习题和设计题三个层次分类编写,以适应学生不同的学习需求,也便于教师因材施教。主要修改内容如下:①考虑到新型传感器技术的发展和应用推广情况,增加了主流传感器及仪表内容,如磁力机械式氧量分析仪、配备气源调节器的电-气转换器等;②考虑到多数高校都开设智能控制相关课程内容,由于版面限制,本教材难以详细讲述所有内容,因此将第2版中的模糊控制相关内容删除;③随着预测控制方法在工业过程系统的应用越来越广泛,而第2版中内容过于简短,不便于学生理解和实现,因此对这部分内容进行了重新编排,并增加了仿真实例;④随着DCS技术的更新、发展及广泛应用,将第九章中DCS部分进行了修改,增加了第四代DCS系统内容,并以储液罐液位控制系统为例,讲述了DCS系统设计方案和典型控制方法——串级控制方法的实现过程。

全书共分10章,1~5章为基础部分,6~9章为提高部分,第10章为应用部分。各章具体内容为:第1章阐述过程控制与自动化仪表的共性问题,确立过程控制的概念体系;第2章叙述过程参数的检测与变送及选用方法;第3章叙述过程控制仪表的工作原理、功能特点、使用方法;第4章叙述被控过程的数学模型建立方法;第5章叙述简单控制系统的设计原理与调节器的参数整定方法;第6章叙述常用高性能过程控制系统的设计原理与方法;第7章叙述特殊工艺要求的过程控制系统的设计原理与方法;第8章叙述复杂过程控制系统的设计原理与方法;第9章介绍基于网络的计算机过程控制系统,主要介绍集散控制系统与现场总线控制系统;第10章介绍典型生产过程的控制与工程化设计问题。

本书第1、4、6、7、8章由杨延西教授编写;第3、5章由潘永湘教授编写;第2、9、10章由赵跃副教授编写。全书由杨延西教授负责统稿、定稿。

西安交通大学施仁教授、西安理工大学侯志林教授仔细审阅了书稿。他们对本书提出了许多宝贵的修改意见和建议，在此表示衷心的感谢。

作者在编写过程中得到了教育部高等学校自动化专业教学指导委员会委员刘丁教授的热情鼓励和支持，还参考了大量文献资料，在此对刘丁教授和相关文献作者一并表示衷心的感谢。

本书可作为高等学校电气信息类专业的教材，参考教学时数为 56 ~ 64 学时（其中包括 8 ~ 10 学时实验），也可供相关专业的师生和工程技术人员阅读参考。

另外，为方便读者学习，本书在每章的思考题与习题部分配有一个二维码，扫描二维码即可获得本章思考题与习题的详解。全书 10 章的思考题与习题列表和勘误可通过扫描下面的二维码来获取，可供读者查看实时更新。

由于编者水平有限，书中的缺点和不足之处在所难免，恳请广大读者指正与建议，以便再版时做进一步修订与完善。

编著者

目　录

第1章 绪 论

┌─ 教学内容与学习要求 ────────────────────────────
│   本章主要介绍过程控制与自动化仪表的概念体系，即过程控制系统的组成、特点与设
│ 计概要以及自动化仪表的类型、信号制与安全防爆等。学完本章后，应能达到如下要求：
│   1）掌握过程控制的定义、要求和任务，了解过程控制的发展概况。
│   2）掌握过程控制系统的组成、特点、类型及其阶跃响应指标。
│   3）了解过程控制系统的设计步骤。
│   4）了解自动化仪表的分类与发展。
│   5）掌握自动化仪表的信号制以及防爆系统的构成。
│   6）明确本门课程的学习目的、内容与要求，初步建立本门课程的概念体系。
└───

1.1 过程控制概述

什么叫过程控制？过程控制是生产过程自动化的简称。它泛指石油、化工、电力、冶金、轻工、建材、核能等工业生产中连续的或按一定周期程序进行的生产过程自动控制，是自动化技术的重要组成部分。过程控制正在为实现工业生产中各种最优经济指标、提高经济效益和社会效益、节约能源、改善劳动条件、保护生态环境等方面起着越来越重要的作用。

过程控制通常是对生产过程中的温度、压力、流量、液位、成分和物性等工艺参数进行控制，使其保持为定值或按一定规律变化，以确保产品质量和生产安全，并使生产过程按最优化目标自动进行。

从控制的角度，通常将工业生产过程分为三类，即连续型、离散型和混合型。过程控制主要是针对连续型生产过程采用的一种控制方法。连续型生产过程的主要特征通常表现为：呈流动状态的各种原材料在生产过程中，经过传热、传质或物理、化学变化等，大多会发生相变或分子结构的变化，从而产生新的产品。在这个变化过程中，有关工艺参数是决定产品产量和质量的关键因素，它们不仅受生产过程内部条件的影响，也受外界条件的影响。由于影响生产过程的参数往往不止一个，所起的作用也各不相同，有时还会相互影响，这就增加了对过程工艺参数进行控制的复杂性和特殊性，从而也决定了过程控制的特点、任务及要求与一般自动控制有所不同。

1.1.1 过程控制的特点、任务及要求

1.1.1.1 过程控制的特点

与其他控制技术相比，过程控制有以下特点：

1. 系统由被控过程与系列化生产的自动化仪表组成

过程控制的任务和要求由过程控制系统加以实现，而自动化仪表则是过程控制系统的重要组成部分。在过程控制系统中，先由检测仪表将生产过程中的工艺参数转换为电信号或气压信号，并由显示仪表显示或记录，以便反映生产过程的状况。与此同时，还将检测的信号通过某种变换或运算传送给控制仪表，以便实现对生产过程的自动控制，使工艺参数符合预期要求。

随着生产过程自动化要求的不断提高、过程控制规模的不断扩大和复杂程度的不断增加，自动化仪表的品种与规格、功能与质量也在不断完善。但不管自动化仪表及其技术如何发展，其共同特点是：为实现过程控制系统的不同构成和相应的功能，它们都是工业上生产的系列化仪表。

2. 被控过程复杂多样，通用控制系统难以设计

被控过程是指通过一定物质流或能量流的工艺设备。在工业生产中，由于生产的规模、工艺要求和产品的种类各不相同，因而导致被控过程的结构形式、动态特性也复杂多样。当生产过程在较大工艺设备中进行时，它们的动态特性通常具有惯性大、时延长、变量多等特点，而且还常常伴有非线性与时变特性。例如，热力传递过程中的锅炉、热交换器、核反应堆，金属冶炼过程中的电弧炉，机械加工过程中的热处理炉，石油化工过程中的精馏塔、化学反应器以及流体输送设备等，它们的内部结构与工作机理都比较复杂，其动态特性也各不相同，有时很难用机理解析的方法求得其精确的数学模型，所以要想设计出能适应各种过程的通用控制系统是比较困难的。

3. 控制方案丰富多彩，控制要求越来越高

由于被控过程的复杂多样，控制方案越来越丰富多彩，对控制功能的要求也越来越高。许多生产过程，既存在单输入/单输出的自治过程，也有多输入/多输出的相互耦合过程；在控制方案上，既有常规的 PID 控制，也有先进的过程控制（Advanced Process Control，APC），如自适应控制、预测控制、推理控制、补偿控制、非线性控制、智能控制、分布参数控制等。

4. 控制过程大多属于慢变过程与参量控制

由于被控过程大多具有大惯性、大时延（滞后）等特点，因而决定了控制过程是一个慢变过程。此外，在诸如石油、化工、冶金、电力、轻工、建材、制药等生产过程中，常常用一些物理量（如温度、压力、流量、物位、成分等）来表征生产过程是否正常、产品质量是否合格，对它们的控制多半属于参量控制。

5. 定值控制是过程控制的主要形式

在目前大多数过程控制中，其设定值是恒定不变或在很小范围内变化，控制的主要目的是尽可能减小或消除外界干扰对被控参数的影响，使生产过程稳定，以确保产品的产量和质量。因此，定值控制是过程控制的主要形式。

1.1.1.2 过程控制的要求、任务及功能

1. 过程控制的要求与任务

工业生产对过程控制的要求尽管很多，但归纳起来主要有三个方面，即安全性、稳定性和经济性。安全性是指在整个生产过程中，要确保人身和设备的安全，这是最重要也是最基本的要求。为达此目的，通常采用参数越限报警、联锁保护等措施加以实现。随着工业生产过程的连续化和大型化，上述措施已不能满足要求，还必须设计在线故障诊断系统和容错控

制系统等来进一步提高生产运行的安全性。稳定性是指系统具有抑制外部干扰、保持生产过程长期稳定运行的能力，这也是过程控制能够正常运行的基本保证。经济性是指要求生产成本低且效率高，这也是现代工业生产所追求的目标。为此，过程控制的任务是指在了解、掌握工艺流程和被控过程的静态与动态特性的基础上，应用控制理论分析和设计符合上述三项要求的过程控制系统，并采用适宜的技术手段（如自动化仪表和计算机）加以实现。因此，过程控制是集控制理论、工艺知识、自动化仪表与计算机等为一体的综合性应用技术。

2. 过程控制的功能

符合现代大工业生产的过程控制功能结构如图 1-1 所示。图中各层的具体功能简述如下：

（1）测量、变送与执行功能　测量、变送与执行功能是由测量变送装置（如传感器与变送器等）和执行装置（如执行机构与调节机构等）实现的。其中，测量变送装置用来测量过程变量并将其转换成系统的统一信号；执行装置则将控制信号转换为可直接改变被控参数的控制动作。显然，测量、变送与执行功能是任何控制系统都不可缺少的组成部分。

（2）操作安全与环境保护功能　该功能是为保证生产过程的安全操作和满足环境保护的规范要求而设计的。由于它关系到人的生命安全与设备财产安全，因而非常关键。实现该功能的设备主要包括非正常工况下的报警系统、自动选择性系统（亦称软保护）和实现紧急停车的继电保护系统（亦称硬保护）。这些设备与常规控制所用的仪表无关，常常是独立运行的。必要时还要采用多级保护方法，以确保生产过程的绝对安全。

（3）常规控制或高级控制功能　该功能首先采用常规的 PID 反馈控制和前馈补偿控制使温度、压力、流量、物位、成分等工艺参数运行在或接近于它们的设定值。若常规控制不能满足控制要求时，则可采用更为先进的控制技术如自适应控制、预测控制、推理控制、补偿控制、智能控制以及多变量约束控制等加以实现。

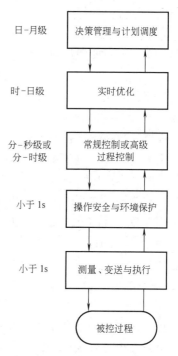

图 1-1　现代过程控制的功能结构

（4）实时优化功能　该功能是为实现最优操作工况而设计的。一般说来，生产过程的最优工况通常在工艺过程设计时就已经确定。但在实际运行中，由于设备的损耗或损坏、过程的干扰以及经济指标的变化等，又常常使最优工况发生变化。因此，定期重新确定最优工况是必要的，这就要求进行实时优化。实时优化的目标是最小化操作成本或最大化操作利润，它既可以针对一个操作单元，也可以针对全厂进行。

（5）决策管理与计划调度功能　过程控制系统的最高功能是决策管理与计划调度。对连续生产过程而言，整个生产过程都应该进行周密的计划调度和正确有效的决策管理，成功地实现这些功能是现代企业获利的关键。

1.1.1.3　过程控制系统设计概述

过程控制系统的设计是过程控制的主要内容，也是本门课程学习的重点。现以加热炉过程控制系统的设计为例进行简要叙述，更详细的内容将在后续各章中讨论。图 1-2 所示为加热炉过程控制系统流程图。对它的设计步骤简述如下：

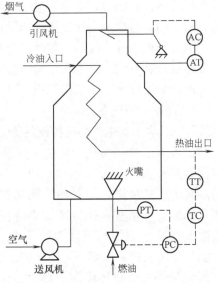

1. 确定控制目标

对图 1-2 所示的加热炉，存在几个不同的控制目标，即：

1）在安全运行的条件下，保证热油出口温度稳定。

2）在安全运行的条件下，保证热油出口温度和烟道气含氧量稳定。

3）在安全运行的条件下，既要保证热油出口的温度稳定，还要使加热炉热效率最高。

显然，为了实现上述不同的控制目标应采用不同的控制方案，这是需要首先确定的。

2. 选择被控参数

被控参数也称被控量或系统的输出。无论采用什么控制方案，均需要通过某些参数的检测来

图 1-2　加热炉过程控制系统流程图

控制或监视生产过程。在该加热炉的加热过程中，当热油出口温度、烟道气含氧量、燃油压力等参数能够被检测时，均可以选作被控参数。若有些参数因某种原因不能被直接测量时，可利用参数估计的方法得到，也可通过测量与其有一定函数关系的另一参数（称为间接参数）经计算得到；有些参数还必须通过其他几种参数综合计算得到，如加热炉的热效率就是通过测量烟气温度、烟气中的含氧量和一氧化碳含量并进行综合计算得到的。在过程控制中，被控参数的选择是体现控制目标的前提条件。

3. 选择控制量

控制量也称控制介质。一般情况下，控制量是由生产工艺规定的，一个被控过程通常存在一个或多个可供选择的控制量。究竟用哪个控制量去控制哪个被控量，这是需要认真考虑的。在上述加热炉过程控制中，是以燃油的流量作为控制量控制热油的出口温度，还是以冷油的入口流量控制热油的出口温度，需要认真加以选择；还有，是用烟道挡板的开度为控制量控制烟气中的含氧量，还是用炉膛入口处送风挡板的开度控制烟气中的含氧量，也同样需要认真选择，它的确定决定了被控过程的性质。

4. 确定控制方案

控制方案与控制目标有着密切的关系。在加热炉控制中，如果只要求实现第一个控制目标，则只要采用简单控制方案即可满足要求；但当燃油的压力变化既频繁又剧烈，且要确保热油出口温度有较高的控制精度时，则要采用较为复杂的控制方案；如要实现第二个控制目标，则在对热油出口温度控制的基础上，还要再增设一个烟气含氧量成分控制系统，方可完成控制任务；如果一方面要求热油出口温度有较高的控制精度，另一方面又要求有较高的热效率，此时若仍采用两个简单控制系统的控制方案已不能满足要求，因为此时的加热过程已变成多输入/多输出的耦合过程（即 MIMO 过程），要实现对该过程的控制目标，必须采用多变量解耦控制方案；对第三个控制目标，除了要对温度和含氧量分别采用定值控制方案

外，还要随时调整含氧量的设定值以保证加热炉热效率最高。为达此目的，必须建立燃烧过程的数学模型，采用最优控制，结果使控制方案变得更加复杂。

总而言之，控制方案的确定，随控制目标和控制精度要求的不同而有所不同，它是控制系统设计的核心内容之一。

5. 选择控制策略

被控过程决定控制策略。对比较简单的被控过程，在大多数情况下，只需选择常规 PID 控制策略即可达到控制目的；对比较复杂的被控过程，则需要采用高级过程控制策略，如模糊控制、推理控制、预测控制、解耦控制、自适应控制策略等。这些控制策略（也称控制算法）涉及许多复杂的计算，所以只能借助于计算机才能实现。控制策略的合理选择也是系统设计的核心内容之一。

6. 选择执行器

在确定了控制方案和控制策略之后，就要选择执行器。目前可供选择的商品化执行器有气动和电动两种，尤以气动执行器的应用最为广泛。这里关键的问题也是容易被人们忽视的问题是，如何根据控制量的工艺条件和对流量特性的要求选择合适的执行器。若执行器选得不合适，会导致执行器的特性与过程特性不匹配，进而使设计的控制系统难以达到预期的控制目标，有的甚至使系统无法运行。因此，应该引起足够的重视。

7. 设计报警和联锁保护系统

报警系统的作用在于及时提醒操作人员密切注视生产中的关键参数，以便采取措施预防事故的发生。对于关键参数，应根据工艺要求设定其高、低限值。联锁保护系统的作用是当生产一旦出现事故时，为确保人身与设备的安全，要迅速使被控过程按预先设计好的程序进行操作以便使其停止运转或转入"保守"运行状态。例如，当加热炉在运行过程中出现事故而必须紧急停车时，联锁保护系统必须先停燃油泵后关燃油阀，再停引风机，最后切断热油阀。只有按照这样的联锁保护程序才会避免事故的进一步扩大。否则，若先关热油阀，则可能烧坏油管；或先停引风机，则会使炉内积累大量燃油气，从而导致再次点火时出现爆炸事故，损坏炉体。因此，正确设计报警系统和联锁保护程序是保证生产安全的重要措施。

8. 系统的工程设计

过程控制系统的工程设计是指用图样资料和文件资料表达控制系统的设计思想和实现过程，并能按图样进行施工。设计文件和图样一方面要提供给上级主管部门，以便对该建设项目进行审批，另一方面则作为施工建设单位进行施工安装的主要依据。因此，工程设计既是生产过程自动化项目建设中的一项极其重要的环节，也是对学生强化工程实践、运用"过程控制工程"的知识进行全面综合训练的重要环节。

9. 系统投运、调试和整定调节器的参数

在完成工程设计、控制系统安装之前，应按照控制方案的要求检查和调试各种控制仪表和设备的运行状况，然后进行系统安装与调试，最后进行调节器的参数整定，使控制系统运行在最优（或次优）状态。

以上所述为过程控制系统设计的主要步骤。但是，对一个从事过程控制的工程技术人员来说，除了要熟悉上述控制系统设计的主要步骤外，还要尽可能熟悉生产过程的工艺流程，以便从控制的角度掌握它的静态和动态特性（也称过程模型）。对于简单过程控制问题，或许不需要详细分析或建立显式模型，但对于复杂过程的控制问题，过程模型不仅有利于控制

系统的设计，而且有利于对过程的深入了解。因此，建立过程的数学模型，也是控制系统设计的重要内容之一。

1.1.2 过程控制的发展概况

过程控制的发展，大致经历了局部自动化、综合自动化和全盘自动化等阶段。

1. 基于仪表的局部自动化阶段

20世纪50年代前后，过程控制开始发展，一些工矿企业率先实现了基于仪表的局部自动化，这是过程控制发展的早期阶段。这个阶段的主要特点是，采用的过程检测控制仪表大多为基地式仪表或部分单元组合式仪表，而且多数是气动仪表（即用气压源作为驱动源）；过程控制系统的结构绝大多数是单输入－单输出系统；被控参数主要是温度、压力、流量和物位等工艺参数；控制的目的主要是保证这些工艺参数稳定在期望值以确保生产安全；过程控制系统分析、综合的理论基础是基于传递函数的经典控制理论。

2. 基于仪表/计算机的综合自动化阶段

到了20世纪60年代前后，随着工业生产的不断发展，对过程控制的要求不断提高；随着电子技术的迅速发展，自动化技术工具也不断完善，过程控制进入了综合自动化阶段。这一阶段的主要特点是：过程控制大量采用单元组合式仪表（包括气动和电动）或组装式仪表；各种高性能或特殊要求的控制系统，如串级控制、前馈－反馈复合控制、史密斯预估控制以及比值、均匀、分程、自动选择性控制等也相继出现，这一方面提高了控制质量，同时也满足了一些特殊工艺的控制要求；与此同时，计算机开始应用于过程控制领域，出现了直接数字控制（Direct Digital Control，DDC）和计算机监督控制（Supervisory Computer Control，SCC）；过程控制系统分析与综合的理论基础，由基于传递函数的经典控制理论发展到基于状态空间法的现代控制理论；控制系统由单变量发展到多变量，以解决生产过程中遇到的更为复杂的问题。

3. 基于网络的全盘自动化阶段

自20世纪70年代中期以来，随着现代工业的迅猛发展与微型计算机的广泛应用，过程控制的发展达到了一个新的水平，即实现了过程控制最优化与现代化的集中调度管理相结合的全盘自动化方式，这是过程控制发展的高级阶段。这一阶段的主要特点是：在新型的自动化技术工具方面，开始采用以微处理器为核心的智能单元组合仪表（包括可编程序控制器等），成分在线检测与数据处理技术的应用也日益广泛，模拟调节仪表的品种不断增加，可靠性不断提高，电动仪表也实现了本质安全防爆，适应了各种复杂过程的控制要求。过程控制由单一的仪表控制发展到计算机/仪表分布式控制，如集中/分散型控制（Distributed Control System，DCS）、现场总线（Fieldbus）控制等。与此同时，现代控制理论的主要内容，如过程辨识、最优控制、最优估计以及多变量解耦控制等获得了更加广泛的应用。

当前，过程控制已进入全新的、基于网络的计算机集成过程控制（Computer Intergrated process System，CIPS）时代。CIPS是以企业整体优化为目标（包括市场营销、生产计划调度、原材料选择、产品分配、成本管理以及工艺过程的控制、优化和管理等），以计算机及网络为主要技术工具，以生产过程的管理与控制为主要内容，将过去传统自动化的"孤岛"模式集成为一个有机整体，而网络技术、数据库技术、分布式控制、先进过程控制策略、智能控制等则成为实现 CIPS 的重要基础。可以预见，过程控制将在我国现代化建设过程中得到更快的发展并发挥越来越重要的作用。

1.1.3　过程控制系统的组成、分类及性能指标

1.1.3.1　过程控制系统的组成

过程控制系统主要由被控过程和自动化仪表（包括计算机）两部分组成，其中自动化仪表负责对被控过程的工艺参数进行自动测量、自动监视和自动控制等。现以图 1-3 所示的电厂锅炉过热蒸汽温度控制流程为例加以说明。

如图所示，由锅炉汽包产生的饱和蒸汽经过热器加热成过热蒸汽，而过热蒸汽的温度是保证电厂的汽轮机组正常运行的重要参数之一，必须对其进行严格控制。为达此目的，通常在过热器之前串接一个减温器，通过改变减温水流量的大小来控制过热蒸汽的温度。该系统由系列化生产的 DDZ-Ⅲ 型仪表构成。图中，热电阻 1 用以检测过热蒸汽的温度，经温度变送器 2 将测量信号反馈给调节器 3，并与过热

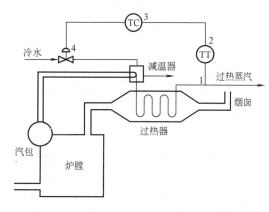

图 1-3　电厂锅炉过热蒸汽温度控制流程图

蒸汽温度的设定值（图中未画）进行比较得出偏差，调节器按偏差的大小与性质进行运算后发出调节命令控制调节阀 4 的开度，从而改变减温水的流量，实现对过热蒸汽温度的有效控制。

图 1-4 所示为过程控制系统的一般性框图。

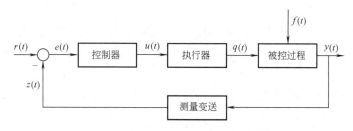

图 1-4　过程控制系统的一般性框图

现将图 1-4 中名词术语的含义说明如下：

（1）被控参数（也称系统输出）$y(t)$　被控过程内要求保持稳定的工艺参数。

（2）控制参数（也称操作变量）$q(t)$　使被控参数保持期望值的物料量或能量，工程上有时也称控制介质。

（3）干扰量 $f(t)$　除被控参数外，作用于被控过程并引起被控参数变化的各种因素。

（4）设定值 $r(t)$　与被控参数相对应的设定值。

（5）反馈值 $z(t)$　被控参数经测量变送后的实际测量值。

（6）偏差 $e(t)$　设定值与反馈值之差。

（7）控制作用 $u(t)$　控制器的输出值。

在过程控制系统中，常常将控制器、执行器和测量变送器、显示器等统称为自动化仪表。这样，过程控制系统就由自动化仪表和被控过程两部分组成。为了系统设计的方便，在控制方案确定后，通常选用系列化生产的自动化仪表组成过程控制系统，进而再通过对调节器参数的整定，使系统运行在最优（或次优）状态，最终实现对生产过程的最优（或次优）控制。

1.1.3.2　过程控制系统的分类

过程控制系统的分类方法很多，若按被控参数的名称可分为温度、压力、流量、液位、成分等控制系统；若按被控量的多少可分为单变量和多变量控制系统；若按完成特定工艺要求可分为比值、均匀、分程和自动选择性等控制系统；若按所用的自动化工具可分为常规仪表和计算机过程控制系统等。此外，若按系统的不同结构和不同的给定信号还可分为以下两类。

1. 结构不同的控制系统

（1）反馈控制系统　反馈控制系统通常是将系统的输出量反馈到输入端构成闭合回路，所以也称为闭环控制系统。它是过程控制系统中一种最基本的控制形式，该系统根据系统的被控量与给定值的偏差进行工作，最后达到减小或消除偏差的目的。此外，当存在多个反馈信号构成多个闭合回路时，则称为多回路反馈控制系统。

（2）前馈控制系统　前馈控制系统是根据干扰量的大小进行工作的，干扰量是产生控制的依据。前馈控制不存在被控量的反馈，因而也称为开环控制。图1-5所示为前馈控制系统框图。由图1-5可知，干扰量 $f(t)$ 是引起被控量 $y(t)$ 变化的原因，通过前馈控制可以及时消除干扰量 $f(t)$ 对被控量 $y(t)$ 的影响。

图1-5　前馈控制系统框图

由于前馈控制是一种开环控制，又不检查控制的最终结果，所以在实际生产过程中不单独使用。

（3）前馈-反馈复合控制系统　前馈-反馈复合控制系统框图如图1-6所示。前馈控制的主要作用是及时地克服主要干扰对被控量的影响，反馈控制则负责检查控制的最终效果。所以，在反馈控制系统中引入前馈控制，可以大大提高控制质量。

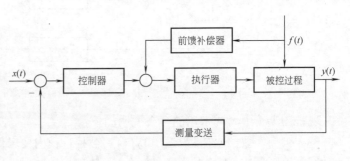

图1-6　前馈-反馈复合控制系统框图

2. 设定值不同的控制系统

（1）定值控制系统　定值控制系统是工业生产过程中应用最多的一种过程控制系统。该系统的被控量如温度、压力、流量、液位、成分等的设定值通常是固定不变的或只能在规定的小范围内变化。定值控制系统的主要作用是克服一切干扰对被控量的影响，使被控量保持在期望值。

（2）随动控制系统　随动控制系统是指被控量的设定值随时间任意变化的控制系统。它的主要作用是克服一切干扰，使被控量按一定精度随时跟踪设定值的变化。如在锅炉燃烧过程中，要求空气量随燃料量的变化而成比例地变化，以保证燃料经济地燃烧，而燃料量又随负荷的大小而变，其变化规律是随机的，此时对燃料量的控制即为随动控制。

（3）顺序控制系统　顺序控制系统是指被控量的设定值按预定程序变化的控制系统。如机械制造过程中热处理炉的温度控制系统，其设定值是按升温、保温和逐次降温等程序变化的，该控制系统即为顺序控制系统。

1.1.3.3　过程控制系统的性能指标

对于每一个定值控制系统而言，当设定值发生变化或受到外界干扰时，要求被控量能平稳、迅速和准确地趋近或回复到设定值。因此，通常在稳定性、快速性和准确性三个方面提出各种单项性能指标和综合性能指标。

1. 单项性能指标

过程控制系统的单项性能指标又有时域和频域之分，现以时域为例说明其确定方法。

系统的单项时域性能指标通常根据设定值作阶跃变化时的过渡过程特性确定。其单项时域指标包括衰减比（或衰减率）、超调量、最大动态偏差、残余偏差（也称稳态误差或静差）、调节时间和振荡频率等，现结合图1-7加以说明。

（1）衰减比　衰减比 n 是衡量系统振荡过程衰减程度的指标，它定义为两个相邻的同向波峰值之比，即

$$n = \frac{B_1}{B_2} \qquad (1-1)$$

衡量衰减程度的另一指标是衰减率，它定义为一个周期后波动幅度衰减的程度，即

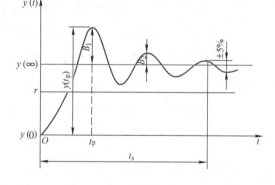

图1-7　设定值作阶跃变化时的过渡过程特性

$$\varphi = \frac{B_1 - B_2}{B_1} \qquad (1-2)$$

理论计算表明，衰减比与衰减率有单值对应关系，如衰减比为4:1时，则衰减率为0.75。为了保证过程控制系统有一定的稳定裕度，一般要求衰减比为4:1~10:1，则对应的衰减率为0.75~0.9。具有这种衰减过程的系统，其过渡过程大约经过两个周期以后即接近稳态值。

（2）最大动态偏差和超调量　最大动态偏差是指在设定值阶跃响应中，系统过渡过程的第一个峰值超出稳态值的幅度，如图1-7中的 B_1。最大动态偏差占被控量稳态值的百分比称为超调量，即

$$\sigma = \frac{y(t_p) - y(\infty)}{y(\infty)} \times 100\% \qquad (1-3)$$

对于二阶振荡系统，控制理论已经证明，超调量 σ 与衰减比 n 有单值对应关系，即

$$\sigma = \frac{1}{\sqrt{n}} \times 100\% \qquad (1-4)$$

（3）残余偏差 残余偏差是指过渡过程结束后，被控量新的稳态值 $y(\infty)$ 与设定值 r 之间的差值，它是控制系统的稳态指标，即

$$e(\infty) = r - y(\infty) \tag{1-5}$$

（4）调节时间、峰值时间和振荡频率 调节时间是指系统从干扰开始到被控量进入新稳态值的 $\pm5\%$（或 $\pm2\%$）范围内所需的时间，通常以 t_s 表示。峰值时间是指系统从干扰开始到被控量达到最大值时所需的时间，通常用 t_p 表示。调节时间与峰值时间均是衡量控制系统快速性的重要指标，通常要求它们越短越好。

在相同衰减比下，振荡频率越高，调节时间与峰值时间越短。因此，振荡频率在一定程度上也可以作为衡量控制系统快速性的指标之一。

2. 综合性能指标

系统的综合性能指标是在基于偏差积分最小的原则下制定、用以衡量控制系统性能"优良度"的一些指标。这些指标只适用于衰减、无静差系统，常用的有以下几种：

（1）偏差绝对值积分 IAE IAE 可表示为

$$IAE = \int_0^\infty |e(t)| \, dt \to \min \tag{1-6}$$

该性能指标使用广泛，但用计算机实现时不太简便。

（2）偏差二次方积分 ISE ISE 可表示为

$$ISE = \int_0^\infty e^2(t) \, dt \to \min \tag{1-7}$$

该性能指标着重抑制过渡过程中大的偏差。

（3）偏差绝对值与时间乘积积分 ITAE ITAE 可表示为

$$ITAE = \int_0^\infty t|e(t)| \, dt \to \min \tag{1-8}$$

该性能指标既能降低误差对性能指标的影响，又能抑制过渡过程时间过长。

（4）时间乘偏差二次方积分 ITSE ITSE 可表示为

$$ITSE = \int_0^\infty te^2(t) \, dt \to \min \tag{1-9}$$

该性能指标着重抑制过渡过程中大的偏差和过渡过程时间过长。

以上各式中，$e(t) = y(t) - y(\infty)$。不同的积分公式意味着评价过渡过程优良程度的侧重点不同。误差积分指标存在的缺点是不能保证控制系统具有合适的衰减率。因此，通常先确定衰减率，然后再考虑使某种误差积分为最小。

1.2 自动化仪表概述

如前所述，自动化仪表是构成过程控制系统的重要组成部分。如果没有自动化仪表，就不可能实现真正的过程控制。

1.2.1 自动化仪表的分类与发展

自动化仪表的种类繁多，有常规仪表和基于微型计算机技术的各种智能式仪表。工程上

通常按照安装场地、能源形式、信号类型和结构形式进行分类。

1. 按照安装场地分

按照安装场地不同，可分为现场类仪表（也称一次仪表）与控制室类仪表（也称二次仪表）。现场类仪表通常在抗干扰、防腐蚀、抗震动、防爆等方面具有特殊要求。

2. 按照能源形式分

自动化仪表按照能源形式的不同可分为液动、气动和电动等。而在过程控制中，一般都采用电动和气动仪表。

气动仪表发展较早，其特点是结构简单、性能稳定、可靠性高、价格便宜，且在本质上安全防爆，因而广泛应用于石油、化工等有爆炸危险的场所。

电动仪表相对气动仪表出现较晚，但由于电动仪表在信号传输、放大、变换处理以及实现远距离监视、操作等方面比气动仪表优越，特别容易与计算机等现代化信息技术工具联用，因而电动仪表的发展极为迅速，应用也极为广泛。

近年来，由于电动仪表普遍采取了安全火花防爆措施，解决了安全防爆问题，因而在易燃易爆的危险场所也能使用。

3. 按照信号类型分

自动化仪表按照信号类型可分为模拟式和数字式两大类。

模拟式仪表的传输信号通常是连续变化的模拟量，其线路较为简单，操作方便，在过程控制中已经被广泛应用。

数字式仪表的传输信号通常是断续变化的数字量，以微型计算机为核心，其功能完善、性能优越，能够解决模拟式仪表难以解决的问题。

4. 按照结构形式分

自动化仪表按照结构形式的不同可分为基地式、单元组合式、组装式以及集中/分散式等。

（1）基地式仪表　基地式仪表最初出现在过程控制的早期，它是安装在现场，集检测、指示与控制于一身的自动化仪表。早期的基地式仪表结构简单，价格低廉，但由于功能有限、通用性差，所以很快被单元组合式仪表所替代。

近年来，随着计算机网络与通信技术的迅速发展和广泛应用，基地式仪表又获得了新生，正在朝着多功能、智能化方向发展。如带有控制功能的智能变送器、智能执行器或智能式阀门定位器等现代基地式仪表已成为现场总线控制系统的重要组成部分。

（2）单元组合式仪表　单元组合式仪表是根据控制系统各组成环节的不同功能和使用要求制成的模块化仪表（称为单元）的总称。各个单元模块之间用统一的标准信号进行联络。这类仪表有电动单元组合（DDZ）仪表和气动单元组合（QDZ）仪表两大类。它们都经历了Ⅰ型、Ⅱ型和Ⅲ型等发展阶段，经过不断改进，其性能已日趋完善。

单元组合式仪表可分为变送单元、给定单元、控制单元、执行单元、转换单元、运算单元、显示单元和辅助单元等，各单元的功能简述如下：

1）变送单元是将各种被测参数，如温度、压力、流量、液位、成分等物理量的大小变换成统一的标准测量信号传送给指示、记录和控制装置等。

2）给定单元是输出统一标准信号作为被控变量的设定值赋给控制单元，以实现定值控制。

3）控制单元是将测量信号与设定信号之差按某种规律运算后输出控制信号，去控制执行器的动作。

4）执行单元的作用是按照控制信号或手动操作信号去改变控制量的大小。

5）转换单元的作用是既可将不同的物理信号转换为统一标准信号，也可实现不同标准信号之间的相互转换，如气—电转换或电—气转换等，以使不同信号可以在同一控制系统中使用。

6）运算单元可将多个统一标准信号进行加、减、乘、除、开方、二次方等运算，以用于多种参数的补偿计算和综合控制等。

7）显示单元可对各种被测参数进行指示、记录、报警和计算，为操作人员监视控制系统和生产过程运行状况提供依据。

8）辅助单元是为了满足过程控制系统的某些特殊需要而增设的仪表，如操作器、限幅器、安全防爆栅等。

用电动单元组合仪表构成的控制系统如图1-8所示。

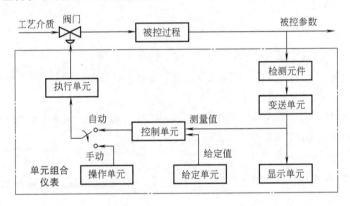

图1-8　用电动单元组合仪表构成的控制系统

（3）组装式仪表　组装式仪表是一种功能分离、结构组件化的成套仪表（或装置），它以模拟器件为主，兼用模拟技术和数字技术。整套仪表（或装置）在结构上由控制柜和操作台组成，控制柜内安装的是具有各种功能的组件板，采用高密度安装，结构紧凑。这种仪表（或装置）特别适用于要求组成各种复杂控制和集中显示操作的大中型企业的过程控制。

（4）集中/分散式仪表　集中/分散式仪表以计算机或微处理器为其核心部件，经历了集中型计算机控制、集散型计算机控制和基于现场总线的分布式计算机控制三个发展阶段。在前两者中，测量变送与执行单元仍采用模拟式仪表，只是调节单元采用数字式仪表，即数字调节器、可编程序控制器或工业控制机，因而属于模拟/数字混合式仪表。而在基于现场总线的分布式计算机过程控制中，由于采用了全数字式、双向传输、多分支结构的通信网络，数字通信一直延伸到现场，其通信协议按规范化、标准化和公开化进行设计，使各种控制系统通过现场总线不但实现了互连、互换、互操作等，而且能方便地实现集中管理和信息集成，从而满足了生产过程自动化的各种功能需求。

1.2.2　自动化仪表的信号制与能源供给

自动化仪表的信号制是指在成套系列仪表中，各个仪表的输入/输出信号均采用某种统一的标准形式，使各个仪表间的任意连接成为可能。

1. 模拟仪表的信号制

模拟仪表的信号可分为气动仪表的模拟信号与电动仪表的模拟信号。

气动仪表的输入/输出模拟信号统一使用 0.02 ~ 0.1MPa 的模拟气压信号。

电动仪表的输入/输出模拟信号有直流电流、直流电压、交流电流和交流电压四种。由于直流信号在信号传输中存在不受交流感应影响、无相移问题、便于进行模数转换、容易获得基准电压等诸多优点，因而各国都以直流电流和直流电压作为统一标准信号。

按照国际电工委员会（IEC）的规定，过程控制系统的模拟直流电流信号为 4 ~ 20mA DC，负载电阻为 250Ω；模拟直流电压信号为 1 ~ 5V DC。我国的 DDZ- Ⅲ 型电动单元组合仪表也采用了这一国际统一信号标准。

2. 数字式仪表的通信标准

以微处理器芯片为基础的各种数字式仪表，若能遵从统一的通信标准，可极大地提高系统的信息集成、综合自动化、降低成本等各项功能。遗憾的是，由于受国家、地区、行业的限制以及各公司、企业集团利益的驱使，截至目前为止，数字式仪表尚未形成完全统一的国际通信标准。尽管如此，从仪表设计的角度，普遍认为数字式仪表的通信标准应包含的内容大致有：信息构成格式、数据编码方式或信号调制形式、物理信号的发送与接收、接口标准等。有关内容将在后续章节中述及。

3. 自动化仪表的能源供给

显而易见，气动仪表由气源供给能量，电动仪表则由电源供给能量。电动仪表有两种供电方式，即交流供电方式和直流集中供电方式。交流供电方式是在各个仪表中分别引入工频 220V 交流电压，再用变压器降压，然后进行整流、滤波及稳压后作为各自的电源，早期的电动仪表采用的就是这种供电方式；直流集中供电方式是各个仪表统一由直流低电压电源箱供电。直流集中供电的优点是：

1）每块仪表省去了各自的电源变压器、整流及稳压部分，缩小了仪表的体积，减轻了重量，降低了温升。

2）便于采用备用电源，增强了防停电能力。

3）仪表内部不存在 220V 交流电，为仪表的安全防爆创造了必要条件。

1.2.3　安全防爆仪表与安全防爆系统

1. 安全防爆的基本概念

（1）仪表的防爆性能　在某些生产现场，由于存在着各种易燃、易爆气体或粉尘，使周围空间成为具有不同程度爆炸危险的场所。安装在这些场所的仪表如果产生火花，就容易产生爆炸。因此，用于这些危险场所的仪表，必须具有安全防爆性能。

显而易见，气动仪表和液动仪表具有本质安全防爆性能；电动仪表则必须采取特殊措施才能具有安全防爆性能。传统的电动安全防爆仪表有充油型、充气型、隔爆型等，其方法是把可能产生危险火花的电路从结构上与爆炸气体隔离开来，因而属于结构型防爆。而安全火花型防爆则是把仪表的电路在短路、断路及误操作等各种状态下可能产生的火花限制在爆炸性气体的点火能量之下，因而与气动仪表、液动仪表一样，具有本质安全防爆性能。

（2）安全火花型防爆等级　安全火花型防爆的实质就是限制火花的能量，这种能量主要取决于仪表电路中电压和电流的大小。对于不同的爆炸性气体，其安全火花的能量是不同的。当电路的电压限制在直流 30V 时，各种爆炸性混合物的最小引爆电流分为三级，如表 1-1 所示。

安全火花型防爆仪表除了考虑安全火花的能量外，还要考虑仪表表面的温度，这是因为有些易燃易爆气体当仪表表面温度升高时，即使不产生火花，也可能由于自燃而引起爆炸。我国公布的《爆炸危险场所电气安全规程》规定，易燃易爆气体按自燃温度高低分为 a、b、c、d、e 五组，其中 e 组为自燃温度最低的一组（100℃自燃）。

表 1-1　爆炸性混合物最小引爆电流的等级

级　　别	最小引爆电流/mA	爆炸性混合物种类
I	$i \geqslant 120$	甲烷，乙烷，汽油，甲醇，乙醇，丙酮，氨，一氧化碳等
II	$70 < i < 120$	乙烯，乙醚，丙烯腈等
III	$i \leqslant 70$	氢，乙炔，二硫化碳，市用天燃气，水煤气等

例如 DDZ-III 型压力变送器的防爆等级标志为 H III e，其中，"H" 表示防爆类型为安全火花型，"III" 表示最小引爆电流为 III 级，"e" 表示周围气体自燃温度为 e 组。由此可知，该变送器的内部电压为 30V DC、内部电流只要限制在 70mA DC 以下，表面温度低于 100℃，即可保证在 e 组气体中不会发生自燃起爆。

2. 安全火花型防爆系统

需要指出的是，安全火花防爆仪表和安全火花型防爆系统是两个不同的概念。若把现场安全火花防爆仪表与控制室简单地直接连接，并不能构成安全防爆系统。必须按图 1-9 所示结构构成的系统才是安全火花型防爆系统。

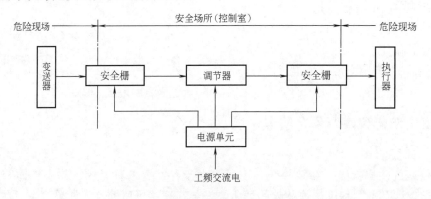

图 1-9　安全火花型防爆系统的基本结构

由图 1-9 可见，安全火花型防爆系统必须具备两个条件：一是现场仪表必须设计成安全火花型；二是现场仪表与非危险场所（包括控制室）之间必须经过安全栅，以便对送往现场的电压、电流进行严格的限制，从而保证进入现场的电功率在安全范围之内。详细内容将在第 3 章中介绍。

思考题与习题

1. 基本练习题

（1）简述过程控制的特点。

（2）什么是过程控制系统？试用框图表示其一般组成。

（3）单元组合式仪表的统一信号是如何规定的？

（4）试将图 1-2 加热炉控制系统流程图用框图表示。

（5）过程控制系统的单项性能指标有哪些？各自是如何定义的？

（6）误差积分指标有什么缺点？怎样运用才较合理？

（7）简述过程控制系统的设计步骤。

（8）通常过程控制系统可分为哪几种类型？试举例说明。

（9）两个流量控制系统如图 1-10 所示。试分别说明它们属于什么系统？并画出各自的系统框图。

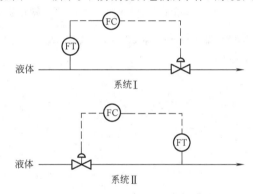

图 1-10　两个流量控制系统示意图

（10）只要是防爆仪表就可以用于有爆炸危险的场所吗？为什么？

（11）构成安全火花型防爆控制系统的仪表都是安全火花型的吗？为什么？

2. 综合练习题

（1）简述图 1-11 所示系统的工作原理，画出控制系统的框图并写明每一框图的输入/输出变量名称和所用仪表的名称。

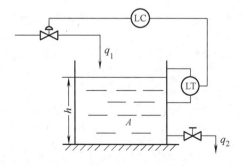

图 1-11　题（1）控制系统流程图

（2）什么是仪表的信号制？通常，现场与控制室仪表之间采用直流电流信号、控制室内部仪表之间采用直流电压信号，这是为什么？

（3）某化学反应过程规定操作温度为 800℃，最大超调量小于或等于 5%，要求设计的定值控制系统，在设定值作阶跃干扰时的过渡过程曲线如图 1-12 所示。要求：

1）计算该系统的稳态误差、衰减比、最大超调量和过渡过程时间。

2）说明该系统是否满足工艺要求。

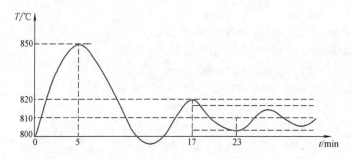

图 1-12   设定值作阶跃干扰时的过渡过程曲线示意图

（4）图 1-13 所示为一类简单锅炉汽包水位控制流程图，试画出该控制系统框图，并说明其被控过程、被控参数、控制参数和干扰参数各是什么？

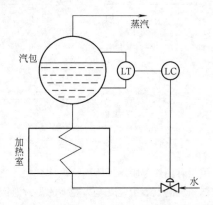

图 1-13   锅炉汽包水位控制流程图

3. 设计题

（1）举出你所见到的过程控制系统的实例，并指明其被控过程、被控参数、控制参数（或控制介质）、干扰作用，画出其控制流程图和系统框图。

（2）试举你所见到的前馈-反馈复合控制系统的实例，画出其控制流程图和系统框图。

第2章 过程参数的检测与变送

教学内容与学习要求

本章在简要介绍参数检测基本概念的基础上，重点介绍过程控制中常用的工艺参数（如温度、压力、流量、物位、成分等）的检测与变送和典型仪表的基本构成、工作原理、使用方法和选用原则等。学完本章后应能达到如下要求：

1）了解过程参数检测在过程控制中的重要意义以及过程检测仪表的基本构成，熟悉过程检测仪表的统一信号标准。

2）了解检测误差的基本概念，熟悉仪表的主要性能指标以及零点迁移和量程调整的确定与计算方法。

3）熟悉变送器的构成原理和它的信号传输方式，熟悉二线制接线方式所必须满足的条件。

4）了解温度检测方法，熟悉热电偶、热电阻的测温原理，熟悉温度变送器的工作原理，掌握温度检测仪表的使用方法及选型。

5）掌握压力、流量、物位等检测仪表的工作原理与使用方法，熟悉压力变送器的工作原理及使用特点。

6）熟悉智能式变送器的特点及硬件构成。

7）熟悉成分检测仪表的工作原理及适用范围。

2.1 参数检测与变送概述

正如第1章所述，过程控制通常是对生产过程中的温度、压力、流量、物位、成分等工艺参数进行控制，使其保持为定值或按一定规律变化，以确保产品质量和生产安全，并使生产过程按最优化目标自动进行。要想对过程参数实行有效的控制，首先要对它们进行有效的检测，而如何实现有效的检测，则由检测仪表来完成。检测仪表是过程控制系统的重要组成部分，系统的控制精度首先取决于检测仪表的检测精度。检测仪表的基本特性和各项性能指标又是衡量检测精度的基本要素。因此，了解过程控制系统中检测仪表的基本特性和构成原理，分析和计算检测仪表的性能指标等是正确使用检测仪表、更好地完成检测任务的重要前提。

2.1.1 检测仪表

过程参数检测仪表通常由传感器和变送器组成。

1. 传感器

传感器是与人的感觉器官相对应的元件，按照国家标准 GB 7665—1987 的规定，定义传感器为"能感受规定的被测量并按照一定的规律将其转换成可用输出信号的器件或装置，通常由敏感元件和转换元件组成"。其中，敏感元件是指传感器中能直接感受或响应被测量的部分；转换元件是指传感器中将敏感元件感受的被测量转换成适于传输或测量的部分。在过程控制系统中，传感器的作用是检测被控过程的状态及其相应的物理量，以便控制过程参数出现的偏差。由于传感器的输出信号一般都十分微弱，因此需要有信号调理/转换电路对其进行放大与转换等。此外，信号调理/转换电路以及传感器工作时还要有电源供电，所以常常将信号调理/转换电路以及所需的电源也看作传感器组成的一部分。它的组成框图如图2-1 所示。

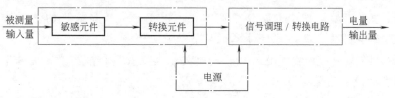

图 2-1 传感器组成框图

实际上，有些传感器并不能明显区分敏感元件和转换元件两部分，而是二者合为一体（如热电偶），直接将被测量转换成电信号。

2. 变送器

在单元组合式自动化仪表中，变送器是变送单元的主要组成部分。在过程控制系统中，它常常和传感器组合在一起，共同完成对温度、压力（或压差）、物位、流量、成分等被控参数的检测并转换为统一标准的输出信号。该标准输出信号一方面被送往显示记录仪表进行显示记录，另一方面则送往控制器实现对被控参数的控制。所以从某种意义上说，变送器是将输出信号变成统一标准信号的传感器。这里所说的统一标准信号实际上是指各自动化仪表之间的一种通信协议，它的变化代表着自动化仪表的发展方向。早期的统一标准信号有 0 ~ 10mA DC 的模拟电流信号、0 ~ 2V DC 的模拟电压信号和 20 ~ 100kPa 的模拟气压信号等。而目前广泛使用的 4 ~ 20mA DC 模拟电流信号与 1 ~ 5V DC 模拟电压信号已成为电动单元组合仪表的国际标准。预计在今后相当一段时间内，电动模拟式变送器的设计、生产与使用可能还会按此标准进行。但同时我们还应该看到，由于计算机网络与通信技术的迅速发展，数字通信被延伸到现场，传统的 4 ~ 20mA DC 模拟信号的通信方式将逐步被双向数字式的通信方式所取代。可以预料，信号的数字化与功能的智能化不仅是变送器发展的必然趋势，也是其他自动化仪表发展的必然趋势。有关变送器的更多内容将在后续各节中介绍。

2.1.2 检测误差

检测的目的是希望通过检测获取被检测量的真实值。但由于种种原因，如传感器本身性能不十分优良，或测量方法不十分完善，或受外界干扰的影响等，都会造成被测参数的测量值与真实值不一致，两者不一致的程度通常用检测误差表示。

检测误差是指检测仪表的测量值与被测物理量的真值之间的差值，它的大小反映了检测仪表的检测精度。

1. 检测误差的描述

（1）真值 所谓真值是指被测物理量的真实（或客观）取值。从理论上讲，这个真实取值是无法通过测量得到的，因为任何检测仪表都不可能是绝对精确的。既然如此，如何才能知道物理量的真值呢？在当前现行的检测体系中，许多物理量的真值是按国际公认的方式认定的，即用所谓"认定设备"的检测结果作为真值。通常，各国（或国际组织）将其法定计量机构的专用设备作为认定设备，它的检测精度在这个国家（或国际组织）内被认为是最高的。显而易见，用这种方法确定的所谓"真值"也不是真正意义上的真值，而是一种"约定真值"，记为 x_a。以后本文中所说的真值，即为 x_a。

（2）最大绝对误差　绝对误差是指仪表的实测示值 x 与真值 x_a 的最大差值，记为 Δ，即

$$\Delta = x - x_a \tag{2-1}$$

这是直观意义上的误差表达式，是其他误差表达式的基础。但是若用最大绝对误差表示检测误差，并不能很好地说明检测质量的好坏。例如，在检测温度时，最大绝对误差 $\Delta = \pm1℃$，这对体温测量来说是不允许的，而对测量钢水温度来说却是一个极好的测量结果。

（3）相对误差　相对误差一般用百分数给出，记为 δ，即

$$\delta = \frac{\Delta}{x_a} \times 100\% \tag{2-2}$$

由于被测量的真实值无法知道，实际测量时通常用测量值代替真实值进行计算，这时的相对误差称为标称相对误差，记为 δ'，即

$$\delta' = \frac{\Delta}{x} \times 100\% \tag{2-3}$$

在实际工作中，仅从相对误差或标称相对误差也无法衡量仪表的检测精度。例如某两台测温仪表的最大绝对误差均为 $\pm5℃$，它们的测量值分别为 $100℃$ 和 $500℃$，显然后者的相对误差小于前者，但却不能说明后者的测量精度就一定比前者好。

（4）引用误差　引用误差是仪表中通用的一种误差表示方法，它是相对仪表满量程的一种误差，一般也用百分数表示，记为 γ，即

$$\gamma = \frac{\Delta}{x_{max} - x_{min}} \times 100\% \tag{2-4}$$

式中，x_{max} 为仪表测量范围的上限值；x_{min} 为仪表测量范围的下限值。

在使用检测仪表时，常常还会涉及基本误差和附加误差两个指标。

（5）基本误差　基本误差是指仪表在国家规定的标准条件下使用时所出现的误差。国家规定的使用标准条件通常是：电源电压为交流 $220(1\pm5\%)$ V、电网频率 (50 ± 2) Hz、环境温度 $(20\pm5)℃$、湿度 $(65\pm5)\%$ 等。基本误差通常由仪表制造厂在国家规定的使用标准条件下确定。

（6）附加误差　附加误差是指仪表的使用条件偏离了规定的标准条件所出现的误差。通常有温度附加误差、频率附加误差、电源电压波动附加误差等。

2. 检测误差的规律性

检测误差若按检测数据中误差呈现的规律性可分为系统误差、随机误差和粗大误差。掌握了这种规律性有利于对测量误差的消除。

（1）系统误差　系统误差是指同一条件下对同一被测参数进行多次重复测量时，大小和方向（即正负）保持不变的误差；或当条件变化时，按某一确定的规律变化的误差。例如，仪表的组成元件不可靠、定位标准及刻度的不准确、测量方法不当等引起的误差就属于

系统误差。克服系统误差的有效办法之一是利用负反馈结构。这是因为在负反馈结构中，只要前向通道的增益足够大，决定误差大小的关键就是反馈环节而不是前向通道。

（2）随机误差或统计误差 当对同一被测参数进行多次重复测量时，误差绝对值的大小和符号不可预知地随机变化，但就总体而言具有一定的统计规律性，通常将这种误差称为随机误差或统计误差。

引起随机误差的原因很多且难以掌握，一般无法预知，只能用概率和数理统计的方法计算它出现的可能性的大小，并设计合适的滤波器进行消除。

（3）粗大误差 粗大误差又称疏忽误差，是由于测量者疏忽大意或环境条件的突然变化而引起的。对于粗大误差，首先应设法判断是否存在，然后再将其剔除。

2.1.3 检测仪表的基本特性

检测仪表的基本特性可分为固有特性与工作特性，而固有特性则是确定其性能指标的依据。

1. 仪表的固有特性及其性能指标

仪表的固有特性是指它处在规定使用条件下的输入/输出关系。依据固有特性所确定的指标有精确度、非线性误差、灵敏度和分辨力、变差、漂移以及动态误差等。

（1）精确度及其等级 仪表的精确度（简称精度）是仪表检测误差的一种工程表示，是用来衡量仪表测量结果可靠性程度最重要的指标。仪表的精确度一般不宜用绝对误差和相对误差来表示。这是因为前者不能体现对不同量程的合理要求，后者则容易引起任何仪表都无法相信的误解。例如，有两种不同的测温仪表，一台测量范围为 $0\sim1000℃$，其最大绝对误差 Δ_{max} 为 $10℃$，另一台测量范围为 $0\sim400℃$，其最大绝对误差 Δ_{max} 为 $5℃$，若用绝对误差或相对误差来衡量，并不能说明后者较前者测量精度高；再例如，对同一个仪表，当绝对误差一定时，其相对误差则随测量值的减小而增大。特别在测量微小参数时，其相对误差可能大得难以想像，但这并不意味该仪表的测量精度不高。因而在自动化仪表中，仪表的精度通常在规定的使用条件下，由最大引用误差来度量。根据引用误差的定义可知，仪表的精度不仅与它的绝对误差有关，而且还与它的测量范围有关。按照这种度量方法，当仪表的测量范围一定，最大绝对误差越小，则最大引用误差也越小，仪表的精度就越高；同样，当仪表的最大绝对误差一定，测量范围越大，则最大引用误差就越小，仪表的精度就越高。因此，用仪表的最大引用误差来度量仪表的测量精度是科学的、合理的。仪表的精度可分为若干等级，其等级可用去掉最大引用误差中的"±"和"%"来表示。例如，某仪表的最大引用误差为 ±0.5%，则该仪表的精度等级即为 0.5 级；又如，某仪表的最大引用误差不超过 ±1%，则该仪表的精度等级即为 1.0 级。

按照自动化仪表行业的规定，仪表精度的等级可分为：0.001 级、0.005 级、0.02 级、0.05 级、0.1 级、0.2 级、0.4 级、0.5 级、1.0 级、1.5 级、2.5 级等。等级数越小，精度越高；反之亦然。

通常，科学实验用的仪表精度的等级数小于 0.05；工业检测用仪表的等级数多在 0.1～2.5 之间，其中校验用的多为 0.1 或 0.2，现场用的多为 0.5～2.5；我国生产的 DDZ-Ⅲ型仪表的精度等级数为 0.5。

（2）非线性误差 在通常情况下，总希望检测仪表的输出量和输入量之间成线性关系。测量仪表的非线性误差就是用来表征仪表的输出量和输入量的实际对应关系与理论直线的吻合程度。对于理论上具有线性特性的检测仪表，由于各种因素的影响，其实际特性可能偏离线性，如图 2-2 所示。

通常，非线性误差 δ_f 用实际测得的输入/输出特性曲线与理论直线之间的最大偏差 Δ_{fmax} 和测量仪表的测量范围之比的百分数表示，即

$$\delta_f = \frac{\Delta_{fmax}}{x_{max} - x_{min}} \times 100\% \qquad (2-5)$$

（3）变差　仪表的变差是指在外界条件不变的情况下，使用同一仪表对被测参数在测量范围内进行正、反方向（即逐渐由小到大或逐渐由大到小）测量时所产生的最大差值 Δ_{bmax} 与仪表测量范围之比的百分数，记为 δ_b，即

$$\delta_b = \frac{\Delta_{bmax}}{x_{max} - x_{min}} \times 100\% \qquad (2-6)$$

仪表的变差示意图如图 2-3 所示。

（4）灵敏度和分辨力　测量仪表的灵敏度是指仪表输出量的增量 Δy 与引起输出增量的输入增量 Δx 的比值，记为 s，即

$$s = \frac{\Delta y}{\Delta x} \qquad (2-7)$$

对于线性仪表，它的灵敏度是其静态特性的斜率，即 s 为常数；而非线性仪表的灵敏度则为一变量，用 $s = dy/dx$ 表示。仪表的灵敏度如图 2-4 所示。

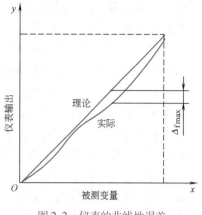

图 2-2　仪表的非线性误差

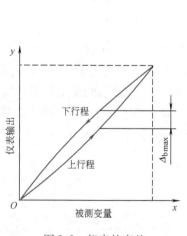

图 2-3　仪表的变差

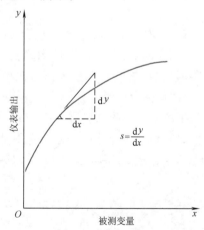

图 2-4　仪表的灵敏度

分辨力又称灵敏限，是指仪表输出能响应和分辨的最小输入变化量，它也是灵敏度的一种反映。对数字仪表而言，分辨力就是数字显示仪表变化一个二进制最低有效位时输入的最小变化量。

（5）漂移　检测仪表在一定工作条件下，当输入信号保持不变时，输出信号会随时间或温度的变化而出现漂移。随时间变化出现的漂移称为时漂；随环境温度变化而出现的漂移称为温漂。时漂与温漂越小越好。

以上介绍的固有特性都是仪表的静态特性，其相应的性能指标都是仪表的静态指标。下面介绍的动态误差是对仪表动态特性的一种描述。

（6）动态误差 动态误差是指被测参数在干扰作用下处于变动状态时仪表的输出值与参数实际值之间的差异。引起该误差的原因是由于仪表内部的惯性以及能量形式转换或物质的传递需要时间所造成的。衡量惯性大小和传递时间的快慢通常用时间常数 T 和纯滞后时间 τ 来表征。它们的存在会降低检测过程的动态性能，其中纯滞后时间 τ 的不利影响会远远超过时间常数 T 的影响。因此，在研制或选用检测仪表时，应尽量减小仪表的惯性和滞后，使之快速和准确地响应输入量的变化。

2. 检测仪表的工作特性

检测仪表的工作特性是指能适应参数测量和系统运行的需要而具有的输入/输出特性，它可以通过零点调整与迁移以及量程调整而改变。

（1）检测仪表的工作特性 检测仪表的理想工作特性为图 2-5 所示的线性特性。图中，x_{max} 和 x_{min} 分别为被测参数的上限值和下限值，y_{max} 和 y_{min} 分别为检测仪表输出信号的上限值和下限值。对于模拟式变送器，y_{max} 和 y_{min} 为统一标准信号的上限值和下限值；对于智能式变送器，y_{max} 和 y_{min} 为输出的数字信号范围的上限值和下限值。由图 2-5 可得检测仪表输出的一般表达式为

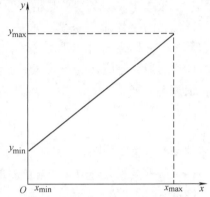

图 2-5 检测仪表的理想工作特性

$$y = \frac{x - x_{min}}{x_{max} - x_{min}}(y_{max} - y_{min}) + y_{min} \tag{2-8}$$

式中，x 为仪表的输入信号；y 为对应于 x 时仪表的输出信号。

（2）零点调整与迁移 所谓检测仪表的零点是指被测参数的下限值 x_{min}，或者说对应仪表输出下限值 y_{min} 的被测参数最大值。在检测仪表中，使 $x_{min}=0$ 的过程称为"零点调整"；使 $x_{min}\neq0$ 的过程称为"零点迁移"。也就是说，零点调整使仪表的测量下限值为零，而零点迁移则是把测量的下限值由零迁移到某一数值（正值或负值）。当将测量的下限值由零变为某一正值时，称为正迁移；反之，将测量的下限值由零变为某一负值时，称为负迁移。图 2-6 为某仪表零点迁移前后的输入/输出特性。

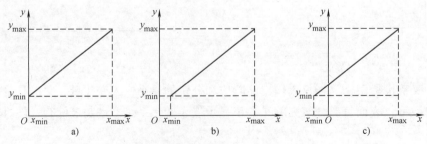

图 2-6 零点迁移前后的输入/输出特性
a）未迁移 b）正迁移 c）负迁移

（3）量程调整　量程是指与检测仪表规定的输出范围相对应的输入范围。量程调整是指在零点不变的情况下将检测仪表的输出信号上限值 y_{max} 与被测参数的上限值 x_{max} 相对应。图 2-7 即为某仪表量程调整前后的输入/输出特性。

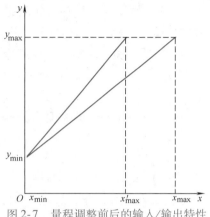

由图可见，量程调整相当于改变检测仪表的输入/输出特性的斜率，也即改变仪表输出信号 y 与输入信号 x 之间的比例系数。

例 2-1　某测温仪表的测量范围为 $0 \sim 500℃$，输出信号为 $4 \sim 20mA$ DC，欲将该仪表用于测量 $200 \sim 1000℃$ 的某信号，试问应做如何调整？

图 2-7　量程调整前后的输入/输出特性

解　显然，该仪表不能直接用来测量 $200 \sim 1000℃$ 的信号，必须对它进行必要的调整。其调整过程如图 2-8 所示，可知调整过程分为两步：首先将仪表的量程从 $0 \sim 500℃$ 调整到 $0 \sim 800℃$，并使其输入在 $0℃$ 时的输出为 $4mA$，输入在 $800℃$ 时的输出为 $20mA$。然后再将仪表的零点由 $0℃$ 迁移到 $200℃$，最后得到 $200 \sim 1000℃$ 的测量范围。

具有零点迁移、量程调整功能的仪表使它的使用范围得到了扩大，并增加了它的适用性和灵活性。但是，在什么条件下可以进行零点迁移和量程调整，迁移量与调整量有多大，这需要结合具体仪表的结构和性能而定，并不是无约束的。

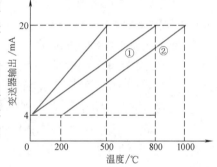

图 2-8　量程调整过程示意图

2.1.4　变送器的构成原理

如前所述，传感器的作用主要是基于各种自然规律和基础效应，把被测变量转化为便于传送的信号，如电压、电流、电阻、电容、位移、力等。由于传感器的输出信号种类多且比较微弱，所以必须由变送器将其转换为统一标准信号。变送器的种类也很多，按照目前的技术水平，变送器可分为两类：一类是按传递信号分为模拟式变送器、数字式（亦称智能式）变送器；另一类则按被测参数的名称分为温度变送器、压力变送器、流量变送器等。本节先从构成原理的角度对前者进行简要介绍；后者的内容则在后续各节中进行讨论。

1. 模拟式变送器的构成原理

模拟式变送器完全由模拟式元器件构成，它将输入的各种被测参数（如温度、压力、流量、液位、成分等）转换成统一标准的模拟信号，其转换性能完全取决于所采用的硬件。从构成原理看，模拟式变送器主要由测量、放大、反馈、零点调整与零点迁移、量程调整等几部分组成，如图 2-9 所示。

图中，零点调整与零点迁移由

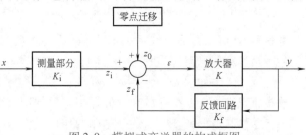

图 2-9　模拟式变送器的构成框图

"调零"环节与"零迁"环节共同完成；测量部分中检测元件的作用是检测被测参数 x，并将其转换成放大部分可以接受的信号 z_i，z_i 可以是电压、电流、电阻、位移、作用力等信号，由变送器的类型决定；反馈部分则把变送器的输出信号转换成反馈信号 z_f；放大部分的输入信号则为 z_i、z_f、z_0 的代数和 ε；ε 由放大部分进行放大，并转换成统一标准模拟信号 y 输出。

由图 2-9 可以求得整个变送器的输入/输出关系为

$$y = \frac{K_i K}{1 + KK_f}x + \frac{K}{1 + KK_f}z_0 \tag{2-9}$$

由式（2-9）可知，当 $KK_f \gg 1$ 时，式（2-9）近似为

$$y = \frac{K_i}{K_f}x + \frac{1}{K_f}z_0 \tag{2-10}$$

式（2-10）表明，在满足 $KK_f \gg 1$ 的条件下，变送器的输入/输出关系仅取决于测量部分的特性和反馈部分的特性，而与放大部分的特性无关。如果测量部分的转换系数 K_i 与反馈部分的反馈系数 K_f 的比值为常数，则变送器的输入/输出特性就具有图 2-5 所示的理想线性特性。

2. 数字式变送器的构成原理

与模拟式变送器不同的是，数字式变送器是由以微处理器（CPU）为核心构成的硬件电路和由系统程序、功能模块构成的软件两大部分构成。

模拟式变送器的输出信号一般为统一标准的模拟信号，如 DDZ-Ⅲ 型仪表输出信号为 4~20mA DC 等，而且在一条电缆上只能传输一个模拟信号，而数字式变送器的输出信号则为数字信号，它的优点是只要遵循共同的通信规范和标准，就可以允许多个信号在同一条通信电缆上传输。

（1）数字式变送器的硬件构成 一般形式的数字式变送器的构成框图如图 2-10 所示。

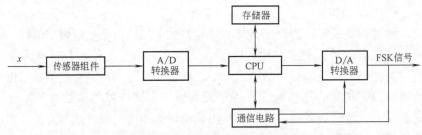

图 2-10 数字式变送器的构成框图

注：FSK（Frequency Shift Keying）即频移键控，就是采用数字信号去调制载波的频率，是信息传输中使用得较早的一种调制方式。它的主要优点是：实现起来较容易，抗噪声与抗衰减的性能较好。在中低速数据传输中得到了广泛的应用。最常见的是用两个频率承载二进制 1 和 0 的双频 FSK 系统。

由图 2-10 可以看出，数字式变送器的硬件主要包括传感器组件、A/D 转换器、微处理器、存储器和通信电路等。其工作过程为：被测参数 x 经传感器组件，由 A/D 转换器转换成数字信号送入微处理器，进行数据处理；系统程序、传感器与变送器的输入/输出特性以及变送器的识别等数据都存放在存储器中，以便用于变送器信号转换时的各种补偿、零点调整、零点迁移和量程调整等；通信电路的作用是将数字式变送器与控制系统的网络通信电缆相连，并与网络中其他各种智能化的现场控制设备或计算机进行通信，向它们传送测量结果

或变送器本身的各种参数。网络中其他各种智能化的现场控制设备或计算机也可通过它对变送器进行远程调整和参数设定等。

（2）数字式变送器的软件构成　数字式变送器的软件分为系统程序和功能模块两部分。系统程序主要负责对变送器的硬件进行管理，使变送器完成最基本的功能，如模拟信号和数字信号的转换、数据通信、变送器自检等；功能模块为用户提供组态调用时的各种功能，不同的变送器，其功能在内容和数量上各不相同。有关内容将在后续各节中叙述。

2.1.5　变送器的信号传输方式

安装在现场的变送器，其工作电源由控制室的电源箱提供，它的输出信号被传送到控制室。这种信号传输方式随着变送器类型的不同而有所不同。电动模拟式变送器一般采用四线制或二线制方式传输电源和输出信号；而数字式变送器则采用双向全数字二线制传输方式，即现场总线通信方式。但目前广泛采用的则是一种过渡方式，即在一条通信电缆中同时传输 $4\sim20\text{mA DC}$ 电流信号和数字信号，这种方式称为 HART 协议通信方式。

1. 四线制和二线制传输方式

电动模拟式四线制传输方式如图 2-11a 所示。在这种传输方式中，电源和负载电阻 R_L 分别与变送器相连，即供电电源和输出信号分别用两根导线传输，因而称为四线制。图 2-11b 所示为二线制传输方式。在这种传输方式中，电源和负载电阻 R_L 与变送器串联在一起，只需两根导线即可同时传送变送器所需的电源信号和输出电流信号，因而称为二线制传输方式。

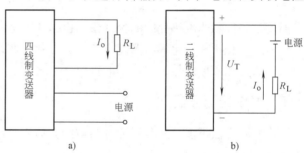

图 2-11　电动模拟式四线制和二线制传输方式

a）四线制传输方式　b）二线制传输方式

二线制传输方式与四线制传输方式相比，具有节省连接电缆、有利于安全防爆和抗干扰等优点。但二线制传输方式必须满足以下条件：

1）变送器的正常工作电流 I 必须等于或小于变送器输出电流的最小值 I_{omin}，即

$$I \leqslant I_{\text{omin}} \tag{2-11}$$

由式（2-11）可知，能实现二线制的变送器输出电流的最小值必须大于零。DDZ-Ⅲ型仪表的统一信号为 $4\sim20\text{mA DC}$，因而可以实现二线制。

2）变送器的输出端电压 U_o 必须满足如下条件：

$$U_o \leqslant E_{\min} - I_{\text{omax}}(R_{L\max} + r) \tag{2-12}$$

式中，$E_{\min}$ 为电源电压的最小值；I_{omax} 为输出电流的最大值，即 $I_{\text{omax}} = 20\text{mA}$；$R_{L\max}$ 为负载电阻的最大值；r 为连接导线的等效电阻。

3）变送器的最小有效功率 P 为

$$P < I_{\text{omin}}(E_{\min} - I_{\text{omin}}R_{L\max}) \tag{2-13}$$

2. HART 协议传输方式

HART（Highway Addressable Remote Transducer）协议是数字式仪表实现数字通信的一种协议，遵循 HART 协议的变送器可以在一条电缆上同时传输 $4\sim20\text{mA DC}$ 的模拟信号和数

字信号。其数字信号的传输是基于频移键控（FSK）方法，即在 4～20mA DC 基础上叠加幅度为 ±0.5mA 的不同频率的正弦调制波作为数字信号，1200Hz 频率代表逻辑"1"，2200Hz 频率代表逻辑"0"，如图 2-12 所示，其传输速率为 1200bit/s。

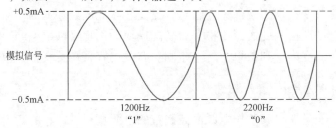

图 2-12　HART 数字通信信号

由于 FSK 信号相位连续，其平均值为零，故不会影响 4～20mA DC 的模拟信号。有关 HART 的详细内容将在第 9 章中进一步介绍。

2.2　温度的检测与变送

温度是表征物体冷热程度的物理量，也是工业生产过程中最常见、最基本的参数之一。许多化学反应和物理变化都与温度有关，大多数生产过程都是在一定温度范围内进行的。所以对温度的检测和控制是过程控制的重要任务之一。

2.2.1　温度检测方法

温度检测方法很多，从测温元件与被测介质接触与否可分为接触式测温和非接触式测温两大类。

2.2.1.1　接触式测温

使测量体与被测介质接触、依靠传热或对流进行热交换并达到热量平衡的测温方法称为接触式测温方法。接触式测温方法的主要优点是方法简单、可靠，测量精度较高。它的不足之处是测温需经历热量的交换与平衡过程，因而会导致被测介质热场的破坏和测温过程的延迟，所以不适于测量热容量小、温度极高以及运动物体的温度，也不适于直接测量腐蚀性介质的温度。

目前工业生产过程中常用的接触式测温元件、测温原理及主要特点见表 2-1。

表 2-1　常用接触式测温元件、测温原理及其主要特点

测温元件	测温原理	测温范围/℃	主要特点
热电偶	热电效应	0～1600	测温范围广，测量精度高，便于远距离、多点、集中检测和自动控制，应用广泛；需进行冷端温度补偿，低温测量精度低
铂电阻	热阻效应	−200～600	测温范围广，测量精度高，便于远距离、多点、集中检测和自动控制，应用广泛；不能测高温
铜电阻		−50～150	
半导体热敏电阻		−50～150	灵敏度高，体积小，结构简单，使用方便；互换性较差，测量范围有一定限制

1. 热电阻及其测温原理

在工业应用中，对于 500℃ 以下的中、低温度，一般使用热电阻作为测温元件较为适宜。

（1）热电阻的测温原理 热电阻的测温原理是基于电阻的热－阻效应（电阻体的阻值随温度的变化而变化）进行温度测量的。因此，只要测出感温热电阻的阻值变化，即可测量出被测温度。目前，测温元件主要有金属热电阻和半导体热敏电阻两类。现分别加以介绍。

1）金属热电阻的测温。理论与实验研究表明，金属热电阻的电阻值和温度的函数关系可近似为

$$R(t) = R_0 \left[1 + \alpha (t - t_0) \right] \tag{2-14}$$

式中，$R(t)$ 为被测温度 t 时的电阻值；R_0 为参考温度 t_0（通常 $t_0 = 0℃$）时的电阻值；α 为正温度系数。

由式（2-14）可知，金属热电阻的阻值随温度的升高而增加，这是因为当温度升高时，金属导体内的粒子无规则运动加剧，阻碍了自由电子的定向运动，从而导致了电阻值的增加。

工业上常用的热电阻有铜电阻和铂电阻两种，见表 2-2。

工业常用热电阻的分度表参见附录 A 表 A-1 ~ 表 A-3。

金属热电阻一般适用于 -200 ~ 500℃ 范围内的温度测量，其特点是测量准确、稳定性好、性能可靠，在过程控制领域中的应用比较广泛。

表 2-2　工业常用热电阻

热电阻名称	分 度 号	0℃时阻值/Ω	测温范围/℃	特 点
铜电阻	Cu50	50 ± 0.05	-50 ~ 150	线性好,价格低,适用于无腐蚀性介质
	Cu100	100 ± 0.1		
铂电阻	Pt50	50 ± 0.003	-200 ~ 500	精度高,价格贵,适用于中性和氧化性介质,但线性度差
	Pt100	100 ± 0.006		

2）半导体热敏电阻的测温。理论与实验研究表明，半导体热敏电阻的电阻值和温度的函数关系近似为

$$R(T) = R(T_0) \exp \left[B \left(\frac{1}{T} - \frac{1}{T_0} \right) \right] \tag{2-15}$$

式中，T 为被测的 K 氏温度值；$R(T)$ 为被测温度 T 时热敏电阻的阻值；$R(T_0)$ 为参考温度 T_0 时的电阻值，$T_0 = 0℃$（即为 273.15K）；B 为与热敏电阻材料有关的常数，其量纲为温度（K）。

将式（2-15）两边取对数，整理得

$$B = \frac{\ln R(T) - \ln R(T_0)}{\frac{1}{T} - \frac{1}{T_0}} \tag{2-16}$$

若用实验的方法分别测得 T 和 T_0 时的电阻值 $R(T)$ 和 $R(T_0)$，代入式（2-16）即可算出 B 的数值。通常，B 在 1500 ~ 6000K 范围内。

热敏电阻的温度系数定义为：温度变化1℃时电阻值的相对变化量，记为 α，即

$$\alpha = \left[\frac{1}{R(T)}\right]\left[\frac{\mathrm{d}R(T)}{\mathrm{d}T}\right] = -\frac{B}{T^2} \tag{2-17}$$

由式（2-17）可知，α 的绝对值越大，热敏电阻的灵敏度越高。当 B 为正值（负值）时，热敏电阻的温度系数是负值（正值），并为温度 T 的函数。热敏电阻按其温度系数可分为负温度系数（NTC）型、正温度系数（PTC）型和临界温度系数（CTR）型，其电阻的温度特性如图2-13所示。

其中，NTC型热敏电阻常用于测量较宽范围内连续变化的温度，尤其是测量低温时，其灵敏度更高；而PTC型热敏电阻是在某个温度段内其阻值随温度上升而急剧上升；CTR型热敏电阻是在某个温度段内其阻值随温度上升而急剧下降。因此，它们一般只能作为位式（开关式）温度检测元件使用。

与金属热电阻相比，热敏电阻的温度系数要大得多，这是它的优点。但由于互换性较差，非线性严重，且测温范围在 $-50\sim300℃$ 左右，所以通常较多地用于家电和汽车的温度检测和控制。

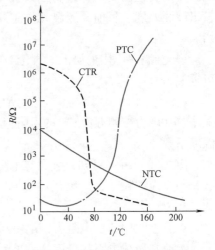

图2-13 热敏电阻的温度特性

（2）热电阻的接线方式 工业用热电阻需要安装在生产现场，而显示记录仪表一般安装在控制室。生产现场与控制室之间存在一定的距离，因而热电阻的连线对测量结果会有较大的影响。目前，热电阻的接线方式主要有三种，如图2-14所示。

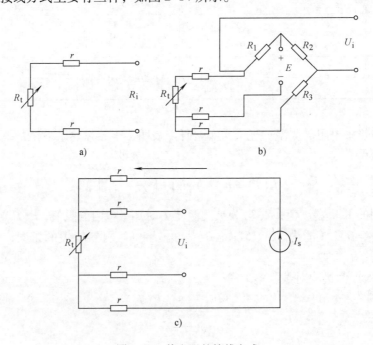

图2-14 热电阻的接线方式

a）二线制接法 b）三线制接法 c）四线制接法

图 2-14a 所示为二线制接法，即在热电阻的两端各接一根导线引出电阻信号。这种接法最简单，但由于连接导线存在导线电阻 r，r 的大小与导线的材质、粗细及长度有关。很显然，图中的 $R_i = R_t + 2r$。因此，这种接线方式只适用于测量精度要求较低的场合。图 2-14b 所示为三线制接法，即在热电阻根部的一端引出一根导线，而在另一端引出两根导线，分别与电桥中的相关元件相接。这种接法可利用电桥平衡原理较好地消除导线电阻的影响。这是因为当电桥平衡时有 $R_1(R_3 + r) = R_2(R_t + r)$，若 $R_1 = R_2$，则有 $R_1R_3 = R_2R_t$，可见电桥平衡与导线电阻无关。所以这种接法是目前工业生产过程中最常用的接线方式。图 2-14c 所示为四线制接法，即在热电阻根部两端各引两根导线，其中一对导线为热电阻提供恒定电流 I_s，将 R_t 转换为电压信号 U_i，再通过另一对导线把 U_i 信号引至内阻很高的显示仪表（如电子电位差计）。可见这种接线方式主要用于高精度的温度测量。

对于 500℃ 以上的高温，已不能用热电阻进行测量，大多采用热电偶进行测量。

2. 热电偶及其测温原理

（1）热电偶的测温原理　将两种材质不同的导体或半导体 A、B 连接成闭合回路就构成了热电偶。热电偶的测温原理是基于热电效应，即只要热电偶两端的温度不同，则在热电偶闭合回路中就产生热电动势，这种现象就称为热电效应。热电偶回路中的热电动势由接触电动势和温差电动势两部分组成，如图 2-15 所示。

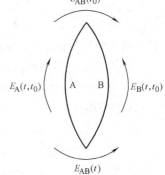

图中，接触电动势是由两种不同材质的导体 A、B 在接触时产生的电子扩散而形成。假设导体 A 中自由电子的浓度大于导体 B 中自由电子的浓度，在开始接触的瞬间，导体 A 向导体 B 扩散的电子数将多于导体 B 向导体 A 扩散的电子数，因而使导体 A 失去较多的电子而带正电荷，导体 B 则带负电荷，结果导致接触面处产生电场，该电场将阻碍电子在导体 B 中的进一步积累，最后达到平衡。平衡时在 A、B 两个导体间形成的电位差就称为接触电动势，其大小与两种导体的材质和接点的温度有关。温差电动势则是指同一导体由于两端温度不同而导致电子具有不同的能量所产生的电势差。

图 2-15　热电效应示意图

由此可知，热电偶闭合回路中的热电动势为接触电动势与温差电动势之和，即可表示为

$$E_{AB}(t, t_0) = E_{AB}(t) - E_{AB}(t_0) + E_B(t, t_0) - E_A(t, t_0) \tag{2-18}$$

式中，等式右边前两项为接触电动势，后两项为温差电动势。理论研究表明，温差电动势比接触电动势小得多，所以热电动势通常以接触电动势为主，式（2-18）即可近似为

$$E_{AB}(t, t_0) = E_{AB}(t) - E_{AB}(t_0) \tag{2-19}$$

由式（2-19）可知，当材质一定且冷端温度 t_0 不变时，热端温度与热电动势成单值对应的反函数关系，即

$$t = E_{AB}^{-1}(t, t_0) \Big|_{t_0 = \text{constant}} \tag{2-20}$$

式（2-20）表明，只要测出热电动势的大小，即可确定被测温度的高低，这就是热电偶的测温原理。

根据上述分析可得到三点重要结论：①若组成热电偶的电极材料相同，则无论热电偶冷、热两端的温度如何，总热电动势为零；②若热电偶冷、热两端的温度相同，则无论电极

材料如何, 总热电动势也为零; ③热电偶的热电动势除了与冷、热两端的温度有关外, 还与电极材料有关。换句话说, 由不同电极材质制成的热电偶在相同温度下产生的热电动势是不同的。

(2) 热电动势的检测与第三导体定律 在实际使用中, 为了测出热电动势, 则必须在热电偶回路中接入检测仪表与导线 (简称第三导体), 如图2-16所示。

接入第三导体后是否对热电偶的热电动势产生影响? 分析如下:

由图2-16可知, 接入第三导体后热电偶回路中的总热电动势为

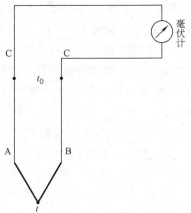

$$E_{ABC}(t,t_0) = E_{AB}(t) + E_{BC}(t_0) + E_{CA}(t_0) \quad (2\text{-}21)$$

当 $t = t_0$ 时, 有

$$E_{ABC}(t_0,t_0) = E_{AB}(t_0) + E_{BC}(t_0) + E_{CA}(t_0) = 0$$
$$(2\text{-}22)$$

将式(2-22)代入式(2-21)可得

图2-16 热电动势检测示意图

$$E_{ABC}(t,t_0) = E_{AB}(t) - E_{AB}(t_0) = E_{AB}(t,t_0) \quad (2\text{-}23)$$

由式 (2-23) 可见, 在热电偶回路中接入第三种导体时, 只要第三导体的两个接点温度相同, 回路中热电动势值不变, 热电偶的这一性质被称为第三导体定律。第三导体定律在实际应用中有着重要意义, 即依据它可以很放心地在热电偶中接入所需的检测仪表和导线, 只要使两个接点的温度相同即可对热电动势进行测量而不影响热电偶的输出。

(3) 冷端延伸与等值替换原理 由热电偶的测温原理还知, 只有在热电偶的冷端温度保持不变时, 热电动势才与被测温度具有单值对应关系。由于制作热电偶的热电材料价格昂贵, 不可能将热电偶的电极做得很长, 结果导致冷端温度受被测温度的影响较大而不断变化。为了使冷端远离热端, 在工程上常用专用的“补偿导线”与热电偶的冷端相连, 将冷端延伸到温度相对稳定的环境内而不影响热电偶的热电动势。这样做的理论依据被称为“等值替换”原理, 分析如下。

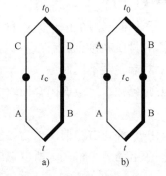

如图2-17所示, 图b为全部用贵重金属材料A、B制成的热电偶; 图a为由补偿导线C、D和贵重金属材料A、B共同制成的热电偶, 且满足 $E_{AB}(t_c,t_0) = E_{CD}(t_c,t_0)$, $t_c \leqslant 100℃$。对于图a而言, 热电回路的总热电动势为

图2-17 热电偶的等值替换

$$E_{ABCD}(t,t_0) = E_{AB}(t) + E_{BD}(t_c) + E_{DC}(t_0) + E_{CA}(t_c)$$

设 $t = t_0 = t_c$, 则有

$$E_{AB}(t_c) + E_{BD}(t_c) + E_{DC}(t_c) + E_{CA}(t_c) = 0$$

因而有

$$E_{ABCD}(t,t_0) = E_{AB}(t) - E_{AB}(t_c) + E_{DC}(t_0) - E_{DC}(t_c) = E_{AB}(t,t_c) + E_{CD}(t_c,t_0)$$

将 $E_{AB}(t_c,t_0) = E_{CD}(t_c,t_0)$ 代入上式, 则有

$$E_{ABCD}(t,t_0) = E_{AB}(t,t_c) + E_{CD}(t_c,t_0) = E_{AB}(t) - E_{AB}(t_c) + E_{AB}(t_c) - E_{AB}(t_0)$$

$$= E_{AB}(t,t_0) \tag{2-24}$$

由式(2-24)可知，将满足 $E_{AB}(t_c,t_0) = E_{CD}(t_c,t_0)$ 的"补偿导线"代替热电极，既可使冷端延伸，也不会改变热电偶的热电动势，这就是所谓的"等值替换"原理。

补偿导线是由两根不同性质的廉价金属线制成的，一般在 $0 \sim 100℃$ 温度范围内要求它与所连接的热电偶具有几乎相同的热电性能，补偿导线的连接如图2-18所示。

在选择和使用补偿导线时，要注意和热电偶的型号相匹配，其极性不能接错。

（4）标准热电偶及其补偿导线　常用热电偶可分为标准热电偶和非标准热电偶两大类。标准热电偶是指按国家标准规定了其热电动势与温度的关系、允许误差、并有统一标准型号（称为分度号）的热电偶。非标准热电偶是指用于特殊场合的热电偶，没有统一的标准。按照 IEC 国际标准，我国设计了统一标准化热电偶，其中一部分如表2-3所示。

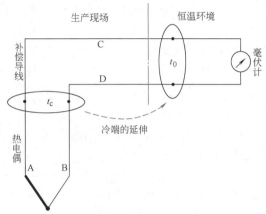

图 2-18　补偿导线的连接示意图

表 2-3　我国部分标准化热电偶及其补偿导线

热 电 偶				配套的补偿导线(绝缘层着色)		
分度号	热电偶材料①	测温范围/℃		型号②	正极材料	负极材料
		长期	短期			
S	铂铑10-铂③	$0 \sim 1300$	1600	SC	铜(红)	铜镍(绿)
B	铂铑30-铂铑6	$0 \sim 1600$	1800	BC	铜(红)	铜(灰)
K	镍铬-镍硅	$-50 \sim 1000$	1300	KX	镍铬(红)	镍硅(黑)
T	铜-康铜	$-200 \sim 300$	350	TX	铜(红)	康铜(白)

① 热电偶材料中"–"的前者表示正极，后者表示负极。

② 补偿导线型号的第一个字母表示配套的热电偶型号，第二个字母"C"表示补偿型补偿导线，"X"表示延伸型补偿导线，即补偿导线的材料与热电偶的材料相同。

③ 铂铑10表示铂占90%，铑占10%，以此类推。

（5）热电偶的冷端温度校正　如前所述，只有当热电偶的冷端温度 t_0 恒定时，其热电动势才是 t 的单值函数。依据等值替换原理制成的补偿导线，虽然可以将冷端延伸到温度相对稳定的地方，但还不能保持绝对不变。此外，由国家标准规定的热电偶分度表（热电动势与温度的对应关系表）通常是在冷端温度 $t_0 = 0℃$ 时制定的（附录 B 中列出了几种常用的标准热电偶分度表）。因此，当 t_0 不为零且经常变化时，仍会产生测量误差。为了消除冷端温度不为零或变化时对测量精度的影响，可进行冷端温度校正。冷端温度校正的方法很多，常用的有查表校正法和电桥补偿法。

1）查表校正法是针对冷端温度 $t_0 = t_n \neq 0$ 时采用的一种校正方法。该方法的思路是：只要 t_n 值已知，并测得热电偶回路中的热电动势，即可通过查阅分度表，计算出被测温度 t_0。分析计算如下：

将式(2-19)重写为

$$E_{AB}(t,t_0) = E_{AB}(t) - E_{AB}(t_0)$$

则有

$$E_{AB}(t,t_n) = E_{AB}(t) - E_{AB}(t_n)$$

将两式相减可得

$$E_{AB}(t,t_0) - E_{AB}(t,t_n) = E_{AB}(t) - E_{AB}(t_0) - E_{AB}(t) + E_{AB}(t_n)$$
$$= E_{AB}(t_n) - E_{AB}(t_0) = E_{AB}(t_n,t_0)$$

当 $t_0 = 0℃$ 时,则有

$$E_{AB}(t,0) = E_{AB}(t,t_n) + E_{AB}(t_n,0) \tag{2-25}$$

式中, $E_{AB}(t,t_n)$ 是实际测得的热电动势, $E_{AB}(t_n,0)$ 可由相应分度表查得, $E_{AB}(t,0)$ 即可通过式(2-25)计算求得,再由分度表反查可得被测温度 t。

例2-2 用一只 K 型热电偶测量温度 t,已知冷端温度 $t_0 = t_n = 30℃$,测得的热电动势 $E(t,30) = 21.995mV$,由分度表查得 $E(30,0) = 1.203mV$,经计算有 $E(t,0) = E(t,30) + E(30,0) = 23.198mV$。再通过分度表反查可得测量温度 $t = 560℃$。

2)电桥补偿法是当冷端温度 t_0 随环境温度变化时采用的一种校正方法。其原理是利用电桥中某桥臂电阻因环境温度变化而产生的附加电压来补偿热电偶冷端温度变化而引起的热电动势的变化,如图 2-19 所示。

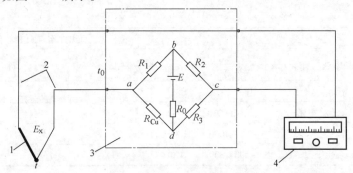

图 2-19　电桥补偿法原理图

1—热电偶　2—补偿导线　3—补偿电桥　4—显示仪表

图中, R_1、R_2、R_3 为锰铜电阻,其电阻值不随温度变化; R_{Cu} 为铜电阻,其电阻值随温度变化而变化; E_x 为热电偶的热电动势; R_0 为电源内阻, E 为桥路直流电源;电桥电阻 R_{Cu} 与热电偶冷端感受相同的环境温度。通过选择 R_{Cu} 的值使电桥在 $t_0 = 0℃$ (也可以是其他参考值)时桥路输出为 $u_{ac} = 0$。当冷端温度 t_0 升高、R_{Cu} 的值增大、其余电阻值不变时,桥路输出 u_{ac} 增大,此时热电偶的热电动势 $E(t,t_0)$ 却相应减小。若 u_{ac} 的增加量等于 $E(t,t_0)$ 的减少量,则显示仪表的指示值不受 t_0 升高的影响,从而补偿了冷端温度的变化对测量结果的影响。电桥补偿法的关键是如何确定冷端温度 $t_0 = 0$ 时铜电阻的值。不同的热电偶其值是不一样的。现以铂铑-铂热电偶为例,确定铜电阻 R_{Cu} 在 $t_0 = 0℃$ 时的值。

例2-3 已知铂铑-铂热电偶冷端温度在 $0 \sim 100℃$ 间变化时的平均热电动势为 $6\mu V/℃$,设桥臂电流 $I = 0.5mA$,铜电阻的温度系数 $\alpha = 0.004/℃$,则全补偿的条件为

$$IR_{Cu} \times 0.004/℃ = 6\mu V/℃$$

经计算，R_{Cu}在 $t_0 = 0$℃ 的值为 3Ω。

为了延长热电偶的使用寿命，常对热电偶丝套上保护套管，以防止有害物体对热电偶丝的侵蚀或机械损伤。但加了套管后，会使热电偶测温的惯性滞后增大。一般热电偶的时间常数约为 $1.5 \sim 4$min，小惯性热电偶的时间常数约为几秒钟，不加保护套管的快速热电偶的时间常数则为毫秒级。

由于热电偶具有测温精度高、在小范围内线性度与稳定性好、测温范围宽（$500 \sim 2000$℃）、响应时间快等优点，因而在工业生产过程中应用非常广泛。

当被测温度高于 2000℃ 时，即使最耐高温的热电偶也不能长期工作；此外，当需要对运动物体的温度进行测量时，不管被测温度高低如何，接触式测温方法已不适用，需要采用非接触式测温方法。

2.2.1.2　非接触式测温

1. 非接触式测温及其特点

任何载热体都会将其一部分热能转变为辐射能，这些辐射能被其他物体接收后又可转变为热能使其温度升高，上述过程称为热辐射。载体温度越高，辐射到周围空间的能量就越多，受体接收的能量也越多，其温度也会越高。热辐射同电磁辐射一样，无需任何传递媒介，或者说无需直接接触即可在物体之间传递热能，这就是实现非接触测温的主要依据。非接触式测温法又称辐射式测温法，该方法的主要优点是测温上限原则上不受限制（一般可达 3200℃），测温速度快且不会对被测热场产生大的干扰，还可用于对运动物体、腐蚀性介质等的温度测量。其缺点是容易受外界因素（如辐射率、距离、烟尘、水汽等）的干扰导致测量误差大、标定困难，且结构复杂、价格昂贵等。

工业上常用的非接触式测温元件有高温辐射温度计、低温辐射温度计和光电温度计等。它们的共同特点是根据被测过程的热辐射特性，利用透镜或反射镜将被测过程的辐射能加以聚集，再由热电堆、热敏电阻、硅光电池等热敏元件或光敏元件将其转换成电信号，以实现对不同范围温度的测量。

2. 高温辐射温度计

高温辐射温度计由光学玻璃透镜与硅光电池组合而成。其中，光学透镜将辐射能加以聚集，再由硅光电池将其转换成电信号。光学透镜的光通带波长为 $0.7 \sim 1.1\mu m$，当测温范围为 $700 \sim 2000$℃ 时，硅光电池接收的辐射能可直接产生 $0 \sim 20$mV 的电压信号；基本误差在 1500℃ 以下时为 $\pm 0.7\%$，在 1500℃ 以上时为 $\pm 1\%$，到达 99% 稳态值的响应时间小于 1ms。可见高温辐射计在高温测量方面具有特色。

3. 低温辐射温度计

低温辐射温度计由锗滤光片或锗透镜与半导体热敏电阻组合而成。它接受波长为 $2 \sim 15\mu m$（红外波段）的辐射能，其测温范围为 $0 \sim 200$℃，基本误差为 $\pm 1\%$，响应时间为 2s，其输出信号需经过放大以后才能使用。

4. 光电温度计

光电温度计是利用光学玻璃透镜和硫化铅光敏电阻组合而成。光学透镜的光通带波长为 $0.6 \sim 2.7\mu m$，测温范围为 $400 \sim 800$℃；基本误差为 $\pm 1\%$，响应时间为 1.5s。这种温度计的输出信号也需要放大，不过是利用参考灯泡辐射能与被测过程辐射能交替照射光敏电阻进行调制后再予以放大的。

随着现代检测技术的飞速发展，非接触式测温的方法和测温元件的种类正日益增多。因限于篇幅，这里不再做更进一步的介绍，感兴趣的读者可参阅检测技术的有关文献。

2.2.1.3 测温仪表的选用

在过程参数检测中，应用数量最多的是温度检测仪表。由于被测温度范围大而应用范围又很广，所以如何选用合适类型和规格的测温仪表就显得非常重要。为此，提出如下几点选用原则：

1）仪表精度等级应符合工艺参数的误差要求。

2）选用的仪表应能操作方便、运行可靠、经济、合理，在同一工程中应尽量减少仪表的品种和规格。

3）仪表的测温范围（即量程）应大于工艺要求的实际测温范围，但也不能太大。若仪表测温范围过大，会使实测温度经常处于仪表的低刻度（如低于仪表刻度的30%）状态，导致实际运行误差高于仪表精度等级误差。工程上一般要求实际测温范围为仪表测温范围的90%左右比较适宜。

4）热电偶是性能优良的测温元件，而且还可很方便地将多个热电偶进行串、并联构成多点测温方式以满足比较复杂的测温需要，因而是测温仪表的首选检测元件。但当在低温测量时还是选用热电阻元件较为适宜。这是因为在低温段，热电阻的线性特性要优于热电偶，而且无需进行冷端温度补偿，使用更加方便。

5）对装有保护套管的测温元件，保护套管的耐压等级应不低于所在管线或设备的耐压等级，其材料应根据最高使用温度及被测介质的特性确定。

一般工业用测温仪表的选用原则如图 2-20 所示。

2.2.2 典型模拟式温度变送器

如前所述，变送器的功能是将检测元件的输出信号转换为统一标准信号。典型模拟式温度变送器是气动或电动单元组合仪表中变送单元的主要品种，都经历了从Ⅰ型、Ⅱ型、Ⅲ型的发展过程。现以 DDZ-Ⅲ型温度变送器为例进行讨论。

1. DDZ-Ⅲ型温度变送器的构成及特点

图 2-21 所示为 4～20mA DC 输出型（或国产 DDZ-Ⅲ型）温度变送器的构成框图，它主要由量程单元和放大单元两部分组成，每一单元又包含若干具体组成部分。图中，空心箭头"⇒"表示供电回路，实心箭头"→"表示信号回路；量程单元包括输入回路和反馈回路，它是针对热电偶、热电阻及毫伏输入三种情况而设计的。输入回路可实现热电偶的冷端补偿、热电阻的三线制引入、零点调整与迁移以及量程调整等功能；反馈回路可实现热电偶与热电阻的非线性校正等功能。毫伏输入信号 u_i 和由测温元件送来的反映温度大小的输入信号与桥路部分的输出信号 u_z 及反馈信号 u_f 相叠加送入集成运算放大器。放大单元主要由集成运放、功率放大和隔离输出等电路组成。放大电路采用了高性能集成运算放大器；隔离输出有利于防爆性能的实现；放大单元直接由 24V DC 外部电源经"直-交-直"变换和整流、滤波后供电，便于消除由外部电源引入的干扰。

由 DDZ-Ⅲ型温度变送器的构成原理可知，它具有如下一些特点：

1）采用了线性集成运算放大电路，使仪表的精确性、可靠性、稳定性以及其他技术指

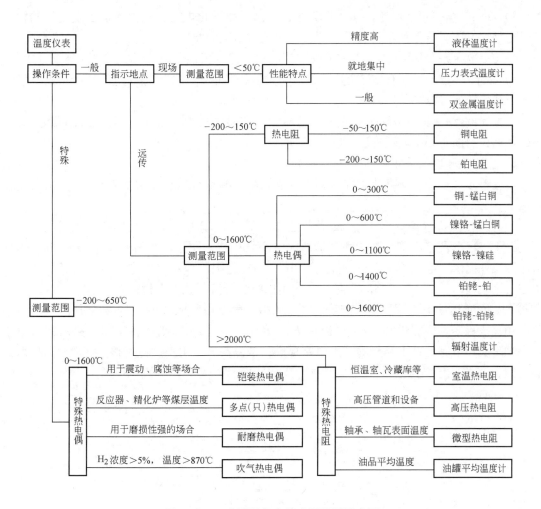

图 2-20 工业测温仪表的选用原则示意图

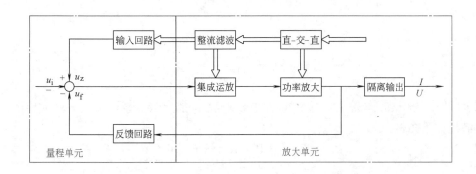

图 2-21 4~20mA DC 输出型温度变送器框图

标均符合国家规定的标准。

2）采用了通用模块与专用模块相结合的设计方法，使用灵活、方便。

3）在与热电偶或热电阻的接入单元中，采用了线性化电路，从而保证了变送器的输出信号与被测温度呈线性关系，大大方便了变送器与系统的配接。

4）采用了统一的24V DC集中供电，变送器内无电源，实现了"二线制"接线方式。

5）采取了安全火花（火花能量抑制）防爆措施，适用于具有爆炸危险场合中的温度或直流毫伏信号的检测。

由上述特点可见，DDZ-Ⅲ型温度变送器无论在器件技术还是在应用性能方面都具有明显的优点，因而得到了广泛的应用。

2. 量程单元的构成及工作原理

量程单元又包括直流毫伏量程单元、热电偶量程单元和热电阻量程单元，下面分别进行介绍。

（1）直流毫伏量程单元 直流毫伏量程单元如图2-22所示。它由图中点画线隔开的输入电路①、零点调整迁移电路②和反馈放大电路③构成。图中，直流毫伏信号 u_i 可以由任何检测元件提供；电阻 R_1、R_2 和稳压管 VD_1、VD_2 起限流作用，使进入生产现场的能量限制在安全限额以下；R_1、R_2 和 C_1 起滤波作用以减少交流干扰；电桥四臂电阻为 $R_3 \sim R_7$；电位器 RP_1（与 R_4 并联）用于零点迁移，u'_z 为 RP_1 滑动点所取的电压；u_z 为电桥的供电电源（由集成稳压电源提供）。反馈电路由 R_{f1}、R_{f2} 和电位器 RP_f 组成；反馈电路的输入电压 u_f 由功率放大电路的输出经隔离输出电路提供；电位器 RP_f 用于量程调整，其滑动点所取的电压为 u'_f，作用于集成运放 A_2 的反相端（该端电压为 u_F），A_2 同相端的电压为 u_T。

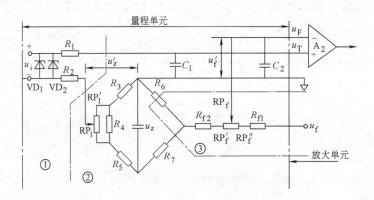

图2-22 直流毫伏量程单元

放大电路的输出 u_o 与输入信号 u_i 以及电桥电源 u_z 的定量关系可以很方便地导出。设有关元件满足如下条件：

$$\left.\begin{aligned}
&R_5 \gg R_3 + (RP_1 \mathbin{/\mkern-5mu/} R_4) = R_3 + RP'_1 \\
&R_5 = R_7 \\
&R_7 \gg R_6 \\
&R_1 \gg R_2 + RP_f
\end{aligned}\right\} \tag{2-26}$$

式中，"$\mathbin{/\mkern-5mu/}$"为并联符号。则有

$$u_{T} = u_{i} + \frac{RP_{1}' + R_{3}}{R_{5}} u_{z}$$
$$\left. u_{F} = \frac{R_{6} + R_{f2} + RP_{f}'}{R_{6} + R_{f2} + RP_{f} + R_{f1}} u_{f} + \frac{R_{6}}{R_{5}} u_{z} \right\} \tag{2-27}$$

假设运算放大器 A_2 是近似理想的，则有 $u_T \approx u_F$。再令

$$\frac{RP_{1}' + R_{3}}{R_{5}} = \mu$$
$$\frac{R_{6} + R_{f2} + RP_{f}'}{R_{6} + R_{f2} + RP_{f} + R_{f1}} = \beta \Bigg\} \tag{2-28}$$
$$\frac{R_{6}}{R_{5}} = \gamma$$

将式（2-28）代入式（2-27），经整理可得

$$u_{f} = \beta \left[u_{i} + (\mu - \gamma) u_{z} \right] \tag{2-29}$$

若在反馈放大电路的设计中，使输出电压 u_o 与反馈输入电压 u_f 之间的关系为 $u_o = 5u_f$，则有

$$u_{o} = 5\beta \left[u_{i} + (\mu - \gamma) u_{z} \right] \tag{2-30}$$

式（2-30）即为输出 u_o 与输入 u_i 以及电桥电源 u_z 的定量关系。根据标准统一信号的规定，当 $u_i = u_{imin} \sim u_{imax}$ 时，u_o 应为 $1 \sim 5V$ DC，假定 γ 已经确定，零点迁移和量程调整则由电位器 RP_1 和 RP_f 联合调整确定，这是因为单独调整其中任何一个都会对零点和量程产生影响，所以应相互配合同时调整电位器 RP_1 和 RP_f 才能达到所需的零点和量程。

（2）热电偶量程单元　热电偶电动势量程单元如图2-23所示。

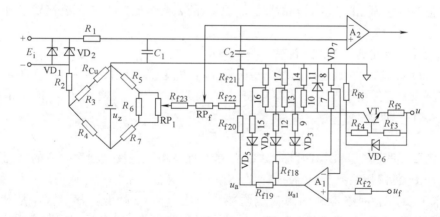

图 2-23　热电偶电动势量程单元

该量程单元与直流毫伏量程单元有两点区别。

1）输入信号由直流毫伏信号 u_i 变为热电偶的热电动势信号 E_i，该信号会随热电偶冷端温度的变化而变化，因而需要对其进行校正，其校正电压由铜电阻 R_{Cu} 变化的阻值提供。设 R_{Cu} 的阻值与冷端温度 t_0（低于 $150°C$）的关系近似为

$$R_{Cu}(t_0) = R_0(1 + \alpha t_0) \tag{2-31}$$

式中，$\alpha = 4.29 \times 10^{-3}/°C$；$R_0$ 为冷端温度 $0°C$ 时的铜电阻 R_{Cu} 的电阻值，其校正原理前面已经述及，这里不再重复。

2）在反馈电路中设计了非线性校正电路，以补偿热电偶的温度/热电动势特性存在的非线性，最终实现热电偶温度变送器输入/输出的线性特性，其线性化框图如图2-24所示。

图中，反馈电路的非线性特性是用分段线性化的曲线拟合的，它的工作原理可依据图2-23进行定性说明（图中反馈电压符号与图2-24中不同）。

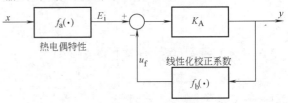

图2-24 线性化实现框图

当 $u_f = 0$ 时，则有 $u_{a1} = 0$。随着 u_f 的增大，u_{a1} 也随之增大。在 u_{a1} 的值尚未达到反向偏置稳压管 $VD_3 \sim VD_5$ 的击穿电压 u_{a1m1} 时，$VD_3 \sim VD_5$ 均不导通，放大器 A_1 的输出电压 u_{a1} 经过 R_{f18}、R_{f7} 支路反馈到 A_1 的反相端，u_a 和 u_f 的关系即为

$$u_a = K_1 u_f \tag{2-32}$$

可见，这一段的特性为线性特性，斜率为 K_1。

当 u_{a1} 超过 u_{a1m1} 而小于 u_{a1m2} 时，稳压管 VD_3 被击穿导通，但 $VD_4 \sim VD_5$ 未被击穿，放大器 A_1 的输出电压 u_{a1} 要经过 R_{f18}、R_{f7} 支路和 R_{f18}、R_{f9}、R_{f11}、R_{f8} 支路反馈到 A_1 的反相端，反馈强度较之第一段有所减弱，u_a 和 u_f 的关系转折为第二段线性特性，即为

$$u_a = K_2 u_f \tag{2-33}$$

显然第二段线性特性具有更大的斜率，即 $K_2 > K_1$。

当 u_{a1} 超过 u_{a1m2} 而小于 u_{a1m3} 时，稳压管 VD_4 也被击穿导通，但 VD_5 未被击穿，放大器 A_1 的输出电压 u_{a1} 除了要经过前两条支路外，还要经 R_{f18}、R_{f12}、R_{f14}、R_{f8} 支路反馈到 A_1 的反相端，反馈强度较之第二段又进一步减弱，u_a 和 u_f 的关系转折为第三段线性特性，即有

$$u_a = K_3 u_f \tag{2-34}$$

显然第三段线性特性具有更大的斜率，即 $K_3 > K_2$。

当 u_a 随 u_{a1} 的增大并超过 u_{a1m3} 时，稳压管 VD_5 也被击穿导通，放大器 A_1 的输出电压 u_{a1} 的反馈支路未变。但由于 VD_5 的击穿却使得 u_a 大大降低，从而使 u_a 和 u_f 的关系转折为第四段线性特性，即为

$$u_a = K_4 u_f \tag{2-35}$$

最后需要说明的是：①第四段的斜率 K_4 是在保持第三段反馈强度不变的情况下通过改变输出电压 U_a 的降压系数实现的，因而有 $K_4 < K_3$。诚然，在 VD_5 导通后，$(R_{f15} + R_{f17})$ 与 $(R_{f20} + R'_{f21})$ 并联，对参考地的等效电阻减小，从而使 u_a 降低。其中 R'_{f21} 为 R_{f21} 与 R_{f22}、RP_f、R_{f23} 和桥路（包括 RP_1、R_6、R_5、R_7）电阻的并联阻值；②各反向偏置稳压管的击穿电压由 VD_7 与相关电阻分压后提供，调节分压电阻的阻值即可获得所需的击穿电压，亦即获得折线的转折点；③折线的斜率也可通过调整各反馈电阻的阻值加以改变；④改变各折线的转折点电压和各折线的斜率，即可改变整个折线的形状，以适应不同热电偶非线性特性的校正要求。

热电偶量程单元的其他功能（如零点迁移、量程调整等）的实现与直流毫伏变送器量程单元无太大区别，这里不再赘述。

由四段折线组成的近似非线性曲线如图2-25所示。

（3）热电阻量程单元 热电阻量程单元如图2-26所示。

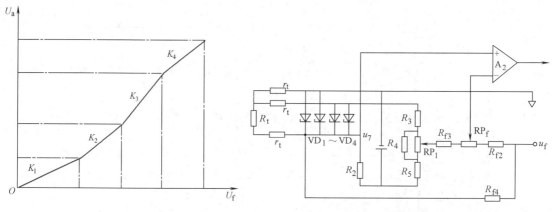

图 2-25　四段折线组成
的近似非线性曲线

图 2-26　热电阻量程单元

该量程单元与热电偶量程单元有如下区别：

1）用三线制接入电路取代了冷端温度补偿电路。

2）对铂电阻测温进行了非线性校正。由于铂电阻的分度特性（参见附录 B）是一个单调的"类饱和"特性，即为上凸形曲线，因此需要产生一个下凹形曲线进行补偿；而对铜电阻，由于在测温范围内具有良好的线性度，所以无需采取线性化措施。

3）非线性校正不是采用折线拟合方法而是采用正反馈方法。

图2-26中，R_{f4} 与 R_t 串联构成分压器，在 R_t 上取反馈电压 u_f 的分压输入集成运放 A_2 的同向端，从而构成正反馈，它的作用原理是：当 t 增加时使 R_t 上的电压增长呈上凸形特性，但正反馈却因 R_t 上电压的增加使 A_2 的输出增长呈下凹形特性。两者相互作用的结果导致 R_t 上的电压随 t 的增加而增加时，A_2 的输出增长呈线性特性。

3. 放大单元的构成及工作原理

温度变送器的放大单元是为前述三种量程单元统一设计的单元电路，如图2-27所示。

该放大单元由直流-交流-直流变换电路、集成运放电路、功率放大电路、输出电路和反馈电路五部分组成。设计直流-交流-直流变换电路的目的是为了阻断高电平的共模电压干扰信号沿信号线窜入仪表系统、降低信号传递通道上的能量水平、确保仪表的安全防爆性能。这一功能是通过变压器将输入、输出、电源三者进行隔离实现的。采用变压器一方面是阻断有害的共模干扰，另一方面则使有效信号以差模方式顺利传递。在该变换电路中，晶体管 VT_1、VT_2 和变压器 T_{r1} 的一次侧构成多谐振荡器而将由外部集中供电的24V DC 电源电压转换成方波形交流电压；再由 T_{r1} 的二次侧将交流信号经整流、滤波和稳压后由端子8、9送往热电偶量程单元中的集成运算放大器 A_1，作为它的供电电源；由端子5、10送往各量程单元的集成稳压器，为电桥电路提供电源电压 u_z 并为放大器 A_2、功率放大管 VT_{a1}、VT_{a2} 提供电源电压。

功率放大器由晶体管 VT_{a1}、VT_{a2} 构成复合管，以提高输入阻抗。其输出直流电流在交流方波（由 T_{r1} 的二次侧提供）的激励下在变压器 T_{r2} 的一次侧产生交流电流，再经变压器 T_{r2} 的二次侧，一方面经二极管 $VD_{01} \sim VD_{04}$ 的桥式全波整流电路，并经 R_{01}、C_{01} 滤波产生 4 ~ 20mA DC 电流输出信号，进而在电阻 R_{02} 上产生 1 ~ 5V DC 电压输出信号；另一方面则经变压器 T_{r3} 的一次侧、二次侧，并通过 $VD_{f1} \sim VD_{f4}$ 整流，R_{f1}、C_{f1} 滤波，在端子5、11 之间产生

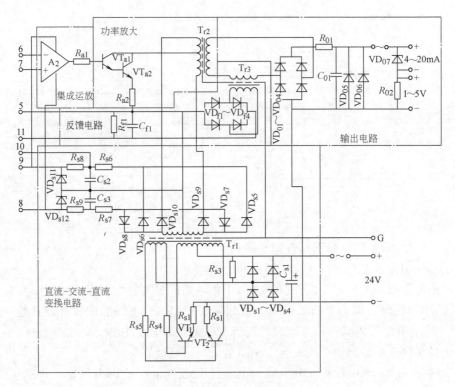

图 2-27　放大单元的电路原理图

直流电压 u_f，作为前述各量程单元的反馈电压信号。

2.2.3　智能式温度变送器

为适应现场总线控制（在第 9 章介绍）的要求，近年来出现了基于微处理器技术和通信技术的智能式温度变送器。智能式温度变送器体现了现场总线控制的特点，其精度、稳定性和可靠性均比模拟式温度变送器优越，因而发展十分迅速。

2.2.3.1　智能式温度变送器的特点与结构

1. 智能式温度变送器的特点

（1）通用性强　智能式温度变送器可以与各种热电阻或热电偶配合使用，并可接受其他传感器输出的电阻或毫伏（mV）信号；具有较宽的零点迁移和量程调整范围，测量精度高，性能稳定、可靠。

（2）使用灵活　通过上位机或手持终端可以对它所接受的传感器类型、规格以及量程进行任意组态，并可对它的零点和满度值进行远距离调整，使用灵活。

（3）多种补偿校正功能　可以实现对不同分度号热电偶、热电阻的非线性补偿、热电偶的冷端温度校正以及零点、量程的自校正等，补偿与校正精度高。

（4）控制功能　智能式温度变送器的软件提供了多种与控制功能有关的功能模块，用户可通过组态实现现场就地控制。

（5）通信功能　可以与其他各种智能化的现场控制设备以及上位机实现双向数据通信。

（6）自诊断功能 可以定时对变送器的零点和满度值进行自校正，以抑制漂移的影响；对输入回路和输出回路断线、对变送器内部各芯片工作异常均能及时进行诊断报警。

2. 智能温度变送器的结构

从整体结构上看，智能温度变送器由硬件和软件两部分组成。硬件部分包括微处理器电路、输入/输出电路、人机界面等；软件部分包括系统程序和用户程序。

从电路结构看，智能温度变送器包括传感器部件和电子部件两部分。传感器部件部分视测温需要和设计原理而异；电子部件部分由微处理器、A/D 转换器与 D/A 转换器等组成。各种产品在电路结构上各具特色。

2.2.3.2 智能温度变送器实例

由于智能温度变送器具有许多突出的优点，因而发展十分迅速，产品种类也很多。下面仅以 SMART 公司的 TT302 温度变送器为例进行介绍。

1. 概述

TT302 温度变送器是一种符合现场总线基金会（Fieldbus Foundation，FF）通信协议的现场总线智能仪表，它可以与各种热电阻或热电偶配合使用测量温度，也可以和其他具有电阻或毫伏（mV）输出的传感器配合使用以测量其他物理参数，具有量程范围宽、精度高、受环境温度和振动影响小、抗干扰能力强、体积小、重量轻等优点。

TT302 温度变送器还具有控制功能，其软件系统提供了多种与控制功能有关的功能模块，用户可通过组态实现所要求的控制策略，体现了现场控制的特点。

2. 硬件构成

TT302 温度变送器的硬件构成原理框图如图2-28所示。

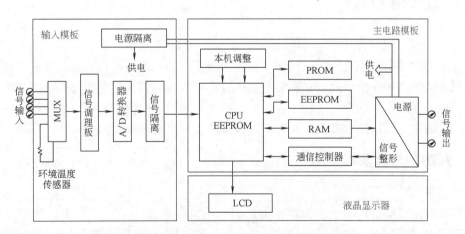

图 2-28 TT302 温度变送器的硬件构成原理框图

在结构上，它由输入模板、主电路模板和显示器三部分组成。

（1）输入模板 输入模板由多路转换器（MUX）、信号调理电路、A/D 转换器和隔离部分组成。其中，多路转换器根据输入信号的类型，将相应信号送入信号调理电路，由信号调理电路进行放大，再由 A/D 转换器将其转换为相应的数字量；隔离部分又有信号隔离和电源隔离：信号隔离采用光电隔离，用于 A/D 转换器与 CPU 之间的信号隔离；电源隔离采用高频变压器隔离，即将供电直流电源先调制成高频交流，通过高频变压器后经整流、滤波转换成直流电压，为输入模板电路提供电源。隔离的目的是消除干扰对系统工作的影响。

输入模板上的环境温度传感器用于热电偶的冷端温度补偿。

（2）主电路模板（简称主板） 主板由微处理器系统、通信控制器、信号整形电路、本机调整和电源等组成，它是变送器的核心部件。

微处理器系统由 CPU 和存储器组成。CPU 负责控制与协调整个仪表各部分的工作，包括数据传送、运算、通信等；存储器用于存放系统程序、运算数据、组态参数等。

通信控制器和信号整形电路、CPU 共同完成数据通信任务。

本机调整用于变送器就地组态和调整。

电源部分将供电电压转换为变送器内部各芯片所需电压，为各芯片供电；供电电压与输出信号共用通信电缆，与二线制模拟式变送器类似。

（3）显示器 显示器为液晶式微功耗数字显示器，可显示四位半数字和五位字母。

3. 软件构成

TT302 温度变送器的软件分为系统程序和功能模块两大部分。系统程序使变送器各硬件电路能正常工作并实现所规定的功能，同时完成各部分之间的管理；功能模块提供了各种功能，用户可以通过选择以实现所需要的功能。

TT302 等智能式温度变送器还有其他许多功能。例如，用户可以通过上位机或挂接在现场总线通信电缆上的手持式组态器，对变送器进行远程组态，调用或删除功能模块；对于带有液晶显示的变送器，也可以用编程工具对其进行本地调整等。

2.3 压力的检测与变送

压力是生产过程控制中的重要参数。许多生产过程（尤其是化工、炼油等生产过程）都是在一定的压力条件下进行的。例如，高压容器的压力不能超过规定值；某些减压装置则要求在低于大气压的真空下进行；在某些生产过程中，压力的大小还直接影响产品的产量与质量。此外，压力检测的意义还在于，其他一些过程参数如温度、流量、液位等往往要通过压力来间接测量。所以压力的检测在生产过程自动化中具有特殊的地位。

2.3.1 压力的概念及其检测

1. 压力的概念

所谓压力是指垂直作用于单位面积上的力，用符号 P 表示。在国际单位制中，压力的单位是帕斯卡（简称帕，用符号 Pa 表示，$1Pa = 1N/m^2$），它也是我国压力的法定计量单位。目前在工程上，其他一些压力单位还在使用，如工程大气压、标准大气压、毫米汞柱、毫米水柱等，它们之间的换算关系见表2-4。

由于参考点不同，在工程上又将压力表示为如下几种：

（1）差压（又称压差，记为 Δp） 差压是指两个压力之间的相对差值。

（2）绝对压力（记为 p_{abs}） 绝对压力是指相对于绝对真空所测得的压力，如大气压力（记为 p_{atm}）就是环境绝对压力。

表 2-4　部分压力单位的换算关系

单位名称	1 帕斯卡（Pa）	1 标准大气压（atm）	1 工程大气压（kgf/cm²）	1 毫米水柱（mmH₂O）	1 毫米汞柱（mmHg）
1 帕斯卡（Pa）	1	9.86924×10^{-6}	1.01972×10^{-5}	1.01972×10^{-1}	7.50064×10^{-3}
1 标准大气压（atm）	1.01325×10^{5}	1	1.03323	10332.2	760
1 工程大气压（kgf/cm²）	9.80665×10^{-5}	0.96784	1	10000	735.562
1 毫米水柱（mmH₂O）	9.80665	9.6784×10^{-5}	1×10^{-4}	1	0.735562×10^{-1}
1 毫米汞柱（mmHg）	133.322	1.31579×10^{-3}	1.35951×10^{-3}	13.5951	1

（3）表压（记为 p_g）　表压是指绝对压力与当地大气压力之差。

（4）负压（又称真空度，记为 p_v）　负压是指当绝对压力小于大气压力之时，大气压力与绝对压力之差。

各种压力之间的关系如图 2-29 所示。

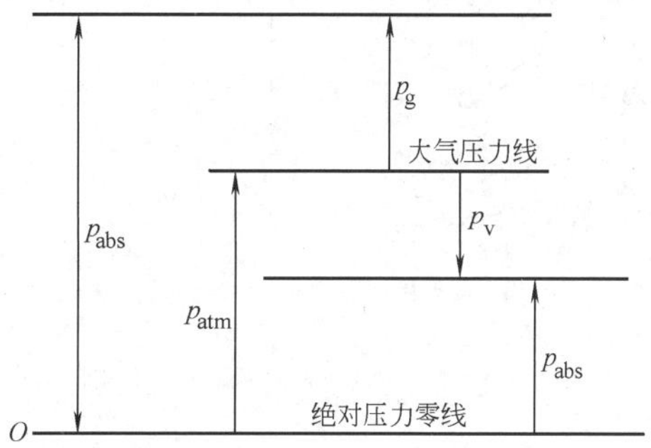

通常情况下，各种工艺设备和检测仪表均处于大气压力之下，因此工程上经常用表压和真空度来表示压力的大小，一般压力仪表所指示的压力即为表压或真空度。

2. 弹性式测压元件及其原理

在现代工业生产过程中，由于被测压力的范围很宽，测量的条件与精度要求各异，因而测压元件的种类也很多，按其转换原理不同，可分为基于弹性变形的弹性式测压元件、基于静力学原理的液柱式测压元件、基于液压传递的活塞式测压元件和基于压电转换原理的电气式测压元件等。由于基于弹性变形的测压元件在工业生产应用中占有重要地位，为此进行重点介绍。

工业上最常用的弹性式测压元件有弹簧管、波纹管、弹性膜片（膜盒）等，如图2-30所示。

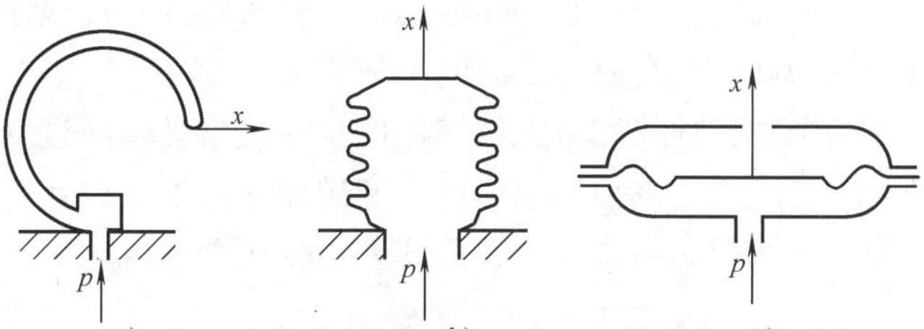

（1）弹簧管　弹簧管是由法

图 2-29　各种压力之间关系示意图

图 2-30　弹性式测压元件
a）弹簧管　b）波纹管　c）弹性膜片

国人波登发明的，所以又称波登管。它是一种弯成圆弧形的空心金属管子，其横截面是扁圆形或椭圆形的。它的固定端开口、自由端封闭，如图2-30a所示。当被测压力从固定端输入后，由于弹簧管的非圆横截面，使它有变成圆形并伴有伸直的趋势，使自由端产生位移。由于输入压力 p 与弹簧管自由端的位移成正比，所以只要测出自由端的位移量就能够反映压力 p 的大小，这就是弹簧管的测压原理。有时为了使自由端有较大的位移，常采用多圈弹簧管，即将弹簧管制成盘形或螺旋形，其工作原理与单圈弹簧管相同。

若在弹簧管自由端装上指针，配上传动机构和压力刻度，即可制成就地指示式压力表；若通过适当的转换元件将自由端位移变成电信号，即可进行远距离输送。所以弹簧管是目前工业上用得最多的弹性式测压元件之一。

（2）波纹管 波纹管是一种轴对称的波纹状薄壁金属筒体，当它受到轴向压力作用时能使自由端产生较大的伸长或收缩位移，如图2-30b所示。若将它和弹簧组合使用，可以获得较好的线性度，如图2-31所示。

（3）膜片与膜盒 膜片是一种沿外缘固定的片状圆形薄板或薄膜，如图2-30c所示，若将两块膜片沿周边固定、两膜片之间充以液体（如硅油），就构成膜盒。膜盒的具体结构如图2-32 所示。

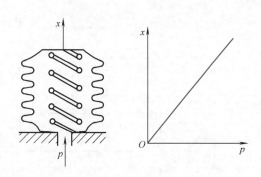

图 2-31 波纹管与弹簧的组合及其特性

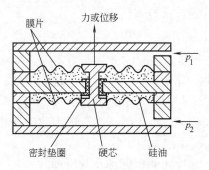

图 2-32 膜盒的结构示意图

图中，两个金属膜片分别位于膜盒的两个测量室内，由硬芯将它们连接在一起；当被测压力 p_1、p_2 分别引入两测量室时，根据差压的正负，膜片做相应移动，并通过硬芯输出位移或力；硅油的作用一是传递压力，二是对膜片起过载保护作用；密封垫圈可阻止硅油继续流动，以保证膜片受单向压力时不致损坏。

上述各种弹性式测量元件输出的位移或力必须经过变送器才能变为标准统一电信号。目前使用较为广泛的电动模拟式压力变送器有力矩平衡式差压变送器和电容式差压变送器；为适应现场总线控制的要求，智能式差压变送器也得到了迅速发展。

2.3.2 DDZ-Ⅲ型力矩平衡式差压变送器

DDZ-Ⅲ型力矩平衡式差压变送器是基于力矩平衡原理工作的，其结构包括测量部分、杠杆系统、位移检测放大器、电磁反馈机构等。测量部分将被测差压 Δp_i（正、负压室压力之差）转换成相应的作用力 F_i，该力与反馈机构输出的作用力 F_f 一起作用于杠杆系统，引起杠杆上的检测片产生微小位移，再经过位移检测放大器将其转换成统一的电流或电压信号。其原理框图如图2-33所示，其结构示意图如图 2-34 所示。

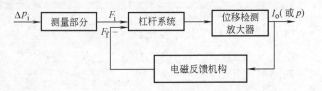

图 2-33 DDZ-Ⅲ型力矩平衡式差压变送器原理框图

1. 测量部分

测量部分的作用是将被测差压 Δp（$\Delta p = p_1 - p_2$）转换成输入力 F_i。输入力 F_i 与差压 Δp_i 的关系为

$$F_i = A\Delta p_i \tag{2-36}$$

式中，A 为测量膜片的有效面积，近似为常量。图中的轴封膜片为主杠杆的弹性支点，同时又起密封作用。

2. 杠杆系统

杠杆系统的作用是进行力的传递和力矩比较。它的受力分析如图 2-35 所示。

由图 2-35 可见，输入力 F_i 经主杠杆转换成 F_1，其转换关系为

$$F_1 = \frac{l_1}{l_2}F_i \tag{2-37}$$

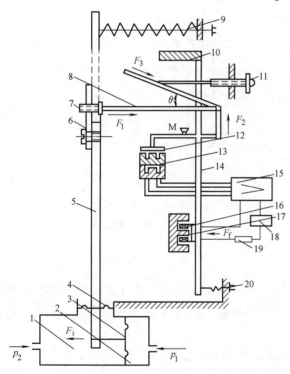

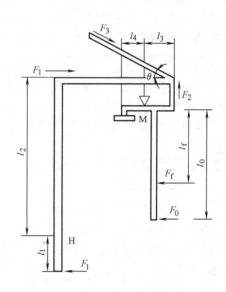

图 2-34　DDZ-Ⅲ型力矩平衡式差压变送器结构示意图

1—低压室　2—高压室　3—测量元件　4—轴封膜片
5—主杠杆　6—过载保护簧片　7—静压调整螺钉
8—矢量机构　9—零点迁移弹簧　10—平衡锤
11—量程调整螺钉　12—检测片（衔铁）
13—差动变压器　14—副杠杆　15—放
大器　16—反馈动圈　17—永久磁铁
18—电源　19—负载　20—调零弹簧

图 2-35　杠杆系统的受力分析图

F_0—调零弹簧张力　l_1，l_2—F_i，F_1 到主杠
杆支点 H 的力臂　l_3，l_0，l_f—F_2，F_0，F_f
到副杠杆支点 M 的力臂　l_4—检测片到副
杠杆支点 M 的距离　θ—矢量角

F_1 经矢量机构被分解为两个分力 F_2、F_3。F_3 消耗在矢量板上，不起任何作用，F_2（$F_2 = F_1\tan\theta$）垂直作用于副杠杆上，并使其以支点 M 为中心逆时针偏转带动副杠杆上的衔铁

（位移检测片）改变与差动变压器的距离，距离的变化量通过位移检测放大器转换为 4 ~ 20mA 直流电流 I_0，作为变送器的输出信号；同时，该电流又通过电磁反馈装置，产生电磁反馈力 $F_f = K_f I_0$（K_f 为反馈系数），使副杠杆顺时针偏转。当 F_i 与 F_f 对杠杆系统产生的力矩 M_i 与 M_f 达到平衡时，变送器便达到一个新的稳定状态。此外，调零弹簧的张力 F_0 也作用于副杠杆，并与 F_2、F_f 共同构成力矩平衡系统，三个力矩分别为

$$M_i = l_3 F_2, \quad M_f = l_f F_f, \quad M_0 = l_0 F_0 \tag{2-38}$$

3. 位移检测放大器

位移检测放大器是一个位移/电流转换器，其作用是将副杠杆上检测片的微小位移转换成 4 ~ 20mA DC 的输出电流。

位移检测放大器由检测变压器与振荡电路、整流滤波及功率放大器等部分组成。

（1）检测变压器与振荡电路　检测变压器与振荡电路如图 2-36 所示。

在图 2-36a 中，检测变压器由检测片、磁心和四组线圈组成。变压器一次侧两组线圈同相分别绕在上、下心柱上，二次侧两组线圈反相绕在上、下心柱上。在上、下磁心的中心柱之间有一固定的气隙。对二次侧而言，上磁心磁路空气隙的长度 δ 随检测片的位移而改变，而下磁心磁路空气隙的长度 δ_0 是固定不变的。

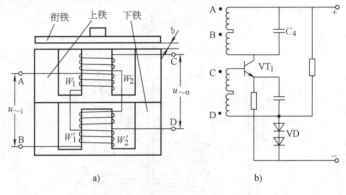

图 2-36　检测变压器与振荡电路
a）检测变压器　b）振荡电路

若在变压器一次侧加一交流励磁电压 $u_{\sim i}$，则二次侧便产生感应电压 $u_{\sim o} = e_2 - e_2'$。当 $u_{\sim i}$ 一定时，e_2' 为一固定值，e_2 则随检测片位移而变化，因而有 $u_{\sim o} = u_{\sim o}(\delta)$。若磁心中心柱面积等于其外磁环的截面积，且当 $\delta = \frac{1}{2}\delta_0$ 时，上、下磁路相同，$e_2 = e_2'$，则 $u_{\sim o} = 0$。当 $\delta < \frac{1}{2}\delta_0$ 时，$u_{\sim o}$ 与 $u_{\sim i}$ 同相；当 $\delta > \frac{1}{2}\delta_0$ 时，$u_{\sim o}$ 与 $u_{\sim i}$ 反相。将变压器的绕组引入图 2-36b 的电子电路就构成了振荡器。

在图 2-36b 中，变压器一次侧线圈电感 L_{AB} 与电容 C_4 组成并联谐振回路作为晶体管 VT_1 的集电极负载构成选频放大器，并将二次侧线圈电感 L_{CD} 接入基-射极回路，形成自激振荡器。该振荡器的工作过程为：当向基极输入一交流电压 $u_{CD} > 0$，经晶体管放大后集电极输出电压为 u_{AB}，u_{AB} 经变压器耦合又反馈到基极。如果 $u_{AB} = u_{CD}$，则振荡幅度稳定；如果 $u_{AB} \neq u_{CD}$，则振荡幅度增加或减少，最后稳定在放大特性与反馈特性的交点 O 或 Q 处，如图 2-37 所示。

因为只有 $u_{CD} > 0$，晶体管才能工作，所以稳定

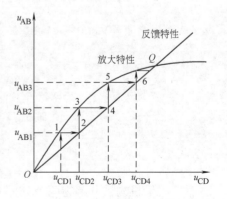

图 2-37　稳态振荡幅度的建立过程

点只能在 Q 点。由图 2-38 可知，Q 是随反馈特性的变化而变化的，而反馈特性又随铁心位移的变化而变化，所以位移量 δ 将决定振荡器的输出幅度。

位移检测放大器的电路原理如图 2-38 所示。

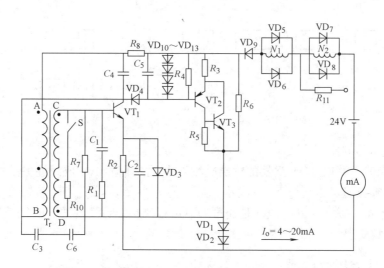

图 2-38   位移检测放大器的电路原理图

（2）整流滤波与功率放大   在图 2-38 中，振荡放大器输出的交流信号经二极管 VD$_4$ 检波，R_8、C_5 滤波后送到功率放大器。功率放大器由晶体管 VT$_2$、VT$_3$ 和电阻 R_3、R_4、R_5 组成。它将整流滤波后的直流电压信号经放大转换成 4~20mA 直流电流输出。

4. 电磁力反馈机构

电磁力反馈机构由永久磁钢和反馈动圈组成。反馈动圈与副杠杆相固定并与永久磁钢产生磁联系，即当放大器的输出电流 I_o 流经反馈动圈时将产生反馈力 F_f，进而产生反馈力矩，使整个系统保持动态平衡。

图 2-38 中其他元件的作用是：电阻 R_6 与二极管 VD$_1$、VD$_2$ 构成晶体管 VT$_1$ 的偏置电路。二极管 VD$_3$ 用以限制电容 C_2 两端的电压，防止其放电时产生非安全火花。二极管 VD$_5$~VD$_8$ 为反馈动圈提供泄放通路，防止反馈动圈开路时发生火花。二极管 VD$_{10}$~VD$_{13}$ 用以限制电容 C_5 两端的电压，防止其放电时产生非安全火花。二极管 VD$_9$ 用以防止电源反接。R_8 为二极管 VD$_4$ 击穿短路、C_5 放电时的限流电阻。R_{10}、R_{11} 的接入与否均可实现量程的粗调（量程的细调由矢量机构完成）。

5. 整机特性

综合以上分析，可得 DDZ-Ⅲ型力矩平衡式差压变送器的整机框图，如图 2-39 所示。

由图 2-39 可得其输入/输出关系为

$$I_o = \frac{K}{1 + KK_f l_f}\left(\Delta p_i A \frac{l_1 l_3}{l_2}\tan\theta + F_0 l_0 \right) \tag{2-39}$$

若 $KK_f l_f \gg 1$ 时，则有

$$I_o = \frac{l_1 l_3}{l_2 K_f l_f}A\tan\theta\Delta p_i + \frac{l_0}{K_f l_f}F_0 = K_i \Delta p_i + K_0 F_0 \tag{2-40}$$

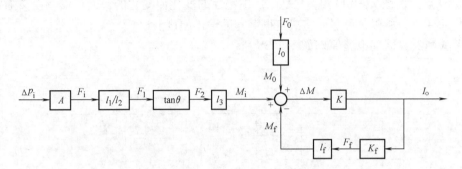

图 2-39 DDZ-Ⅲ型力矩平衡式差压变送器的整机框图

式中，K_i 为变送器的比例系数。

由式（2-40）可知：①变送器的输出电流 I_o 与输入信号 Δp_i 成线性关系；②$K_0 F_0$ 为调零项，调整调零弹簧可以调整 F_0 的大小，从而使 I_o 在 $\Delta p_i = \Delta p_{imin}$ 时为 4mA DC；③改变 θ 和 K_f 可以改变 K_i 的大小，θ 的改变是通过调节量程调整螺钉实现的，K_f 的改变是通过改变反馈动圈的匝数实现的。

2.3.3 电容式差压变送器

电容式差压变送器采用差动电容作为检测元件，无机械传动和调整装置，因而具有结构简单、精度高（可达 0.2 级）、稳定性好、可靠性高与抗振性强等特点。

电容式差压变送器由检测部件和转换放大电路组成，其构成框图如图 2-40 所示。

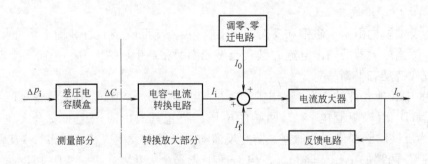

图 2-40 电容式差压变送器的构成框图

1. 检测部件

图 2-41 所示为检测部件结构示意图。它由感压元件、正负压室和差动电容等组成。检测部件的作用是将输入差压 Δp_i 转换成电容量的变化。

由图 2-41 可见，当压力 p_1、p_2 分别作用到隔离膜片时，通过硅油将其压力传递到中心感压膜片（为可动电极）。若差压 $\Delta p_i = p_1 - p_2 \neq 0$，可动电极将产生位移，并与正负压室两个固定弧形电极之间的间距不等，形成差动电容。如果把 p_2 接大气，则所测差压即为 p_1 的表压。

设输入差压 Δp_i 与可动电极的中心位移 Δd 的关系为

$$\Delta d = K_1(p_1 - p_2) = K_1 \Delta p_i \tag{2-41}$$

式中，K_1 为由膜片材料特性与结构参数确定的系数。

设可动电极与正负压室固定电极的距离分别为 d_1 与 d_2，形成的电容分别为 C_1、C_2。当 $p_1 = p_2$ 时，则有 $C_1 = C_2 = C_0$，$d_1 = d_2 = d_0$；当 $p_1 > p_2$ 时，则有 $d_1 = d_0 + \Delta d$，$d_2 = d_0 - \Delta d$。根据理想电容计算公式，有

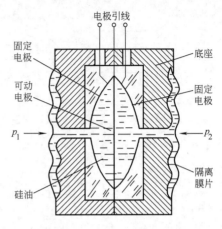

图 2-41　检测部件结构示意图

$$\left. \begin{aligned} C_1 &= \frac{\varepsilon A}{d_0 + \Delta d} \\ C_2 &= \frac{\varepsilon A}{d_0 - \Delta d} \end{aligned} \right\} \tag{2-42}$$

式中，ε 为极板间介质的介电常数；A 为极板面积。

此时，两电容之差与两电容之和的比值为

$$\frac{C_2 - C_1}{C_2 + C_1} = \frac{\varepsilon A \left(\dfrac{1}{d_0 - \Delta d} - \dfrac{1}{d_0 + \Delta d} \right)}{\varepsilon A \left(\dfrac{1}{d_0 - \Delta d} + \dfrac{1}{d_0 + \Delta d} \right)} = \frac{\Delta d}{d_0} = K_2 \Delta d \tag{2-43}$$

将式（2-41）代入式（2-43），可得

$$\frac{C_2 - C_1}{C_2 + C_1} = K_1 K_2 (p_1 - p_2) = K_3 \Delta p_i \tag{2-44}$$

可见，检测部件把输入差压线性地转换成两电容之差与两电容之和的比值。

2. 转换放大电路

转换放大电路如图 2-42 所示。它由电容/电流转换电路、振荡器电流稳定电路、放大电路与量程调整环节等组成。

（1）电容/电流转换电路　图中，由振荡器提供的稳定高频电流应通过差动电容 C_1、C_2 进行分流、再经二极管检波后分别为 I_{VD1} 与 I_{VD2}。它们又分别流经 R_1' 和 R_2'，汇合后的 I_{VD} 再流经 R_3'。由此可得如下关系：

$$\left. \begin{aligned} I_{VD} &= I_{VD1} + I_{VD2} \\ I_{VD1} &= \frac{C_2}{C_1 + C_2} I_{VD} \\ I_{VD2} &= \frac{C_1}{C_1 + C_2} I_{VD} \\ I_{VD1} - I_{VD2} &= \frac{C_2 - C_1}{C_1 + C_2} I_{VD} = K_3 \Delta p_i I_{VD} \end{aligned} \right\} \tag{2-45}$$

令 $u_{R_1} = I_{VD1} (R_1' + R_3')$，$u_{R_2} = I_{VD2} (R_2' + R_3')$，$u_{R_3} = I_{VD} R_3'$，并设 $R_1' = R_2' = R_3'$，则有

$$\frac{u_{R_1} - u_{R_2}}{u_{R_3}} = \frac{2(C_2 - C_1)}{C_2 + C_1} = 2K_3 \Delta p_i \tag{2-46}$$

式中，K_3 为常量。

若能使 I_{VD} 为常量，则有

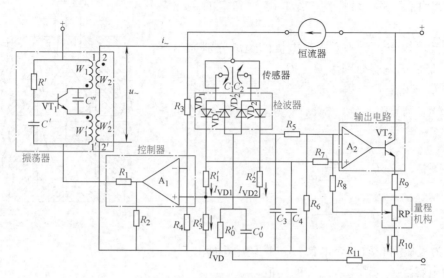

图 2-42 转换放大电路原理图

$$I_{VD1} - I_{VD2} = \frac{2I_{VD}(C_2 - C_1)}{C_2 + C_1} = K'(C_2 - C_1) = K\Delta p_i \tag{2-47}$$

式中，K'、K 均为常量。

由式（2-47）可见，电容/电流转换电路将差动电容（或压差）转换成了差动电流。

（2）放大电路与量程调整 该电路将差动电流引入放大器 A_2 的输入端，经放大后由射极跟随器 VT_2 转换成 4～20mA DC 输出。改变电位器 RP 的滑动抽头位置即可改变反馈强度从而改变量程。关于零点调整与迁移由外加电信号完成，这里从略。

（3）振荡器电流稳定电路 振荡器电流稳定电路的作用是使 I_{VD}（或 $i_\sim$）为常量，以满足式（2-47）成立的条件。图中，振荡器为 LC 型振荡器。电路中绕组 W_1 和 W'_1 按图示同名端（以圆点"·"表示）配置，以满足振荡器起振的正反馈条件（如集电极电位下降时，通过变压器耦合使发射极电位也下降，从而加剧了集电极电位的进一步下降；反之亦然）。有关稳幅振荡的建立与位移检测放大电路中振荡器的原理类似，这里不再重述。为了满足式（2-47）成立的条件，振荡器输出电流由放大器 A_1 的输出电压进行控制，其控制过程为：当电流 I_{VD} 或 $i_\sim$ 因受到某种干扰而增大时，u_{R_3} 相应增大，放大器 A_1 的输出电压也相应增高，因而使振荡器的基/射极的供电电压减小，基极电流也相应减小，导致振荡器的输出电流减小，最终使 I_{VD} 或 $i_\sim$ 保持不变。从而满足了式（2-47）成立的条件。

2.3.4 智能式差压变送器

目前实际应用的智能式差压变送器种类较多，结构各有差异，但总体结构相似，都分为硬件与软件两部分。现以 1151 智能式差压变送器为例介绍其构成原理。

1. 1151 智能式差压变送器的特点

1151 智能式差压变送器是在模拟的电容式差压变送器基础上开发的一种智能式变送器，它具有如下特点：

1）测量精度高，基本误差仅为 ±0.1%，而且性能稳定、可靠。

2）具有温度、静压补偿功能，以保证仪表精度。

3）具有数字、模拟两种输出方式，能够实现双向数据通信。

4）具有数字微调、数字阻尼、通信报警、工程单位换算和有关信息的存储等功能。

2. 硬件构成及其功能

1151 智能式差压变送器的硬件构成原理框图如图 2-43 所示。

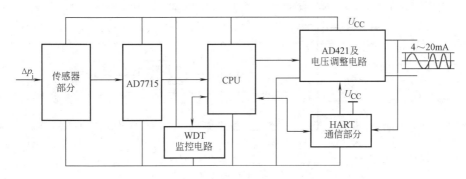

图 2-43　1151 智能式差压变送器的硬件构成原理框图

各部分的功能原理简介如下：

（1）传感器部分　传感器部分的作用是将输入差压转换成 A/D 转换器所要求的 0 ~ 2.5V 电压信号。1151 智能式差压变送器检测元件采用电容式压力传感器，它的工作原理与模拟式电容差压变送器相同，这里不再赘述。为适应低功耗放大器的供电要求，传感器部分采取 5V 电源供电，其工作电流为 0.8mA 左右。

（2）A/D 转换器　A/D 转换器采用的是 AD7715 芯片。该芯片带有前置放大器，可直接接受传感器的直流低电平输入信号，实现 16 位的高精度模/数转换并输出串行数字信号；它还具有自校准功能，可以消除零点误差、满量程误差及温度漂移的影响。

（3）CPU　CPU 采用 AT89S8252 微处理器，并与 MCS-51 微处理器兼容。该处理器提供了 8KB 的 Flash ROM、2KB 的 EEPROM、256B 的 RAM、32 个可编程 I/O 口线、两个 DPTR、三个 16 位定时/计数器、一个全双工串行口以及可编程看门狗、振荡器与时钟电路等。

（4）HART 通信部分　HART 通信部分是实现 HART 协议物理层的硬件电路，它的作用是实现二进制的数字信号与 FSK 信号之间的相互转换，其原理如图2-44 所示。图中，HT2012 由调制器、解调器、载波监测电路和时基电路构成。二进制数字信号由 ITXD 引脚输入，经调制器调制成 FSK 信号由 OTXA 端子输出；由 IRXA 引脚输入的 FSK 信号经解调器解调成二进制数字信号由 ORXD 端子输出；调制器与解调器受 INTERS 端子的电平控制，即由 CPU 控制；当 4 ~ 20mA 直流信号中叠加有数字信号时，载波监测电路的输出 OCD 为低电平，否则为高电平；时基电路用于产生调制器与解调器所需的时间基准信号；带通滤波器只允许通过某一频段的信号（约为 1200 ~ 2200Hz），用于抑制接收信号中的感应噪声；整形电路是为了使输出信号波形满足 HART 物理层规范要求。

（5）数/模转换及电压调整电路　数/模转换器 AD421 及电压调整电路如图 2-45 所示。图中，AD421 为数/模转换器芯片，它的作用有：

1）将 CPU 输入的数字信号转换为 4 ~ 20mA 的直流电流信号。

2）将通信部分输入的数字信号叠加在 4 ~ 20mA 直流电流上一起输出。

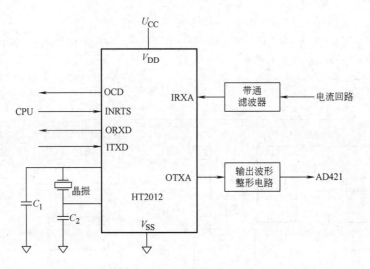

图 2-44 HART 通信电路原理图

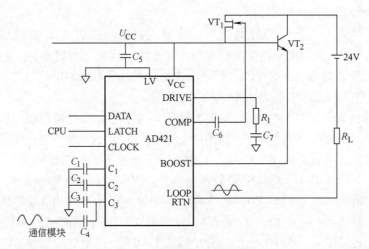

图 2-45 AD421 及电压调整电路

3）与场效应晶体管等组成电压调整电路，其作用是将 24V 直流电压转换为 5V 直流电压为各部分供电。

（6）监控电路 监控电路的作用是对 CPU 的工作状态进行保护，即当 CPU 工作不正常时，使 CPU 产生不可屏蔽的中断，对正在处理的数据进行保护，并经过一段等待时间后使 CPU 恢复正常工作；此外，当电源波动时，将产生复位信号以防止电源干扰对 CPU 的影响。

3. 软件构成

1151 智能式差压变送器的软件由两部分组成，即测控程序和通信程序。

测控程序包括 A/D 采样程序、非线性补偿程序、量程转换程序、线性或开方输出程序、阻尼程序以及 D/A 输出程序等。

通信程序是实现 HART 协议数据链路层和应用层的软件，有关内容将在第 9 章中介绍。

2.4　流量的检测与变送

2.4.1　流量的概念与检测方法

1. 流量的基本概念

和温度、压力一样，流量也是过程控制中的重要参数。它是判断生产状况、衡量设备运行效率的重要指标，例如，在许多工业生产中，一方面用测量和控制流量来确定物料的配比与消耗，以实现生产过程自动化和最优控制；另一方面，还需将介质流量作为生产操作和控制其他参数（如温度、压力、液位等）的重要依据。所以，对流量的测量与控制是实现生产过程自动化的一项重要任务。

在工程上，常把单位时间内流过工艺管道某截面的流体数量称为瞬时流量，而把某一段时间内流过工艺管道某截面的流体总量称为累积流量。

瞬时流量和累积流量可以用体积表示，也可以用重量或质量表示。

（1）体积流量　以体积表示的瞬时流量用 q_v 表示，单位为 m^3/s；以体积表示的累积流量用 Q_v 表示，单位为 m^3。它们的计算式分别为

$$\begin{cases} q_v = \int_A v\mathrm{d}A = \bar{v}A \\ Q_v = \int_0^t q_v \mathrm{d}t \end{cases} \tag{2-48}$$

式中，v 为截面 A 中某一微元面积 $\mathrm{d}A$ 上的流体速度；$\bar{v}$ 为截面 A 上的平均流速。

（2）重量流量　以重量表示的瞬时流量用 q_g 表示，单位为牛顿/小时（N/h）；以重量表示的累积流量用 Q_g 表示，单位为牛顿（N）。它们与体积流量的关系分别为

$$q_g = \gamma q_v, \quad Q_g = \gamma Q_v \tag{2-49}$$

式中，γ 表示流体的重度。

（3）质量流量　以质量表示的瞬时流量用 q_m 表示，单位为 kg/s；以质量表示的累积流量用 Q_m 表示，单位为 kg。它们与体积流量的关系分别为

$$q_m = \rho q_v, \quad Q_m = \rho Q_v \tag{2-50}$$

式中，ρ 表示流体的密度。以上三种流量之间的关系为

$$q_g = \gamma q_v = \rho g q_v = g q_m \tag{2-51}$$

式中，g 为重力加速度。

（4）标准状态下的体积流量　由于热胀冷缩和气体可压缩的关系，流体的体积会受状态的影响。为便于比较，工程上通常把工作状态下测得的体积流量换算成标准状态（温度为 20℃，压力为一个标准大气压）下的体积流量。标准状态下的体积流量用 q_{vn} 表示，单位为 m^3/s，它与 q_m、q_v 的关系为

$$q_{vn} = q_m/\rho_n = q_v \rho/\rho_n \tag{2-52}$$

式中，ρ_n 为气体在标准状态下的密度。

2. 流量的检测方法

由于流量检测的复杂性和多样性，流量检测的方法很多，其分类方法也多种多样。若按

检测的最终结果分类，可分为体积流量检测法和质量流量检测法。

（1）体积流量检测法 体积流量检测法又可分为容积法（又称直接法）和速度法（又称间接法）两种。

1）容积法是以单位时间内排出流体的固定体积数来计算流量。基于容积法的流量检测仪表有椭圆齿轮式流量计、腰轮式流量计、螺杆式流量计、刮板式流量计、旋转活塞式流量计等。容积法测量流量受流体状态影响小，适用于测量高粘度流体，测量精度高。

2）速度法是先测出管道内的平均流速，再乘以管道截面积以求得流量。目前工业上常用的基于速度法的流量检测仪表有节流式（亦称差压式）流量计、转子流量计、漩涡式流量计、涡轮式流量计、电磁式流量计、靶式流量计、超声式流量计等。

（2）质量流量检测法 质量流量检测法也可分为间接法和直接法两种。

1）间接法是用测得的体积流量乘以密度求得质量流量。但当流体密度随温度、压力变化时，还需要随时测量流体的温度和压力，并通过计算对其进行补偿。当温度和压力波动频繁时测量参数多、计算工作繁琐、累积误差大，测量精度难以提高。

2）直接法是由测量仪表直接测量质量流量，具有精度不受流体的温度、压力、密度等变化影响的优点，但目前尚处于研究发展阶段，现场应用不如测体积流量那样普及。目前已有的质量流量测量仪表有科里奥力式流量计、量热式流量计、角动量式流量计等。

2.4.2 典型流量检测仪表

据统计，目前流量检测的方法多达数十种，用于工业生产的也有十几种，相应的流量检测仪表就更多，因而不可能一一介绍。这里仅对几种典型的、工业上常用的流量检测仪表进行讨论。

1. 容积式流量计

容积式流量计采用固定的小容积来反复计量通过的流体体积。这类流量计的内部都存在一个标准体积的"计量空间"，该空间由流量计的内壁和计量转动部分共同构成。它的工作原理是：当流体通过"计量空间"时，在它的进出口之间产生一定的压力差，其转动部分在此压力差作用下将产生旋转，并将流体由入口排向出口。在这个过程中，流体一次次地充满"计量空间"，又一次次地被送往出口。对已定的流量计而言，该"计量空间"的体积是确定的，只要测得转子的转动次数，就可以得到被测流体体积的累积值。

容积式流量计的种类很多，而椭圆齿轮流量计则是工业上应用最为广泛的容积式流量计之一。该流量计的工作过程如图2-46所示。

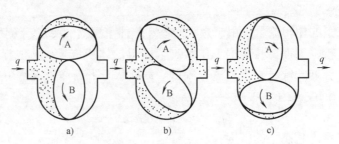

图2-46 椭圆齿轮流量计的工作过程

　　由图2-46a可见，入口压力高于出口压力，齿轮A按顺时针转动，在将上方月牙状腔内流体排出的同时，带动齿轮B反时针转动并处于图2-46b的状态，继而处于图2-46c的状态。随后齿轮B主动转动并重复齿轮A的动作过程最终又回复到图2-46a的状态，从而完成一个双齿轮排液周期。如此往复，流体将不断地从入口被送往出口。由此可得体积流量为

$$q_v = 4nV \tag{2-53}$$

式中，n 为齿轮转速；V 为月牙腔体积。显然，这一检测过程是线性的。椭圆齿轮流量计要求流体不含固体杂质，但对流体粘度无要求，所以特别适用于高粘度流体的检测，而且测量精度高，这是它的最大优点。

　　2. 速度式流量计

　　速度式流量计的典型代表有节流式流量计和涡街流量计，下面分别加以介绍。

　　（1）节流式流量计　节流式流量计也称差压式流量计，它的工业应用最为成熟也最为广泛。其中一个重要原因是它简单、可靠，并且可以直接和差压变送器配合使用产生 4～20mA DC 的标准电流信号而无需再另外设计变送器。差压式流量计工作原理是基于伯努利方程和连续性原理，即当流体流过管道中的节流元件时会使流速产生变化，进而使节流元件前后的差压也产生相应变化，只要测得差压便可获得被测流量。差压式流量计既可直接测量体积流量，也可间接测量质量流量。

　　差压式流量计所采用的节流元件主要有标准孔板、喷嘴挡板和文丘里管等，而以标准孔板应用居多。以下主要以标准孔板为例，介绍差压式流量计的检测原理。

　　孔板是装在流体管道内的板状节流元件，中央处有小于管道截面积的圆孔。当稳定流动的流体流过时，在孔板前后将产生压力和速度的变化；当孔板的形状一定、测压点位置也一定时，差压与流量存在定量关系。图2-47表示孔板前后流体的流线、流速和压力分布情况。

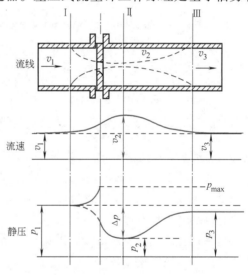

图 2-47　孔板前后流体的流线、流速和压力分布图

　　根据不可压缩理想流体的伯努利方程

$$\frac{p_1}{\rho} + \frac{v_1^2}{2} = \frac{p_2}{\rho} + \frac{v_2^2}{2} \tag{2-54}$$

和流体连续性方程

$$A_1 v_1 = A_2 v_2 \tag{2-55}$$

可以推得

$$\begin{cases} v_2 = \dfrac{1}{\sqrt{1-\mu^2\beta^4}}\sqrt{\dfrac{2}{\rho}(p_1-p_2)} \\ \beta = \dfrac{d}{D} = \sqrt{\dfrac{A_0^2}{A_1^2}} \end{cases} \tag{2-56}$$

式（2-54）～式（2-56）中，p_1、p_2 为截面 I 和截面 II 处的静压（Pa）；v_1、v_2 为截面 I 和截面 II 处的平均流速（m/s）；ρ 为不可压缩的流体密度（kg/m³）；μ 为流束收缩系数（$A_2 = \mu A_0$），大小与节流元件的形式及流动状态有关；A_1、A_2 为截面 I 和截面 II 处管道流体流通面积（m²）；A_0 为孔板开孔面积（m²）；d 为节流孔直径（m）；D 为管道内径（m）。

实际上，由于流体存在黏性和流动产生的摩擦，会造成动量损失，式（2-56）必须修正。此外，对于可压缩流体，孔板两侧的流体密度并不相等，即 $\rho_1 \neq \rho_2$，再设孔板前后实际测得的差压为 $\Delta p = p_1 - p_2$，将其综合考虑，可推得可压缩流体的流量方程为

$$\begin{cases} q_v = \alpha \varepsilon A_0 \sqrt{\dfrac{2}{\rho} \Delta p} \\ q_m = \alpha \varepsilon A_0 \sqrt{2\rho \Delta p} \end{cases} \tag{2-57}$$

式中，α 为流量系数，可从有关手册查阅或由实验确定；ε 为可膨胀系数（$\varepsilon \leqslant 1$），对不可压缩流体而言，$\varepsilon = 1$；对于可压缩流体，ε 的具体数值可从有关手册查阅；ρ 为孔板前的流体密度（kg/m³）。

假定式（2-57）中的 α、ε、A_0、ρ 均为常量，则孔板的输出差压 Δp 与输入流量 q_v 或质量流量 q_m 之间的关系可简化为

$$\begin{cases} q_v = K_{qv} \sqrt{\Delta p} \\ q_m = K_{qm} \sqrt{\Delta p} \end{cases} \tag{2-58}$$

式中，$K_{qv} = \alpha \varepsilon A_0 \sqrt{\dfrac{2}{\rho}}$，$K_{qm} = \alpha \varepsilon A_0 \sqrt{2\rho}$。由式（2-58）可知，采用孔板测量流量实际上是通过孔板将流量转换为差压 Δp，再将差压用导压管接到差压变送器，构成差压式流量变送器，即可将流量转换为 4～20mA 的直流信号。不过需要注意的是，由于孔板输出的差压 Δp 与输入流量 q_v 或质量流量 q_m 之间为开平方关系，若要获得线性关系，则需要对差压信号 Δp 或对变送器的输出信号进行开方运算，这是它的不足之处。但由于开方器在电动单元组合仪表中已是系列化产品，使用方便，若用智能式差压变送器中的软件实现则更加简单，所以差压式流量计一直被广泛采用。

（2）涡街流量计 实验表明，当管道中的流体遇到横置的、满足一定条件的柱状障碍物时，会产生有规律的周期性漩涡序列，其漩涡序列平行排成两行，如同街道两旁的路灯，俗称"涡街"。由于这一现象首先是由卡曼发现的，故又命名为"卡曼涡街"，如图 2-48 所示。

理论研究与实验表明，在一定条件下被测流体的流量与漩涡出现的频率存在定量关系，只要测出涡街的频率即可求得流量，这就是涡街流量计的工作原理。

如图 2-48 所示，当 $h/l = 0.281$ 时，漩涡的周期是稳定的。此时漩涡频率 f 与流体流速 v 之间的定量关系为

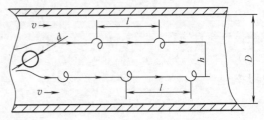

图 2-48 卡曼涡街形成示意图

$$f = S_t \frac{v}{d} \tag{2-59}$$

式中，v 为管道内障碍柱体两侧流速（m/s）；d 为障碍柱体迎流面最大宽度（m），S_t 为"斯特拉哈尔"常数，与障碍物形状及流体状况有关。当 S_t 与 d 为定值时，漩涡频率与流速成正比。再根据体积流量与流速的关系，可推出体积流量与漩涡频率的关系为

$$q_v = Kf \tag{2-60}$$

式中，K 为结构常数。由式（2-60）可知，当 K 值一定，漩涡频率与流量成线性关系。

　　这里需要说明的是，只要满足 $h/l = 0.281$ 时，不管障碍柱体是圆柱、三角柱，还是方柱，均可产生稳定的周期性漩涡，其对应的 S_t 分别为 0.21、0.16 和 0.17。

　　以上讨论表明，涡街流量计以频率方式输出并与被测流量成线性关系，表现出简单而优良的特性，而且障碍柱体使流体产生的压力损失要远远小于孔板等节流元件所产生的压力损失，所以呈现飞速发展的趋势。

　　关于漩涡频率的检测，其方法很多而且很成熟，这里不再赘述。若将测得的频率信号再经过电路转换成 4～20mA DC 的标准信号，就构成了模拟式涡街流量变送器；若将测得的频率信号转换成脉冲数字信号，即可构成智能式涡街流量变送器。图 2-49 所示被称为"灵巧"型（Smart）卡曼涡街流量变送器的结构框图。该变送器集模拟与数字技术于一体，既可输出 4～20mA DC 标准化模拟信号，又具有数字通信功能，因而在工业生产中获得了广泛应用。

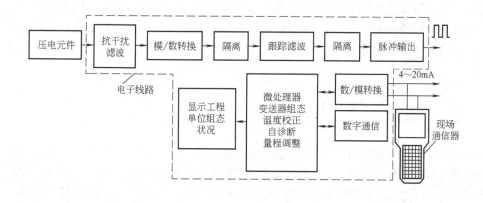

图 2-49　灵巧型涡街流量变送器

3. 直接式质量流量计

　　直接式质量流量计也有多种，其中以科里奥力质量流量计（简称科氏流量计）应用较多。

　　科氏流量计的测量原理可以通过图 2-50 所示的科里奥力实验加以说明：先将充满水的软管两端悬挂，使其中段下垂成 U 形。静止时，U 形的两管处于同一平面，并垂直于地面；当左右摆动时，两管同时弯曲，但仍保持在同一曲面，如图 2-50a 所示。若将软管与水源相接，使水由一端流入、一端流出，并使之左右摆动，则两管将发生扭曲，但扭曲的方向则因出水的反作用总是使出水侧的摆动要先于入水侧。换句话说，出水侧摆动的相位总要超前入水侧，如图 2-50b、c 所示。随着流量的增加，这种现象愈加明显。据此，只要测得两管摆动的相位差，就可求得流经 U 形管的质量流量，这就是基于科里奥力检测质量流量的基本

原理。

科氏流量计的构成有直管型、弯管型、单管型、双管型等，目前应用最多的是双弯管型，如图 2-51 所示。图中，两根 U 形管与被测管路相连（未画出），流体按箭头方向流进与流出。

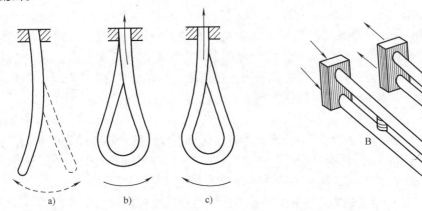

图 2-50 科氏力实验示意图   图 2-51 双弯管型科氏质量流量计

在 A、B、C 三处各装一组压电换能器，在换能器 A 处外加交流电压产生交变力，使两个 U 形管产生上下振动，B 和 C 换能器分别用于检测两管的振动幅度。由于出口侧的信号相位总是超前入口侧的信号相位，其相位差与流过的质量流量成正比，再将这两个交流信号的相位差经过调理、放大等转换成 4 ~ 20mA DC 标准信号，便构成了直接式质量流量变送器。

2.5 物位的检测与变送

物位是指存放在容器或工业设备中物体的高度或位置，主要包括：①液位，指设备或容器中液体介质液面的高低；②料位，指设备或容器中固体粉末或颗粒状物质堆积的高度；③界位，指液体与液体或液体与固体之间分界面的高低。在工业生产中，经常需要对物位进行检测，其主要目的是监控生产的正常与安全运行，并保证物料之间的动态平衡。

2.5.1 物位检测的主要方法

物位检测的方法很多，这里仅介绍工业上常用的几种方法。

1. 静压式测量法

静压式又可分为压力式和差压式两种，其中压力式适用于敞口容器，差压式适用于闭口容器。根据流体静力学原理，装有液体的容器中某一点的静压力与液体上方自由空间的压力之差同该点上方液体的高度成正比。因此可通过压力或压差来测量液体的液位。基于这种方法的最大优点是可以直接采用任何一种测量压力或差压的仪表实现对液位的测量与变送。

2. 电气式测量法

将敏感元件置于被测介质中，当物位变化时其电气参数如电阻、电容、磁场等将产生相应变化。该方法既能测量液位，也能测量料位，其典型检测仪表有电容式液位计、电容式料位计等，它们的最大优点是可以与电容式差压变送器配合使用输出标准统一信号。

3. 声学式测量法

该方法的测量原理是利用特殊声波（如超声波）在介质中的传播速度及在不同相界面之间的反射特性来检测物位。它是一种非接触测量方法，适用于液体、颗粒状与粉状物以及粘稠、有毒等介质的物位测量，并能实现安全防爆。但对声波吸收能力强的介质，则无法进行测量。

4. 射线式测量法

该方法是利用同位素放出的射线（如 γ 射线等）穿过被测介质时被介质吸收的程度来检测物位。射线式测量法也是一种非接触测量方法，适用于操作条件苛刻的场合，如高温、高压、强腐蚀、易结晶等工艺过程，几乎不受环境因素的影响。其不足之处是射线对人体有害，需要采取有效的安全防护措施。

2.5.2 典型物位检测仪表

和流量检测仪表一样，物位检测仪表的种类也很多。限于篇幅，这里仅介绍几种典型的物位检测仪表。

1. 差压式液位计

图 2-52 所示为闭口容器液位测量示意图。

设被测液体的密度为 ρ，容器顶部为气相介质，气相压力为 p_q（若是敞口容器，则 p_q 为大气压 p_{atm}）。根据静力学原理有 $p_2 = p_q$、$p_1 = p_q + \rho g h$（g 为重力加速度），此时输入差压变送器正、负压室的压差为

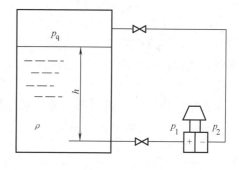

$$\Delta p = p_1 - p_2 = \rho g h \qquad (2\text{-}61)$$

由式（2-61）可见，当被测介质的密度一定时，

图 2-52 差压式液位测量示意图

其压差与液位高度成正比，测得压差即可测得液位。若采用 DDZ-Ⅲ 差压变送器，则当 $h = 0$ 时，$\Delta p = 0$，变送器的输出为 4mA DC 信号。但在实际应用中，会出现两种情况：①差压变送器的取压口低于容器底部，如图 2-53 所示；②被测介质具有腐蚀性，差压变送器的正、负压室与取压口之间需要分别安装隔离罐，如图 2-54 所示。对于这两种情况，差压变送器的零点均需要迁移，现分别进行讨论。

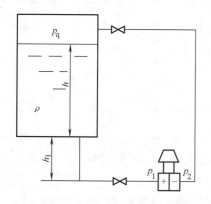

图 2-53 取压口低于容器底部的情况

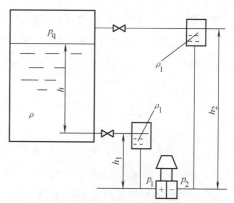

图 2-54 取压口装有隔离罐的情况

在图 2-53 中，输入变送器的差压为

$$\Delta p = p_1 - p_2 = \rho g h + \rho g h_1 \tag{2-62}$$

由式（2-62）可见，当 $h = 0$ 时，$\Delta p = \rho h g_1 \neq 0$，变送器的输出大于 4mA DC 信号。为了使 $h = 0$ 时变送器的输出仍为 4mA DC 信号，需要通过零点迁移达到上述目的。由于 $\rho g h_1 > 0$，所以称为正迁移。

在图 2-54 中，设隔离液的密度 $\rho_1 > \rho$，则差压变送器测得的差压为

$$\Delta p = p_1 - p_2 = \rho g h + \rho_1 g (h_1 - h_2) \tag{2-63}$$

式（2-63）中，$\rho_1 g (h_1 - h_2) < 0$，所以需要进行负迁移。

上述两种迁移，其目的都是使变送器的输出起始值与测量值的起始值相对应。此外，除了涉及零点迁移之外，有时还会涉及量程调整问题，这里不再叙述。

2. 电容式物位计

电容式物位计是根据电容极板间介质的介电常数 ε 不同（如干燥空气的介电常数为 1、水的介电常数为 79 等）所引起的电容变化并通过检测电容进而求得被测介质的物位这一原理设计的。在工业生产过程中，许多大型储料容器，其器壁有金属的，也有非金属的；储料有液体的，也有固体粉状或粒状的，有导电的，也有非导电的。为简单起见，假设容器壁为金属的，则只需向容器中心位置垂直插入一根不与金属壁接触的电极即可构成测量电容，如图 2-55 所示。

根据电学理论，若忽略杂散电容和电场边缘效应，图中的电容量 C_x 与被测储料高度 H_L 的关系为

$$\begin{cases} C_x = C_0 + \dfrac{2\pi}{\ln\left(\dfrac{D}{d}\right)}(\varepsilon_2 - \varepsilon_1) H_L \\ C_0 = \dfrac{2\pi H_0}{\ln\left(\dfrac{D}{d}\right)} \end{cases} \tag{2-64}$$

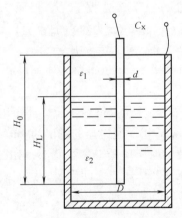

式中，ε_2、ε_1 分别为储料容器中上、下两部分储料的介电常数，若上部分为干燥空气，则 $\varepsilon_1 = \varepsilon_0 = 1$；$D$、$d$ 分别为容器内径和中心电极外径；H_0 为中心电极总长度；C_0 为无储料时的电容量。进一步，由式（2-64）

图 2-55 电容法测物位示意图

可得电容的变化量与被测储料高度 H_L 的关系为

$$\Delta C_x = C_x - C_0 = \frac{2\pi}{\ln\left(\dfrac{D}{d}\right)}(\varepsilon_2 - \varepsilon_1) H_L \tag{2-65}$$

由式（2-65）可知，当储料容器与中心电极的尺寸以及容器内物料介电常数均已知且不变时，则电容增量与被测储料高度 H_L 成线性关系。

电容式物位计由于其电容变化量较小，所以准确测量电容就成为物位检测的关键。常用的检测方法有交流电桥法和谐振电路法等。谐振电路法在电容式差压变送器中已做介绍，这

里仅介绍交流电桥法。

图 2-56 所示为交流电桥法测量电容的原理图。

图中，交流电桥由 AB、BC、CD、DA 四个桥臂组成，高频电源 E 经电感 L_1、L_4 耦合到 L_2、L_3、C_1、C_2 组成的电桥。AB 为可调桥臂，R_1C_1 用以调整仪表的零点使桥路平衡掉初始电容 C_0 后工作在式（2-65）状态；DA 为测量桥臂，利用开关 S 来检查电桥的工作状况：工作时，C_x 接入桥臂；检查时，C_2 接入桥臂。电桥的输出电流经二极管 VD 整流后由毫安表示出，或由可调电阻 R_2 取出毫伏电压再经毫伏输入型变送器即可输出 4～20mA DC 标准直流信号。

值得注意的是，用电容式物位计测量物位时，要求物料的介电常数必须稳定，但在实际使用过程中，由于现场温度、被测液体的浓度、固体介质的湿度或成分等常常发生变化，因而导致介电常数也发生变化，这就需要及时对仪表进行校准，否则难以保证测量精度，这是它的不足之处。

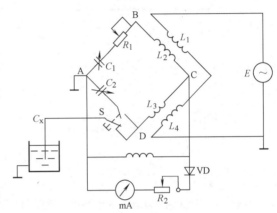

图 2-56　交流电桥法测量电容的原理图

3. 超声波液位计

图 2-57 为超声波测量液位的原理图。

图中，容器底部放置了一个超声波探头，探头上装有超声波发射器和接收器。发射器向液面发射超声波并在液面处被反射，反射波被接收器接收。设超声波探头至液面的高度为 h，超声波在液体中的传播速度为 v，从发射到接收的时间为 t，显然有如下关系：

$$h = \frac{1}{2}vt \tag{2-66}$$

由式（2-66）可知，只要 v 已知，测得时间 t，即可得到液位 h。

超声波液位计主要由超声换能器和电子装置组成。超声换能器的工作原理依据的是压电晶体的压电效应。压电晶体接收振动的声波产生交变电场称为正压电效应。而在交变电场作用下压电晶体将电能转换成振动的过程称为逆压电效应；利用上述正、逆压电效应可分别做成发射器与接收器。电子装置用于产生交变电信号并处理接收器的电信号。超声波液位计的测量精度主要取决于传播速度和时间，而传播速度又受介质的温度、成分等影响较大。为提高测量精度，往往需要进行补偿。通常的做法是在换能器附近安装一个温度传感器，并根据声速与温度的关系进行自动补偿或修正。

4. 辐射式物位计

辐射式物位计是利用放射源产生的 γ 射线穿过被测介质时，射线强度随通过介质厚度的增加而衰减这一原理来测量物位。射线强度的变化规律为

$$I_o = I_i \exp(-\mu h) \tag{2-67}$$

式中，I_i、I_o 分别为射入介质前和穿过介质后的射线强度；μ 为介质对射线的吸收系数；h 为射线穿过介质的厚度。当射线源与被测介质确定后，I_i 和 μ 就为常量，所以只要测出 I_o 就可以得到 h（即物位）。图 2-58 所示为射线法检测物位的示意图。

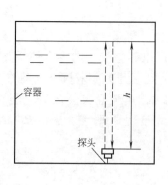

图 2-57 超声波液位检测原理图

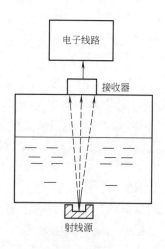

图 2-58 射线法检测物位示意图

2.6 成分的检测与变送

2.6.1 概述

工业生产中混合物料中成分参数的检测具有非常特殊而又重要的意义。一方面通过对它们的检测，可以了解生产过程中原料、中间产品及最后产品的成分及其性质，从而直接判断工艺过程是否合理；另一方面若将它们作为产品质量控制指标，要比对其他参数的控制更加直接有效。例如，对锅炉燃烧系统中烟道的氧气、一氧化碳、二氧化碳等含量的检测和控制，对精馏系统中精馏塔的塔顶、塔底溜出物组分浓度的检测和控制以及对污水处理系统中水的酸碱度的检测与控制等，都对提高产品质量、降低能源消耗、防止环境污染等起着直接的作用；特别是对某些生产过程中产生的易燃、易爆、有毒和腐蚀性气体的检测与控制则更是确保工作人员身体健康和生命财产安全不可缺少的条件。

成分参数的检测方法至少有十几种，所用检测仪表也多达数十种，其中一部分见表 2-5。

表 2-5 成分参数检测方法及仪表

检测方法	仪表名称
热学方法	热导式分析仪，热化学式分析仪，差热式分析仪等
磁力方法	热磁式分析仪，热力机械式分析仪等
光学方法	光电比色分析仪，红外吸收分析仪，紫外吸收分析仪，光干涉分析仪，光散射式分析仪，分光光度分析仪，激光分析仪等
射线方法	X 射线分析仪，电子光学式分析仪，核辐射式分析仪，微波式分析仪等
电化学方法	电导式分析仪，电量式分析仪，电位式分析仪，电解式分析仪，氧化锆氧量分析仪，溶解氧检测仪等
色谱分离方法	气相色谱仪，液相色谱仪等
质谱分析方法	静态质谱仪，动态质谱仪等
波谱分析方法	核磁共振波谱仪，电子顺磁共振波谱仪，λ 共振波谱仪等
其他方法	晶体振荡分析仪，气敏式分析仪，化学变色分析仪等

下面介绍几种常用的成分检测方法及所用仪表的工作原理。

2.6.2　红外式气体成分的检测及仪表

1. 红外式检测原理

理论分析和实验表明，在大部分有机和无机气体中，除了具有对称结构、无极性的双原子分子（如 O_2、Cl_2、H_2、N_2）气体和单原子分子（如 He、Ar）气体外，都有特殊的单个或多个红外波段吸收峰。例如，CO 气体对波长在 $4.65\mu m$ 附近的红外线具有极强的吸收能力，而 CO_2 气体的红外线强吸收波长则在 $2.78\mu m$ 和 $4.26\mu m$ 附近。表 2-6 列出了几种常用气体的红外线强吸收波长。

表 2-6　常用气体的红外线强吸收波长

气体名称	分子式	强吸收波长 $\lambda/\mu m$	气体名称	分子式	强吸收波长 $\lambda/\mu m$
二氧化碳	CO_2	2.78，4.26，14.5	甲烷	CH_4	3.3，7.7
一氧化碳	CO	4.65	乙炔	C_2H_2	13.7
二氧化硫	SO_2	7.35	乙烯	C_2H_4	10.5
二氧化氮	NO_2	6.2	硫化氢	H_2S	7.6
氨气	NH_3	10.4	水汽	$H_2O\uparrow$	2.6~10
一氧化氮	NO	5.2			

红外式气体成分的检测原理是根据气体对红外线的强吸收特性，将含有红外线的光源通过被测气体，使被测气体吸收红外辐射能并将其转化为热能，进而利用传感元件测量红外辐射能的大小，最终达到检测被测气体成分的目的。这一原理的定量分析如下：

理论研究表明，红外线通过某种物质前、后能量的变化与待测组分的浓度之间存在定量关系（称 Bell 定律），即

$$I_o = I_i \exp(-kcl) \tag{2-68}$$

式中，I_o 为透射后的光强度；I_i 为入射光强度；k 为待测组分的吸收系数；c 为待测组分的浓度；l 为光通过待测组分的路径长度。

若将式（2-68）按幂级数展开，当 $kcl<1$ 时，该式可近似为

$$I_o = I_i(1-kcl) \tag{2-69}$$

由式（2-69）可知，当 I_i、l、k 均一定时，红外线通过待测组分后透光强度 I_o 与待测组分浓度 c 之间成线性关系，所以只要测出透光强度 I_o，即可知道待测组分的浓度 c。对透光强度的检测，红外式检测仪是常用仪表之一。

在用红外式检测仪进行检测时，需要满足如下条件：①待测气体必须存在红外吸收峰；②待测气体与混合气体中其他气体无化学反应；③若混合气体中存在某种气体（称干扰气体）与待测气体的红外吸收峰重叠时，则先要采取措施去除该干扰气体（即预处理）。例如，水汽对 $2.6~10\mu m$ 波长范围的红外线均具有强烈的吸收作用，所以在非水汽分析中，它是一个很强的干扰气体，对采集的样气必须进行干燥预处理；④式（2-69）是在 $kcl<1$ 的条件下获得的，因此当 c 较大时，l 应较小；否则反之。

2. 红外式气体检测仪的构成及工作原理

红外式气体检测仪的构成原理如图 2-59 所示。图中，由人工制作的光源（该光源含有被测气体强吸收峰波长的红外光并具有连续光谱）经反射镜分成能量相等的两条平行光束，

再经过切光片（由电动机带动）调制成光脉冲；两路能量相等的光脉冲分别通过两个相同的滤波气室，两室中的干扰组分将其特征波长的红外线全部吸收后，使作用于参比室和工作室的红外线能量之差仅与被测组分的浓度有关；最后再将两束红外线分别通过监测室。由于两监测室气体吸收的红外线能量不等，导致其热膨胀不同而产生压差，此压差经一个极板固定、一个极板可动的电容器转换成电容的变化量，该电容的变化量与混合气体中被测组分的含量成比例。

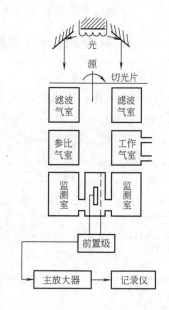

由红外式气体检测仪的构成原理可知，它的主要优点是可以通过对电容的检测与电容式变送器配合使用产生 4~20mA DC 的统一标准信号以实现连续检测。其不足之处为：①不能保证被测组分的含量与电容量一定存在线性关系；②它不能用于对双原子分子气体（如氧气、氯气等）和单原子分子气体（如氩气等）的检测；③一台仪表只能检测一种被测气体的成分。

图 2-59　红外式气体检测仪构成原理图

2.6.3　氧气成分的检测及仪表

在工业生产中，对混合气体中含氧量的检测也是非常重要的，如在锅炉燃烧系统中对烟道气含氧量的检测既决定燃烧的效率又关系到对环境的保护。由于红外线气体分析仪不能对氧气成分进行检测，所以需要采用针对氧气成分的检测方法及仪表。常用的检测方法有热磁式、电化学式等，这里先介绍热磁式检测方法及仪表。

2.6.3.1　热磁式氧气分析仪表

1. 热磁式检测原理

根据物理学理论，任何物质处于外磁场中均可被磁化，气体物质也不例外。但不同的物质，其磁化率是不同的。常见气体的磁化率见表 2-7。

表 2-7　0℃时常见气体单位体积的磁化率

气体名称	分子式	磁化率 k（$\times 10^9$）	气体名称	分子式	磁化率 k（$\times 10^9$）
氧气	O_2	+146	氦气	He	-0.083
一氧化氮	NO	+53	氢气	H_2	-0.164
空气		+30.8	氖气	Ne	-0.32
二氧化氮	NO_2	+9	氮气	N_2	-0.58
氧化亚氮	N_2O	+3	水蒸气	$H_2O\uparrow$	-0.58
乙烯	C_2H_4	+3	氯气	Cl_2	-0.6
乙炔	C_2H_2	+1	二氧化碳	CO_2	-0.84
甲烷	CH_4	-1.8	氨气	NH_3	-0.84

由表 2-7 可知，氧气的磁化率不仅远远高于其他气体，而且还与温度有关。根据上述特性制成的气体分析仪称为热磁式氧气分析仪。下面介绍其检测原理。

理论与实验研究表明，置于磁场强度为 H 的物质，其磁感应强度 B 取决于该物质的磁化率 k，即有

$$B = \mu_0 (1 + k) H = \mu H \tag{2-70}$$

式中，μ_0 为真空中介质的磁导率；μ 为介质的绝对磁导率。通常将物质的磁化率大于零的称为顺磁性物质，而将小于零的称为逆磁性物质。在表 2-7 中，氧气是顺磁性最强的气体。设有 m 种气体混合，总体积为单位 1，磁化率为 k_m，于是有

$$k_m = k_{O_2} q_{O_2} + (1 - q_{O_2}) k_s \tag{2-71}$$

式中，k_{O_2} 为氧气的磁化率；q_{O_2} 为氧气占总体积的比例（即成分）；k_s 为混合气体中其他气体的总磁化率。由于氧气的磁化率远远高于其他气体磁化率的代数和，所以有

$$k_m \approx k_{O_2} q_{O_2} \tag{2-72}$$

由式（2-72）可知，只要测出 k_m，即可获得氧气所占单位体积的比例。

此外，顺磁性物质的磁化率还与温度有关，即

$$k = \frac{\xi}{T^2} \tag{2-73}$$

式中，ξ 为常数；T 为绝对温度。

由式（2-72）和式（2-73）可知，热磁式氧量分析仪正是根据氧气的强顺磁性和磁化率对温度的强烈敏感性这两个特点制成的。下面介绍它的构成及工作原理。

2. 热磁式氧气分析仪的构成及工作原理

热磁式氧气分析仪的构成及工作原理如图 2-60 所示。

图 a 中，环形气室中设有一个石英玻璃管中间通道，永久磁铁置于中间通道的最左端，石英管外层缠有铂金电阻丝并通以恒定电流。电阻 R_1 和 R_2 分别为工作电阻和参考电阻，并与固定电阻 R_3、电位器 R_4 构成测量电桥。样气分左右两路自下而上进入环形气室并由上部流出，当样气中不含氧气时，则中间通道的气体很少流动，通过调整 R_4 使桥路输出为零；当样气中含有

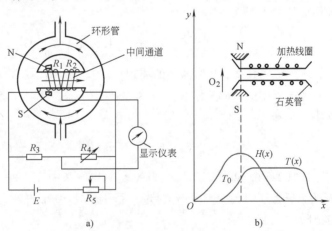

图 2-60　热磁式氧气分析仪的构成及工作原理图

氧气时，则左路样气中的氧气受磁场作用进入中间通道并被加热。由于温升使氧气的顺磁性能下降，导致中间通道里的热氧气被最左端温度较低、受磁场较强吸引力作用的氧气从左向右推动，形成一股"磁风"。图 b 画出了沿石英管轴向 x 的磁场强度 $H(x)$ 和温度 $T(x)$ 的分布曲线。显而易见，样气中含氧量越高，"磁风"越强，两热丝电阻值 R_1 和 R_2 相差就越大，导致电桥输出电压也越大。若将此输出电压经变送器转换成 4 ~ 20mA DC 的统一标准信号，即可实现对含氧量的连续测量。

2.6.3.2 磁力机械式氧量分析仪的工作原理及构成

磁力机械式氧量分析仪的工作原理和构成如图2-61和图2-62所示。

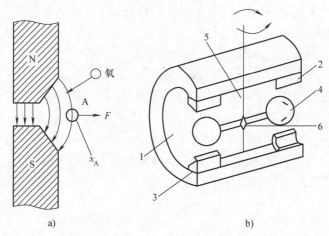

图 2-61 磁力机械式氧量分析仪工作原理

a) 石英空心小球受力分析图 b) 石英空心小球的磁力机械式氧量分析仪发送器

1—气室 2、3—磁极 4—石英空心小球 5—金属吊带 6—平面反射镜

根据图2-61a,对石英空心小球受力过程进行分析:在不均匀磁场中放置一空心球,球体内部充以弱抗磁性的气体,如高纯度的氮或氩,球体在磁场中将受到沿 x 方向的排斥力,则球体受到的力 F 为

$$F = \int_0^V \mu_0 \chi_A H \frac{\partial H}{\partial x} \mathrm{d}V$$

式中,H 为磁场强度;V 为球体的体积;χ_A 为磁导率。

若球体周围的空间充满介质,其导磁率为 χ_B,此时,球体在磁场中所受的力由 χ_A 和 χ_B 共同决定,即

$$F = \int_0^V \mu_0 (\chi_A - \chi_B) H \frac{\partial H}{\partial x} \mathrm{d}V \tag{2-74}$$

由式(2-74)可知,球体受力的大小与磁场中充入的介质的体积磁化率有关。球体受力 F 的小反映了被测气体的氧含量。石英空心小球的磁力机械式氧量分析仪发送器如图2-61b所示。

图2-62为磁力机械式氧量分析仪的构成。通过对石英空心小球受力分析,磁力机械式氧量分析仪的工作原理为:当左右磁场周围氧气含量发生变化时,位于左右磁场中石英空心小球受力发生变化,故平面反射镜位置发生变化;此时通过平面反射镜反射的两路光路路径发生变化,即反射至分光镜左右两侧的反射光量发生变化,从而导致1号光电管和2号光电管产生电流发生变化;1号光电管和2号光电管电流经放大器模块处理,传送至输出端;最后输出电流通过电阻转换为输出电压。至此,输出电压的变化即反映了磁场中含氧量的变化,实现了磁场环境中含氧量的测量。

磁力机械式氧量分析仪的物理基础建立在两个方面:①含氧混合气体的总磁化率随氧气含量而发生变化;②磁性介质在磁场中所受到的磁场力密度与介质的磁化率有关。磁力机械

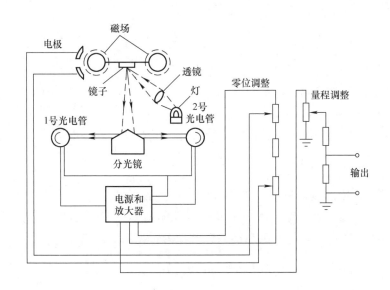

图 2-62　磁力机械式氧量分析仪的构成

式氧量分析仪采用对氧的顺磁性特性进行直接测量的方法。其特点为：灵敏度高，不受氧气的导热性能、密度变化等影响。

2.6.3.3　氧化锆氧量分析仪

　　氧化锆（ZrO_2）氧量分析仪是一种新型的电化学氧量分析仪表。它的探头可直接插入烟道内检测烟道气中的含氧量，使节约能源与环境保护同时受益；它还具有结构简单、精度高、对氧含量变化反应快等特点，因而被广泛用于分析各种锅炉、加热炉、窑炉等烟道气中的氧含量。

　　1. 检测原理

　　氧化锆对含氧量的检测原理是基于它在800℃以上的高温时对氧离子具有良好的传导特性而导致"浓差电池"的生成过程。图 2-63 所示为氧化锆浓差电池生成原理图。图中，氧化锆管内装有氧化锆固态电介质，该电介质由氧化锆、氧化钙（CaO）、氧化钇（Y_2O_3）按一定比例混合而成。在通常情况下，四价锆的最外层电子被二阶钙和三价钇所置换形成氧离子空穴；当温度达到 800℃以上时，空穴型氧化锆就成为良

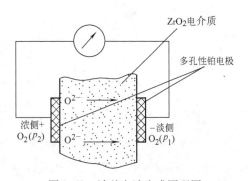

图 2-63　浓差电池生成原理图

好的氧离子导体；在氧化锆管的内外侧固定了一层多孔性铂膜电极，其内侧与空气接触（空气中氧含量约为 20.8%），而外侧与烟道气接触（烟气中氧含量低于 10%）；由于两侧氧含量的百分比不同，因而使两极的氧离子浓度产生差异，导致两极间产生氧浓差电动势，该电动势阻碍氧离子的进一步迁移，直至达到动态平衡。

　　根据电化学理论中的能斯特（Nerst）方程，在氧化锆管两侧铂电极之间产生的氧浓差电动

势为

$$E = \frac{RT}{nF}\ln\frac{p_2}{p_1} \tag{2-75}$$

式中，R 为理想气体常数 $[8.315(\mathrm{J/(mol \cdot K)})]$；$T$ 为气体绝对温度（K）；F 为法拉第常数 $[96500（\mathrm{C/mol}）]$；p_1 为待测气体中氧分压；p_2 为参比气体（空气）中氧分压；n 为参加反应的电子数，$n = 4$。

当待测气体的压力与参比气体的压力相等时，式（2-75）可改写为

$$E = \frac{RT}{4F}\ln\frac{C_2}{C_1} \tag{2-76}$$

式中，C_1 为待测气体中的氧含量；C_2 为参比气体中的氧含量。

由式（2-76）可知，当参比气体中含氧量与气体温度一定时，浓差电动势为待测气体含氧量的单值函数。将式（2-76）的自然对数转换为常用对数，则有

$$E = 0.4961 \times 10^{-4} T \lg\frac{C_2}{C_1} \tag{2-77}$$

若用空气作为参比气体，其氧含量 C_2 为 20.8%，温度控制在 850℃，则待测气体的含氧量与氧浓差电动势之间的关系为

$$E = 0.4961 \times 10^{-4}（273 + 850）\lg\frac{0.208}{C_1} \tag{2-78}$$

按照式（2-78）可算出氧浓差电动势与氧含量的关系如表2-8所示。

表2-8　氧浓差电动势与氧含量的关系（工作温度为850℃）

氧含量 C_1（%）	电动势 E/mV	氧含量 C_1（%）	电动势 E/mV	氧含量 C_1（%）	电动势 E/mV
1.00	73.20	2.20	54.12	4.50	36.81
1.10	70.91	2.40	52.01	5.00	34.26
1.20	68.79	2.60	50.08	5.50	31.96
1.30	66.85	2.80	48.29	6.00	29.85
1.40	65.06	3.00	46.62	6.50	27.91
1.50	63.39	3.20	45.06	7.00	26.11
1.60	61.82	3.40	43.59	7.50	24.45
1.70	60.36	3.50	42.87	8.00	22.88
1.80	58.97	3.60	42.21	8.50	21.42
1.90	57.67	3.80	40.90	9.00	20.04
2.00	56.41	4.00	39.66	9.50	17.73

需要说明的是，表2-8是工作温度为850℃时制成的。从式（2-78）可知，工作温度越高，其灵敏度也越高，但由于氧化锆探头受温度的限制，一般工作在 800～850℃为宜。

2. 探头的原理性结构

（1）温控式探头　图2-64所示为带有温控系统的氧化锆探头原理结构示意图。图中，铂电极引线既可与显示仪表相接，也可以与变送器相接。温度调节器控制加热炉丝的电流使温度恒定。被测烟气通过过滤陶瓷进入测量室，空气进入参比室。这种探头需要附加一套温度控制系统。

（2）温度补偿式探头　图2-65所示为温度补偿式氧化锆探头原理图。如图所示，探头输出两个信号，一是氧化锆的氧浓差电动势 E，二是热电偶的热电动势 E_T。为了自动补偿

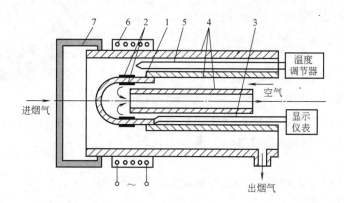

图 2-64　带温控的氧化锆探头原理结构示意图

1—氧化锆管　2—内外铂电极　3—铂电极引线

4—氧化铝陶瓷体　5—热电偶　6—加热炉丝　7—过滤陶瓷

工作温度的影响，可采取图 2-66 所示的温度补偿方案。图中，方框 1 代表氧化锆探头；方框 2 代表电动势电流转换器；方框 3 代表热电偶；方框 4 代表函数发生器；方框 5 代表毫伏变送器；方框 6 代表除法器。

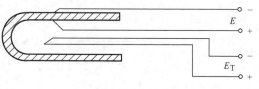

图 2-65　温度补偿式氧化锆
探头原理结构示意图

由图 2-66 不难导出输出电流为

$$I = \frac{K_1 K_5 K_6}{K_2 K_3 K_4} \ln \frac{C_2}{C_1} = K \ln \frac{C_2}{C_1} \qquad (2-79)$$

由式（2-79）可知，采用上述温度补偿后，其输出电流与待测气体的工作温度无关，仅取决于被分析气体中的氧含量 C_1。

上述无论哪种结构的探头，其输出信号只要经过适当的转换，均可输出 4 ~ 20mA DC 的标准统一信号。

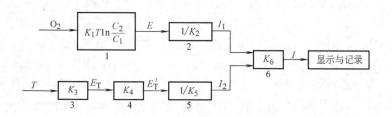

图 2-66　温度补偿原理框图

3. 常用的 6888 型氧化锆分析仪

6888 型氧化锆分析仪外形如图 2-67 所示。精度：0.5 级；工作温度：0 ~ 705℃，可配置旁路装置应用于1000℃的高温环境；输出信号：4 ~ 20mA，HART。

4. 使用条件

采用氧化锆测量氧含量需要满足如下限制条件：

1）氧化锆探头应通过温控系统使之工作在恒温状态（850℃为最佳灵敏度状态）或采

取温度补偿系统对温度进行自动补偿。

2）在测量过程中，应保证待测气体的压力与参比气体压力相等，否则式（2-76）不能成立，同时要求 $C_2 \gg C_1$，才能保证检测器有较高的输出灵敏度。

图 2-67　6888 型氧化锆分析仪

3）由于氧浓差电池有使两侧氧浓度趋于一致的倾向，因而需要使待测气体和参比气体保持一定的流速。但流速也不可过快，否则会引起热电偶测温不准和工作温度不稳定而影响测量精度。

正是由于上述三个限制条件，使得氧化锆氧量分析仪在使用中存在一定的局限性。

2.6.4　多种组分的检测及仪表

1. 气相色谱分析法

前面介绍的成分分析法，每种只能分析或检测混合物中的一种组分。而在工业生产中，常常需要对某种混合物中的多种组分进行分析和检测。为达此目的，通常采用色谱分析法。该方法是基于各种组分吸附和脱离某种介质的差异情况，得出一系列色谱峰，以反映混合物中各组分的含量。它能分析的组分极广，可以分析各种无机及有机化合物的多种组分混合物样品，是一种高效、快速的分析方法。它的分析过程大致分为三步：①让被分析样品（气态或液态）在流动载体带动下通过色谱柱，进行多组分混合物的逐一分离；②由检测器逐一检测通过的各组分物质含量，并将其转换成电信号送到记录装置，得到反映各组分含量的色谱峰谱图；③对电信号或谱图进行处理并转换成统一标准信号。

在色谱分析中，通常将处于运动状态的物质称为流动相，而将相对静止的物质称为固定相。由于流动相有气相和液相，固定相有固相和液相，所以色谱分析法又分为气-固分析、气-液分析、液-固分析、液-液分析等四种。但由于流动相中的液相可以通过汽化变成气相，所以通常将上述四种分析方法又简称为气相色谱分析法。

2. 气相色谱仪的构成及工作流程

气相色谱仪（以气-液为例）的基本构成及工作流程如图 2-68 所示。图中，与待分析气样无物理、化学反应的载气由高压气瓶供给，经减压阀提供恒定的载气流量，再经汽化室将汽化后的待分析气样带入色谱柱进行分离。色谱柱内装有惰性多孔性固体颗粒（称为担体），在其表面涂以高沸点有机化合物的固定液膜，起分离各组分的作用，由此构成液相固定色谱柱。待分析气样在载气带动下流进色谱柱，与固定液膜接触后脱离，使待分析气样中的各组分按时间顺序分离并流过检测器后最终排入大气。检测器将按时间先后分离出的组分转换为电信号，经放大后再由记录仪记录为色谱峰，每个峰形的面积即可反映相应组分的含量。

图 2-69 所示为我国自行研制生产的大型精密、安全防爆和在线检测的工业气相色谱仪的系统框图。图中，分析器由汽化室、色谱柱、检测器、温度控制器和加热器等部分组成。程序控制器控制自动取样、多流路切换、多组分识别等操作并变换信号给出标准化电流输出。该色谱仪的测量范围为 0.1% ~ 100%，常规的有机和无机均可检测，它由微机控制和数据处理，可分析几十种组分，其输出为 4 ~ 20mA DC 和 1 ~ 5V DC 标准统一信号。

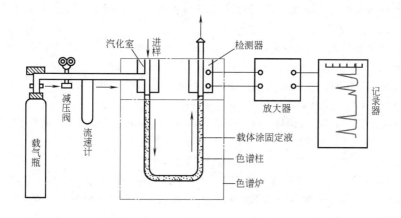

图 2-68　气相色谱仪的基本构成及工作流程

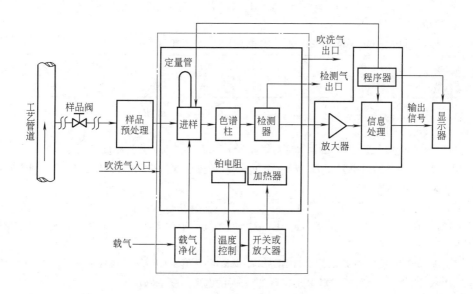

图 2-69　工业气相色谱仪系统框图

思考题与习题

1. 基本练习题

（1）简述过程参数检测在过程控制中的重要意义以及传感器的基本构成。

（2）真值是如何定义的？误差有哪些表现形式？各自的意义是什么？仪表的精度与哪种误差直接有关？

（3）某台测温仪表测量的上下限为 500 ~ 1000℃，它的最大绝对误差为 ±2℃，试确定该仪表的精度等级。

（4）某台测温仪表测量的上下限为 100 ~ 1000℃，工艺要求该仪表指示值的误差不得超过 ±2℃，应选精度等级为多少的仪表才能满足工艺要求？

（5）有一台 DDZ-Ⅲ型二线制差压变送器，已知其量程为 20 ~ 100kPa，当输入信号为 40kPa 和 80kPa 时，变送器的输出分别是多少？

（6）设有某 DDZ-Ⅲ型毫伏输入变送器，其零点迁移值 $u_{min} = 6mV\ DC$，量程为 12mV DC。现已知变送器的输出电流为 12mA DC。试问：被测信号为多少毫伏？

（7）智能温度变送器有哪些特点？简述 TT302 温度变送器的工作原理。

（8）1151 智能式差压变送器有哪些特点？它的硬件构成有哪几部分？

（9）温度变送器接受直流毫伏信号、热电偶信号和热电阻信号时其量程单元有哪些不同？

（10）什么叫压力？表压力、绝对压力、负压力之间有何关系？

（11）体积流量、质量流量、瞬时流量和累积流量的含义各是什么？

（12）某被测温度信号在 40 ~ 80℃范围内变化，工艺要求测量误差不超过 ±1%，现有两台测温仪表，精度等级均为 0.5 级，其中一台仪表的测量范围为 0 ~ 100℃，另一台仪表的测量范围为 0 ~ 200℃，试问：这两台仪表能否满足上述测量要求？

（13）热电偶测温时为什么要进行冷端温度补偿？其补偿方法常采用哪几种？

（14）热电阻测温电桥电路中的三线制接法为什么能减小环境温度变化对测温精度的影响？

2. 综合练习题

（1）某一标定为 100 ~ 600℃的温度计出厂前经校验，各点的测量结果值如下：

被校表读数/℃	100	150	200	250	300	400	500	600
标准表读数/℃	102	149	204	256	296	403	495	606

1）试求该仪表的最大绝对误差。

2）确定该仪表的精度等级。

3）经过一段时间使用后，仪表的最大绝对误差为 ±7℃，问此时仪表的精度等级为多少？

（2）用分度号 Pt100 的热电阻测温，却错查了 Cu50 的分度表，得到的温度是 150℃。问实际温度是多少？

（3）若被测压力的变化范围为 0.5 ~ 1.4MPa，要求测量误差不大于压力示值的 ±5%。可供选用的压力表规格：量程为 0 ~ 1.6MPa，0 ~ 2.5MPa，0 ~ 4MPa，精度等级为 1.0、1.5、2.5。试选择合适量程和精度的压力表。

（4）已知某负温度系数热敏电阻，在温度为 298K 时阻值 $R(T_1) = 3144\Omega$；当温度为 303K 时阻值 $R(T_2) = 2772\Omega$。试求该热电阻的材料常数 B 和 298K 时的电阻温度系数 α。

（5）用差压变送器与标准孔板配套测量管道介质流量。若差压变送器量程为 $0 ~ 10^4 Pa$，对应输出信号为 4 ~ 20mA DC，相应流量为 $0 ~ 320m^3/h$。求差压变送器输出信号为 8mA DC 时，对应的差压值及流量值各是多少？

（6）什么是 FSK 信号？HART 协议的通信方式是如何实现的？

（7）利用压力表测量某容器中的压力，工艺要求其压力为 (1.3 ± 0.06)MPa，现可供选择压力表的量程有 0 ~ 1.6MPa，0 ~ 2.5MPa，0 ~ 4.0MPa，其精度等级有 1.0、1.5、2.0、2.5、4.0，试合理选用压力表量程和精度等级。

3. 设计题

（1）用分度号为 K 的镍铬-镍硅热电偶测量温度，在无冷端温度补偿的情况下，显示仪表指示值为 600℃，此时冷端温度为 50℃。试问：实际温度是多少？如果热端温度不变，使冷端温度为 20℃时，此时显示仪表指示值应为多少？

（2）某容器的正常工作压力范围为 1.0 ~ 1.5MPa，工艺要求就地指示压力，并要求测量误差小于被测压力的 ±5%，试选择一个合适的压力表（类型、量程、精度等级等），并说明理由。

（3）如图 2-70 所示，利用双室平衡容器对锅炉汽包液位进行测量。已知 $p_1 = 4.52$MPa，$\rho_汽 =$

$19.7 kg/m^3$，$\rho_{液} = 800.4 kg/m^3$，$\rho_{冷} = 915.8 kg/m^3$，$h_1 = 0.8 m$，$h_2 = 1.7 m$。试求差压变送器的量程，并判断零点迁移的正负方向，计算迁移量。

（4）某控制系统中有一个量程为 20 ~ 100kPa、精度等级为 0.5 级的差压变送器，在校验时发现，该仪表在整个量程范围内的绝对误差的变化范围为 $-0.5 ~ +0.4kPa$，试问：该变送器能否直接被原控制系统继续使用？为什么？

（5）用两只 K 型热电偶测量两点温差，其连接线路如图 2-71 所示。已知 $t_1 = 420℃$，$t_0 = 30℃$，测得两点温差电动势为 15.24mV，试求两点温差为多少？后来发现，t_1 温度下的那只热电偶错用 E 型热电偶，其他都正确，试求两点实际温差。

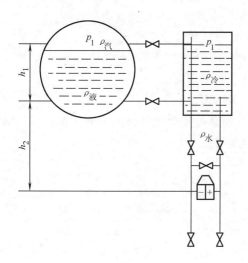

图 2-70　锅炉汽包液位的测量

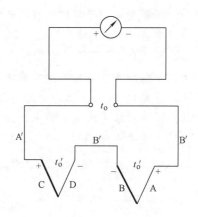

图 2-71　两点温差检测

第3章　过程控制仪表

┌─ 教学内容与学习要求 ─────────────────────────────────

　　本章介绍过程控制中常用的 PID 调节器、数字式控制器、电/气转换器、执行器和安全栅的基本构成、工作原理及应用特点，学完本章后应能达到如下要求：

　　1）熟悉调节器的功能要求，掌握基本调节规律的数学表示及其响应特性。

　　2）熟悉 DDZ-Ⅲ 型调节器的基本构成、电路原理及其应用特点。

　　3）了解智能调节器的硬件和软件构成。

　　4）掌握 SLPC 可编程序控制器的硬件构成及工作原理。

　　5）熟悉 SLPC 可编程序控制器的模块指令及编程方法。

　　6）了解各类执行器的组成原理和使用特点，熟悉气动执行器的应用特点。

　　7）了解电/气转换器与阀门定位器的工作原理。

　　8）熟悉智能式电动执行器的功能特点。

　　9）熟悉安全栅的基本类型及构成原理。
└───

3.1　过程控制仪表概述

　　在过程控制中，常将调节器（含可编程序控制器）、电/气转换器、执行器、安全栅等称为过程控制仪表，它们是实现工业生产过程自动化的核心装置。在过程控制系统中，参数检测仪表将被控量转换成电流（电压）信号或气压信号，一方面通过显示仪表对其进行显示和记录，另一方面则将其送往调节器与给定信号进行比较产生偏差，并按照一定的调节规律产生调节作用去控制执行器，以改变控制介质的流量从而使被控量符合生产工艺要求。

　　目前使用的调节器以电动调节器占绝大多数，而执行器则以气动为主，它们之间需要用电/气转换器进行信号转换。此外，智能式电动执行器将逐渐取代常规的气动执行器而成为执行器新的发展方向。

　　1. 调节器的功能

　　一般调节器除了对偏差信号进行各种控制运算外，还需具备如下功能：

　　（1）偏差显示　调节器的输入电路接收测量信号和给定信号，两者相减后的偏差信号由偏差显示仪表显示其大小和正负。

　　（2）输出显示　调节器输出信号的大小由输出显示仪表显示，习惯上显示仪表也称阀位表。阀位表不仅显示调节阀的开度，而且通过它还可以观察到控制系统受干扰影响后的调节过程。

　　（3）内、外给定的选择　当调节器用于定值控制时，给定信号常由调节器内部提供，称为内给定；而在随动控制系统中，调节器的给定信号往往来自调节器的外部，则称为外给定。内、外给定信号由内、外给定开关进行选择或由软件实现。

（4）正、反作用的选择　工程上，通常将调节器的输出随反馈输入的增大而增大时，称为正作用调节器；而将调节器的输出随反馈输入的增大而减小时，称为反作用调节器。为了构成一个负反馈控制系统，必须正确地确定调节器的正、反作用，否则整个控制系统将无法正常运行。调节器的正、反作用，可通过正、反作用开关进行选择或由软件实现。

（5）手动切换操作　调节器的手动操作功能是必不可少的。在控制系统投入运行时，往往先进行手动操作改变调节器的输出，待系统基本稳定后再切换到自动运行状态；当自动控制时的工况不正常或调节器失灵时，必须切换到手动状态以防止系统失控。通过调节器的手动/自动双向切换开关，可以对调节器进行手动/自动切换，而在切换过程中，又希望切换操作不会给控制系统带来扰动，即要求无扰动切换。

（6）其他功能　除了上述功能外，有的调节器还有一些附加功能，如抗积分饱和、输出限幅、输入越限报警、偏差报警、软手动抗漂移、停电对策等，所有这些附加功能都是为了进一步提高调节器的控制功能。

2. 执行器的作用

执行器在过程控制中的作用是接受来自调节器的控制信号，改变其阀门开度，从而达到控制介质流量的目的。因此，执行器也是过程控制系统中一个重要的、必不可少的组成部分。

执行器直接与控制介质接触，常常在高温、高压、深冷、高粘度、易结晶、闪蒸、汽蚀等恶劣条件下工作，因而是过程控制系统的最薄弱环节。如果执行器的选择或使用不当，往往会给生产过程自动化带来困难，甚至会导致严重的生产事故。为此，对于执行器的正确选用以及安装、维修等各个环节，必须给以足够的重视。

若执行器是采用电动式的，则无需电/气转换器；若执行器是采用气动式的，则电/气转换器是必不可少的。

3. 安全栅

安全栅是构成安全火花防爆系统的关键仪表，其作用一方面保证信号的正常传输，另一方面则控制流入危险场所的能量在爆炸性气体或爆炸性混合物的点火能量以下，以确保过程控制系统的安全火花性能。

本章重点介绍 DDZ-Ⅲ型模拟式调节器、数字式控制器、执行器、电/气转换器和安全栅等控制仪表。

3.2　DDZ-Ⅲ型模拟式调节器

DDZ 是电动单元组合仪表汉语拼音的缩写，它经历了以电子管、晶体管和线性集成电路为基本放大元件的Ⅰ型、Ⅱ型和Ⅲ型系列产品阶段。其中 DDZ-Ⅰ、Ⅱ型已经停产，这里主要介绍 DDZ-Ⅲ型模拟式调节器。在此之前先对调节规律的数学描述及其特性进行一些简单的介绍。有关调节规律对系统调节质量的影响、调节规律的选择和调节器的参数整定将在第 5 章中进行详细的讨论。

3.2.1　比例积分微分调节规律

比例积分微分调节规律是指调节器的输出分别与输入偏差的大小、偏差的积分和偏差的变化率成比例，其英文缩写为 PID（Proportional Integral Derivative）。理想 PID 的增量式数学

表达式为

$$\Delta u(t) = K_c \left[e(t) + \frac{1}{T_I} \int e(t) \, dt + T_D \frac{de(t)}{dt} \right] \tag{3-1}$$

式中，$\Delta u(t)$ 为调节器输出的增量值；$e(t)$ 为被控参数与给定值之差。

若用实际输出值表示，则式（3-1）可改写为

$$u(t) = \Delta u(t) + u(0) = K_c \left[e(t) + \frac{1}{T_I} \int e(t) \, dt + T_D \frac{de(t)}{dt} \right] + u(0) \tag{3-2}$$

式中，$u(0)$ 为当偏差为零时调节器的输出，它反映了调节器的工作点。

将式（3-1）写成传递函数形式，则为

$$G_c(s) = \frac{\Delta U(s)}{E(s)} = K_c \left(1 + \frac{1}{T_I s} + T_D s \right) \tag{3-3}$$

式中，第一项为比例（P）部分，第二项为积分（I）部分，第三项为微分（D）部分；K_c 为调节器的比例增益；T_I 为积分时间（以 s 或 min 为单位）；T_D 为微分时间（也以 s 或 min 为单位）。通过改变这三个参数的大小，可以相应改变调节作用的大小及规律。

1. 比例调节

当 $T_I \to \infty$、$T_D = 0$ 时，积分项和微分项都不起作用，式（3-1）变为纯比例调节。纯比例调节器的单位阶跃响应特性如图 3-1 所示。由图 3-1 可见，纯比例调节器的输出与输入偏差成正比，比例增益的大小决定了比例调节作用的强弱，K_c 越大，比例调节作用越强。

在工程上，习惯用比例度 δ 表示比例调节作用的强弱。它定义为：调节器输入偏差的相对变化量与相应输出的相对变化量之比，用百分数表示为

$$\delta = \left(\frac{e}{e_{max} - e_{min}} \middle/ \frac{u}{u_{max} - u_{min}} \right) \times 100\% \tag{3-4}$$

在 DDZ-III 型仪表中，由于输入、输出的统一标准信号均为 $4 \sim 20\text{mA}$，因而比例度为 $\delta = \frac{1}{K_c} \times 100\%$。

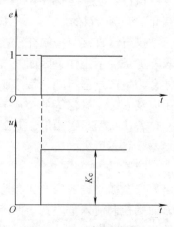

图 3-1 纯比例调节器的单位阶跃响应特性

比例调节的优点是调节及时，反应灵敏，当偏差一旦出现，就能及时产生与之成比例的调节作用，偏差越大，调节作用越强，因而是一种最常用、最基本的调节规律。

2. 比例积分调节

当 $T_D = 0$ 时，微分项不起作用，式（3-1）便变为比例积分调节。比例积分调节器的阶跃响应特性如图 3-2 所示。图中，实线为理想比例积分调节器的阶跃响应特性，虚线表示实际比例积分调节器的阶跃响应特性；T_I 为一常数，它表示积分作用的强弱。T_I 越大，积分作用越弱；反之，积分作用越强。比例积分调节器的输出可以看成比例和积分两项输出的合成，即在阶跃输入的瞬间有一比例输出，随后在比例输出的基础上按同一方向输出不断增大，这就是积分作用。只要输入不为零，输出的积分作用会一直随时间增长，如图中实线所示。而实际的比例积分调节器，由于放大器的开环增益为有限值，输出不可能无限增大，积分作用呈饱和特性，如图中虚线所示。具有饱和特性的 PI 调节器的传递函数可写成以下的标准形式：

$$G_{c}(s) = K_{c} \frac{1 + \dfrac{1}{T_{I}s}}{1 + \dfrac{1}{K_{I}T_{I}s}} \qquad (3\text{-}5)$$

式中，K_{I} 称为 PI 调节器的积分增益，它定义为：在阶跃信号输入下，其输出的最大值与纯比例作用时产生的输出变化之比。

3. 比例微分调节

当 $T_{I} \to \infty$ 时，积分项不起作用，式（3-1）变为比例微分调节。在阶跃输入下，理想微分作用的输出如图 3-3 所示。由图可见，在 $t = t_{0}$ 时加入阶跃输入，在 $t = t_{0}$ 的瞬间输出为无穷大，而在 $t > t_{0}$ 时输出立即变为零。由实际应用可知，调节器不允许具有理想的

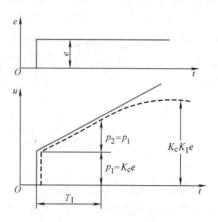

图 3-2 比例积分调节器
的阶跃响应特性

微分作用，这是因为具有理想微分作用的调节器缺乏抗干扰能力，即当输入信号中含有高频干扰时，会使输出发生很大的变化，引起执行器的误动作。因此，实际的微分调节器常常具有饱和微分特性。具有饱和微分特性的比例微分调节器的传递函数为

$$G_{c}(s) = K_{c} \frac{1 + T_{D}s}{1 + \dfrac{T_{D}}{K_{D}}s} \qquad (3\text{-}6)$$

式中，K_{D} 称为 PD 调节器的微分增益，它定义为：在阶跃信号输入下，其输出的最大跳变值与纯比例作用时产生的输出变化之比。

具有饱和特性的比例微分调节器的阶跃响应特性如图 3-4 所示。

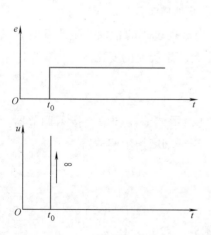

图 3-3 理想微分器的阶跃响应特性

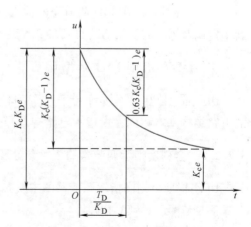

图 3-4 具有饱和特性的比例微分
调节器的阶跃响应特性

4. PID 调节

同时具有比例、积分、微分作用的调节器称为 PID 调节器，理想 PID 调节规律的传递函数如式（3-3）所示，而实际 PID 调节器的积分和微分作用都具有饱和特性，其传递函数为

$$G_c(s) = K_c \frac{1 + \dfrac{1}{T_I s} + T_D s}{1 + \dfrac{1}{K_I T_I s} + \dfrac{T_D}{K_D} s} \tag{3-7}$$

理想 PID 调节器的阶跃响应特性如图 3-5 中实线所示；而实际 PID 调节器的阶跃响应特性如图 3-5 中虚线所示。

在生产过程自动化的发展进程中，PID 调节规律是应用时间最长、生命力最强的一种控制方式。在 20 世纪 40 年代前后，除在最简单的情况下采用开关式控制外，它是唯一被采用的控制方式。此后，随着控制理论和科学技术的发展，虽然出现了许多新的控制方式，然而截至目前为止，PID 调节方式依然被广泛地采用。据有关资料统计，目前世界上 90% 以上的过程控制系统采用的依然是 PID 调节或基于 PID 调节的各种改进型控制方式。

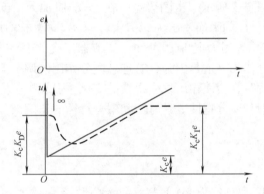

图 3-5 PID 调节器的阶跃响应特性

PID 调节的主要优点体现在以下几个方面：

1）PID 调节模拟了人脑的部分思维，原理简单、容易理解与实现，使用方便。

2）应用范围广。它能广泛应用于化工、热工、冶金、炼油以及造纸、建材等各种控制过程。按照 PID 控制方式工作的自动调节器产品早已标准化和系列化，即使在过程计算机控制中，其基本的控制方式也依然采用的是 PID 调节或新型 PID 调节。

3）鲁棒性强。由 PID 调节规律构成的控制系统当被控过程的特性发生改变时，只要重新整定调节器的有关参数，即可使系统的控制性能不会产生明显的变化。

3.2.2 DDZ-Ⅲ型 PID 基型调节器

DDZ-Ⅲ型 PID 基型调节器有两个品种，即全刻度指示调节器和偏差指示调节器。它们的电路结构基本相同，仅指示电路有差异。这里仅介绍全刻度指示调节器。

3.2.2.1 全刻度指示调节器的技术参数及外形

DDZ-Ⅲ型全刻度指示调节器的主要技术参数有：

测量信号：1～5V DC；　　　　　　　外给定信号：4～20mA DC；

内给定信号：1～5V DC；　　　　　　测量与给定信号的指示精度：±1%；

输入阻抗影响：≤满刻度的 0.1%；　　输出保持特性：−0.1%/h；

输出信号：4～20mA DC；　　　　调节精度：±0.5%；

负载电阻：250～750Ω。

DDZ-Ⅲ型全刻度指示调节器的外形如图 3-6 所示。

3.2.2.2　全刻度指示调节器的构成原理

全刻度指示调节器的构成框图如图 3-7 所示。图 3-8 为其电路原理图。

由图 3-7 可知，调节器由控制单元和指示单元组成。控制单元包括输入电路、PD 与 PI 电路、输出电路、软手动与硬手动操作电路；指示单元包括输入信号指示电路和给定信号指示电路。

调节器的作用是将变送器送来的 1～5V DC 的测量信号，与 1～5V DC 的给定信号进行比较得到偏差信号，然后再将其偏差信号进行 PID 运算，输出 4～20mA DC 信号，最后通过执行器，实现对过程参数的自动控制。

调节器的测量输入信号与内给定输入信号均是以零伏为基准的 1～5V DC 信号，而外给定则是由 4～20mA DC 通过 250Ω 精密电阻转换成以零伏为基准的 1～5V DC 信号，内、外给定由开关 S_6 进行选择。

调节器有自动、软手动和硬手动三种工作状态，并通过联动开关进行切换。

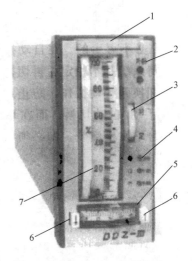

图 3-6　DDZ-Ⅲ型调节器外形
1—位号牌　2—内外给定指示
3—内给定设定拨盘　4—A/M/H 切换
5—阀位表　6—软手动操作扳键
7—双针全刻度指示表

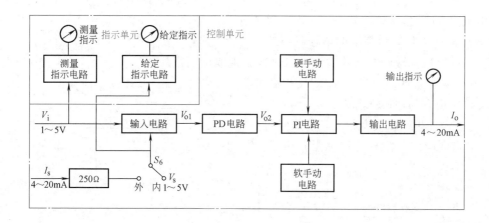

图 3-7　全刻度指示调节器的构成框图

图 3-8 中各部分电路原理分述如下。

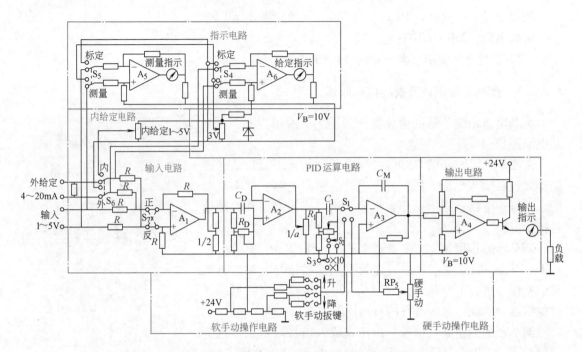

图 3-8 全刻度指示调节器的线路原理图

所有放大器都用 24V 单电源供电；基准电平 $V_B = 10V$，由 24V 电源通过稳压集成电路取得。

1. 输入电路

输入电路的主要作用一是用来获得与输入信号 V_i 和给定信号 V_s 之差成比例的偏差信号；二是将偏差信号进行电平移动，其电路图如图 3-9 所示。

由图 3-9 可见，给定信号 V_s 和以零伏（地）为基准的测量信号 V_i，分别通过两对并联输入电阻 R 加到运算放大器 A_1 的正、反相输入端，其输出是以 $V_B = 10V$ 为基准的电压信号 V_{o1}，它一方面作为下一级比例微分电路的输入，另一方面则取出 $V_{o1}/2$ 通过反馈电阻 R 反馈至 A_1 的反相输入端。可以很方便地推出它的输入输出关系。

设 A_1 为理想运算放大器，其输入阻抗为无穷大，T 点与 F 点同电位，即 $V_T = V_F$，由 $I'_1 + I'_2 = I'_3$ 和 $I_1 + I_2 = I_3$，可得

$$\frac{V_i - V_F}{R} + \frac{0 - V_F}{R} = \frac{V_F - \left(\frac{1}{2}V_{o1} + V_B\right)}{R} \quad (3-8)$$

图 3-9 输入电路图

$$\frac{0 - V_T}{R} + \frac{V_s - V_T}{R} = \frac{V_T - V_B}{R} \quad (3-9)$$

经整理有

$$V_{o1} = -2\,(V_i - V_s) \quad (3-10)$$

由以上推导过程可得如下结论：

1）输入电路能实现测量值与给定值的相减，获得放大两倍的偏差信号。

2）输入电路将两个以零伏为基准的输入电压，转换成以电平 V_B（$V_B = 10V$）为基准的偏差电压，实现了电平移动。

2. 比例微分电路

图 3-10 所示为比例微分电路。以 10V 电平为基准的偏差信号 V_{o1}，通过 $R_D C_D$ 电路进行比例微分运算，再经比例放大后，其输出信号 V_{o2} 送给比例积分电路。图中 R_P 为比例电位器，R_D 为微分电位器，C_D 为微分电容。调节 R_D 和 R_P，即可改变微分时间和比例系数。

为便于分析，设 A_2 为理想运算放大器，其输入阻抗为无穷大，输出阻抗为零，若不考虑放大器的影响，则可将图 3-10 所示电路简画为图 3-11a 和 b 所示的无源比例微分电路和比例运算放大电路两部分，对此可进行单独分析。如图 3-11 所示，各点电压都以电平 V_B 为基准。在图 a 中，设分压器上下两个电阻比微分电阻 R_D 小得多，故计算时分压器可只考虑其分压比，而不计其输出阻抗，此时有

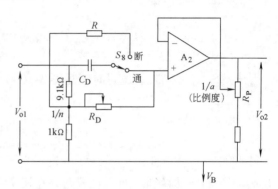

图 3-10　比例微分电路

$$V_T(s) = \frac{V_{o1}(s)}{n} + I_D(s)R_D \tag{3-11}$$

式中，$I_D(s)$ 是电容 C_D 的充电电流，其值为

$$I_D(s) = \frac{\frac{n-1}{n}V_{o1}(s)}{R_D + \frac{1}{C_D s}} = \frac{n-1}{n}\frac{C_D s}{1 + R_D C_D s}V_{o1}(s) \tag{3-12}$$

将其代入式（3-11），化简后得

$$V_T(s) = \frac{1}{n}\frac{1 + nR_D C_D s}{1 + R_D C_D s}V_{o1}(s) \tag{3-13}$$

在图 b 中，放大器的运算关系为

$$V_F(s) = \frac{1}{a}V_{o2}(s) \tag{3-14}$$

考虑到 $V_F(s) = V_T(s)$，则有

$$V_{o2}(s) = \frac{a}{n}\frac{1 + nR_D C_D s}{1 + R_D C_D s}V_{o1}(s) \tag{3-15}$$

若令 $n = K_D$（微分增益），$nR_D C_D = T_D$（微分时间），则有

$$V_{o2}(s) = \frac{a}{n}\frac{1 + T_D s}{1 + \frac{T_D}{K_D}s}V_{o1}(s) \tag{3-16}$$

式（3-16）即为具有饱和特性的比例微分调节器输入/输出的传递函数形式，调节 R_D 即可改变微分时间 T_D。

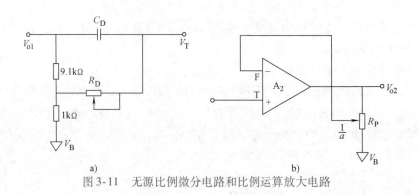

图 3-11　无源比例微分电路和比例运算放大电路

当开关 S_8 置于"断"位置时（见图 3-10），微分作用将被切除，电路只具有比例作用，即

$$V_{o2}(s) = \frac{a}{n}V_{o1}(s) \tag{3-17}$$

与此同时，C_D 通过 R 与 9.1kΩ 电阻并联，C_D 的电压始终跟随 9.1kΩ 电阻的压降。当开关 S_8 从"断"切换到"通"位置时，在切换瞬间由于电容器两端电压不能跃变，从而保持 V_{o2} 不变，对控制过程不产生扰动。

3. 比例积分电路

比例积分电路如图 3-12 所示。它接收以 10V 为基准的 PD 电路的输出信号 V_{o2}，进行 PI 运算后，输出以 10V 为基准的 1 ~ 5V 电压 V_{o3}，送至输出电路。该电路由 A_3、R_I、C_I、C_M 等组成。S_3 为积分档切换开关，该电路除了实现 PI 运算外，手动操作信号也从该级输入，参见图 3-16。A_3 的输出接电阻和二极管，然后通过射极跟随器输出。

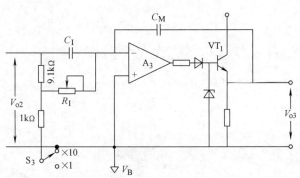

图 3-12　比例积分电路

由于射极跟随器的输出与 A_3 的输出同相位，为便于分析，把射极跟随器也包括在 A_3 中，S_1 置于"自动"位置、S_3 分别置于"×1""×10"档时，图 3-12 可简化成图 3-13a 和 b。

根据基尔霍夫第一定律，输出量与输入量之间的拉普拉斯变换为

$$\frac{V_{o2}(s) - V_F(s)}{1/C_I s} + \frac{V_{o2}(s)/m - V_F(s)}{R_I} + \frac{V_{o3}(s) - V_F(s)}{1/C_M s} = 0 \tag{3-18}$$

式中，$m = 1$ 或 $m = 10$。对于运算放大器，则有

$$V_{o3}(s) = -KV_F(s) \tag{3-19}$$

式中，K 为放大器增益。

将式(3-19)代入式(3-18)，经整理后可得

$$\frac{V_{o3}(s)}{V_{o2}(s)} = \frac{-\dfrac{C_I}{C_M}\left(1 + \dfrac{1}{mR_IC_Is}\right)}{1 + \dfrac{1}{K}\left(1 + \dfrac{C_I}{C_M}\right) + \dfrac{1}{KR_IC_Ms}} \tag{3-20}$$

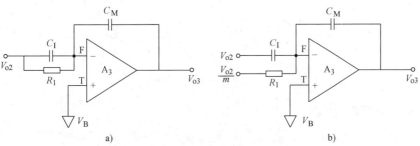

图 3-13　比例积分电路的简化

a)"×1"　　b)"×10"

由于 $K \geqslant 10^5$，所以有

$\dfrac{1}{K}\left(1 + \dfrac{C_I}{C_M}\right) \ll 1$，若忽略不计，则有

$$\frac{V_{o3}(s)}{V_{o2}(s)} = -\frac{C_I}{C_M}\frac{1 + \dfrac{1}{mR_IC_Is}}{1 + \dfrac{1}{KR_IC_Ms}} = -\frac{C_I}{C_M}\frac{1 + \dfrac{1}{T_Is}}{1 + \dfrac{1}{K_IT_Is}} \tag{3-21}$$

式中，K_I 为积分增益，$K_I = KC_M/mC_I$；T_I 为积分时间，$T_I = mR_IC_I$。

式（3-21）即为具有饱和特性的比例积分调节器的传递函数。由式（3-21）可见，由于增加了积分时间切换开关，积分时间有两档。当开关置于"×1"档时，1kΩ 电阻被断开，积分器输入为 V_{o2}，此时 $m = 1$；当开关置于"×10"档时，积分器的输入为 $(1/10)V_{o2}$，对电容的充电电流为"×1"档时的 1/10，积分时间则为"×1"档时的 10 倍，所以 $m = 10$。

4. 输出电路

图 3-14 所示为调节器的输出电路。其输入信号是经过 PID 运算、以电平 V_B 为基准的 1～5V DC 的电压信号 V_{o3}，输出是流经一端接地的负载电阻 R_L 的 4～20mA DC 电流 I_o。因此，它实际上是一个具有电平移动的电压–电流转换器。

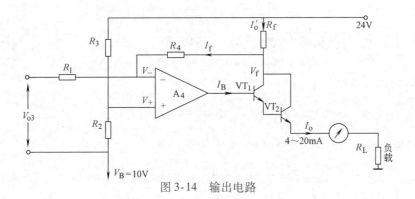

图 3-14　输出电路

为使调节器的输出电流不随负载电阻的变化而变化，输出电路应具有良好的恒流特性。为此，该电路使用集成运算放大器 A_4 并与复合晶体管 VT_1、VT_2 串联，这不仅可以降低放大器 A_4 的功耗、增进恒流性能，而且还可以提高电流转换的精度。

在图 3-14 所示电路中，设 $R_3 = R_4 = 10\text{k}\Omega$，$R_1 = R_2 = 4R_3$，则用理想放大器的分析方法可得

$$\begin{cases} V_\mathrm{T} = \dfrac{24\text{V} - V_\mathrm{B}}{R_3 + R_2} R_2 + V_\mathrm{B} = \dfrac{1}{5} V_\mathrm{B} + \dfrac{4}{5} \times 24\text{V} \\[3mm] \dfrac{V_\mathrm{f} - V_\mathrm{F}}{R_4} = \dfrac{V_\mathrm{F} - V_{o3} - V_\mathrm{B}}{R_1} = \dfrac{V_\mathrm{F} - V_{o3} - V_\mathrm{B}}{4R_4} \end{cases} \tag{3-22}$$

由式（3-22）中的第二式可得

$$V_\mathrm{F} = \frac{4}{5} V_\mathrm{f} + \frac{1}{5} (V_\mathrm{B} + V_{o3}) \tag{3-23}$$

根据 $V_\mathrm{T} \approx V_\mathrm{F}$、式（3-21）中的第一式和式（3-23）可得

$$V_\mathrm{f} = 24\text{V} - \frac{1}{4} V_{o3} \tag{3-24}$$

又直接从图中可知

$$V_\mathrm{f} = 24\text{V} - I'_o R_\mathrm{f} \tag{3-25}$$

由式（3-24）和式（3-25）解得

$$I'_o = \frac{V_{o3}}{4R_\mathrm{f}} \tag{3-26}$$

若忽略反馈支路中的电流 I_f 和晶体管 VT_1 的基极电流 I_B，则有

$$I_o \approx I'_o$$

进而有

$$I_o = \frac{V_{o3}}{4R_\mathrm{f}} \tag{3-27}$$

若 $R_\mathrm{f} = 62.5\Omega$，当 $V_{o3} = 1 \sim 5\text{V}$ 时，输出电流 I_o 则为 $4 \sim 20\text{mA DC}$，其输入/输出的传递系数为 1/250。

理论分析表明，晶体管 VT_1 的基极电流 I_B 一般可以忽略，但若忽略反馈支路的电流 I_f 时则会产生较大的输出误差。由图可知，反馈支路电流 I_f 为

$$I_\mathrm{f} = \frac{V_\mathrm{f} - V_\mathrm{F}}{R_4} \tag{3-28}$$

以 $I'_o = 4\text{mA}$ 时为例，V_f 的值可由式（3-25）计算，即

$$V_\mathrm{f} = (24 - 4 \times 10^{-3} \times 62.5)\text{V} = 23.75\text{V}$$

而 V_F 的值可由式（3-22）中的 V_T 计算，即

$$V_\mathrm{F} \approx V_\mathrm{T} = \left(\frac{1}{5} \times 10 + \frac{4}{5} \times 24 \right)\text{V} = 21.2\text{V}$$

将 V_f、V_F 的值代入式（3-28），可得

$$I_\mathrm{f} = \frac{23.75 - 21.2}{10 \times 10^3}\text{mA} = 0.255\text{mA}$$

可见 I_f 约占 I'_o 的 6.4%，忽略它将会产生较大的输出误差。为了提高转换精度，应使 $R_1 \neq R_2$。可以证明，当 $R_1 = 4(R_3 + R_f) = 40.25\mathrm{k\Omega}$ 时，便可精确地获得转换关系式 (3-27)。

5. 调节器的整机传递函数

通过上面的讨论，输入电路、PD 及 PI 运算电路、输出电路的传递函数皆已获得，整个调节器的结构框图如图 3-15 所示，其整机传递函数可表示为

$$\frac{I_o(s)}{V_i(s) - V_s(s)} = \frac{2a}{n}\frac{C_I}{C_M}\frac{1 + T_D s}{1 + \dfrac{T_D}{K_D}s}\frac{1 + \dfrac{1}{T_I s}}{1 + \dfrac{1}{T_I K_I s}} \times \frac{1}{250} \qquad (3\text{-}29)$$

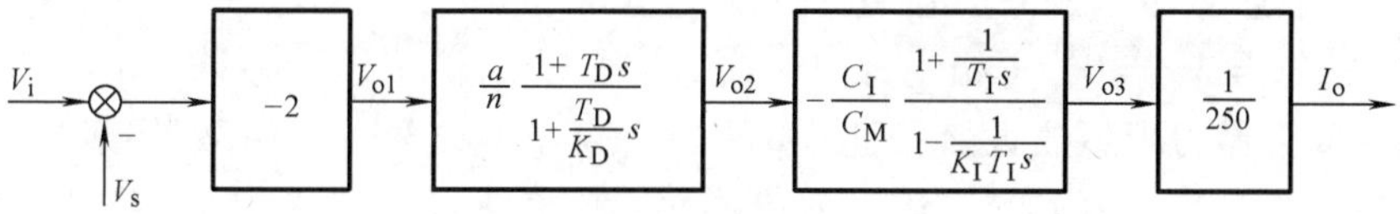

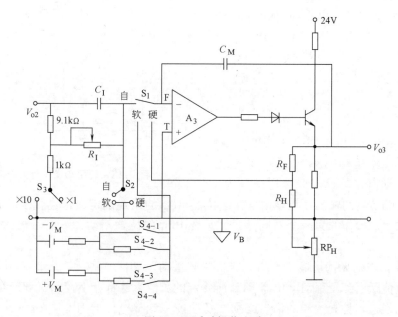

图 3-15　调节器的整机结构框图

6. 手动操作电路

手动操作电路是在 PI 电路中附加的软手动操作电路和硬手动操作电路，如图 3-16 所示。图中 $S_{4-1} \sim S_{4-4}$ 为软手动操作开关；RP_H 为硬手动操作电位器；S_1、S_2 为自动、软手动、硬手动联动切换开关。

图 3-16　手动操作电路

所谓软手动操作，是指调节器的输出电流与手动输入电压成积分关系；而硬手动操作，

则是指调节器的输出电流与手动输入电压成比例关系。

（1）软手动操作电路 在图 3-16 中，当 S_1、S_2 置于"软手动"位置时，按下 $S_{4-1} \sim S_{4-4}$ 中的任一开关，即可得到图 3-17 所示的软手动操作电路，这是一个反相输入的积分运算电路。

当按下 S_{4-1} 或 S_{4-2} 时，输入信号 $-V_M < 0$（相对于 V_B 而言），V_{o3} 积分上升；当按下 S_{4-3} 或 S_{4-4} 时，$+V_M > 0$，V_{o3} 则积分下降。

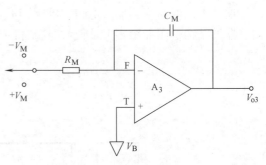

图 3-17 软手动操作电路

$S_{4-1} \sim S_{4-4}$ 四个开关可分别进行快、慢积分上升或积分下降的手动操作，S_{4-1}、S_{4-3} 为快速，S_{4-2}、S_{4-4} 为慢速。

当 $S_{4-1} \sim S_{4-4}$ 都处于"断开"位置时，输入端被浮空，$V_F = V_T = 0V$（相对于 V_B 而言）。若运算放大器为理想放大器，且 C_M 的漏电阻为无穷大时，C_M 两端的电压无放电回路，则有 $V_{o3} = V_{CM}$，调节器输出呈"保持特性"。

必须指出，上述软手动时所具有的保持特性是有条件的和暂时的，当运算放大器不是理想的，或电容 C_M 的漏电阻不是无穷大时，C_M 两端的电压会产生放电回路，因而使放大器 A_3 的输出电压随时间而变化。

（2）硬手动操作电路 当开关 S_1、S_2 置于"硬手动"位置时，其等效电路如图 3-18 所示。

此时，电阻 R_F 被接入反馈电路中与电容 C_M 并联，硬手动操作电位器 RP_H 上的电压 V_H 经电阻 R_H 输入放大器的反相端。这样，该放大器就成为时间常数 $T = R_F C_M$ 的惯性环节，其输入/输出关系为

$$\frac{V_{o3}(s)}{V_H(s)} = -\frac{R_F}{R_H} \frac{1}{1 + R_F C_M s} \quad (3\text{-}30)$$

设 $R_F = R_H = 30k\Omega$，$C_M = 10\mu F$，则 $R_F C_M = 30 \times 10^3 \times 10 \times 10^{-6} s = 0.3s$。若忽略其影响，硬手动电路可近似成传递函数为 1

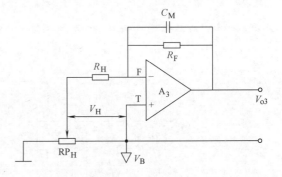

图 3-18 硬手动操作等效电路

的比例电路，调节器的输出便完全由操作电位器 RP_H 的位置确定，这也就是"硬手动"的由来。它与软手动操作的另一个不同点是，只要 RP_H 的位置不动，输出便永远保持确定的数值。

（3）手动操作的无扰切换 当调节器由"软手动"切向"硬手动"时，其输出值将由原来的某一数值跃变到硬手动电位器 RP_H 所确定的数值，这将会使控制过程产生内部扰动。若要使这一切换过程是无扰动的话，必须在切换前先调整电位器 RP_H 的位置，使其与调节器的瞬时输出一致。换句话说，必须先"平衡"再切换，方可保证输出无扰动。反之，当调节器由"硬手动"切向"软手动"时，由于切换后的积分器具有保持特性，即能保持切换前的硬手动输出状态，故由硬手动切向软手动时，无需"平衡"即可做到输出无

扰动。

综上所述，DDZ-Ⅲ型调节器的自动、软、硬手动的切换过程可总结为：

1）自动切换到软手动，无需平衡即可做到无扰动切换。

2）软手动切换到硬手动，需平衡后切换才能做到无扰动切换。

3）硬手动切换到软手动，无需平衡即可做到无扰动切换。

4）软手动切换到自动，无需平衡即可做到无扰动切换。

7. 指示电路

输入信号指示电路与给定信号指示电路完全一样，现以输入信号指示电路为例进行讨论。

调节器采用双针指示式电表，全量程地指示测量值与给定值。偏差大小由两个指针间的距离反映，当两针重合时，偏差为零。图 3-19 所示为全刻度指示电路，它是一个具有电平移动的差动输入式比例运算器，可将零伏为基准的 $1 \sim 5V$ DC 输入信号转换为以 V_B 为基准的 $1 \sim 5mA$ DC 电流信号。

设 A_5 为理想放大器，其传递关系为 $V_T = (V_B + V_i)/2$ 和 $V_F = (V_B + V_o)/2$；又因为有 $V_T = V_F$，故得 $V_o = V_i$。

设反馈支路电流 I_f 可以忽略，故流过表头的电流为

$$I'_o \approx I_o = \frac{V_o}{R_o} = \frac{V_i}{R_o} \quad (3\text{-}31)$$

设 $R_o = 1k\Omega$、$V_i = 1 \sim 5V$ 时，I'_o 即为 $1 \sim 5mA$。

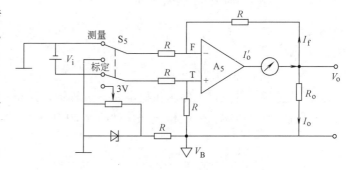

图 3-19　全刻度指示电路

为了便于对指示电路的工作进行校验，图 3-19 中还设有测量-标定切换开关 S_5。当 S_5 置于"标定"位置时，就有 3V 的电压输入指示电路，这时流过表头的电流应为 3mA。电表指针应指在 50% 的位置上。如果不准，应调整仪表的机械零点，或检查其他故障。

至此，图 3-8 所示的全刻度指示调节器各部分工作原理已基本介绍完毕。最后说明一下，该图中正、反作用开关 S_7 的作用：当 S_7 置于"正作用"时，随着测量信号的增加，调节器的输出也增加；当 S_7 置于"反作用"时，随着测量信号的增加，调节器的输出减少。正、反作用的选择，将在第 5 章中介绍。

3.3　数字式控制器

随着生产规模的发展和控制要求的提高，模拟式调节器的局限性越来越明显：

1）功能单一，灵活性差。

2）信息分散，所用仪表多，且监视操作不方便。

3）接线过多，系统维护难度大。

随着计算机技术、网络通信技术及显示技术的发展和使用要求的多样化，数字式控制器得到了迅速发展，目前已有诸多类别、品种和规格，它们在构成规模、功能完善的程度上虽

然存在差异，但其基本的控制功能和基本的构成原理大致相同，它们的共同特点是：

1）采用了模拟仪表与计算机一体化的设计方法，使数字式控制器的外形结构、面板布置、操作方式等保留了模拟调节器的特征，如模拟量输入/输出均采用 4～20mA DC 与 1～5V DC 的国际统一标准信号，可以很方便地与 DDZ-III 型模拟仪表相连。

2）与模拟调节器相比具有更丰富的运算控制功能。一台数字控制器既可以实现基本的 PID 控制，也可以通过软件编程实现多种复杂的运算与控制功能；此外，还具有多种数据处理功能，如线性化、数据滤波、标度变换、逻辑运算等。

3）具有数据通信功能，便于系统扩展。数字控制器除了用于代替模拟调节器构成单回路控制系统外，还可以与上位设备构成更复杂的控制系统。

4）可靠性高且具有自诊断功能，维护方便。由于数字控制器所用硬件高度集成化，因而可靠性高；由于它的控制功能是通过组态软件实现的，因而能及时发现故障并能及时采取保护措施，而且维护也十分方便。

3.3.1 数字式控制器的基本构成

数字式控制器主要由以微处理器为核心的硬件电路和由系统程序、用户程序构成的软件两部分构成。

1. 数字式控制器的硬件电路

数字式控制器的硬件电路由主机电路、过程输入通道、过程输出通道、人/机联系部件以及通信接口电路等构成，其构成框图如图 3-20 所示。

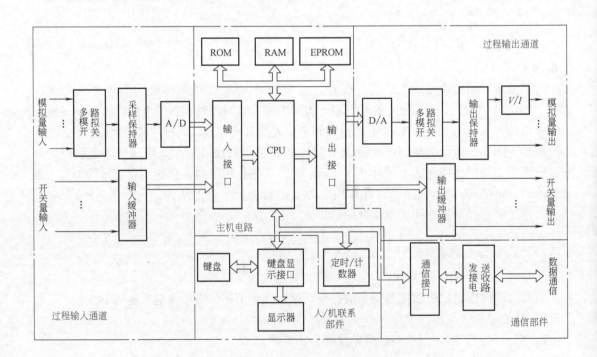

图 3-20 数字式控制器的硬件电路

各部分主要构成及其功能简述如下：

（1）主机电路　主机电路主要由微处理器 CPU、只读存储器 ROM 和 EPROM、随机存储器 RAM、定时/计数器 CTC 以及输入/输出接口等组成，它是数字控制器的核心，用于数据运算处理和各组成部分的管理。

（2）过程输入通道　过程输入通道包括模拟量输入通道和开关量输入通道两部分，其中模拟量输入通道主要由多路模拟开关、采样/保持器和 A/D 转换器等组成，其作用是将模拟量输入信号转换为相应的数字量；而开关量输入通道则将多个开关输入信号通过输入缓冲器将其转换为能被计算机识别的数字信号。

（3）过程输出通道　过程输出通道主要包括模拟量输出通道和开关量输出通道两部分，其中模拟量输出通道由 D/A 转换器、多路模拟开关输出保持器和 V/I 转换器等组成，其作用是将数字信号转换为 $1 \sim 5V$ 模拟电压或 $4 \sim 20mA$ 模拟电流信号。开关量输出通道则通过输出缓冲器输出开关量信号，以便控制继电器触点或无触点开关等。

（4）人/机联系部件　人/机联系部件主要包括显示仪表或显示器、手动操作装置等，它们被分别置于数字式控制器的正面和侧面。正面的设置与常规模拟式控制器相似，有测量值和设定值显示表、输出电流显示表、运行状态切换按钮、设定值增/减按钮、手动操作按钮等。侧面则有设置和指示各种参数的键盘、显示器等。

（5）通信部件　通信部件主要包括通信接口、发送和接收电路等。通信接口将发送的数据转换成标准通信格式的数字信号，由发送电路送往外部通信线路，再由接收电路接收并将其转换成计算机能接收的数据。数字通信大多采用串行方式。

2. 数字式控制器的软件

数字式控制器的软件主要包括系统管理软件和用户应用软件。

（1）系统管理软件　系统管理软件主要包括监控程序和中断处理程序两部分，它们是控制器软件的主体。监控程序又包含系统初始化、键盘和显示管理、中断处理、自诊断处理及运行状态控制等模块，中断处理程序则包含键处理、定时处理、输入处理和运算控制、通信处理和掉电处理等模块。

（2）用户应用软件　用户应用软件由用户自行编制，采用 POL（面向过程语言）编程，因而设计简单、操作方便。在可编程控制器中，这些应用软件以模块或指令的形式给出，用户只要将这些模块或指令按一定规则进行连接（亦称组态）或编程，即可构成用户所需的各种控制系统。

3.3.2　数字式控制器实例

数字式控制器已有诸多类别、品种和规格，目前广泛使用的产品有 DK 系列的 KMM 数字调节器、YS-80 系列的 SLPC 数字调节器、FC 系列的 PMK 数字调节器以及 Micro760/761 数字调节器等，由于它们的运算与控制功能是靠组态或编程实现的，且只控制一个回路，所以又常将它们称为单回路可编程数字调节器。现以 SLPC 数字调节器为例介绍其构成原理、功能特点及应用。

1. SLPC 可编程数字调节器的硬件构成

SLPC 是 YS-80 系列中一种有代表性的、功能较为齐全的可编程数字调节器，它的外形结构和操作方式与模拟调节器相似，只是在侧面面板上增加了与编程有关的接口、键盘等。

它具有基本的 PID、微分先行 PID、采样 PI、批量 PID、带可变滤波器设定的 PID 等多种控制功能，还可构成串级、选择性、非线性等多种复杂的过程控制系统，并具有自整定、自诊断、通信等许多特殊功能，其硬件电路如图 3-21 所示。

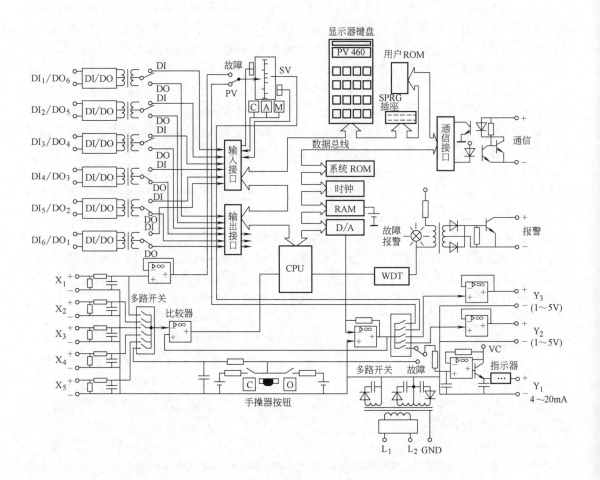

图 3-21　SLPC 可编程控制器的硬件电路

各部分电路的具体构成及其功能简述如下：

（1）主机电路　主机电路中的 CPU 采用 8085AHC 芯片，时钟频率为 10MHz；系统 ROM 为 64KB，用于存放监控程序和各种功能模块；用户 ROM 为 2KB，用于存放用户程序；RAM 为 16KB。

（2）过程输入/输出通道　过程输入/输出通道具有如下特点：

1）过程输入通道中有五路模拟量输入和六路开关量输入。模拟量输入由 RC 滤波器、多路开关、μPC648D 型高速 12 位 D/A 转换器和比较器等组成，并通过 CPU 反馈编码，实现比较型模/数转换。

2）过程输出通道中有三路模拟量输出和六路开关量输出。模拟量输出中有一路输出为

$4 \sim 20\text{mA}$ 直流电流，可驱动现场执行器；另两路输出为 $1 \sim 5\text{V}$ 直流电压，提供给控制室的其他模拟仪表。

3）用一片 μPC648D 型 12 位高速 D/A 芯片，将 CPU 输出的数字量转换为模拟量输出，同时在 CPU 的程序支持下，通过比较器将模拟量输入转换成数字量输出；开关量输入与开关量输出共用同一通道，其选择由使用者用程序确定；所有开关量输入/输出通道与内部电路之间均用高频变压器隔离。

4）在过程输入/输出通道中还分别设计了"故障/保持/软手动"功能。如图 3-21 所示，模拟输入信号 X_1，经滤波后分为两路，一路经模数转换后进入 CPU；另一路则送往故障/PV开关。当仪表工作不正常时，由 CPU 的自检程序通过 WDT 电路发出故障报警信号，并自动将"故障/PV"开关切换到故障位置，直接显示被控量 X_1，与此同时，故障输出信号则将模拟量输出中的输出电流切换成保持状态，以便进行软手动操作。

（3）人/机联系部件　SLPC 的人/机联系部件的正面面板与模拟式调节器类似，其不同之处是测量值与给定值显示器有模拟动圈式和数字式两种；此外，还设置了给定值增/减按键、串级/自动/软手动切换/操作按键、故障显示和报警显示灯等。它的侧面面板设置有触摸式键盘和数字显示器、正/反作用开关以及编程器和写入程序的芯片插座等，可以很方便地进行数据修改、参数整定等操作。

（4）通信接口电路　SLPC 的通信接口电路由 8251 型可编程通信接口芯片和光电隔离电路组成。该电路采用半双工、串行异步通信方式，一方面将发送信号转换成标准通信格式的数字信号，另一方面则将外部通信信号转换成 CPU 能接受的数据。

2. SLPC 可编程数字调节器的软件

SLPC 可编程数字调节器的软件由系统程序和功能模块指令构成。系统程序用于确保控制器的正常运行，用户不能调用。这里主要介绍功能模块指令及其应用。

（1）模块指令　SLPC 可编程调节器的功能模块指令可分为四种类型，即信号输入指令 LD、信号输出指令 ST、结束指令 END 和各种功能指令，见表 3-1。

表 3-1 中的所有指令都与五个运算寄存器 $S_1 \sim S_5$ 有关，这五个运算寄存器实际上对应于 RAM 中五个不同的存储单元，以堆栈方式构成，只是为了使用和表示方便，才对它们定义了不同的名称和符号（如模拟量输入寄存器 Xn 等）。此外，SLPC 还有 16 个数据寄存器以分类存放各种数据。

指令中代码的含义说明如下：

Xn——模拟量输入数据寄存器，$n = 1 \sim 5$；Yn——模拟量输出数据寄存器，$n = 1 \sim 6$；

An——模拟量功能扩展寄存器，$n = 1 \sim 16$；Bn——控制整定参数寄存器，$n = 1 \sim 39$；

FLn——状态标志寄存器，$n = 1 \sim 32$；DIn——开关量输入寄存器，$n = 1 \sim 6$；

DOn——开关量输出寄存器，$n = 1 \sim 6$；Dn——通信发送用模拟量寄存器，$n = 1 \sim 15$；

En——通信接收用模拟量寄存器，$n = 1 \sim 15$；Pn——可变常数寄存器；

CIn——通信接收用数字量寄存器，$n = 1 \sim 15$；Tn——中间数据暂存寄存器；

COn——通信发送用数字量寄存器，$n = 1 \sim 15$；LP——可编程功能指示输入寄存器。

表 3-1 中除 LD、ST、END 三种指令外，其余均为功能指令。这些功能指令基本涵盖了控制系统所需的各种运算和控制功能。

（2）运算与控制功能的实现　在熟悉了 SLPC 可编程调节器的模块指令后，即可使用这些指令完成各种运算与控制功能，现以加法运算和控制方案的实现为例加以说明。

表3-1 SLPC调节器用户指令一览表

分类	指令符号	指令含义	分类	指令符号	指令含义
读取	LD Xn	读 Xn	函数运算	FX1,2	10折线函数
	LD Yn	读 Yn		FX3,4	任意折线函数
	LD An	读 An		LAG1~8	一阶惯性
	LD Bn	读 Bn		LED1,2	微分
	LD FLn	读 FLn		DED1~3	纯滞后
	LD DIn	读 DIn		VEL1~3	变化率运算
	LD DOn	读 DOn		VLM1~6	变化率限幅
	LD En	读 En		MAV1~3	移动平均运算
	LD Dn	读 Dn		CCD1~8	状态变化检出
	LD CIn	读 CIn		TIM1~4	计时运算
	LD COn	读 COn		PGM1	程序设定
存入	ST LP	向 LP 存入		PIG1~4	脉冲输入计数
	ST Pn	向 Pn 存入		LAL1~4	下限报警
	ST Tn	向 Tn 存入		AND	与运算
	ST An	向 An 存入		OR	或运算
	ST Bn	向 Bn 存入		NOT	非运算
	ST FLn	向 FLn 存入		EOR	异或运算
	ST DOn	向 DOn 存入		COnn	向 nn 步跳变
	ST Dn	向 Dn 存入		GIFnn	向 nn 步条件转移
	ST COn	向 COn 存入		GO SUBnn	向子程序 nn 跳变
	ST LPn	向 LPn 存入		GIF SUBnn	向子程序 nn 条件转移
	ST Xn	向 Xn 存入		SUBnn	子程序 nn
	ST Yn	向 Yn 存入		RTN	返回
基本运算	+	加法		CMP	比较
	−	减法		SW	信号切换
	×	乘法	存储位移	CHG	寄存器交换
	÷	除法		ROT	寄存器旋转
	√	开方	控制功能	BSC	基本控制
	ABS	取绝对值		CSC	串级控制
	HSL	高值选择		SSC	选择控制
	LSL	低值选择	结束	END	运算结束
	HLM	高限值			
	LLM	低限值			

1）加法运算的实现。加法运算的实现过程如图 3-22 所示。图中 $S_1 \sim S_5$ 的初始状态分别为 A、B、C、D、E。

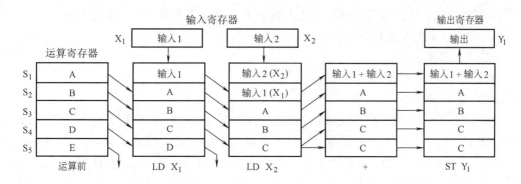

图 3-22　加法运算的实现过程

加法运算程序为

LD X_1 ；读取 X_1 数据

LD X_2 ；读取 X_2 数据

　+　　；对 X_1、X_2 求和

ST Y_1 ；将结果存入 Y_1

END　　；运算结束

2）控制方案的实现。SLPC 有三种控制功能指令，可直接组成三种不同类型的控制方案：①基本控制指令 BSC，内含一个调节单元 CNT_1，相当于模拟仪表中的一台 PID 调节器，可用来组成各种单回路控制方案；②串级控制指令 CSC，内含两个串联的调节单元 CNT_1 和 CNT_2，可组成串级控制方案；③选择控制指令 SSC，内含两个并联的调节单元 CNT_1、CNT_2 和一个单刀三掷切换开关 CNT_3，可组成选择性控制方案。图 3-23 为这三种控制指令的控制功能示意图。

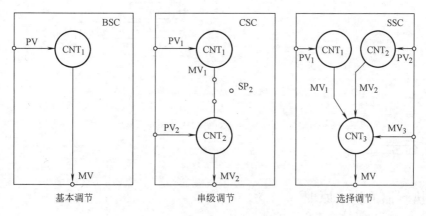

图 3-23　三种控制指令的控制功能图

这里需要说明的是，控制功能指令是以指令的形式在用户程序中出现，而调节单元所采用的控制算法则是以控制字代码由键盘确定，其部分控制字代码的功能规定为：$CNT_1 = 1$ 为标准 PID 算法，$CNT_1 = 2$ 为采样 PI 算法，$CNT_1 = 3$ 为批量 PID 算法；$CNT_2 = 1$ 为标准 PID 算法，$CNT_2 = 2$ 为采样 PI 算法；$CNT_3 = 0$ 为低值选择，$CNT_3 = 1$ 为高值选择。

以 BSC 为例，被控量接到模拟量输入通道 X_1，实现单回路 PID 控制的程序为

LD X_1 ；读取测量值数据 X_1

BSC   ；基本控制

ST Y_1 ；将控制输出 MV 存入 Y_1

END   ；运算结束

此外，为了满足实际使用的需要，上述三种控制功能指令还可通过 A 寄存器和 FL 寄存器进行功能扩展。A 寄存器主要用于给定值、输入输出补偿、可变增益等；FL 寄存器主要用于报警、运行方式切换、运算溢出等。图 3-24 所示为 BSC 指令扩展后的功能结构图，其有关内容因限于篇幅不再详述。

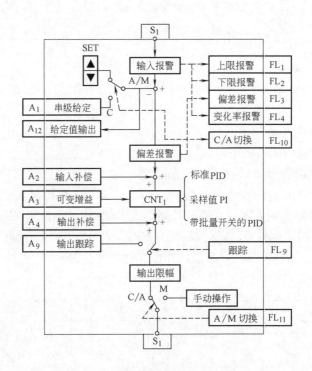

图 3-24　BSC 指令扩展后的功能结构图

3.4 执行器

3.4.1 执行器的构成原理

执行器由执行机构和调节机构（调节阀）两部分组成。在过程控制系统中，它接受调节器输出的控制信号，并转换成直线位移或角位移来改变调节阀的流通面积，以控制流入或流出被控过程的物料或能量，从而实现对过程参数的自动控制。

执行器直接安装在现场，直接与介质接触，通常在高温、高压、高粘度、强腐蚀、易结晶、易燃易爆、剧毒等场合下工作，如果选用不当，将直接影响过程控制系统的控制质量，或使整个系统不能可靠工作。

执行器按使用的能源可分为气动、电动、液动三种。其中气动执行器具有结构简单、工作可靠、价格便宜、维护方便、防火防爆等优点，在过程控制中获得最广泛的应用；电动执行器的优点是能源取用方便、信号传输速度快和便于远传，其缺点是结构复杂、价格贵，适用于防爆要求不高或缺乏气源的场所；液动执行器的推力最大，但目前使用不多，所以这里仅介绍气动执行器和电动执行器。

1. 气动执行机构

气动执行机构如图 3-25 所示。它由膜片、阀杆和平衡弹簧等组成，是执行器的推动装置。它接受气动调节器或电/气转换器输出的气压信号，经膜片转换成推力并克服弹簧力后，使阀杆产生位移，带动阀心动作。

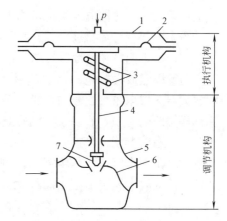

气动执行机构有正作用和反作用两种形式。当输入气压信号增加，阀杆向下移动时称正作用；当输入气压信号增加，阀杆向上移动时称反作用。在工业生产中口径较大的调节阀通常采用正作用方式。

气动执行机构有薄膜式和活塞式等。在工程上气动薄膜式应用最广。

图 3-25　气动执行器示意图
1—上盖　2—膜片　3—平衡弹簧　4—阀杆
5—阀体　6—阀座　7—阀心

气动薄膜执行机构的静态特性表示平衡状态时输入的气压 p 与阀杆位移 l 的关系，即

$$pA = Kl \tag{3-32}$$

式中，A 为膜片的有效面积；K 为平衡弹簧的弹性系数。可见，执行机构的阀杆位移 l 和输入气压信号 p 成正比。

执行机构的动态特性表示输入气压 p 与阀杆位移 l 之间的动态关系。为简单起见，通常把气动调节器或电/气转换器到执行机构的膜头之间的管线也作为膜头的一部分。所以气动执行机构的动态特性可近似成一阶惯性环节，其惯性的大小取决于膜头空间的大小与气管线的长度和直径。

2. 电动执行机构

电动执行机构根据配用的调节机构不同，其输出方式有直行程、角行程和多转式三种类型，其电气原理完全相同，仅减速器不一样。图 3-26 所示为电动执行机构的组成框图。

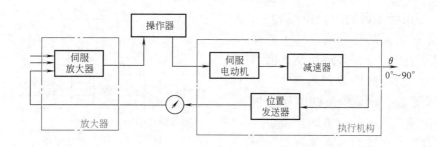

图 3-26　电动执行机构的组成框图

电动执行机构由伺服放大器和伺服电动机两部分组成。来自调节器的输出电流 I_o 为伺服放大器的控制输入信号，该信号与位置反馈信号 I_f 进行比较，其差值经放大后控制两相伺服电动机正转或反转，再经减速器减速后，输出位移信号以改变调节阀的开度（或挡板的角位移）。与此同时，输出的位移信号又经位置发送器转换成电流信号 I_f。当 I_f 与 I_o 相等时，伺服电动机停止转动，调节阀的开度就稳定在与调节器的输出信号 I_o 近似成比例的位置上。因此，通常把电动执行机构近似为比例环节。

图 3-27 所示为伺服放大器的原理框图。它由前置级磁放大器、触发器、晶闸管交流可控开关、校正网络和电源等环节组成。

前置级磁放大器是一个增益很高的放大器。根据输入信号与反馈信号相减后偏差的正负，在 A、B 两点产生两位式输出电压，以控制两个晶闸管触发电路一个工作，一个截止。例如，当前置放大器输出电压的极性为A（＋）、B（－）时，触发电路 2 被截止，晶闸管 VT_2 不通；触发电路 1 则发出一系列触发脉冲，使晶闸管 VT_1 完全导通。由于 VT_1 接在二极管桥式整流器的 c、d 端，它的导通使 c、d 两端短接，220V 的交流电压就直接

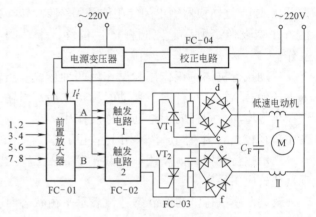

图 3-27　伺服放大器原理图

加到伺服电动机的绕组 I 上，同时经分相电容 C_F，以超前90°的相位角，加到绕组 II 上，形成旋转磁场，使电动机朝一个方向转动。当前置放大器的输出电压极性和上述相反，根据同样的原理，伺服电动机则朝相反的方向转动。由于前置放大器的增益很高，只要偏差信号大于不灵敏区，触发电路便可使晶闸管可靠导通，电动机便以全速转动。当 VT_1 和 VT_2 都不导通时，电动机不转。

校正网络如图 3-28 所示，它是由校正变压器、相敏整流器和电源变压器组成。校正网络输出的校正信号 I'_f 被反馈到前置级磁放大器的输入端。当 I_i 与 I_f 之差 $I_i - I_f = 0$ 时，晶闸管关断，校正信号 $I'_f = 0$；当由于电源的波动而使 $I_i - I_f \neq 0$ 时，相应的晶闸管导通，校正信号 $I'_f \neq 0$，其极性与 $(I_i - I_f)$ 相反，因而构成负反馈。校正信号 I'_f 虽然很小，但由于它反应迅速，比位置反馈信号 I_f 提前反馈到前置放大器的输入端，所以能迅速克服电源的干扰而改善执行机构的

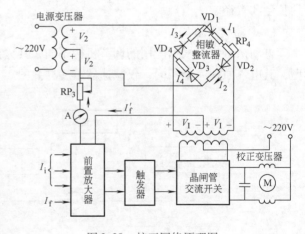

图 3-28　校正网络原理图

动态特性。电路中的电位器 RP_3 用来调节校正信号 I'_f 的大小；RP_4 为调零电位器，即当 $I_i - I_f = 0$ 时，I'_f 也应为零；若不为零时可调节 RP_4 使其为零。

为了克服电动机在断电后产生的"惰走"或"反转"现象，在执行机构内部装有傍磁式机械制动机构，以保证在断电时电动机转子被"制动"，从而避免"惰走"或"反转"现象的产生。傍磁式机械制动机构的工作原理，限于篇幅不再叙述，感兴趣的读者请参阅有关文献。

3. 调节机构

调节机构也称调节阀。根据不同的使用要求，调节阀的结构形式有直通双座阀、直通单座阀、三通阀、隔膜阀、角形阀、蝶阀等，其结构示意图如图 3-29 所示。

根据流体力学的观点，调节阀是一个局部阻力可变的节流元件。在过程控制中，通过改变阀心的行程来改变调节阀的阻力系数，以达到控制介质流量的目的。

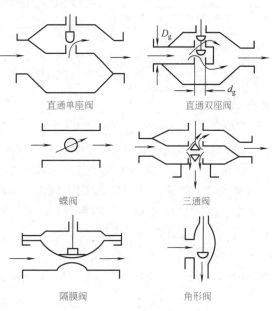

直通单座阀　　　　直通双座阀

蝶阀　　　　三通阀

隔膜阀　　　　角形阀

图 3-29　调节阀结构示意图

3.4.2　气动执行器的应用

如前所述，执行器是过程控制系统的重要环节之一，它的合理应用是关系到控制系统能否正常工作的重要前提。一般应根据控制介质的特点和控制要求等确定它的合理应用。鉴于目前在过程控制中，气动执行器的使用占绝大多数，所以这里重点讨论气动执行器在应用中所遇到的问题。

1. 调节阀的尺寸

调节阀的尺寸通常用公称直径 D_g 和阀座直径 d_g 表示，它们的确定是合理应用执行器的前提条件。确定调节阀尺寸的主要依据是流通能力，它定义为调节阀全开、阀前后压差为 0.1MPa、流体重度为 $1g/cm^3$ 时，每小时通过阀门的流体流量（m^3 或 kg）。可见流通能力直接代表了调节阀的容量。由流体力学理论可知，当流体为不可压缩时，通过调节阀的体积流量为

$$q_V = \alpha A_0 \sqrt{\frac{2g}{r}(p_1 - p_2)} \tag{3-33}$$

式中，α 为流量系数，它取决于调节阀的结构形状和流体流动状况，可从有关手册查阅或由实验确定；A_0 为调节阀接管截面积；g 为重力加速度；r 为流体重度。

依据流通能力的定义，则有

$$C = \alpha A_0 \sqrt{2g} \tag{3-34}$$

由式（3-34）可见，流通能力 C 与调节阀的结构参数有确定的对应关系。这就是确定调节阀尺寸的理论依据。

将式（3-34）代入式（3-33）可得流通能力与流体重度、阀前后压差和介质流量三者的定量关系，即

$$C = q_V \sqrt{\frac{r}{\Delta p}} \tag{3-35}$$

式（3-35）是通过实验确定流通能力的理论依据。调节阀流通能力与其尺寸的关系见表 3-2。调节阀尺寸的确定过程为：根据通过调节阀的最大流量 q_{max}，流体重度 r 以及调节阀的前后压差 Δp，先由式（3-35）求得最大的流通能力 C_{max}，然后选取大于 C_{max} 的最低级别的 C 值，即可依据表 3-2 确定出 D_g 和 d_g 的大小。

表 3-2 调节阀流通能力 C 与其尺寸的关系

公称直径 D_g/mm			19					20			25	32	40	50	65
阀座直径 d_g/mm	2	4	5	6	7	8	10	12	15	20	25	32	40	50	65
流通能力 C 单座阀	0.08	0.12	0.20	0.32	0.50	0.80	1.2	2.0	3.2	5.0	8	12	20	32	56
双座阀											10	16	25	40	63

公称直径 D_g/mm	80	100	125	150	200	250	300
阀座直径 d_g/mm	80	100	125	150	200	250	300
流通能力 C 单座阀	80	120	200	280	450		
双座阀	100	160	250	400	630	1000	1600

2. 执行器的气开、气关形式

所谓"气开"，是指当气压信号 $p > 0.02\text{MPa}$ 时，阀由关闭状态逐渐打开；"气关"则相反，即当气压信号 $p > 0.02\text{MPa}$ 时，阀由全开状态逐渐关闭。

由于执行机构有正、反两种作用方式，阀体也有正、反两种形式。所以，执行器的"气开、气关"有四种构成方式，如图 3-30 和表 3-3 所示。

调节阀气开、气关的选择，主要从工艺生产的安全来考虑。换句话说，当发生断电或其他故障引起控制信号中断时，执行器的工作状态应避免损坏设备和伤害操作人员。

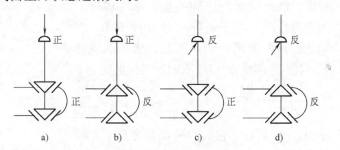

图 3-30 气开、气关示意图
a) 气关 b) 气开 c) 气开 d) 气关

例如，一般加热器应选用"气开"式，这样当控制信号中断时，执行器处于关闭状态，停止加热，使设备不致因温度过高而发生事故或危险；又如，锅炉进水的执行器则应选用"气关"式，即当控制信号中断时，执行器处于打开状态，保证有水进入锅炉，不致产生烧干或爆炸事故。

表 3-3 执行器气开、气关的构成

序号	执行机构作用方式	阀体作用方式	执行器气开、气关形式
图 3-30a	正	正	气关
图 3-30b	正	反	气开
图 3-30c	反	正	气开
图 3-30d	反	反	气关

3. 单座阀和双座阀

双座阀结构如图 3-31 所示。由图可见，当流体流过时，流体在阀心前后产生的压差作用在上、下阀心上，向上和向下的作用方向相反，大小相近，不平衡力较小。因此，大口径阀，一般选用双座阀。只有一个阀心的调节阀称为单座阀。由于单座阀的阀心前后压差所产生的不平衡力较大，容易使阀杆产生变形，影响控制精度。因此，小口径阀，一般选用单座阀。

　　4. 调节阀的流量特性

　　调节阀的流量特性，是指控制介质流过阀门的相对流量与阀门相对开度之间的关系，即

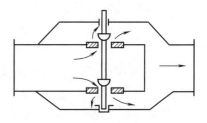

$$\frac{q}{q_{max}} = f\left(\frac{l}{L}\right) \qquad (3\text{-}36)$$

式中，q/q_{max} 为相对流量，即某一开度的流量与可以控制的最大流量之比；l/L 为相对开度，即某一开度行程与最大行程之比。

图 3-31　双座阀结构示意图

　　从过程控制的角度考虑，调节阀的流量特性对过程控制系统有很大的影响，不少控制系统工作不正常，往往是由于调节阀的特性，特别是流量特性选择不合适，或者是阀心在使用中受到腐蚀、产生磨损而导致特性改变所致。

　　由式（3-33）可知，流过调节阀的流量大小不仅与阀门的开度有关，而且还与阀前后压差的大小有关。在工程上，常常根据阀前后压差的不同情况将其分为理想流量特性和工作流量特性。

　　（1）理想流量特性　当调节阀前后压差一定时获得的流量特性，称为理想流量特性（亦称固有流量特性），它仅取决于阀心的形状，不同的阀心曲面可有不同的流量特性。

　　在目前常用的调节阀中，有三种代表性的理想流量特性，即直线流量特性、对数流量特性和快开流量特性，这三种理想流量特性完全取决于阀心的形状，如图 3-32 所示。

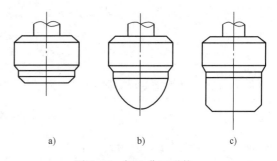

图 3-32　阀心曲面形状
a）快开　b）直线　c）对数

　　三种理想流量特性的数学关系及应用特点分述如下：

　　1）直线流量特性是指流过调节阀的相对流量与阀门的相对开度成直线关系，即阀杆单位行程变化所引起的流量变化是常数。其数学表达式为

$$\frac{d\left(\dfrac{q}{q_{max}}\right)}{d\left(\dfrac{l}{l_{max}}\right)} = K \qquad (3\text{-}37)$$

将式（3-37）积分得

$$\frac{q}{q_{max}} = K\frac{l}{l_{max}} + C \qquad (3\text{-}38)$$

式中，C 为积分常数。根据已知条件，当 $l = 0$ 时，$q = q_{min}$（可控的最小流量）；当 $l = l_{max}$ 时，$q = q_{max}$（可控的最大流量）。代入式（3-38）可得 $C = q_{min}/q_{max}$ 与 $C = 1 - K$。定义可调范围 R 为可以控制的最大流量与最小流量之比，即

$$R = \frac{q_{max}}{q_{min}} = \frac{1}{C} \tag{3-39}$$

可调范围 R 反映了调节阀调节能力的大小。我国生产的调节阀，其可调范围一般为 30。将 K 与 C 的值代入式（3-38）可得

$$\frac{q}{q_{max}} = \left(1 - \frac{1}{R}\right)\frac{l}{l_{max}} + \frac{1}{R} \tag{3-40}$$

式（3-40）表明，当可调范围 R 一定时，q/q_{max} 与 l/l_{max} 之间为线性关系。并且规定：当 $l/l_{max} = 0$ 时，$q/q_{max} = 3.3\%$；当 $l/l_{max} = 100\%$ 时，$q/q_{max} = 100\%$。直线流量特性如图 3-33 中曲线 1 所示。

因为线性调节阀的放大系数 K 是一个常数，所以不论阀杆处于什么位置，只要阀杆的位移量相同，其流量的变化量则相同，但它的相对变化量（流量的变化量与原流量的比）则随阀杆位置的不同而不同。所以，线性调节阀在小开度时流量的相对变化量大，灵敏度高，控制作用强，容易产生振荡；而在大开度时流量的相对变化量小，灵敏度低，控制作用弱。由此可知，当线性调节阀工作在小开度或大开度时，其控制性能均较差，因而不宜用于负荷变化大的过程。

2）对数（等百分比）流量特性是指单位行程变化所引起的相对流量变化与该点的相对流量成正比关系，其数学表达式为

$$\frac{d\left(\frac{q}{q_{max}}\right)}{d\left(\frac{l}{l_{max}}\right)} = K_1 \frac{q}{q_{max}} = K_V \tag{3-41}$$

可见调节阀的放大系数 K_V 随相对流量的增加而增加。对式（3-41）进行积分得

$$\ln \frac{q}{q_{max}} = K_1 \frac{l}{l_{max}} + C_1 \tag{3-42}$$

将前述已知条件代入，可得

$$C_1 = \ln \frac{q_{min}}{q_{max}}, \quad K_1 = \ln \frac{q_{max}}{q_{min}}$$

因而有

$$\ln \frac{q}{q_{max}} = \left(\frac{l}{l_{max}} - 1\right)\ln R \text{ 或} \frac{q}{q_{max}} = R^{\left(\frac{l}{l_{max}} - 1\right)} \tag{3-43}$$

式（3-43）表明，相对行程与相对流量成对数关系，其特性如图 3-33 中曲线 2 所示。

由式（3-41）可知，对数流量特性调节阀在小开度工作时其放大系数 K_V 较小，因而控制较平稳；在大开度工作时放大系数 K_V 则较大，控制灵敏有效，所以它适用于负荷变化较大的过程。

3）快开流量特性是指在小开度时就有较大的流量，随着开度的增大，流量很快达到最大，故称为快开特性。快开特性的数学表达式为

$$\frac{d\left(\frac{q}{q_{max}}\right)}{d\left(\frac{l}{l_{max}}\right)} = K_2 \left(\frac{q}{q_{max}}\right)^{-1} \tag{3-44}$$

对式（3-44）积分并代入已知条件可得

$$\frac{q}{q_{max}} = \frac{1}{R} \left[(R^2 - 1) \frac{l}{l_{max}} + 1 \right]^{1/2} \qquad (3-45)$$

快开流量特性如图 3-33 中曲线 3 所示。调节阀主要用于位式控制。

（2）工作流量特性　在实际使用时，调节阀安装在管道上，或者与其他设备串联，或者与旁路管道并联，因而调节阀前后的压差总是变化的，此时的流量特性称为工作流量特性。

1）图 3-34a 为调节阀与其他设备串联工作示意图，图 3-34b 为其压力分布图。

由图可见，调节阀的前后压差是总压差的一部分。当总压差 Δp 一定，随着阀门开度的增加，流量随之增加，但阀前后的压差却随之减小，结果导致理想流量特性产生变异而形成工作流量特性。在图 3-35a 中，原来是直线特性的，随着串联阻力的变化，其实际的工作流量特性变成了不同斜率的曲线；而在图 3-35b 中，原来是对数特性的，随着串联阻力的变化，其实际的工作流量特性却逐渐趋于直线。

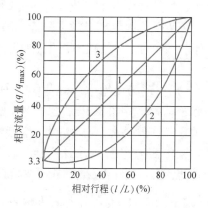

图 3-33　调节阀的流量特性曲线
1—直线　2—对数（等百分比）　3—快开

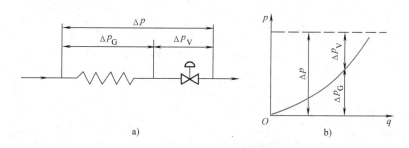

图 3-34　调节阀和管道串联
a）串联工作　b）压力分布

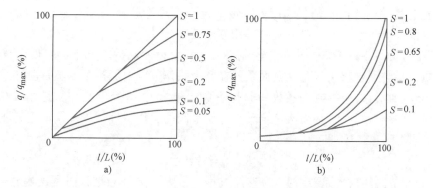

图 3-35　调节阀和管道串联时的工作流量特性
a）直线阀　b）对数阀

在工程上，常常用阻力系数 S 表征串联阻力对流量特性的影响。设 q_{max} 表示串联管道阻力为零、调节阀全开时的流量；S 则定义为阀全开时阀前后压差 Δp_{Vmin} 与系统总压差 Δp 的比值，即 $S = \Delta p_{Vmin} / \Delta p$。由图3-35可知，当 $S = 1$ 时，管道压降为零，调节阀前后压差等于系统的总压差，故工作流量特性即为理想流量特性。当 $S < 1$ 时，由于串联管道阻力的影响，使流量特性产生两个变化：一个是阀全开时流量减小，即阀的可调范围变小；另一个是使阀在大开度工作时控制灵敏度降低。随着 S 值的减小，直线特性趋向于快开特性，对数特性趋向于直线特性，S 值越小，流量特性的变形程度越大。在实际使用中，一般希望 S 值不低于 $0.3 \sim 0.5$。

2）在现场使用中，调节阀一般都装有旁路管道和手动阀（如图3-36所示），以便于手动操作和维护。与管道并联工作时的流量特性如图3-37所示。图中 $S' = 1$ 时，旁路阀关闭，工作流量特性即为理想流量特性。随着旁路阀逐渐打开，S' 值逐渐减小，调节阀的可调范围也将大大降低，从而使调节阀的控制能力大大下降，影响控制效果。根据实际经验，S' 值不能低于 0.8。

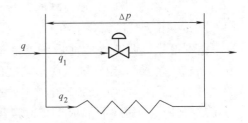

图3-36　调节阀与管道并联工作示意图

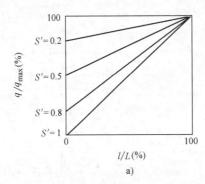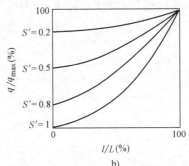

图3-37　与管道并联时调节阀的工作流量特性
a）直线阀　b）对数阀

（3）流量特性的选择　调节阀流量特性的选择有理论分析法和经验法。前者还在研究中，目前较多采用经验法。一般可从以下几方面考虑。

1）依据过程特性选择。一个过程控制系统，在负荷变动的情况下，要使系统保持期望的控制品质，则必须要求系统总的放大系数在整个操作范围内保持不变。一般变送器、已整定好的调节器、执行机构等放大系数基本上是不变的，但过程特性则往往是非线性的，其放大系数随负荷而变。因此，必须通过合理选择调节阀的工作特性，以补偿过程的非线性，其选择原则为

$$K_V K_0 = 常数$$

式中，K_V 为调节阀的放大系数；K_0 为被控过程的放大系数。当被控过程的特性为线性时，则应选择直线特性的调节阀，否则就选择对数特性的调节阀。

2）依据配管情况选择。在根据过程特性进行选择之后，再按照配管情况进行进一步的

选择，其选择原则可参照表3-4进行。

表3-4　依据配管状况选择表

配管状况	$S = 1 \sim 0.6$		$S = 0.6 \sim 0.3$	
工作特性	直线	等百分比	直线	等百分比
理想特性	直线	等百分比	等百分比	等百分比

3）依据负荷变化情况选择。在负荷变化较大的场合，宜选用对数调节阀，这是因为对数调节阀的放大系数可随阀心位移的变化而变化，但它的相对流量变化率则是不变的，所以能适应负荷变化大的情况；此外，当调节阀经常工作在小开度时，则宜选用对数调节阀。因为直线调节阀工作在小开度时，其相对流量的变化率很大，不宜进行微调。

3.4.3　电/气转换器与阀门定位器

1. 电/气转换器

由于气动执行器具有一系列优点，绝大部分使用电动调节仪表的系统也使用气动执行器。为使气动执行器能够接受电动调节器的控制信号，必须把调节器输出的标准电流信号转换为 $20 \sim 100\text{kPa}$ 的标准气压信号。这个工作是由电/气转换器完成的。

图3-38是力平衡式电/气转换器的原理图。

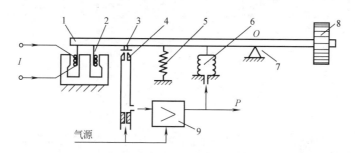

图3-38　力平衡式电/气转换器的原理图

1—杠杆　2—线圈　3—挡板　4—喷嘴　5—弹簧　6—波纹管

7—支承　8—重锤　9—气动功率放大器

图中，由电动调节器送来的电流 I 通入线圈2，该线圈能在永久磁铁的气隙中自由地上下移动。当输入电流 I 增大时，线圈与磁铁产生的吸力增大，使杠杆1做逆时针方向转动，并带动安装在杠杆上的挡板3靠近喷嘴4，使喷嘴挡板机构的背压升高，并经气动功率放大器9放大（气动功率放大器在阀门定位器中讨论）后产生 $20 \sim 100\text{kPa}$ 的输出压力 p，完成电/气转换；与此同时，该压力还作为反馈信号作用于波纹管6，使杠杆产生向上的反馈力矩，与电磁力矩相平衡，构成力平衡式电/气转换系统。弹簧5可用来调整输出零点；移动波纹管的安装位置可调整量程；重锤8用来平衡杠杆的重量，使其在各种安装位置都能准确地工作，这种转换器的精度可达到0.5级。

如图3-39为国外某公司的配备气源调节器的电/气转换器用以操作膜片驱动的控制阀。转换器接受一个直流输入信号，并使用一个力矩马达、喷嘴挡板和气动放大器把这个电气信号转换成一个成比例的气动输出信号。喷嘴压力操纵放大器与力矩马达的反馈波纹管相连接以进行输入信号与喷嘴压力之间的比较。如图 3-39 所示，电/气转换器可以直接安装在阀门上，并且不需要另外的气量增大器或定位器就可以使阀门工作。

2. 阀门定位器

在图 3-25 所示的气动执行器中，阀杠的位移是由作用到薄膜上的推力与弹簧反作用力动态平衡后确定的。为了防止阀杆引出处的泄露，填料总要压得很紧，致使摩擦力可能很大；此外，由于种种原因，被调节流体对阀心的作用力也可能相当大。所有这些都会影响执行机构与输入信号之间的精确定位关系，使执行机构产生回环特性，严重时可能造成系统振荡。因此，在执行机构工作条件差及要求调节质量高的场合，都在执行机构前加装阀门定位器。其框图如图 3-40 所示。由图可见，借助于阀杆位移负反馈，使调节阀能按输入信号精确地确定自己的开度。

图 3-39　配备气源调节器的电/气转换器

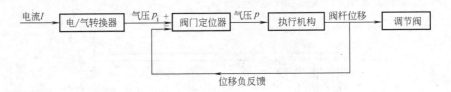

图 3-40　带阀门定位器的气动执行器框图

图 3-41 所示是阀门定位器与气动执行机构配合使用的原理图。由图可知，它是一个气压-位移反馈系统，其工作过程为：由电/气转换器的输出气压信号 p_i 作用于波纹管 1，使挡板 2 以反馈凸轮 3 为支点转动，当挡板靠近喷嘴时，使背压室 A 内压力上升，推动膜片使锥阀 4 关小，球阀 5 开大。这样，气源的压缩空气就较易从 D 室进入 C 室，而较难进入 B 室排入大气，使 C 室的压力 p 急剧上升，此压力送往执行机构，通过薄膜产生推力，推动阀杆向下移动，并带动凸轮 3 按顺时针方向旋

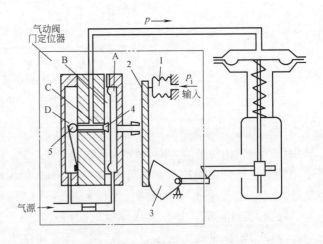

图 3-41　阀门定位器与气动执行机构配合使用的原理图
1—输入波纹管　2—挡板　3—反馈凸轮　4—锥阀　5—球阀

转，使挡板下端右移并离开喷嘴，以减小输出压力 p，最终达到平衡。在平衡时，由于放大器的放大倍数很高（约为 10～20 倍），输出气量很大，有很强的负载能力，故可直接推动

执行机构。

阀门定位器采用了深度位移负反馈，因而能克服阀杆上的摩擦力，消除流体不平衡力的影响，改善了执行器的静态特性；此外，由于它使用了气动功率放大器，增强了供气能力，加快了执行机构的动作速度，改善了执行器的动态性能；第三，还可通过改变反馈凸轮的形状，使调节阀的线性、对数、快开流量特性互换，以适应控制系统不同的控制要求。

若将电/气转换器与阀门定位器组合为一体，即可构成电/气阀门定位器，其工作原理基本相同，这里不再叙述。需知两者的结合，可节省一个气动功率放大器，从而节约了仪表成本，提高了经济效益。

3.4.4　智能式电动执行器

自 20 世纪 90 年代以来，随着微电子技术、微处理机技术、计算机网络技术和机电一体化技术的迅速发展和现场总线控制的迫切需要，符合现场总线的智能执行器便应运而生。目前，智能执行器已有诸多产品，表 3-5 列出了部分目录。

表 3-5　智能执行器部分目录一览表

公司名称	产品名称	推出时间/年	适用的现场总线[①]
美国 AUMA	Matic	1991	Profibus
德国 Siemens	SIPAT PS2	1995	HART
美国 Valtek	Starpac	1996	HART
美国 Neles	ND800	1997	HART
美国 Joedan	Eiectric Actuators	1998	HART
德国 ElsagBailey	Contract	1998	HART
美国 FisherRosmount	DVC5000f Series Digitial	1998	FF
美国 Fiowserve	Logx14XX	1999	FF
日本 Yokogawa	YVP	1999	FF
日本 Yamatake	SVP3000 Alphaplus AVP303	1999	FF
英国 Rotork	FF-01 Network Interface	2000	FF

① 现场总线将在第 9 章中介绍。

1. 智能电动执行器的特点

与常规电动执行器相比，智能电动执行器有如下特点：

1）具有智能化和高精度的控制功能。智能执行器可直接接收变送器信号，按设定值自动进行 PID 调节，控制流量、压力和温度等过程变量。通过组态可按折线形成多种形状的非线性流量特性，实现对过程非线性特性的补偿，以提高系统的控制精度。同时也摆脱了长期以来依靠改变阀心形状来改变流量特性的落后状况。

2）一体化的结构设计思想。智能执行器将位置控制器、PID 控制器、伺服放大器、电/气转换器、阀位变送器等装在一台现场仪表中，减少了信号传输中的泄漏和干扰等因素对系统控制精度的影响；与此同时，还采用电制动和断续调节技术代替机械摩擦制动技术，以提高整机的可靠性。

3）具有智能化的通信功能。智能执行器与上位机或控制系统之间可通过现场总线按规定的通信协议进行双向数字通信，并构成所需要的控制系统，这是智能执行器与常规电动执行器的重要区别之一，也是它突出的优点之一。

4）具有智能化的自诊断与保护功能。当电源、气动部件、机械部件、控制信号、通信或其他方面出现故障时，均能迅速识别并能有效采取保护措施，确保控制系统及生产过程的安全。

5）具有灵活的组态功能，"一机多用"，提高了经济效益。例如，对于输入信号，可通过软件组态来选择合适的信号源；对于执行器的运行速度和行程，也可通过组态软件进行任意设置，所有这些都无需更换硬件。这样一来，只要用少量类型的智能执行器就能够满足各种工业过程的不同需求，从而大大提高了制造商和用户的经济效益。

2. 智能电动执行器的实例简介

表 3-5 表明，智能电动执行器的种类很多，但其结构原理功能却大同小异。现以美国 Valtek 公司生产的 Starpac 智能执行器为例加以说明。Starpac 智能执行器的基本结构和功能如图 3-42 所示。

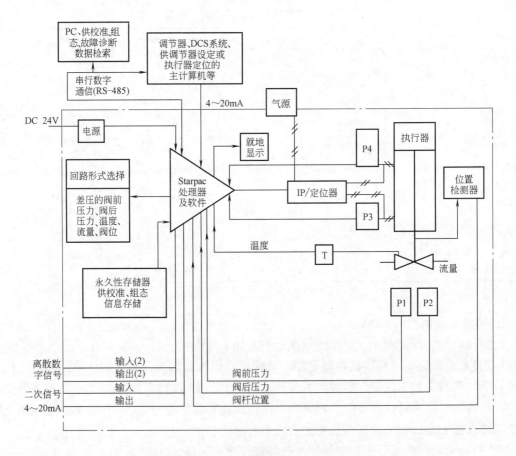

图 3-42 Starpac 智能执行器功能结构框图

如图所示，阀体的进、出口部位和内部均装有压力、温度检测器；阀杆内装有阀位检测器；执行机构进、出口装有空气压力检测器。所有这些检测器的输出信号都被送往 Starpac 执行器内装的微处理器中。在调节阀的运行过程中，微处理器根据这些参数的变化，分析调节阀的工作状况，实时进行调整、校准和故障诊断，使阀门的控制精度和可靠性得到了极大的提高。与上位机或控制系统的连接用 4 ~ 20mA DC 模拟信号或 RS-485 串行数字信号的通信方式，二者可任选，但与 PC 连接进行组态、校准、数据检索或故障诊断时，必须采用数字通信方式。

3.5　安全栅

　　如第 1 章所述，安全火花型防爆系统必须具备两个条件：一是现场仪表必须设计成安全火花型；二是现场仪表与非危险场所（包括控制室）之间必须经过安全栅（又称防爆栅），以便对送往现场的电压、电流进行严格的限制，从而保证进入现场的电功率在安全范围之内。由此可见，安全栅是构成安全火花防爆系统极其重要的过程控制仪表之一。

　　安全栅的种类很多，有电阻式安全栅、中继放大式安全栅、齐纳式安全栅、光电隔离式安全栅、变压器隔离式安全栅等。目前应用最多的是齐纳式安全栅和变压器隔离式安全栅。

3.5.1　齐纳式安全栅

　　1. 简单齐纳式安全栅

　　简单齐纳式安全栅是利用齐纳二极管的反向击穿特性进行限压、用固定电阻进行限流，其基本电路原理如图 3-43 所示。

　　由图可知，该安全栅可以限制流过的电压与电流，不让它们超过安全值，即当输入电压 V_i 在正常范围（24V）内时，齐纳二极管 VD 不导通；当电压 V_i 高于 24V 并达到齐纳二极管的击穿电压（约 28V）时，齐纳二极管导通，在将电压钳制在安全值以下的同时，安全侧电流急剧增大，使快速熔丝 FU 很快熔断，从而将可能造成事故的高压与危险场所隔断。固定电阻 R 的作用是限制流往现场的电流。

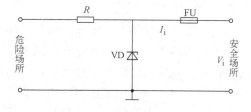

图 3-43　齐纳式安全栅电路原理图

　　这种简单的齐纳式安全栅存在两点不足：一是固定的限流电阻其大小难以选择，选小了起不到很好的限流作用，选大了又影响仪表的恒流特性。理想的限流电阻应该是可变的，即电流在安全范围内其阻值要足够小，而当电流超出安全范围时其电阻要足够大。二是接地不合理，通常一个信号回路只允许一点接地，若有两点以上接地会造成信号通过大地短路或形成干扰。因此，希望安全栅的接地点在正常信号通过时要对地断开。

　　2. 改进型齐纳式安全栅

　　针对简单齐纳式安全栅存在的两点不足，进行了改进。改进后的齐纳式安全栅如图3-44所示。其中第一点改进是，由四个齐纳二极管和四个快速熔丝组成双重限压电路，并取消了直接接地点，改为背靠背连接的齐纳二极管中点接地。这样，在正常工作范围内，这些二极管都不导通，安全栅是不接地的；当输入出现过电压时，这些齐纳二极管导通，对输入过电压进行限制，并通过中间接地点使信号线对地电压不超过一定的数值。第二点改进是，用双重晶体管限流电路（还有一套电路未画出）代替固定电阻，以达到近似理想的限流效果。

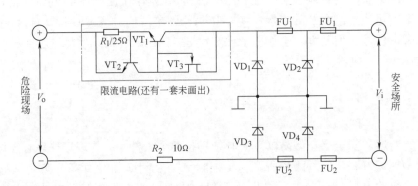

图 3-44　改进型齐纳式安全栅电路原理图

该限流电路的工作原理为：场效应管 VT_3 工作于零偏压，作为恒流源向晶体管 VT_1 提供足够的基极电流，保证 VT_1 在信号电流为 4～20mA 的正常范围内处于饱和导通状态，使安全栅的限流电阻很小；如果信号电流超过 24mA，则电阻 R_1 上的压降将超过 0.6V，于是晶体管 VT_2 导通，分流了恒流管 VT_3 的电流，使 VT_1 的基极电流减小，VT_1 将退出饱和，使安全栅的限流电阻随信号电流的增大而迅速增大，起到很好的限流作用。

齐纳式安全栅虽然结构简单、价格便宜，但由于齐纳二极管过载能力低，且难以解决熔丝的熔断时间和可靠性之间的矛盾，更何况熔丝是一次性使用元件，一旦熔断，必须更换后才能重新工作，从而给控制系统的自动化程度带来不利影响。

3.5.2　隔离式安全栅

隔离式安全栅采用变压器作为隔离元件，将危险场所的本质安全电路与安全场所的非本质安全电路进行电气隔离。在正常情况下，只允许电源能量及信号通过隔离变压器，同时切断安全侧的高压窜入危险场所的通道。当出现偶然事故时，可用晶体管限压限流电路，对事故状况下的过电压或过电流作出截止式的控制。

隔离式安全栅有两种，一种是和变送器配合使用的检测端安全栅，另一种则是和执行器配合使用的执行端安全栅。

1. 检测端安全栅

检测端安全栅一方面为二线制变送器提供直流电源电压，另一方面把来自变送器的 4～20mA DC 电流信号，转换为与之电气隔离的 4～20mA DC 电流输出信号或 1～5V DC 电压信号。检测端安全栅构成原理框图如图 3-45 所示。

图中，各部分之间的传输通道分为信号传输通道和能量传输通道，前者用虚线表示，后者用实线表示。

（1）能量传输通道　24V 直流电源电压经直流/交流变换器变为交流电压，经变压器 T_1 将其耦合到二次侧，然后分两路传输：一路经整流滤波为解调放大器供电；另一路一方面为调制器提供调制电压，另一方面则经整流滤波和限压限流电路为变送器提供 24V DC 电源。

（2）信号传输通道　一方面，由二线制变送器送来的 4～20mA 直流电流信号经限压限流电路送往调制器，被调制成交流电流信号，再由变压器 T_2 耦合至解调放大器，解调放大

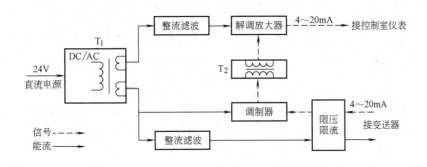

图 3-45　检测端安全栅构成原理框图

器又将其恢复成 4～20mA 直流电流信号并输出给控制室仪表，整个信号传输系数为 1。利用调制/解调的目的在于用 T_2 实现安全侧与危险侧的电气隔离。

检测端安全栅的简化电路原理如图 3-46 所示。各部分电路原理请读者参照前述有关章节的内容自行分析，这里不再叙述。

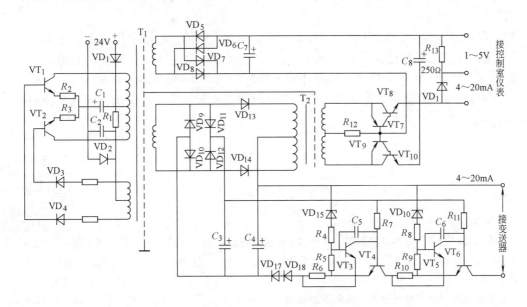

图 3-46　检测端安全栅电路原理图

2. 执行端安全栅

执行端安全栅把来自安全场所的电流输入信号转换为电气隔离的电流输出信号，送至危险场所。其构成原理框图如图 3-47 所示。

同检测端安全栅一样，各部分之间也存在信号传输通道和能量传输通道。

（1）信号传输通道　由控制室调节器来的 4～20mA 直流电流信号经调制器变成交流方波，通过电流互感器耦合到解调放大电路，经解调恢复为与原来相等的 4～20mA 直流信号，经限压限流输出给现场的执行器。

（2）能量传输通道　24V 直流电源经磁耦合多谐振荡器将其变成交流方波电压，通过

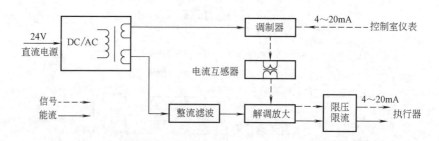

图 3-47　执行端安全栅构成原理框图

隔离变压器分成两路，一路供给调制解调器，作为 4 ~ 20mA 信号电流的斩波电压；另一路则经整流滤波后恢复成直流电压，作为解调放大器、限压限流电路的电源电压。

执行端安全栅和检测端安全栅一样，都是传递系数为 1 的带限压限流装置的信号传送器，均采用隔离变压器和电流互感器使安全侧与危险侧实现了电气隔离。

执行端安全栅各部分的相关电路与检测端安全栅大致相同，这里不再介绍。

将隔离式安全栅与齐纳式安全栅相比较，有如下优点：

1）可以在危险区或安全区认为合适的任何一个地方接地，使用方便，通用性强。

2）隔离式安全栅的电源、信号输入、信号输出均可通过变压器耦合，实现信号的输入、输出完全隔离，使安全栅的工作更加安全可靠。

3）隔离式安全栅由于信号完全浮空，大大增强了信号的抗干扰能力，提高了控制系统正常运行的可靠性。

思考题与习题

1. 基本练习题

（1）在过程控制中，哪些仪表是属于过程控制仪表？在过程控制系统中，大多数调节器是电动的，而执行器多数是气动的，这是为什么？气动单元组合仪表与电动单元组合仪表各单元之间的标准统一信号又是如何规定的？

（2）某比例积分调节器的输入、输出范围均为 4 ~ 20mA DC，若设 $\delta = 100\%$、$T_\mathrm{I} = 2\mathrm{min}$，稳态时其输出为 6mA；若在某一时刻输入阶跃增加 1mA，试求经过 4min 后调节器的输出。

（3）简述 DDZ-Ⅲ型全刻度指示调节器的基本组成、工作状态以及开关 $S_1 \sim S_8$ 的作用。

（4）图 3-9 所示输入电路的输入/输出关系为 $V_{o1} = 2(V_s - V_i)$，试问：推导这一关系的假设条件有哪些？当输入导线电阻不可忽略时，还有上述关系吗？请证明你的结论。

（5）什么叫无平衡无扰动切换？全刻度指示调节器是怎样保证由自动到软手动、由软手动到硬手动、再由硬手动到软手动、由软手动到自动之间的无扰切换的？

（6）调节器的正、反作用是如何规定的？

（7）数字式控制器有哪些主要特点？简述其硬件的基本构成。

（8）SLPC 数字式调节器的模块指令有几种主要类型？它们的操作都与什么有关？试举一例加以说明。

（9）执行器由哪几部分组成？它在过程控制中起什么作用？常用的电动执行器与气动执行器有何特点？

（10）简述电动执行机构的组成及各部分的工作原理。

（11）什么叫气开式执行器和气关式执行器？它们是怎样组合的？试举两例分别说明它们的使用。

（12）在过程控制系统中，为什么要使用电/气转换器？试简述其工作原理。

（13）在过程控制系统中，为什么要使用阀门定位器？它的作用是什么？

（14）什么是调节阀的流通能力，确定流通能力的目的是什么？它是怎样计算的？

（15）什么是调节阀的流量特性？调节阀的理想流量特性有哪几种？它们各是怎样定义的？调节阀的工作流量特性与阻力系数有关，而阻力系数又是怎样定义的？它的大小对流量特性有何影响？

（16）直通双座调节阀与直通单座相比，有何优点？它们各自适用什么场合？

（17）智能电动执行器有哪些主要特点？它依据什么可以实现"一机多用"？

（18）过程控制系统的所有仪表与装置是否都应考虑安全防爆？为什么？

（19）安全栅在安全防爆系统中的主要作用是什么？简单齐纳式安全栅有何缺点？它是如何改进的？

（20）与齐纳式安全栅相比，隔离式安全栅有何优点？

2. 综合练习题

（1）用两个放大器组成的 PID 运算电路如图 3-48 所示。试推导其传递函数，并简化成实际 PID 运算电路的标准形式。

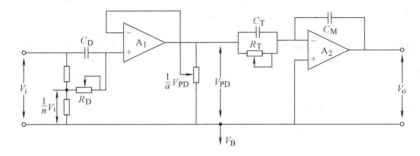

图 3-48 用二个运算放大器组成的 PID 运算电路

（2）已知某比例微分调节器的传递函数为

$$\frac{V_{o2}(s)}{V_{o1}(s)} = \frac{a}{K_D} \frac{1 + T_D s}{1 + \dfrac{T_D}{K_D} s}$$

试求单位阶跃输入作用下的输出响应表达式，画出响应曲线，并用实验的方法确定其微分时间，写出实验步骤及所用仪器。

（3）在比例积分电路中，若运算放大器不是理想的，积分电容的漏电阻也不是无穷大，其保持状态的简化电路如图 3-49 所示。

经理论分析得到如下关系：

1）$\dfrac{\Delta V_{o3}}{V_{o3}} \cong \dfrac{t_{(R_C)}}{R_C C_M}$; 2）$\dfrac{\Delta V_{o3}}{V_{o3}} \cong \dfrac{t_{(R_i)}}{(1+K) R_i C_M}$;

3）$\Delta V_{o3} \cong -\dfrac{I_b t_{(I_b)}}{C_M}$; 4）$\Delta V_{o3} \cong -\dfrac{V_{os} t_{(V_{os})}}{R_i C_M}$ 。

若已知偏置电流 $I_b = 10\text{pA}$，失调电压 $V_{os} = 10\text{mV}$，输入阻抗 $R_i = 10^{11}\Omega$，开环增益 $K = 10^5$，积分电容 $C_M = 10\mu\text{F}$，漏电阻 $R_C = 10^{12}\Omega$；当电路输出 $V_{o3} = 5\text{V}$ 时，上述四种因素分别作用，

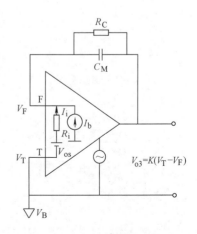

图 3-49 保持状态的简化电路

使输出产生 0.5% 的误差时的保持时间各为多少小时?

（4）在图 3-14 所示的输出电路中，试证明：当 $R_1 = 4(R_3 + R_f) = 40.25\text{k}\Omega$ 时，可以获得精确的转换关系式（3-27）。

（5）如图 3-50 所示，冷物料通过加热器用蒸汽对其加热。在事故状态下，为了保护加热器设备的安全，即耐热材料不被损坏，现在蒸汽管道上有一个气动执行器，试确定其气开、气关形式，并画出由 PID 调节器构成的控制系统结构框图。

（6）现测得三种流量特性的有关数据见表 3-6。试分别计算其相对开度在 10%、50%、80% 各变化 10% 时的相对流量的变化量，并据此分析它们对控制质量的影响和一些选用原则。

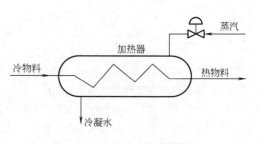

图 3-50 蒸汽加热器

表 3-6 调节阀的相对开度与相对流量 $(R = 30)$

相对开度(l/L)(%) 相对流量(q/q_{max})(%)	0	10	20	30	40	50	60	70	80	90	100
直线流量特性	3.3	13.0	22.7	32.3	42.0	51.7	61.3	71.0	80.6	90.3	100
对数流量特性	3.3	4.67	6.58	9.26	13.0	18.3	25.6	36.2	50.8	71.2	100
快开流量特性	3.3	21.7	38.1	52.6	65.2	75.8	84.5	91.3	96.13	99.03	100

3. 设计题

（1）某加热过程，其控制介质（热流量）与被控温度之间呈变增益关系，若采用 PID 调节，希望调节器的增益随温度的升高而下降，以补偿过程增益的变化。试用 SLPC 可编程数字调节器的模块指令设计控制程序，并假定：用 10 段折线函数模块 FX_1 做成过程增益变化曲线的反函数，调节器的当前增益存入寄存器 A_3。

（2）常规执行器的调节阀心形状一旦制造好就难以改变，因而给实际应用带来不便。现有一种数字阀，它是由一系列并联安装、按二进制排列的阀门组成。试设计一个 8 位数字阀的构成方案，并简述其设计原理。

（3）请参照图 3-46 检测端安全栅电路原理图和图 3-47 执行端安全栅结构框图设计一个执行端安全栅电路原理图，并简述各部分的工作原理。

第4章　被控过程的数学模型

┌─ 教学内容与学习要求 ──────────────────────────────────
│
│　　本章介绍被控过程建模的基本知识，重点介绍被控过程的特性、数学模型的类型和数
│　学模型的构建方法。学完本章后应能达到如下要求：
│　　1）掌握被控过程机理建模的方法与步骤。
│　　2）熟悉被控过程的自衡和非自衡特性。
│　　3）熟悉单容过程和多容过程的阶跃响应曲线及解析表达式。
│　　4）重点掌握被控过程基于阶跃响应的建模步骤、作图方法和数据处理。
│　　5）熟悉被控过程的一次完成最小二乘建模方法，学会用 MATLAB 语言编写算法
│　程序。
│　　6）熟悉被控过程的递推最小二乘建模方法，学会用 MATLAB 语言编写算法程序。
│
└──

4.1　过程建模的基本概念

4.1.1　被控过程的数学模型及其作用

　　被控过程的数学模型是指过程的输入变量与输出变量之间定量关系的描述，这种关系既可以用各种参数模型（如微分方程、差分方程、状态方程、传递函数等）表示，也可以用非参数模型（如曲线、表格等）表示。过程的输出变量也称被控变量，而作用于过程的干扰作用和控制作用统称为过程的输入变量，它们都是引起被控变量变化的因素。过程的输入变量至输出变量的信号联系称为通道，控制作用至输出变量的信号联系称为控制通道；干扰作用至输出变量的信号联系称为干扰通道，过程的输出为控制通道与干扰通道的输出之和，如图 4-1 所示。

　　过程的数学模型又可分为静态数学模型和动态数学模型。静态数学模型描述的是过程在稳态时的输入变量与输出变量之间的关系；动态数学模型描述的是过程在输入量改变以后输出量的变化情况。静态数学模型是动态数学模型在过程达到平衡时的特例。

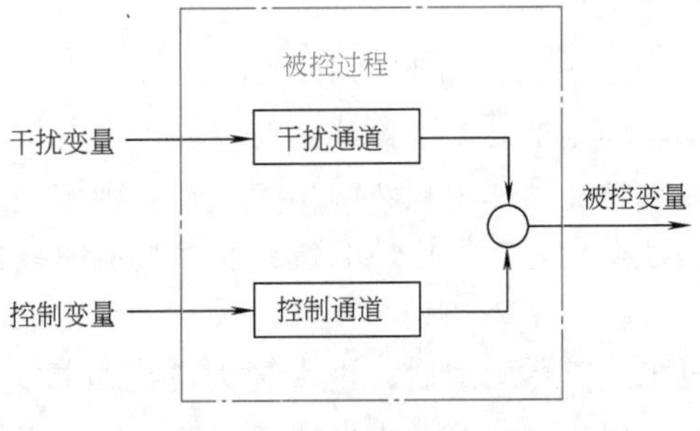

　　有些被控过程还存在多个输入控制变量与多个输出变量，且每个输入控制变量除了影响"自己的"输出变量之外，还会影响其他的输出

图 4-1　干扰输入、控制输入与输出之间的关系

变量，这种被控过程通常称为多变量耦合过程。此外，被控过程还有线性与非线性、集中参数与分布参数之分。为简单起见，本章仅讨论单输入/单输出、集中参数、线性过程的数学

模型及其建模的基本方法。

被控过程的数学模型在过程控制中具有极其重要的作用，归纳起来主要有以下几点：

1. 控制系统设计的基础

全面、深入地掌握被控过程的数学模型是控制系统设计的基础。如在确定控制方案时，被控变量及检测点的选择、控制（操作）变量的确定、控制规律的确定等都离不开被控过程的数学模型。

2. 控制器参数确定的重要依据

过程控制系统一旦投入运行后，如何整定调节器的参数，必须以被控过程的数学模型为重要依据。尤其是对生产过程进行最优控制时，如果没有充分掌握被控过程的数学模型，就无法实现最优化设计。

3. 仿真或研究、开发新型控制策略的必要条件

在用计算机仿真或研究、开发新型控制策略时，其前提条件是必须知道被控过程的数学模型，如补偿控制、推理控制、最优控制、自适应控制等都是在已知被控过程数学模型的基础上进行的。

4. 设计与操作生产工艺及设备时的指导

通过对生产工艺过程及相关设备数学模型的分析或仿真，可以事先确定或预测有关因素对整个被控过程特性的影响，从而为生产工艺及设备的设计与操作提供指导，以便提出正确的解决办法等。

5. 工业过程故障检测与诊断系统的设计指导

利用数学模型可以及时发现工业过程中控制系统的故障及其原因，并提供正确的解决途径。

4.1.2 被控过程的特性

被控过程的数学模型，依据过程特性的不同而有所不同，一般可分为有自衡特性与无自衡特性、单容特性与多容特性、振荡特性与非振荡特性等。此外，一般的被控过程，都伴随不同程度的非线性特性和时变特性等，当过程输出在平衡状态附近小范围内变化时，可以将其线性化；在一个特定的时刻，当过程的参数变化很慢时，可以近似认为是时不变的。这样，其输入/输出关系既可以用常系数微分方程或传递函数表示，也可以用差分方程或脉冲传递函数表示。

1. 有自衡特性和无自衡特性

当原来处于平衡状态的过程出现干扰时，其输出量在无人或无控制装置的干预下，能够自动恢复到原来或新的平衡状态，则称该过程具有自衡特性，否则，该过程则被认为无自衡特性。具有自衡特性的过程及其响应曲线如图4-2所示。

在图4-2a所示的水箱水位系统中，最初的进水量等于出水量，过程处于平衡状态。当进水量阶跃增加后，进水量大于出水量，平衡状态被打破，水位上升。随着水位的不断升高，出水阀前的静压也随之增加，使出水量也不断增加，最终导致出水量等于进水量，水位趋于新的稳态值。这种无需外加任何控制作用、能够自发地趋于新的平衡状态的过程，称为有自衡特性过程，其阶跃响应曲线如图4-2b所示。如果将出水阀改成如图4-3a所示的抽水泵，由于抽水泵的出水量不随水位的变化而变化，因此水箱水位要么一直上升（进水量大

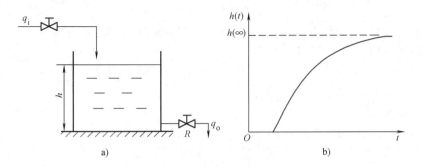

图 4-2　具有自衡特性的过程及其响应曲线

a）具有自衡特性的水位过程　b）自衡过程的阶跃响应曲线

于出水量时），要么一直下降（进水量小于出水量时），最终导致溢出或抽干，无法达到新的平衡状态，此时的水位过程就称为无自衡特性过程。其阶跃响应曲线如图 4-3b 所示。

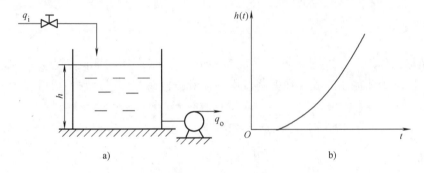

图 4-3　无自衡过程及其阶跃响应曲线

a）无自衡水位过程　b）无自衡过程的阶跃响应曲线

工业生产过程一般都具有储存物料或能量的能力，其储存能力的大小称为容量。所谓单容过程是指只有一个储存容积的过程。当被控过程由多个容积组成时，则称为多容过程。

单容或多容过程若具有自衡特性时，其传递函数的典型形式有：

1）一阶惯性环节为

$$G(s) = \frac{K}{(Ts + 1)} \tag{4-1}$$

2）二阶惯性环节为

$$G(s) = \frac{K}{(T_1 s + 1)(T_2 s + 1)} \tag{4-2}$$

3）一阶惯性 + 纯滞后环节为

$$G(s) = \frac{Ke^{-\tau s}}{(Ts + 1)} \tag{4-3}$$

4）二阶惯性 + 纯滞后环节为

$$G(s) = \frac{Ke^{-\tau s}}{(T_1 s + 1)(T_2 s + 1)} \tag{4-4}$$

在过程控制中，许多高阶系统都可以用一阶惯性 + 纯滞后环节进行近似，以简化分析与综合过程。

单容或多容过程若为无自衡特性，其传递函数的典型形式有：

1）一阶环节为

$$G(s) = \frac{1}{Ts} \tag{4-5}$$

2）二阶环节为

$$G(s) = \frac{1}{T_1 s(T_2 s + 1)} \tag{4-6}$$

3）一阶 + 纯滞后环节为

$$G(s) = \frac{1}{Ts} e^{-\tau s} \tag{4-7}$$

4）二阶 + 纯滞后环节为

$$G(s) = \frac{1}{T_1 s(T_2 s + 1)} e^{-\tau s} \tag{4-8}$$

2. 振荡与非振荡过程的特性

在阶跃输入作用下，过程输出会出现多种形式，如图4-4所示。图4-4a ~ c为振荡过程，图4-4d、e为非振荡过程。在振荡过程中，衰减振荡的传递函数一般可表示为

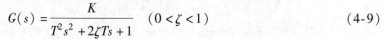

$$G(s) = \frac{K}{T^2 s^2 + 2\zeta Ts + 1} \quad (0 < \zeta < 1) \tag{4-9}$$

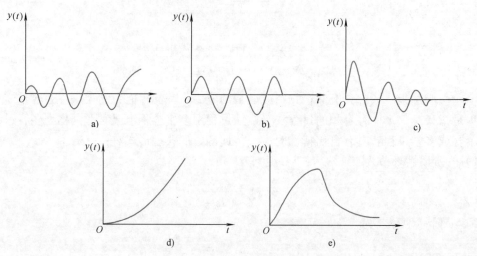

图4-4 阶跃输入作用下过程的输出响应曲线

a）发散振荡过程 b）等幅振荡过程 c）衰减振荡过程
d）非振荡发散过程 e）非振荡衰减过程

3. 具有反向特性的过程

对过程施加一阶跃输入信号，若在开始一段时间内，过程的输出先降后升或先升后降，即出现相反的变化方向，则称其为具有反向特性的被控过程，如图4-5所示。

在锅炉燃烧 - 给水系统中，锅炉汽包水位的变化过程即为典型的具有反向特性的过程。

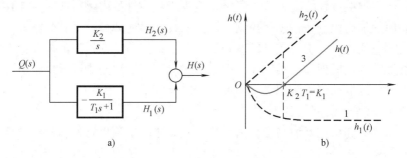

图 4-5　具有反向特性的过程

现将其工作机理说明如下：

当供给锅炉的冷水量有一个阶跃增加而在燃料供热与蒸汽负荷均不变的条件下，一方面，汽包内水的沸腾会突然减弱，蒸发率降低。由于汽包中的水位是由上升的气泡流托起的，锅炉蒸发率的降低将导致部分汽泡的溃灭，于是汽包中的水位下降，其响应呈反向一阶惯性特性，如图 4-5b 中虚线 1 所示，其传递函数为

$$G(s) = -\frac{K_1}{T_1 s + 1} \tag{4-10}$$

另一方面，由于进水量大于蒸汽负荷量，又使水位逐渐上升，其响应呈现出正向积分特性，如图 4-5b 中虚线 2 所示，其传递函数为

$$G(s) = \frac{K_2}{s} \tag{4-11}$$

若将虚线 1 和 2 叠加后得实线 3，则总的传递函数为

$$G(s) = \frac{K_2}{s} - \frac{K_1}{T_1 s + 1} = \frac{(K_2 T_1 - K_1) s + K_2}{s(T_1 s + 1)} \tag{4-12}$$

由式（4-12）可见，当 $K_2 T_1 < K_1$ 时为响应初期，$-\dfrac{K_1}{T_1 s + 1}$ 占主导地位，水位呈现反向特性；而当 $K_2 T_1 \geqslant K_1$ 时为响应中、后期，水位呈现正向特性，整个过程的响应特性如图中实线 3 所示。

4.1.3　过程建模方法

建立被控过程数学模型的方法主要有三种：一是机理演绎法；二是试验辨识法；三是机理演绎与试验辨识相结合的混合法，下面分别加以说明。

1. 机理演绎法

机理演绎法又称解析法。它是根据被控过程的内部机理，运用已知的静态或动态平衡关系，如物料平衡关系、能量平衡关系、动量平衡关系、相-相平衡关系以及某些物性方程、设备特性方程、物理化学定律等，用数学解析的方法求取被控过程的数学模型。用机理演绎法获得的过程模型又称为解析模型。

所谓静态平衡关系是指在单位时间内进入被控过程的物料或能量应等于单位时间内从被控过程流出的物料或能量；所谓动态平衡关系是指单位时间内进入被控过程的物料或能量与

单位时间内流出被控过程的物料或能量之差应等于被控过程内物料或能量储存量的变化率。

机理建模的最大优点是在过程控制系统尚未设计之前即可推导其数学模型，这对过程控制系统的方案论证与设计工作是比较有利的。但是，许多工业过程的内在机理十分复杂，加上人们对过程的变化机理又很难完全了解，单凭机理演绎法则难以求出合适的数学模型。在这种情况下，可以借助试验辨识法求取过程的数学模型。

2. 试验辨识法

试验辨识法又称系统辨识与参数估计法。该方法的主要思路是：先给被控过程人为地施加一个输入作用，然后记录过程的输出变化量，得到一系列试验数据或曲线，最后再根据输入－输出试验数据确定其模型的结构（包括模型形式、阶次与纯滞后时间等）与模型的参数。这种运用过程的输入－输出试验数据确定其模型结构与参数的方法，通常称为试验辨识法。该方法的主要特点是：将被研究的过程视为"黑箱"而完全由外部的输入－输出特性构建数学模型。这对于一些内部机理比较复杂的过程而言，该方法要比机理建模相对容易。试验建模的一般步骤如图 4-6 所示。

图中各主要部分的含义说明如下：

（1）目的　指数学模型的应用目的及相应要求。应用目的不同，对模型的形式（如传递函数、差分方程等）与要求（例如精度）也不同。

（2）验前知识　指对过程内在机理的了解和对已有运行数据的分析所得出的结论（如过程的非线性程度、纯滞后时间和时间常数大小等）。这对模型结构的设定、辨识方法的选取以及实验设计等都会产生很大的影响。验前知识越丰富，辨识工作就越易进行，就越易得出正确的结果。

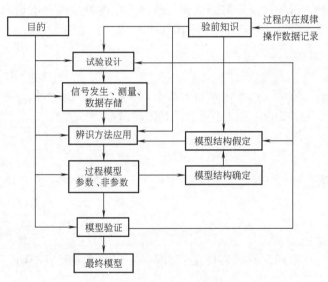

图 4-6　试验建模的一般步骤

（3）试验设计　其内容包括输入信号的幅值和频谱、采样周期、测试长度的确定以及信号的产生和数据存储方法、计算工具的选用、离线或在线辨识测试信号的滤波等。

（4）辨识方法　是采用阶跃响应法、频辨响应法、相关分析法等经典辨识方法，还是采用最小二乘参数估计法、梯度校正法、极大似然法等现代辨识方法。

（5）过程模型　是采用参数模型还是非参数模型。若要求辨识的结果是图表或曲线，即为非参数模型；若要求为解析表达式，即为参数模型。

（6）模型验证　模型验证有两种方法，一是相同输入验证法，即在试验时将同一输入作用下的实际过程的输出与依模型计算出的输出进行比较，以判断模型的有效性；二是不同输入验证法，即在实验时将不同输入作用下的实际过程的输出与依模型计算出的输出进行比较，以判断模型的有效性。一般说来，后者比前者的结论更可靠。

（7）重复修正　若采用上述步骤所得模型还不能满足精度要求，则要重新修正试验设计或模型结构，如此反复进行，直到满足要求为止。

3. 混合法

混合法是将机理演绎法与试验辨识法相互交替使用的一种方法。通常采用两种方式：一是对被控过程中已经比较了解且经过实践检验相对成熟的部分先采用机理演绎法推导其数学模型，而对那些不十分清楚或不确定的部分再采用试验辨识法求其数学模型。该方法能够大大减少试验辨识法的难度和工作量，适用于多级被控过程；另一种方法是先通过机理分析确定模型的结构形式，再根据试验数据确定模型中的各个参数。这种方法实际上是机理建模与参数估计两者的结合。

4.2　解析法建立过程的数学模型

4.2.1　解析法建模的一般步骤

解析法法建模的一般步骤为：

1）明确过程的输出变量、输入变量和其他中间变量。

2）依据过程的内在机理和有关定理、定律以及公式列写静态方程或动态方程。

3）消去中间变量，求取输入、输出变量的关系方程。

4）将其简化成控制要求的某种形式，如高阶微分（差分）方程或传递函数（脉冲传递函数）等。

4.2.2　单容过程的解析法建模

下面通过几个典型示例说明单容过程解析法建模的步骤与方法。

例 4-1　某单容液位过程如图 4-7 所示。该过程中，储罐中的液位高度 h 为被控参数（即过程的输出），流入储罐的体积流量 q_1 为过程的输入量，q_1 的大小可通过阀门 1 的开度来改变；流出储罐的体积流量 q_2 为中间变量（即为过程的干扰），它取决于用户需要，其大小可以通过阀门 2 的开度来改变。试确定 h 与 q_1 之间的数学关系。

解　根据动态物料平衡关系，即在单位时间内储罐的液体流入量与单位时间内储罐的液体流出量之差应等于储罐中液体储存量的变化率，则有

$$q_1 - q_2 = A\frac{dh}{dt} \qquad (4\text{-}13)$$

若用增量形式表示，则为

$$\Delta q_1 - \Delta q_2 = A\frac{d\Delta h}{dt} \qquad (4\text{-}14)$$

式中，Δq_1、Δq_2、Δh 分别为偏离某平衡状态 q_{10}、q_{20}、h_0 的增量；A 为储罐的截面积，设为常量。

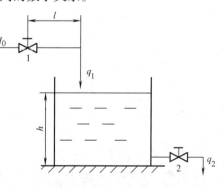

图 4-7　单容液位过程

静态时应有 $q_{10} = q_{20}$，则有 $\dfrac{dh}{dt} = 0$。当 q_1 发生变化时，液位 h 则随之而变，使储罐出口处的静压发生变化，q_2 亦做相应变化。假定 Δq_2 与 Δh 近似成正比而与阀门 2 的液阻 R_2（近似为常量）成反比（以下同），则有

$$\Delta q_2 = \frac{\Delta h}{R_2} \tag{4-15}$$

将式（4-15）代入式（4-14）中，经整理可得

$$R_2 A \frac{d\Delta h}{dt} + \Delta h = R_2 \Delta q_1 \tag{4-16}$$

式（4-16）即为单容液位过程的微分方程增量表示形式。对式（4-16）进行拉普拉斯变换，并写成传递函数形式，则有

$$G(s) = \frac{H(s)}{Q_1(s)} = \frac{R_2}{R_2 As + 1} \tag{4-17}$$

为了更一般起见，将式（4-17）写成

$$G(s) = \frac{H(s)}{Q_1(s)} = \frac{R_2}{R_2 Cs + 1} = \frac{K}{Ts + 1} \tag{4-18}$$

式中，T 为被控过程的时间常数，$T = R_2 C$；K 为被控过程的放大系数，$K = R_2$；C 为被控过程的容量系数，或称过程容量，这里 $C = A$。

在工业过程中，被控过程一般都有一定的储存物料和能量的能力，储存能力的大小通常用容量或容量系数表示，其含义为引起单位被控量变化时被控过程储存量变化的大小。在有些被控过程中，还经常存在纯滞后问题，如物料的皮带输送过程，管道输送过程等。在图 4-7 中，如果以体积流量 q_0 为过程的输入量，那么，当阀 1 的开度产生变化后，q_0 需流经长度为 l 的管道后才能进入储罐而使液位发生变化。也就是说，q_0 需经一段延时才对被控量产生作用。假设 q_0 流经长度为 l 的管道所需时间为 τ_0，不难得出具有纯滞后的单容过程的微分方程和传递函数分别为

$$\begin{cases} T \dfrac{d\Delta h}{dt} + \Delta h = K\Delta q_0(t - \tau_0) \\ G(s) = \dfrac{H(s)}{Q_0(s)} = \dfrac{K}{Ts + 1} e^{-\tau_0 s} \end{cases} \tag{4-19}$$

式中，τ_0 为过程的纯滞后时间。

图 4-8 是该单容过程的阶跃响应曲线。其中图 a 为无时延过程，图 b 为有时延过程。图 a 与图 b 相比，阶跃响应曲线形状相同，只是图 b 的曲线滞后了 τ_0 一段时间。

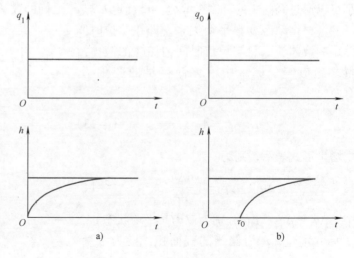

图 4-8 单容过程的阶跃响应曲线

a）无时延过程　b）有时延过程

例 4-2 某单容热力过程如图 4-9 所示。加热装置采用电能加热，给容器输入热流量 q_i。容器的热容为 C，容器中液体的比热容为 c_p。流量为 q 的液体以 T_i 的入口温度流入，以 T_c 的出口温度流出（T_c 同时也是容器中液体的温度）。设容器所在的环境温度为 T_0。试求该过程的输出量 T_c 与热流量 q_i、液体入口温度 T_i 以及环境温度 T_0 之间的数学关系。

解 该过程的输入热流量有：①基于电加热的热流量 q_i；②流入容器的液体所携带的热流量 qc_pT_i。同时，流出容器的液体又将 qc_pT_c 的热流量带出，容器还向四周环境散发热量。散发的热量一般与容器的散热表面积（设为 A）、保温材料的传热系数（设为 K_r）以及容器内外的温差成正比。

根据能量动态平衡关系，即单位时间内进入容器的热量与单位时间内流出容器的热量之差等于容器内热量储存的变化率，可得

$$q_i + qc_pT_i - qc_pT_c - K_rA(T_c - T_0) = C\frac{dT_c}{dt} \quad (4\text{-}20)$$

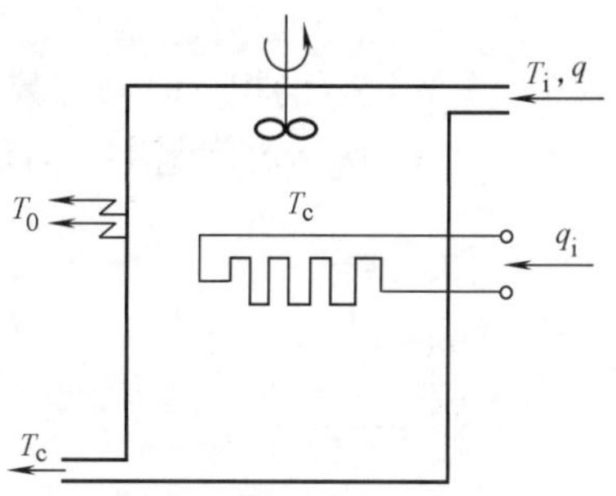

将式（4-20）写成增量形式，则有

$$\Delta q_i + qc_p\Delta T_i - qc_p\Delta T_c - K_rA(\Delta T_c - \Delta T_0) = C\frac{d\Delta T_c}{dt}$$
$$(4\text{-}21)$$

式（4-21）中，令 $qc_p = K_p$，K_p 称为液体的热量系数。令 $K_rA = \dfrac{1}{R}$，R 称为热阻，对式（4-21）整理可得

图 4-9 单容热力过程

$$C\frac{d\Delta T_c}{dt} + K_p\Delta T_c = \Delta q_i + K_p\Delta T_i - \frac{\Delta T_c - \Delta T_0}{R} \quad (4\text{-}22)$$

对式（4-22）进行拉普拉斯变换，整理后可得

$$T_c(s) = \frac{\dfrac{R}{K_pR+1}}{\dfrac{R}{K_pR+1}Cs+1}Q_i(s) + \frac{\dfrac{K_pR}{K_pR+1}}{\dfrac{R}{K_pR+1}Cs+1}T_i(s) + \frac{\dfrac{1}{K_pR+1}}{\dfrac{R}{K_pR+1}Cs+1}T_0(s) \quad (4\text{-}23)$$

式（4-22）或式（4-23）即为该过程的输入/输出模型。

若该容器绝热，且流入容器的液体温度 T_i 为常数，依据式（4-23），不难得出容器内液体温度 T_c 与输入热流量 q_i 之间的关系，其传递函数为

$$G(s) = \frac{T_c(s)}{Q_i(s)} = \frac{\dfrac{R}{K_pR+1}}{\dfrac{R}{K_pR+1}Cs+1} \quad (4\text{-}24)$$

若容器绝热，且液体流量 q、输入热流量 q_i 也为常数，则 T_c 与 T_i 之间的传递函数为

$$G(s) = \frac{T_c(s)}{T_i(s)} = \frac{\dfrac{K_pR}{K_pR+1}}{\dfrac{R}{K_pR+1}Cs+1} \quad (4\text{-}25)$$

例 4-3 在图 4-7 中，如果将阀 2 换成定量泵，使输出流量 q_2 在任何情况下都与液位 h 的大小无关，如图 4-10 所示。试求 h 与 q_1 之间的关系。

解 根据动态物料平衡关系，可得

$$q_1 - q_2 = C \frac{\mathrm{d}h}{\mathrm{d}t} \tag{4-26}$$

由于此时的 q_2 为常量，故 $\Delta q_2 = 0$。将式（4-26）写成增量方程，即为

$$C \frac{\mathrm{d}\Delta h}{\mathrm{d}t} = \Delta q_1 \tag{4-27}$$

式（4-27）即为该过程的输入–输出关系，若写成传递函数则为

$$G(s) = \frac{H(s)}{Q_1(s)} = \frac{1}{Ts} \tag{4-28}$$

式中，T 为过程的积分时间常数，$T = C$（储罐容量系数）。

图 4-11 所示为例题 4-3 的阶跃响应曲线。

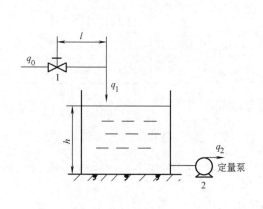

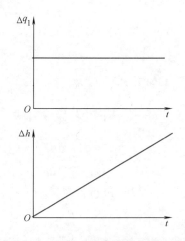

图 4-10 阀 2 改为定量泵的液位过程   图 4-11 例题 4-3 的阶跃响应曲线

由图可见，当输入发生正的阶跃变化后，输出量将无限制地线性增长。这与实际物理过程也是相吻合的。因为当输入流量 q_1 发生正的阶跃变化后，液位 h 将随之增加，而流出量却不变，这就意味着储罐的液位 h 会一直上升直至液体溢出为止。而当 q_1 发生负阶跃时，情况刚好相反，则液体将会被抽干。由此可见，该过程为非自衡特性过程。

4.2.3 多容过程的解析法建模

下面仅以有自衡特性的双容过程为例，讨论多容过程的解析建模方法。

例 4-4 图 4-12 所示为一分离式双容液位过程。图 4-12a 中，设 q_1 为过程输入量，第二个液位槽的液位 h_2 为过程输出量，若不计第一个与第二个液位槽之间液体输送管道所形成的时间延迟，试求 h_2 与 q_1 之间的数学关系。

解 根据动态平衡关系，可列出以下增量方程，即

$$C_1 \frac{\mathrm{d}\Delta h_1}{\mathrm{d}t} = \Delta q_1 - \Delta q_2 \tag{4-29}$$

$$\Delta q_2 = \frac{\Delta h_1}{R_2} \tag{4-30}$$

$$C_2 \frac{\mathrm{d}\Delta h_2}{\mathrm{d}t} = \Delta q_2 - \Delta q_3 \tag{4-31}$$

$$\Delta q_3 = \frac{\Delta h_2}{R_3} \tag{4-32}$$

式中，q_1、q_2、q_3 分别为流过阀1、阀2、阀3的流量；h_1、h_2 分别为槽1、槽2的液位；C_1、C_2 分别为槽1、槽2的容量系数；R_2、R_3 分别为阀2、阀3的液阻。

对于式（4-29）~式（4-32）进行拉普拉斯变换，整理后的传递函数为

$$G(s) = \frac{Q_2(s)}{Q_1(s)} \frac{H_2(s)}{Q_2(s)} = \frac{1}{T_1 s + 1} \frac{R_3}{T_2 s + 1} \tag{4-33}$$

式中，T_1 为槽1的时间常数，$T_1 = R_2 C$；T_2 为槽2的时间常数，$T_2 = R_3 C_2$。

式（4-33）即为双容液位过程的数学模型。

图4-12b 示出了该过程的阶跃响应曲线。由图可见，与自衡单容过程的阶跃响应（如曲线1）相比，双容过程的阶跃响应（如曲线2）一开始变化较慢，其原因是槽与槽之间存在液体流通阻力而延缓了被控量的变化。显然，串联容器越多，则过程容量越大，时间延缓越长。

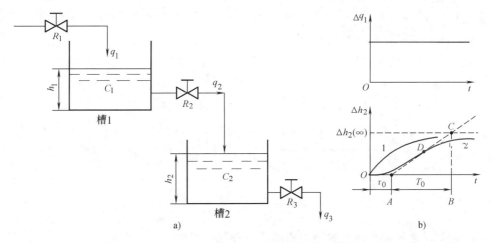

图4-12　分离式双容液位过程及其阶跃响应曲线

a）分离式双容液位过程　b）过程的阶跃响应曲线

双容过程也可近似为有时延的单容过程。其作法是通过响应曲线 Δh_2 的拐点作切线（如虚线所示），与时间轴交于 A 点，与 Δh_2 的稳态值 $\Delta h_2(\infty)$ 相交于 C 点，C 点在时间轴上的投影为 B。此时，传递函数可近似为

$$G(s) = \frac{H_2(s)}{Q_1(s)} \approx \frac{R_3}{T_0 s + 1} \mathrm{e}^{-\tau_0 s} \tag{4-34}$$

式中，$\tau_0 = \overline{OA}$，$T_0 = \overline{AB}$。

如果过程为 n 个容器依次分离相接，则不难推出其传递函数为

$$G(s) = \frac{K_0}{(T_1 s + 1)(T_2 s + 1)\cdots(T_n s + 1)} \tag{4-35}$$

式中，K_0 为过程的总放大系数；T_1，$\cdots$，T_n 为各个单容过程的时间常数。

若各个容器的容量系数相同，各阀门的液阻也相同，则有 $T_1 = T_2 = \cdots T_n = T_0$，于是有

$$G(s) = \frac{K_0}{(T_0 s + 1)^n} \tag{4-36}$$

n 个容量的过程也可近似为有时延的单容过程。其作法与双容过程类似。

此外，在图 4-12a 中，若设槽 1 与槽 2 之间管道长度形成的时间延迟为 τ_1，不难推出这种情况下的传递函数为

$$G(s) = \frac{R_3}{(T_1 s + 1)(T_2 s + 1)} e^{-\tau_1 s} \tag{4-37}$$

若将槽 2 的阀门 3 改为定量泵，使得 q_3 与液位 h_2 的高低无关，则相应的传递函数为

$$G(s) = \frac{1}{(T_1 s + 1) T_c s} \tag{4-38}$$

式中，T_1 仍如前述；$T_c = C_2$。

式（4-38）即为无自衡双容过程的数学模型。

例 4-5 图 4-13 为一个并联式双容液位过程。与图 4-12 相比，q_2 的大小不仅与槽 1 的液位 h_1 有关，而且与槽 2 的液位 h_2 也有关。设图中各个变量及参数的意义与例 4-4 相同，试求 h_2 与 q_1 之间的数学关系。

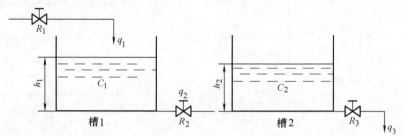

图 4-13 并联式双容液位过程

解 根据动态物料平衡关系，可得增量方程为

$$
\begin{cases}
\Delta q_1 - \Delta q_2 = C_1 \dfrac{\mathrm{d}\Delta h_1}{\mathrm{d}t} \\[3mm]
\Delta q_2 - \Delta q_3 = C_2 \dfrac{\mathrm{d}\Delta h_2}{\mathrm{d}t} \\[3mm]
\Delta q_2 = \dfrac{\Delta h_1 - \Delta h_2}{R_2} \\[3mm]
\Delta q_3 = \dfrac{\Delta h_2}{R_3}
\end{cases} \tag{4-39}
$$

消去中间变量 Δq_2、Δq_3、Δh_1，整理可得

$$T_1 T_2 \frac{\mathrm{d}^2 \Delta h_2}{\mathrm{d}t^2} + (T_1 + T_2 + T_{12}) \frac{\mathrm{d}\Delta h_2}{\mathrm{d}t} + \Delta h_2 = K_0 \Delta q_1 \tag{4-40}$$

相应的传递函数为

$$G(s) = \frac{H_2(s)}{Q_1(s)} = \frac{K_0}{T_1 T_2 s^2 + (T_1 + T_2 + T_{12})s + 1} \tag{4-41}$$

式中，T_1 为槽 1 的时间常数，$T_1 = R_2 C_1$；T_2 为槽 2 的时间常数，$T_2 = R_3 C_2$；T_{12}为槽 1 与槽 2 关联时间常数，$T_{12} = R_3 C_1$；K_0 为过程的放大系数，$K_0 = R_3$。

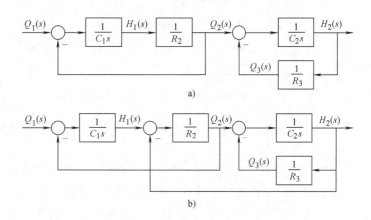

图 4-14 表示并联式双容液位过程各变量关系图。图 4-14a 是例 4-4 的分离式双容液位过程变量关系图，图 4-14b 是本例的关联式双容液位过程变量关系图。由图可见，对前者而言，前一过程影响后一过程，而后一过程不影响前一过程；

图 4-14　双容液位过程各变量关系图
a）分离式　b）关联式

对后者而言，前一过程影响后一过程，后一过程也影响前一过程，前后互相关联。

本过程的阶跃响应依然为单调上升的，类似于例 4-4 双容过程的阶跃响应曲线。其传递函数可等效为

$$G(s) = \frac{H_2(s)}{Q_1(s)} = \frac{K_0}{(T_A s + 1)(T_B s + 1)} \tag{4-42}$$

式中，等效时间常数为

$$\begin{cases} T_A = \dfrac{2 T_1 T_2}{(T_1 + T_2 + T_{12}) - \sqrt{(T_1 - T_2)^2 + T_{12}(T_{12} + 2 T_1 + 2 T_2)}} \\[4mm] T_B = \dfrac{2 T_1 T_2}{(T_1 + T_2 + T_{12}) + \sqrt{(T_1 - T_2)^2 + T_{12}(T_{12} + 2 T_1 + 2 T_2)}} \end{cases}$$

本过程也可用有时延的单容过程近似，其近似方法与例 4-4 所述相同。

4.3　试验法建立过程的数学模型

对于内在结构与机理变化不太复杂的被控过程，只要有足够的验前知识和对过程内在机理变化有充分的了解，即可以通过机理分析，根据物料或能量平衡关系，应用数学推理方法建立数学模型。但是，实际上许多工业过程的内在结构与变化机理是比较复杂的，往往并不完全清楚，这就难以用数学推理方法建立过程的数学模型。在这种情况下，数学模型的取得

就需要采用试验辨识方法。

试验辨识法可分为经典辨识法与现代辨识法两大类。在经典辨识法中，最常用的有基于响应曲线的辨识方法；在现代辨识法中，以最小二乘辨识法最为常用。以下对这两类辨识方法分别进行讨论。

4.3.1　响应曲线法

响应曲线法是指通过操作调节阀，使被控过程的控制输入产生一阶跃变化或方波变化，得到被控量随时间变化的响应曲线或输出数据，再根据输入－输出数据，求取过程的输入－输出之间的数学关系。响应曲线法又分为阶跃响应曲线法和方波响应曲线法。

4.3.1.1　阶跃响应曲线法

1. 试验注意事项

在用阶跃响应曲线法建立过程的数学模型时，为了能够得到可靠的测试结果，做试验时应注意以下几点：

1）试验测试前，被控过程应处于相对稳定的工作状态，否则会使被控过程的其他变化与试验所得的阶跃响应混淆在一起而影响辨识结果。

2）在相同条件下应重复多做几次试验，以便能从几次测试结果中选取比较接近的两个响应曲线作为分析依据，以减少随机干扰的影响。

3）分别作正、反方向的阶跃输入信号进行试验，并将两次试验结果进行比较，以衡量过程的非线性程度。

4）每完成一次试验后,应将被控过程恢复到原来的工况并稳定一段时间再做第二次试验。

5）输入的阶跃幅度不能过大，以免对生产的正常进行产生不利影响。但也不能过小，以防其他干扰影响的比重相对较大而影响试验结果。阶跃变化的幅值一般取正常输入信号最大幅值的 10% 左右。

2. 模型结构的确定

在完成阶跃响应试验后，应根据试验所得的响应曲线确定模型的结构。对于大多数过程来说，其数学模型常常可近似为一阶惯性、一阶惯性＋纯滞后和二阶惯性、二阶惯性＋纯滞后的结构，其传递函数为

$$G(s) = \frac{K_0}{T_0 s + 1}, \quad G(s) = \frac{K_0}{T_0 s + 1} e^{-\tau s} \tag{4-43}$$

$$G(s) = \frac{K_0}{(T_1 s + 1)(T_2 s + 1)}, \quad G(s) = \frac{K_0}{(T_1 s + 1)(T_2 s + 1)} e^{-\tau s} \tag{4-44}$$

对于某些无自衡特性过程，其对应的传递函数为

$$G(s) = \frac{1}{T_0 s}, \quad G(s) = \frac{1}{T_0 s} e^{-\tau s} \tag{4-45}$$

$$G(s) = \frac{1}{T_1 s(T_2 s + 1)}, \quad G(s) = \frac{1}{T_1 s(T_2 s + 1)} e^{-\tau s} \tag{4-46}$$

此外，还可采用更高阶或其他较复杂的结构形式。但是，复杂的数学模型结构对应复杂的控制，同时也使模型的待估计参数数目增多，从而增加辨识的难度。因此，在保证辨识精

度的前提下，数学模型结构应尽可能简单。

3. 模型参数的确定

（1）确定一阶惯性环节的参数　若过程的阶跃响应曲线如图4-15所示，则 $t=0$ 时的曲线斜率最大，随后斜率逐渐减小，上升到稳态值 $y(\infty)$ 时斜率为零。该响应曲线可用无时延的一阶惯性环节近似。

对式（4-43）所示的一阶惯性环节，需要确定的参数有 K_0 和 T_0，其确定方法通常有图解法和计算法。

设一阶惯性环节的输入、输出关系为

$$y(t) = K_0 x_0 (1 - e^{-t/T_0}) \qquad (4-47)$$

式中，K_0 为过程的放大系数；T_0 为时间常数。

需要说明的是，由于试验一般是在过程正常工作状态下进行的，即在原来输入的基础上叠加了 x_0 的阶跃变化量，所以式（4-47）所表示的输出表达式应是原输出值基础上的增量表达式。因此，用输出测量数据作阶跃响应曲线时，应减去原来的正常输出值。也就是说，图4-15所示阶跃响应曲线，是以原来的稳态工作点为坐标原点的增量变化曲线。以后不加特别说明，均是指这种情况。

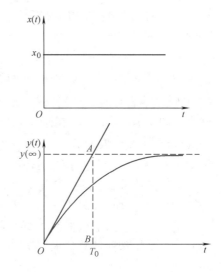

图4-15　一阶无时延环节的阶跃响应曲线

对于式（4-47），考虑到

$$y(t) \Big|_{t \to \infty} = y(\infty) = K_0 x_0 \qquad (4-48)$$

则有

$$K_0 = \frac{y(\infty)}{x_0} \qquad (4-49)$$

此外

$$\frac{\mathrm{d}y}{\mathrm{d}t} \Big|_{t=0} = \frac{K_0 x_0}{T_0} \qquad (4-50)$$

以此为斜率在 $t=0$ 处作切线，切线方程为 $\dfrac{K_0 x_0}{T_0} t$，当 $t=T_0$ 时，则有

$$\frac{K_0 x_0}{T_0} t \Big|_{t=T_0} = K_0 x_0 = y(\infty) \qquad (4-51)$$

由以上分析可知，依据阶跃响应曲线确定模型参数 K_0 与 T_0 的图解法为：先由阶跃响应曲线（图4-15）定出 $y(\infty)$，根据式（4-48）先确定 K_0 数值，再在阶跃响应曲线的起点 $t=0$ 处作切线，该切线与 $y(\infty)$ 的交点所对应的时间（图4-15阶跃响应曲线上的 OB 段）即为 T_0。T_0 的确定还可用计算法。

根据式（4-47）和式（4-48）可得

$$y(t) = y(\infty)(1 - e^{-t/T_0}) \qquad (4-52)$$

令 t 分别为 $T_0/2$、T_0、$2T_0$ 时，则有 $y(T_0/2) = y(\infty) \times 39\%$、$y(T_0) = y(\infty) \times 63\%$ 以及 $y(2T_0) = y(\infty) \times 86.5\%$。据此，在阶跃响应曲线上求得 $y(\infty) \times 39\%$、$y(\infty) \times 63\%$ 以

及 $y(\infty) \times 86.5\%$ 所对应的时间 t_1、t_2、t_3 则不难计算出 T_0。如果由 t_1、t_2、t_3 分别求取的 T_0 数值有差异，可用求平均值的方法对 T_0 加以修正。

（2）确定一阶惯性+纯滞后环节的参数 如果过程的阶跃响应曲线在 $t=0$ 时斜率为零，随后斜率逐渐增大，到达某点（称为拐点）后斜率又逐渐减小，如图 4-16 所示，即曲线呈现 S 形状，则该过程可用一阶惯性+时延环节近似。

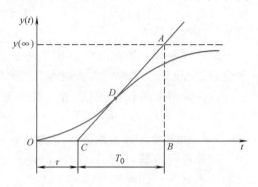

图 4-16 作图法确定一阶
惯性+纯滞后环节参数

式（4-43）所示的一阶惯性+纯滞后环节，需确定三个参数，即 K_0、T_0 和纯滞后时间 τ。K_0 的确定方法与前述相同，T_0 以及 τ 的图解法确定如图 4-16 所示，即在阶跃响应曲线斜率最大处（即拐点 D 处）作一切线，该切线与时间轴交于 C 点，与 $y(t)$ 的稳态值 $y(\infty)$ 交于 A 点，A 点在时间轴上的投影为 B 点。则 CB 段即为 T_0 的大小，OC 段即为 τ 的大小。

然而，在阶跃响应曲线上寻找拐点 D 以及通过该点作切线，往往会产生较大的误差，为此，可采用理论计算法求取 T_0 和 τ，其步骤是：先将阶跃响应 $y(t)$ 转化为标幺值 $y_0(t)$，即

$$y_0(t) = \frac{y(t)}{y(\infty)} \tag{4-53}$$

则相应的阶跃响应表达式为

$$y_0(t) = \begin{cases} 0 & t < \tau \\ 1 - e^{-\frac{t-\tau}{T_0}} & t \geq \tau \end{cases} \tag{4-54}$$

根据式（4-53）可将图 4-16 转换为图 4-17。然后在图 4-17 中，选取两个不同的时间点 t_1 和 t_2（$\tau < t_1 < t_2$），分别对应 $y_0(t_1)$ 和 $y_0(t_2)$。依据式（4-54），有

$$\begin{cases} y_0(t_1) = 1 - e^{-\frac{t_1-\tau}{T_0}} \\ y_0(t_2) = 1 - e^{-\frac{t_2-\tau}{T_0}} \end{cases} \tag{4-55}$$

对式（4-55）两边取自然对数，有

$$\begin{cases} \ln[1 - y_0(t_1)] = -\dfrac{t_1-\tau}{T_0} \\ \ln[1 - y_0(t_2)] = -\dfrac{t_2-\tau}{T_0} \end{cases} \tag{4-56}$$

联立求解可得

$$\begin{cases} T_0 = \dfrac{t_2 - t_1}{\ln[1 - y_0(t_1)] - \ln[1 - y_0(t_2)]} \\ \tau = \dfrac{t_2\ln[1 - y_0(t_1)] - t_1\ln[1 - y_0(t_2)]}{\ln[1 - y_0(t_1)] - \ln[1 - y_0(t_2)]} \end{cases} \tag{4-57}$$

由式（4-57）即可求得 T_0 和 τ。

为了使求得的 T_0 和 τ 更精确，可在图 4-17 的 $y_0(t)$ 曲线上多选几个点，例如选四个点。并将每两个点分为一组，分别按照上述方法求取各自的 T_0 和 τ 值。对所求得的 T_0 和 τ 再分别取平均值作为最后的 T_0 和 τ。如果不同组所求得的 T_0 或 τ 值相差较大，则说明用一阶环节结构来近似不太合适，则可选用二阶环节结构近似。

（3）确定二阶惯性环节的参数　对式（4-44）所示的二阶惯性环节，需要确定的参数为 K_0、T_1 和 T_2。其相应的阶跃响应曲线如图 4-18 所示。

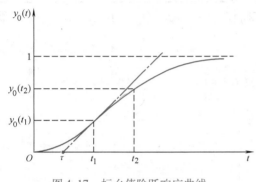

图 4-17　标幺值阶跃响应曲线

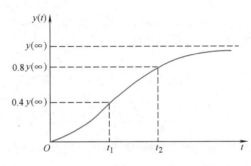

图 4-18　二阶惯性环节的阶跃响应曲线

K_0 的确定与一阶环节确定方法相同。

T_1 和 T_2 的确定一般采用两点法。设二阶惯性环节的输入、输出关系为

$$y(t) = K_0 x_0 \left(1 - \frac{T_1}{T_1 - T_2} e^{-\frac{t}{T_1}} + \frac{T_2}{T_1 - T_2} e^{-\frac{t}{T_2}} \right) \tag{4-58}$$

式中，x_0 为阶跃输入的幅值。根据该式，可以利用阶跃响应上两个点的坐标值 $[t_1, y(t_1)]$ 和 $[t_2, y(t_2)]$ 确定 T_1 和 T_2。假定取 $y(t)$ 分别为 $0.4y(\infty)$ 和 $0.8y(\infty)$ $[y(\infty) = K_0 x_0]$，可从图 4-18 的阶跃响应曲线上定出相应的 t_1 和 t_2，由此可得联立方程

$$\begin{cases} \dfrac{T_1}{T_1 - T_2} e^{-\frac{t_1}{T_1}} - \dfrac{T_2}{T_1 - T_2} e^{-\frac{t_1}{T_2}} = 0.6 \\[3mm] \dfrac{T_1}{T_1 - T_2} e^{-\frac{t_2}{T_1}} - \dfrac{T_2}{T_1 - T_2} e^{-\frac{t_2}{T_2}} = 0.2 \end{cases} \tag{4-59}$$

式（4-59）的近似解为

$$T_1 + T_2 \approx \frac{1}{2.16}(t_1 + t_2)$$

$$\frac{T_1 T_2}{(T_1 + T_2)^2} \approx \left(1.74 \frac{t_1}{t_2} - 0.55 \right) \tag{4-60}$$

采用式（4-60）确定 T_1 和 T_2 时，应满足 $0.32 < t_1/t_2 < 0.46$ 的条件。可以证明，若 $t_1/t_2 = 0.32$ 时，应为一阶环节 $K_0/(T_0 s + 1)$ $[T_0 = (t_1 + t_2)/2.12]$；若 $t_1/t_2 = 0.46$ 时，应为二阶环节 $K_0/(T_0 s + 1)^2$ $[T_0 = (t_1 + t_2)/(2 \times 2.16)]$；若 $t_1/t_2 > 0.46$ 时，则为二阶以上环节。

不失一般性，设 n 阶环节的传递函数为 $G(s) = \dfrac{K_0}{(T_0 s + 1)^n}$，$T_0$ 的确定可按式（4-61）近似

求出

$$T_0 \approx \frac{t_1 + t_2}{2.16n} \quad (4\text{-}61)$$

式中，n 可根据比值 t_1/t_2 的大小由表4-1 确定。

表 4-1　高阶过程的 n 与 t_1/t_2 的关系

n	1	2	3	4	5	6	7	8	10	12	14
t_1/t_2	0.32	0.46	0.53	0.58	0.62	0.65	0.67	0.685	0.71	0.735	0.75

（4）确定二阶惯性 + 纯滞后环节的参数　二阶惯性 + 纯滞后环节的阶跃响应曲线如图 4-19 所示，其传递函数为

$$G(s) = \frac{K_0 e^{-\tau s}}{(T_1 s + 1)(T_2 s + 1)} \quad (4\text{-}62)$$

式（4-62）中需要确定的参数有四个，即 T_1、T_2、K_0 和 τ。为此，可在如图 4-19 所示的阶跃响应曲线上，通过拐点 F 作切线，得纯滞后时间 $\tau_0 = \overline{OA}$，容量滞后时间 $\tau_c = \overline{AB}$ 以及 $T_A = \overline{BD}$，$T_C = \overline{ED}$。

K_0 的求法同前述一样，即 $K_0 = \dfrac{y(\infty)}{x_0}$（$x_0$ 为输入阶跃变化幅值），而总的纯滞后时间 $\tau = \tau_0 + \tau_c$。

可以证明，$\dfrac{T_1}{T_2}$ 与 $\dfrac{T_C}{T_A}$ 的关系为

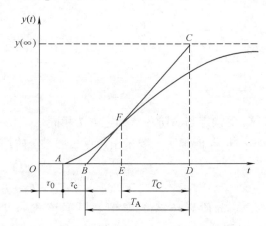

图 4-19　二阶惯性 + 纯滞后环节的阶跃响应曲线

$$\frac{T_C}{T_A} = (1 + x) x^{\frac{x}{1-x}} \quad (4\text{-}63)$$

式中，$x = T_1/T_2$，$T_C = T_1 + T_2$。

在 $T_1 + T_2 = T_C$ 的约束条件下求解式（4-63），即可得 T_1 和 T_2。

式（4-63）为超越方程，求解比较复杂，通常采用图解法，即根据式（4-63）作如图4-20所示的曲线。根据在图4-19 中所得 T_C/T_A 的数值（如为 0.75），在图 4-20 中向上作垂线，交曲线 1 于 A 点和 B 点。A 点的纵坐标数值即为 T_1/T_A，B 点的纵坐标数值即为 T_2/T_A，由此可求出 T_1 和 T_2。

图 4-20 中的曲线 2 用于检验图 4-19 上的切线是否真正通过拐点。根据 T_C/T_A

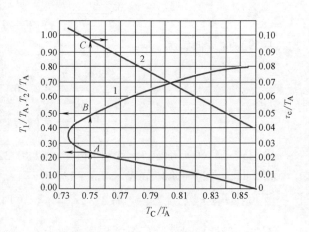

图 4-20　T_1、T_2、τ_c 的图解法

的数值向上作垂线时，与曲线 2 交于 C 点，C 点对应的纵坐标即为 τ_c/T_A。将由此得到的 τ_c 与图 4-19 中作图所得的 τ_c 相比较，若两者相差较大，则说明在图 4-19 中所作切线没有真正通过拐点，应该重新确定拐点后再作切线，仍按以上作图步骤重新求取各个参数，直到两者相近为止。

（5）无自衡特性过程的参数确定方法　对于某些无自衡特性过程，其数学模型用式 (4-45) 描述，其阶跃响应如图 4-21 所示。

无自衡过程的阶跃响应随时间 $t \to \infty$ 时将无限增大，其变化速度会逐渐趋于恒定。对于式 (4-45)，去掉纯滞后部分，其微分方程可表示为

$$T_0 \frac{\mathrm{d}y(t)}{\mathrm{d}t} = x(t) \tag{4-64}$$

亦即

$$\frac{\mathrm{d}y(t)}{\mathrm{d}t} = \frac{1}{T_0} x(t) \tag{4-65}$$

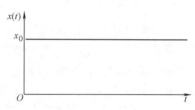

在输入为阶跃变化的 $x(t) = x_0 \cdot 1(t)$ 情况下，输出变化速度将趋向一个常数 x_0/T_0。因此，可在图 4-21 所示阶跃响应的变化速度最大处作切线，若测得该切线斜率为 $\tan\alpha$，则有

$$T_0 = \frac{x_0}{\tan\alpha} \approx \frac{x_0}{y_1/\Delta t} \tag{4-66}$$

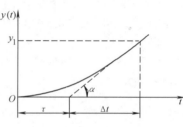

图 4-21　无自衡特性过程的阶跃响应

据此，式 (4-45) 的参数 T_0 即可近似求得。至于纯滞后时间 τ，可由图 4-21 上切线与时间轴的交点求得。

如果采用式 (4-64) 所示的数学模型，进行必要的变换，仍可仿照一阶惯性 + 纯滞后环节参数的确定方法进行。为此，对应式 (4-64) 的微分方程，可表示为

$$T_1 \frac{\mathrm{d}}{\mathrm{d}t} \left[T_2 \frac{\mathrm{d}y(t)}{\mathrm{d}t} + y(t) \right] = x(t-\tau) \tag{4-67}$$

若令 $\dfrac{\mathrm{d}y(t)}{\mathrm{d}t} = y'(t)$ 为新的变量，则有

$$T_1 T_2 \frac{\mathrm{d}y'(t)}{\mathrm{d}t} + T_1 y'(t) = x(t-\tau) \tag{4-68}$$

亦即

$$T_2 \frac{\mathrm{d}y'(t)}{\mathrm{d}t} + y'(t) = \frac{1}{T_1} x(t-\tau) \tag{4-69}$$

若以 $y'(t)$ 为输出变量，$x(t)$ 为输入变量，则与式 (4-69) 对应的传递函数可表示为

$$\frac{Y'(s)}{X(s)} = \frac{1/T_1}{T_2 s + 1} \mathrm{e}^{-\tau s} \tag{4-70}$$

这与一阶惯性 + 纯滞后环节的传递函数类似，可以按照一阶惯性 + 纯滞后环节的参数确定方法求取 T_1、T_2 和 τ。问题是如何得到 $y'(t)$？

为了由阶跃响应曲线 $y(t)$ 得到 $y'(t)$，可将 $y(t)$ 先分成 n 等份（一般取 $n = 10 \sim 20$，n 越大精度越高，计算量则越大），每份时间间隔为 Δt。然后，根据相应的时间 t_i 和 $y(t_i)$，

按照式（4-71）计算 $y'(t_i)$ 的近似值，即

$$y'(t_i) \approx \frac{\Delta y(t_i)}{\Delta t} = \frac{y(t_i) - y(t_i - 1)}{\Delta t} \qquad i = 1, 2, \cdots, n \qquad (4-71)$$

依据式（4-71）可得 $y'(t)$ 随时间变化的曲线，然后再按一阶惯性 + 纯滞后环节的参数确定方法求取各个参数。

4.3.1.2 方波响应曲线法

阶跃响应法是辨识过程特性最常用的方法。但是，阶跃响应曲线是在过程正常输入的基础上再叠加一个阶跃变化后获得的。当实际过程的输入不允许有较长时间或较大幅度的阶跃变化时，可采用方波响应曲线法。该方法是在正常输入的基础上，施加一方波输入，并测取相应输出的变化曲线，据此估计过程参数。方波的幅度与宽度的选取，可根据生产实际而定。在生产实际允许的条件下，应尽量使方波宽度窄一些，幅度高一些。

由于阶跃响应曲线法模型结构的确定和参数估计相对比较简单，因此，通常在试验获取方波响应曲线后，先将其转换为阶跃响应曲线，然后再按阶跃响应法确定有关参数，如图4-22所示。图中，方波信号可以看成由两个极性相反、幅值相同、时间相差 t_0 的阶跃信号的叠加，即

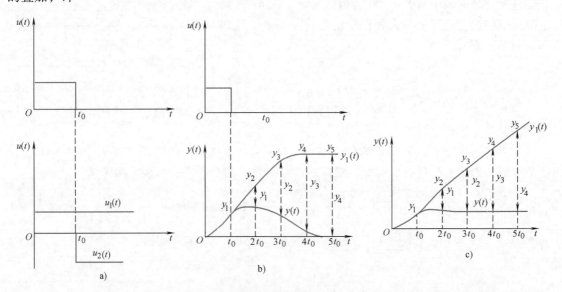

图 4-22　由方波响应确定阶跃响应

a) 输入方波的分解　b) 有自衡特性的方波响应及其转换　c) 无自衡特性的方波响应及其转换

$$u(t) = u_1(t) + u_2(t) = u_1(t) - u_1(t - t_0) \qquad (4-72)$$

对于线性系统而言，其输出响应也应看成由两个时间相差 t_0、极性相反、形状完全相同的阶跃响应的叠加，即

$$y(t) = y_1(t) + y_2(t) = y_1(t) - y_1(t - t_0) \qquad (4-73)$$

所需的阶跃响应为

$$y_1(t) = y(t) + y_1(t - t_0) \qquad (4-74)$$

式（4-74）即是由方波响应曲线 $y(t)$ 逐段递推出阶跃响应曲线 $y_1(t)$ 的依据。

如图4-22所示，在第一时段，t 为 $0 \sim t_0$，阶跃响应曲线与方波响应曲线重合；在第二

时段，t 为 $0 \sim 2t_0$ 时，$y_1(2t_0) = y(2t_0) + y_1(t_0)$；依次类推，即可由方波响应曲线求出完整的阶跃响应曲线。

4.3.2　最小二乘法

4.3.2.1　离散化模型与输入试验信号

上小节介绍的实验建模方法求出的是被控过程的连续模型，如微分方程或传递函数等。这些模型描述了被控过程的输入/输出信号随时间（或频率）连续变化的情况。随着计算机技术在过程控制中的广泛应用，则要求建立被控过程的离散化模型，其输入/输出信号皆为离散信号。

1. 离散化模型

离散化模型和连续模型类似，也有时域和频域两种。离散时域模型用差分方程表示，离散频域模型则用脉冲传递函数表示。

（1）离散时域模型　离散时域模型可用差分方程表示。如果对被控过程的输入信号 $u(t)$、输出信号 $y(t)$ 进行采样，采样周期为 T，则可得到一组输入信号离散序列 $\{u(k)\}$ 和一组输出信号离散序列 $\{y(k)\}$，其相应的差分方程为

$$y(k) + a_1 y(k-1) + \cdots + a_{n_a} y(k-n_a) = b_1 u(k-1) + \cdots + b_{n_b} u(k-n_b) \qquad (4\text{-}75)$$

式中，k 为采样次数；a_1，a_2，$\cdots$，a_{n_a}，b_1，b_2，$\cdots$，b_{n_b} 为待辨识的参数，n_a、n_b 为待辨识的模型阶次。

（2）离散频域模型　离散频域模型可用脉冲传递函数表示。若对输入离散序列 $\{u(k)\}$，输出离散序列 $\{y(k)\}$ 分别进行"Z"变换，可得到相应的脉冲传递函数为

$$G(z^{-1}) = \frac{Y(z^{-1})}{U(z^{-1})} = \frac{(b_1 z^{-1} + b_2 z^{-2} + \cdots + b_{n_b} z^{-n_b})}{(1 + a_1 z^{-1} + \cdots + a_{n_a} z^{-n_a})} = \frac{B(z^{-1})}{A(z^{-1})} \qquad (4\text{-}76)$$

式中

$$\begin{cases} B(z^{-1}) = (b_1 z^{-1} + b_2 z^{-2} + \cdots + b_{n_b} z^{-n_b}) \\ A(z^{-1}) = (1 + a_1 z^{-1} + a_2 z^{-2} + \cdots + a_{n_a} z^{-n_a}) \end{cases} \qquad (4\text{-}77)$$

2. 输入试验信号

（1）输入试验信号的条件与要求　为了使被控过程是可辨识的，从理论的角度，输入试验信号必须满足如下条件：

1）在辨识时间内被控过程的模态必须被输入试验信号持续激励。或者说，在试验期间，输入试验信号必须充分激励过程的所有模态。

2）输入试验信号必须具有较好的"优良度"，即输入试验信号的选择应能使辨识模型的精度最高。

从工程的角度，输入试验信号的选取还要考虑如下一些要求：

1）输入试验信号的功率或幅值不宜过大，否则工况会进入非线性区；但也不能太小，否则数据所含的信息量将下降，直接影响辨识的精度。

2）输入试验信号对过程的"净扰动"要小，即正、负向扰动机会几乎均等。

3）工程上易于实现，成本低。

（2）输入试验信号的选取　理论分析表明，若选用白色噪声（由一系列不相关随机变量组成的理想化随机过程）作为输入试验信号可以保证获得较好的辨识效果，但白色噪声在工程上不好应用，这是因为工业设备（如阀门）不可能按如图4-23所示的白色噪声的变化规律动作。研究表明，最长线性移位寄存器序列（简称M序列）具有近似白色噪声的性能，它既可保证有好的辨识精度，在工程上又具有抗干扰能力强、对系统正常运行影响小等优点。

3. M序列的产生

M序列的产生通常有两种方法，一是用移位寄存器产生，二是用软件实现。

（1）移位寄存器产生　M序列可以很容易地用线性反馈移位寄存器产生。图4-24所示为用4级移位寄存器生成M序列的某种结构。图中，C_i（$i = 1$，…，4）为双稳态触发器，$x_{i-j}[j=1,\cdots,P(=4)]$为触发器的输出，$x_{i-3}$，$x_{i-4}$经各自的反馈通道进行"异或"运算

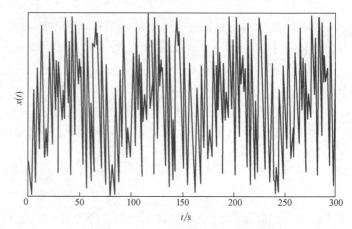

图4-23　白色噪声过程的一种实现

后反馈至x_i。在移位脉冲CP的作用下，4级移位寄存器任一级的输出序列均可为M序列。需要注意的是，移位寄存器的初始状态不能全置零，因为若出现全零状态，则移位寄存器各级的输出将永远是"0"状态，这是不希望的；此外，反馈通道的选择也不是任意的，否则就不一定能生成M序列。如何选择反馈通道才能产生M序列？这已超出本书的范围，有兴趣的读者可参阅系统辨识与参数估计方面的文献。

由图4-24可知，若移位寄存器的初始状态为1010，则在移位脉冲CP的作用下，寄存器各级状态的变化见表4-2。

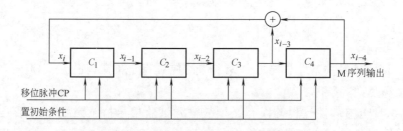

图4-24　4级移位寄存器生成M序列的某种结构图

表4-2　4级移位寄存器的各级状态

CP	1	2	3	4	5	6	7	8	9	10	11	12	13	14	15	16	17	18	…
C_1	1	1	1	1	0	0	0	1	0	0	1	1	0	1	0	1	1	1	…
C_2	0	1	1	1	1	0	0	0	1	0	0	1	1	0	1	0	1	1	…
C_3	1	0	1	1	1	1	0	0	0	1	0	0	1	1	0	1	0	1	…
C_4	0	1	0	1	1	1	1	0	0	0	1	0	0	1	1	0	1	0	…

（2）软件实现　M 序列还可用 MATLAB 语言编程实现。在实际编程时，常把 M 序列的逻辑 "0" 和逻辑 "1" 换成 "a" 和 "-a" 的序列（这里取 a = 1）。现仍以 4 级移位寄存器产生 M 序列为例，对其进行编程。可供参考的 MATLAB 程序为

```
X1 = 1；X2 = 0；X3 = 1；X4 = 0；          % 移位寄存器的输入初态
M = 60；                                  % 置 M 序列总长度 m 值
For i = 1：m                              % 开始循环
    Y4 = X4；Y3 = X3；Y2 = X2；Y1 = X1；   % Yi 为移位寄存器的各级输出
                                          % 在移位之前先将各自的输入传给输出
    X4 = Y3；X3 = Y2；X2 = Y1；            % 实现移位寄存器的连接方式
    X1 = xor（Y3，Y4）                     % 异或运算，实现 X1(k+1) = Y3(k)⊕Y4(k)
    If Y4 = = 0                           % 将输出 "0" 态转换成 "-1" 态
    U（i）= -1；
    Else
    U（i）= Y4
end                                       % 转换结束
end                                       % 60 次循环结束
    M = U

                                          % 绘图

    i1 = i；
    k = 1：1：i1；
    plot（k，U，k，U，'rx'）
    X1able（'k'）
    Y1able（'M 序列'）
    Title（'移位寄存器产生的 M 序列'）
```

运行上述程序，产生的（-1，1）M 序列如下：

M（k）=

$$-1 \quad 1 \quad -1 \quad 1 \quad 1 \quad 1 \quad 1 \quad -1 \quad -1 \quad -1 \quad 1 \quad -1 \quad -1 \quad 1 \quad 1 \quad -1 \quad 1 \quad -1 \quad 1 \quad 1$$

$$1 \quad 1 \quad -1 \quad -1 \quad -1 \quad 1 \quad -1 \quad 1 \quad 1 \quad 1 \quad -1 \quad 1 \quad -1 \quad 1 \quad 1 \quad 1 \quad 1 \quad -1 \quad -1 \quad -1$$

$$1 \quad -1 \quad -1 \quad 1 \quad 1 \quad -1 \quad 1 \quad -1 \quad 1 \quad 1 \quad 1 \quad -1 \quad -1 \quad -1 \quad 1 \quad -1 \quad -1 \quad 1 \quad 1$$

4.3.2.2　最小二乘算法

最小二乘法将待辨识的过程看作 "黑箱"，如图 4-25 所示。图中，输入 $u(k)$ 和输出 $y(k)$ 是可以量测的；$e(k)$ 为量测噪声；$G(z^{-1})$ 如式（4-76）所示。则过程模型为

$$A(z^{-1})y(k) = B(z^{-1})u(k) + e(k) \quad (4-78)$$

式中，$A(z^{-1}) = 1 + a_1 z^{-1} + a_2 z^{-2} + \cdots + a_{n_a} z^{-n_a}$，

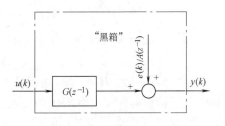

图 4-25　单输入 - 单输出过程的 "黑箱" 模型

$B(z^{-1}) = b_1 z^{-1} + b_2 z^{-2} + \cdots + b_{n_b} z^{-n_b}$。

最小二乘法要解决的问题是如何利用过程的输入/输出量测数据确定多项式 $A(z^{-1})$ 和 $B(z^{-1})$ 的系数,为此假定:

1)模型式(4-78)的阶次 n_a、n_b 为已知,且一般有 $n_a > n_b$。当取相同阶次时,则记作 $n_a = n_b = n$。

2)将模型式(4-78)展开后写成最小二乘格式,即

$$y(k) = \boldsymbol{h}^{\mathrm{T}}(k)\boldsymbol{\theta} + e(k) \tag{4-79}$$

式中

$$\begin{cases} \boldsymbol{h}(k) = [-y(k-1), \cdots, -y(k-n_a), u(k-1), \cdots, u(k-n_b)]^{\mathrm{T}} \\ \boldsymbol{\theta} = [a_1, a_2, \cdots, a_{n_a}, b_1, b_2, \cdots, b_{n_b}]^{\mathrm{T}} \end{cases} \tag{4-80}$$

对于 $k = 1$,2,$\cdots$,L,式(4-79)构成一个向量方程,即

$$\boldsymbol{Y}_L = \boldsymbol{H}_L \boldsymbol{\theta} + \boldsymbol{e}_L \tag{4-81}$$

式中

$$\begin{cases} \boldsymbol{Y}_L = [y(1), y(2), \cdots, y(L)]^{\mathrm{T}} \\ \boldsymbol{e}_L = [e(1), e(2), \cdots, e(L)]^{\mathrm{T}} \\ \boldsymbol{H}_L = \begin{pmatrix} h^{\mathrm{T}}(1) \\ h^{\mathrm{T}}(2) \\ \vdots \\ h^{\mathrm{T}}(L) \end{pmatrix} = \begin{pmatrix} -y(0) & \cdots & -y(1-n_a) & u(0) & \cdots & u(1-n_b) \\ -y(1) & \cdots & -y(2-n_a) & u(1) & \cdots & u(2-n_b) \\ & & \cdots\cdots\cdots & & & \\ -y(L-1) & \cdots & -y(L-n_a) & u(L-1) & \cdots & u(L-n_b) \end{pmatrix} \end{cases} \tag{4-82}$$

3)数据长度 $L > (n_a + n_b)$。这是因为式(4-81)具有 L 个方程,包含 $(n_a + n_b)$ 个未知数,如果 $L < (n_a + n_b)$,则方程的个数少于未知数个数,模型参数 θ 不能唯一确定;若 $L = (n_a + n_b)$,当且仅当 $\boldsymbol{e}_L = 0$ 时,$\boldsymbol{\theta}$ 才可能有解,但非最优解;而只有当 $\boldsymbol{e}_L \neq 0$、$L > (n_a + n_b)$ 时,才有可能确定一个"最优"的模型参数解 $\boldsymbol{\theta}$。为了保证辨识精度,L 必须尽可能大。

4.3.2.3 最小二乘问题的解

最小二乘问题有两种基本解法:一种是一次完成解法,另一种则是递推解法。前者多用于理论研究,后者则适用于计算机在线辨识。

1. 一次完成解法

考虑模型式(4-79)的辨识问题,其中 $y(k)$ 和 $u(k)$ 都是可观测的输出/输入数据,$h(k)$ 是由 $y(k)$ 和 $u(k)$ 构成的观测数据向量,$\boldsymbol{\theta}$ 是待估计参数,准则函数为

$$J(\boldsymbol{\theta}) = \sum_{k=1}^{L} [y(k) - \boldsymbol{h}^{\mathrm{T}}(k)\boldsymbol{\theta}]^2 \tag{4-83}$$

根据式(4-83)的定义,准则函数 $J(\boldsymbol{\theta})$ 可写成二次型的形式,即

$$J(\boldsymbol{\theta}) = (\boldsymbol{Y}_L - \boldsymbol{H}_L\boldsymbol{\theta})^{\mathrm{T}}(\boldsymbol{Y}_L - \boldsymbol{H}_L\boldsymbol{\theta}) \tag{4-84}$$

式(4-84)中的 $\boldsymbol{H}_L\boldsymbol{\theta}$ 代表模型的输出,或称为过程的输出预报值。显然,$J(\boldsymbol{\theta})$ 被用来衡量模型输出与实际过程输出的接近情况。极小化 $J(\boldsymbol{\theta})$,即可求得参数 $\boldsymbol{\theta}$ 的估计值使模型的输出"最好"地预报过程的输出。

设 $\hat{\boldsymbol{\theta}}$ 使得 $J(\hat{\boldsymbol{\theta}})\Big|_{\hat{\boldsymbol{\theta}}} = \min$,则有

$$\frac{\partial J(\hat{\boldsymbol{\theta}})}{\partial \hat{\boldsymbol{\theta}}}\bigg|_{\hat{\boldsymbol{\theta}}} = \frac{\partial}{\partial \hat{\boldsymbol{\theta}}}(\boldsymbol{Y}_L - \boldsymbol{H}_L \hat{\boldsymbol{\theta}})^{\mathrm{T}}(\boldsymbol{Y}_L - \boldsymbol{H}_L \hat{\boldsymbol{\theta}})\bigg|_{\hat{\boldsymbol{\theta}}} = \boldsymbol{0}^{\mathrm{T}} \tag{4-85}$$

引入两个向量微分公式,即

$$\begin{cases} \dfrac{\partial}{\partial \boldsymbol{x}}(\boldsymbol{a}^{\mathrm{T}}\boldsymbol{x}) = \boldsymbol{a}^{\mathrm{T}} \\[2mm] \dfrac{\partial}{\partial \boldsymbol{x}}(\boldsymbol{x}^{\mathrm{T}}\boldsymbol{A}\boldsymbol{x}) = 2\boldsymbol{x}^{\mathrm{T}}\boldsymbol{A}, \quad \boldsymbol{A} \text{ 为对称阵} \end{cases} \tag{4-86}$$

依据式 (4-86),解式 (4-85),得

$$(\boldsymbol{H}_L^{\mathrm{T}}\boldsymbol{H}_L)\hat{\boldsymbol{\theta}} = \boldsymbol{H}_L^{\mathrm{T}}\boldsymbol{Y}_L \tag{4-87}$$

式 (4-87) 通常称为正则方程。当 $(\boldsymbol{H}_L^{\mathrm{T}}\boldsymbol{H}_L)$ 非奇异时,有

$$\hat{\boldsymbol{\theta}} = (\boldsymbol{H}_L^{\mathrm{T}}\boldsymbol{H}_L)^{-1}\boldsymbol{H}_L^{\mathrm{T}}\boldsymbol{Y}_L \tag{4-88}$$

此外有

$$\frac{\partial^2 J(\boldsymbol{\theta})}{\partial \boldsymbol{\theta}^2}\bigg|_{\hat{\boldsymbol{\theta}}} = 2\boldsymbol{H}_L^{\mathrm{T}}\boldsymbol{H}_L \tag{4-89}$$

由于 $(\boldsymbol{H}_L^{\mathrm{T}}\boldsymbol{H}_L)$ 为正定矩阵,故有

$$\frac{\partial^2 J(\boldsymbol{\theta})}{\partial \boldsymbol{\theta}^2}\bigg|_{\hat{\boldsymbol{\theta}}} > 0 \tag{4-90}$$

可见,满足式 (4-84) 的 $\hat{\boldsymbol{\theta}}$ 使 $J(\boldsymbol{\theta})\big|_{\hat{\boldsymbol{\theta}}} = \min$,并且是唯一的。

通过极小化式 (4-83) 计算 $\hat{\boldsymbol{\theta}}$ 的方法称作最小二乘法,对应的 $\hat{\boldsymbol{\theta}}$ 称为最小二乘参数估计值。

当获得一批输入/输出数据之后,利用式 (4-88) 可一次求得相应的参数估计值,这种处理问题的方法称为一次完成算法。它的计算机程序流程如图 4-26 所示。

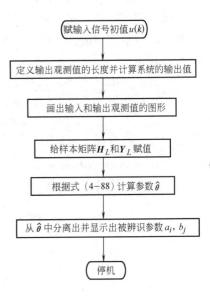

图 4-26　一次完成算法计算机流程图

例 4-6　考虑如下仿真过程:

$$y(k) - 1.5y(k-1) + 0.7y(k-2) = u(k-1) + 0.5u(k-2) + e(k)$$

其中,$e(k)$ 为服从 $\mathscr{N}(0, 1)$ 分布的白色噪声;输入信号 $u(k)$ 采用 4 阶 M 序列,幅值为 1。选择的辨识模型为

$$y(k) + a_1 y(k-1) + a_2 y(k-2) = b_1 u(k-1) + b_2 u(k-2) + e(k) \tag{4-91}$$

按式 (4-82) 构造 $\boldsymbol{Y}_L$ 和 $\boldsymbol{H}_L$,数据长度取 $L=14$,利用式 (4-88) 计算参数估计值 $\hat{\boldsymbol{\theta}}$。

设输入信号的取值为 k 从 1~16 的 M 序列值,待辨识参数 $\hat{\boldsymbol{\theta}} = (\boldsymbol{H}_L^{\mathrm{T}}\boldsymbol{H}_L)^{-1}\boldsymbol{H}_L^{\mathrm{T}}\boldsymbol{Y}_L$。式中,$\hat{\boldsymbol{\theta}}$、$\boldsymbol{Y}_L$、$\boldsymbol{H}_L$ 的表达式为

$$\hat{\boldsymbol{\theta}} = [a_1, a_2, b_1, b_2]^{\mathrm{T}},$$

$$\boldsymbol{Y}_L = [y(3), y(4), \cdots, y(16)]^{\mathrm{T}},$$

$$\boldsymbol{H}_L = \begin{pmatrix} -y(2) & -y(1) & u(2) & u(1) \\ -y(3) & -y(2) & u(3) & u(2) \\ \vdots & \vdots & \vdots & \vdots \\ -y(15) & -y(14) & u(15) & u(14) \end{pmatrix}$$

用 MATLAB 语言编写一次完成算法程序，运行结果见表4-3。

表4-3 例4-6 的辨识结果

参数	a_1	a_2	b_1	b_2
真值	−1.5	0.7	1.0	0.5
估计值	−1.5	0.7	1.0	0.5

从表4-3 可以看出，辨识结果无任何误差。这是因为输入/输出数据由计算机采样，无任何噪声成分的缘故。

2. 最小二乘递推解法

一次完成解法的最大优点是算法简单。其不足之处是每增加一对新数据，都要重新计算一遍。随着新数据的不断增加，计算机的存储量和计算时间也不断增加。为解决这一问题，可采用递推算法。递推算法的优点是，每次计算只需采用 $k+1$ 时刻的输入/输出数据修正 k 时刻的参数估计值，从而使参数估计值不断更新，而无需对所有数据进行重复计算，适合于在线辨识。

为了导出 $\hat{\boldsymbol{\theta}}$ 的递推估计公式，先将观测至第 L 次的输入/输出数据用一次完成算法进行辨识，将所得最小二乘估计参数记为 $\hat{\boldsymbol{\theta}}(L)$，即

$$\hat{\boldsymbol{\theta}}(L) = (\boldsymbol{H}_L^{\mathrm{T}}\boldsymbol{H}_L)^{-1}\boldsymbol{H}_L^{\mathrm{T}}\boldsymbol{Y}_L = \boldsymbol{P}(L)\boldsymbol{H}_L^{\mathrm{T}}\boldsymbol{Y}_L$$

当增加一对新的观测数据 $[u(L+1),y(L+1)]$ 时，则有

$$\hat{\boldsymbol{\theta}}(L+1) = (\boldsymbol{H}_{L+1}^{\mathrm{T}}\boldsymbol{H}_{L+1})^{-1}\boldsymbol{H}_{L+1}^{\mathrm{T}}\boldsymbol{Y}_{L+1} = \boldsymbol{P}(L+1)\boldsymbol{H}_{L+1}^{\mathrm{T}}\boldsymbol{Y}_{L+1} \tag{4-92}$$

若以变量 k 代替 L，则有

$$\boldsymbol{P}^{-1}(k+1) = \boldsymbol{H}_{k+1}^{\mathrm{T}}\boldsymbol{H}_{k+1} = \sum_{i=1}^{k+1}\boldsymbol{h}(i)\boldsymbol{h}^{\mathrm{T}}(i)$$

$$\boldsymbol{P}^{-1}(k) = \boldsymbol{H}_{k}^{\mathrm{T}}\boldsymbol{H}_{k} = \sum_{i=1}^{k}\boldsymbol{h}(i)\boldsymbol{h}^{\mathrm{T}}(i) \tag{4-93}$$

式中

$$\begin{cases} \boldsymbol{H}_{k+1} = \begin{pmatrix} \boldsymbol{h}^{\mathrm{T}}(1) \\ \boldsymbol{h}^{\mathrm{T}}(2) \\ \vdots \\ \boldsymbol{h}^{\mathrm{T}}(k+1) \end{pmatrix} \\ \boldsymbol{H}_{k} = \begin{pmatrix} \boldsymbol{h}^{\mathrm{T}}(1) \\ \boldsymbol{h}^{\mathrm{T}}(2) \\ \vdots \\ \boldsymbol{h}^{\mathrm{T}}(k) \end{pmatrix} \end{cases} \tag{4-94}$$

由式（4-93）可得

$$\boldsymbol{P}^{-1}(k+1) = \sum_{i=1}^{k}\boldsymbol{h}(i)\boldsymbol{h}^{\mathrm{T}}(i) + \boldsymbol{h}(k+1)\boldsymbol{h}^{\mathrm{T}}(k+1) = \boldsymbol{P}^{-1}(k) + \boldsymbol{h}(k+1)\boldsymbol{h}^{\mathrm{T}}(k+1) \tag{4-95}$$

令

$$\boldsymbol{Y}_k = [y(1),y(2),\cdots,y(k)]^{\mathrm{T}}$$

则

$$\hat{\boldsymbol{\theta}}_k(k) = (\boldsymbol{H}_k^{\mathrm{T}}\boldsymbol{H}_k)^{-1}\boldsymbol{H}_k^{\mathrm{T}}\boldsymbol{Y}_k = \boldsymbol{P}(k)\left[\sum_{i=1}^{k}\boldsymbol{h}(i)y(i)\right] \tag{4-96}$$

于是有
$$P^{-1}(k)\hat{\boldsymbol{\theta}}(k) = \sum_{i=1}^{k} \boldsymbol{h}(i)y(i) \tag{4-97}$$

再令
$$\boldsymbol{Y}_{k+1} = [y(1),y(2),\cdots,y(k+1)]^{\mathrm{T}} \tag{4-98}$$

利用式（4-95）和式（4-96），可得

$$\hat{\boldsymbol{\theta}}(k+1) = (\boldsymbol{H}_{k+1}^{\mathrm{T}}\boldsymbol{H}_{k+1})^{-1}\boldsymbol{H}_{k+1}^{\mathrm{T}}\boldsymbol{Y}_{k+1} = \boldsymbol{P}(k+1)\left[\sum_{i=1}^{k+1}\boldsymbol{h}(i)y(i)\right]$$

$$= \boldsymbol{P}(k+1)[\boldsymbol{P}^{-1}(k)\hat{\boldsymbol{\theta}}(k) + \boldsymbol{h}(k+1)y(k+1)] \tag{4-99}$$

$$= \boldsymbol{P}(k+1)\{[\boldsymbol{P}^{-1}(k+1) - \boldsymbol{h}(k+1)\boldsymbol{h}^{\mathrm{T}}(k+1)]\hat{\boldsymbol{\theta}}(k) + \boldsymbol{h}(k+1)y(k+1)\}$$

$$= \hat{\boldsymbol{\theta}}(k) + \boldsymbol{P}(k+1)\boldsymbol{h}(k+1)[y(k+1) - \boldsymbol{h}^{\mathrm{T}}(k+1)\hat{\boldsymbol{\theta}}(k)]$$

引进增益矩阵 $\boldsymbol{K}(k+1)$，使

$$\boldsymbol{K}(k+1) = \boldsymbol{P}(k+1)\boldsymbol{h}(k+1) \tag{4-100}$$

则式（4-99）成为

$$\hat{\boldsymbol{\theta}}(k+1) = \hat{\boldsymbol{\theta}}(k) + \boldsymbol{K}(k+1)[y(k+1) - \boldsymbol{h}^{\mathrm{T}}(k+1)\hat{\boldsymbol{\theta}}(k)] \tag{4-101}$$

进一步，将式（4-95）写成

$$\boldsymbol{P}(k+1) = [\boldsymbol{P}^{-1}(k) + \boldsymbol{h}(k+1)\boldsymbol{h}^{\mathrm{T}}(k+1)]^{-1} \tag{4-102}$$

为了避免矩阵求逆运算，利用矩阵反演公式（证明略）

$$(\boldsymbol{A} + \boldsymbol{C}\boldsymbol{C}^{\mathrm{T}})^{-1} = \boldsymbol{A}^{-1} - \boldsymbol{A}^{-1}\boldsymbol{C}(\boldsymbol{I} + \boldsymbol{C}^{\mathrm{T}}\boldsymbol{A}^{-1}\boldsymbol{C})^{-1}\boldsymbol{C}^{\mathrm{T}}\boldsymbol{A}^{-1} \tag{4-103}$$

可将式（4-102）变为

$$\boldsymbol{P}(k+1) = \boldsymbol{P}(k) - \boldsymbol{P}(k)\boldsymbol{h}(k+1)\boldsymbol{h}^{\mathrm{T}}(k+1)\boldsymbol{P}(k)[\boldsymbol{h}^{\mathrm{T}}(k+1)\boldsymbol{P}(k)\boldsymbol{h}(k+1) + 1]^{-1}$$

$$= \left[\boldsymbol{I} - \frac{\boldsymbol{P}(k)\boldsymbol{h}(k+1)\boldsymbol{h}^{\mathrm{T}}(k+1)}{\boldsymbol{h}^{\mathrm{T}}(k+1)\boldsymbol{P}(k)\boldsymbol{h}(k+1) + 1}\right]\boldsymbol{P}(k) \tag{4-104}$$

将式（4-104）代入式（4-100），整理后有

$$\boldsymbol{K}(k+1) = \boldsymbol{P}(k)\boldsymbol{h}(k+1)[\boldsymbol{h}^{\mathrm{T}}(k+1)\boldsymbol{P}(k)\boldsymbol{h}(k+1) + 1]^{-1} \tag{4-105}$$

综合式（4-101）、式（4-104）和式（4-105），可得最小二乘参数估计递推算法为

$$\begin{cases} \hat{\boldsymbol{\theta}}(k+1) = \hat{\boldsymbol{\theta}}(k) + \boldsymbol{K}(k+1)[y(k+1) - \boldsymbol{h}^{\mathrm{T}}(k+1)\hat{\boldsymbol{\theta}}(k)] \\ \boldsymbol{K}(k+1) = \boldsymbol{P}(k)\boldsymbol{h}(k+1)[\boldsymbol{h}^{\mathrm{T}}(k+1)\boldsymbol{P}(k)\boldsymbol{h}(k+1) + 1]^{-1} \\ \boldsymbol{P}(k+1) = [\boldsymbol{I} - \boldsymbol{K}(k+1)\boldsymbol{h}^{\mathrm{T}}(k+1)]\boldsymbol{P}(k) \end{cases} \tag{4-106}$$

式（4-106）表明，$k+1$ 时刻的参数估计值 $\hat{\boldsymbol{\theta}}(k+1)$ 等于 k 时刻的参数估计值 $\hat{\boldsymbol{\theta}}(k)$ 加一项修正项。修正项表示当增加一对新的输入/输出数据后对输出的估计误差。其时变增益矩阵 $\boldsymbol{K}(k+1)$ 相当于对估计误差的加权。此外，式（4-106）第二式中的因子 $[\boldsymbol{h}^{\mathrm{T}}(k+1)$ $\boldsymbol{P}(k)\boldsymbol{h}(k+1) + 1]$ 实际上是一个标量，使得求逆运算变为除法运算，因而计算极其简单省时。式（4-106）还表明，若根据 k 时刻及其以前的观测数据得到 $\boldsymbol{P}(k)$ 和 $\hat{\boldsymbol{\theta}}(k)$，再根据 $k+1$ 时刻的观测数据构造 $\boldsymbol{h}(k+1)$，即可算出 $\boldsymbol{K}(k+1)$，进而算出 $\hat{\boldsymbol{\theta}}(k+1)$；下一时刻计算所需的 $\boldsymbol{P}(k+1)$ 可根据 $\boldsymbol{P}(k)$、$\boldsymbol{K}(k+1)$ 和 $\boldsymbol{h}(k+1)$ 算出，这样进行逐次递推和迭代计算，直到满意为止。其信息的变换如图 4-27 所示。

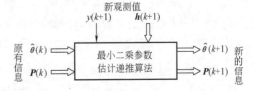

图 4-27　参数递推过程中的信息变换

图 4-27 表明,递推计算需要事先选择初始参数 $\hat{\boldsymbol{\theta}}(0)$ 和 $\boldsymbol{P}(0)$,它们的取值有两种方法。一是根据一批数据利用一次完成算法预先求得,即

$$\begin{cases} \boldsymbol{P}(L_0) = (\boldsymbol{H}_{L_0}^{\mathrm{T}}\boldsymbol{H}_{L_0})^{-1} \\ \hat{\boldsymbol{\theta}}(L_0) = \boldsymbol{P}(L_0)\boldsymbol{H}_{L_0}^{\mathrm{T}}\boldsymbol{Y}_{L_0} \end{cases} \tag{4-107}$$

置 $\boldsymbol{P}(0) = \boldsymbol{P}(L_0), \hat{\boldsymbol{\theta}}(0) = \hat{\boldsymbol{\theta}}(L_0)$。式中,$L_0$ 为数据长度。为减少计算量,L_0 不宜取得太大。另一种是直接取

$$\begin{cases} \boldsymbol{P}(0) = \alpha^2\boldsymbol{I}, \ \alpha \text{ 为充分大的实数} \\ \hat{\boldsymbol{\theta}}(0) = \boldsymbol{\varepsilon}, \ \boldsymbol{\varepsilon} \text{ 为充分小的实向量} \end{cases} \tag{4-108}$$

这是因为

$$\begin{cases} \boldsymbol{P}^{-1}(k) = \sum_{i=1}^{k} \boldsymbol{h}(i)\boldsymbol{h}^{\mathrm{T}}(i) \\ \boldsymbol{P}^{-1}(k)\hat{\boldsymbol{\theta}}(k) = \sum_{i=1}^{k} \boldsymbol{h}(i)y(i) \end{cases} \tag{4-109}$$

因而有

$$\begin{aligned} \hat{\boldsymbol{\theta}}(k) &= \Big[\sum_{i=1}^{k} \boldsymbol{h}(i)\boldsymbol{h}^{\mathrm{T}}(i) \Big]^{-1} \Big[\sum_{i=1}^{k} \boldsymbol{h}(i)y(i) \Big] \\ &= \Big[\boldsymbol{P}^{-1}(0) + \sum_{i=1}^{k} \boldsymbol{h}(i)\boldsymbol{h}^{\mathrm{T}}(i) \Big]^{-1} \Big[\boldsymbol{P}^{-1}(0)\hat{\boldsymbol{\theta}}(0) + \sum_{i=1}^{k} \boldsymbol{h}(i)y(i) \Big] \end{aligned} \tag{4-110}$$

显然,使上式成立的条件是 $\boldsymbol{P}^{-1}(0) \rightarrow \boldsymbol{0}$ 及 $\hat{\boldsymbol{\theta}}(0) \rightarrow \boldsymbol{0}$,故有式 (4-108)。

另外,可用下式作为递推算法的停机标准,即:

$$\max \left| \frac{\hat{\boldsymbol{\theta}}_i(k+1) - \hat{\boldsymbol{\theta}}_i(k)}{\hat{\boldsymbol{\theta}}_i(k)} \right| < \varepsilon, (\varepsilon \text{ 是适当小的正数}), \forall k \tag{4-111}$$

它意味着当所有的参数估计值变化不大时,即可停机。

最小二乘递推辨识算法的计算机程序流程图如图 4-28 所示。

3. 模型阶次和纯滞后时间的确定

以上参数辨识是假定系统阶次 n 和纯滞后时间 τ 是已知的,实际上 n 和 τ 未必能够事先知道,往往也需要根据试验数据加以确定。

模型阶次 n 的确定方法很多,最简单实用的方法是采用数据拟合度检验法,或称损失函数检验法。它是通过比较不同阶次的模型输出与实际过程的输出拟合程度来决定模型的阶次。其具体做法是:先依次设定模型的阶次 $n = 1, 2, 3, \cdots$,并在不同阶次下计算相应的参数估计值 $\hat{\boldsymbol{\theta}}_n$,再用误差二次方和函数 J_n 和 J_{n+1} 评定相邻阶次的模型与观测数据之间的拟合程度的优劣。定义误差二次方和函数为

$$J_n = (\boldsymbol{Y} - \boldsymbol{H}\hat{\boldsymbol{\theta}}_n)^{\mathrm{T}}(\boldsymbol{Y} - \boldsymbol{H}\hat{\boldsymbol{\theta}}_n) \tag{4-112}$$

$$J_{n+1} = (\boldsymbol{Y} - \boldsymbol{H}\hat{\boldsymbol{\theta}}_{n+1})^{\mathrm{T}}(\boldsymbol{Y} - \boldsymbol{H}\hat{\boldsymbol{\theta}}_{n+1})$$

若 J_{n+1} 较 J_n 有明显减小,则阶次由 $n+1$ 增加到 $n+2$,直至阶次增加到 J 无明显变化,即当 $J_{n+1} - J_n \leqslant \varepsilon$ 时,模型的阶次即可确定为 n。

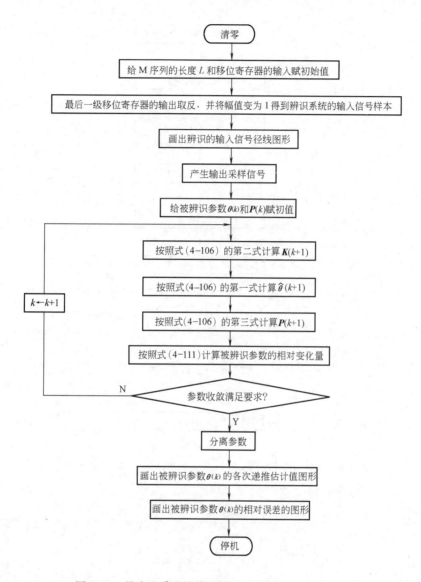

图 4-28　最小二乘递推辨识算法的计算机程序流程图

在一般情况下，当模型阶次 n 较小时，J 值有明显减小；当设定的阶次接近实际的阶次或比实际的阶次大时，J 值就无明显的下降，此时的 n 即为模型的阶次。这种确定阶次 n 的方法可能比较粗糙，有时不同 n 值的 J_n 是否有明显差别往往还不能进行直观判断，在这种情况下需要用到其他方法，如 F 检验法等。有兴趣的读者请参阅有关书籍，这里不再一一讨论。

纯滞后时间 τ 可以采用阶跃响应曲线法获得，也可以比较不同 τ 值的损失函数来求取。具体做法与阶次 n 的确定相同，即设定 $\tau = i\tau_0$，τ_0 为已给正常数，$i = 1，2，3，\cdots$。给定不同的 n 和 i，反复进行最小二乘估计，使损失函数 J 最小的 n 和 i，即为最佳的 n 和 i。这样，即可将 n 和 τ 结合在一起同时加以确定。确定 n 和 τ 的最小二乘法计算机程序流程图如图 4-29 所示。

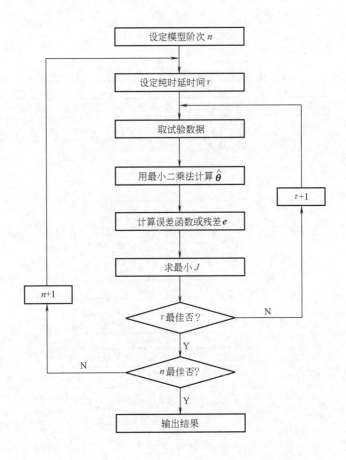

图 4-29　确定 n 和 τ 的最小二乘法计算机程序流程图

思考题与习题

1. 基本练习题

（1）什么是被控过程的特性？什么是被控过程的数学模型？为什么要研究过程的数学模型？目前研究过程数学模型的主要方法有哪几种？

（2）响应曲线法辨识过程数学模型时，一般应注意哪些问题？

（3）怎样用最小二乘法估计模型参数，最小二乘法的一次完成算法与递推算法有何区别？

（4）图 4-30 所示液位过程的输入量为 q_1，流出量为 q_2、q_3，液位 h 为被控参数，C 为容量系数，并设 R_1、R_2、R_3 均为线性液阻。要求：

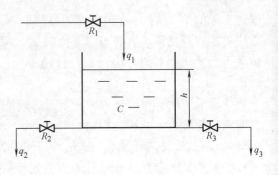

图 4-30　基本练习题（4）液位过程

1）列写该过程的微分方程组。

2）画出该过程框图。

3）求该过程的传递函数 $G_0(s) = H(s)/Q_1(s)$。

（5）某水槽水位阶跃响应的试验记录如下表：

t/s	0	10	20	40	60	80	100	150	200	300	…	∞
h/mm	0	9.5	18	33	45	55	63	78	86	95	…	98

其中阶跃扰动量 $\Delta\mu$ 为稳态值的 10%。

1）画出水位的阶跃响应标幺值曲线。

2）若该水位对象用一阶惯性环节近似，试确定其增益 K 和时间常数 T。

（6）有一流量对象，当调节阀气压改变 0.01MPa 时，流量的变化如下表：

t/s	0	1	2	4	6	8	10	…	∞
$\Delta q/(m^3/h)$	0	40	62	100	124	140	152	…	180

若该对象用一阶惯性环节近似，试确定其传递函数。

（7）某温度对象矩形脉冲响应试验数据如下表：

t/min	1	3	4	5	8	10	15	16.5	20	25	30	40	50	60	70	80
$T/℃$	0.46	1.7	3.7	9.0	19.0	26.4	36	37.5	33.5	27.2	21	10.4	5.1	2.8	1.1	0.5

矩形脉冲幅值为 2（无量纲），脉冲宽度 Δt 为 10min。

1）试将该矩形脉冲响应曲线转换为阶跃响应曲线。

2）用二阶惯性环节写出该温度对象传递函数。

（8）已知某换热器的被控变量为出口温度 T，控制变量是蒸汽流量 q。当蒸汽流量作阶跃变化时，其出口温度的响应曲线如图 4-31 所示。试用计算法求其数学模型。

2. 综合练习题

（1）如图 4-32 所示，q_1 为过程的流入量，q_2 为流出量，h 为液位高度，C 为容量系数。若以 q_1 为过程的输入量，h 为输出量（被控量），设 R_1、R_2 为线性液阻，求过程的传递函数 $G_0(s) = H(s)/Q_1(s)$。

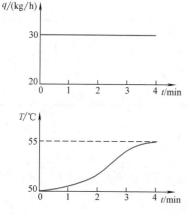

图 4-31　换热器出口温度的阶跃响应曲线

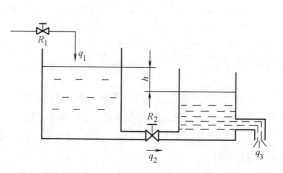

图 4-32　综合练习题（1）液位过程

（2）已知两个水箱串联工作（如图 4-33 所示），其输入量为 q_1，流出量为 q_2、q_3，h_1、h_2 分别为两个水箱的水位，h_2 为被控参数，C_1、C_2 为其容量系数，假设 R_1、R_2、R_{12}、R_3 为线性液阻。要求：

1）列写该液位过程的微分方程组。

2）画出该过程的框图。

3）求该液位过程的传递函数 $G_0(s) = H_2(s)/Q_1(s)$。

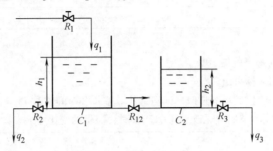

图 4-33 综合练习题（2）液位过程

（3）有一复杂液位对象，其液位阶跃响应的试验数据如下表：

t/s	0	10	20	40	60	80	100	140	180	250	300	400	500	600	…	∞
h/mm	0	0	0.2	0.8	2.0	3.6	5.4	8.8	11.8	14.4	16.6	18.4	19.2	19.6	…	20

1）画出该液位的阶跃响应标幺值曲线。

2）若该对象用带纯时延的一阶惯性环节近似，试用作图法确定纯时延时间 τ 和时间常数 T。

3）定出该对象增益 K 和响应速度 ε（ε 为时间常数的倒数）。设阶跃扰动量 $\Delta\mu$ 为稳态值的 15%。

（4）已知温度对象的输出阶跃响应试验数据如下表：

t/s	0	10	20	30	40	50	60	70	80	90	…	∞
$T/℃$	0	0.16	0.65	11.5	1.52	1.75	1.88	1.94	1.97	1.99	…	2.00

阶跃扰动量 $\Delta q = 1 kg/h$，试用二阶或更高阶惯性环节求出它的传递函数。

（5）有一液位对象，其矩形脉冲响应试验数据如下表：

t/s	0	10	20	40	60	80	100	120	140	160
h/cm	0	0	0.2	0.6	1.2	1.6	1.8	2.0	1.9	1.7

t/s	220	240	260	280	300	320	340	360	380	…	∝
h/cm	0.8	0.7	0.7	0.6	0.6	0.4	0.2	0.2	0.15	…	0.15

已知矩形脉冲幅值 $\Delta\mu$ 为阶跃响应稳态值的 10%，脉冲宽度 $\Delta t = 20s$。

1）试将该矩形脉冲响应曲线转换为阶跃响应曲线。

2）若将它近似为带纯滞后的一阶惯性对象，试分别用作图法和计算法确定其参数 K、T 和 τ 的数值，并比较其结果。

（6）热电偶的输出电动势 E 可用下列模型描述：

$$E = \alpha t + \frac{1}{2}\beta t^2$$

式中，t 为热电偶冷、热端之间的温差；α 和 β 是模型参数。试将热电偶输出电动势模型化成最小二乘格式。

3. 设计题

（1）M 序列应如何产生？试用 MATLAB 语言编写 5 位移位寄存器产生 M 序列的程序，并调试其结果。

（2）根据热力学原理，对给定质量的气体，体积 V 与压力 p 之间的关系为 $PV^{\alpha}=\beta$，其中 α 和 β 为待定参数。由试验获得一批数据如下表：

V/cm^3	54.3	61.8	72.4	88.7	118.6	194.0
$p/(\mathrm{Pa/cm}^2)$	61.2	49.5	37.6	28.4	19.2	10.1

试用最小二乘一次完成算法确定参数 α 和 β。要求：

1）写出系统的最小二乘格式。

2）编写一次完成算法的 MATLAB 程序并仿真。

（3）依据图 4-28 所示的最小二乘递推算法计算机程序流程图，试用 MATLAB 语言编写程序。

第 5 章　简单控制系统的设计

┌─ 教学内容与学习要求 ─────────────────────────────
│　　本章主要介绍简单控制系统的设计与调节器参数的整定方法。学完本章后应能达到如
│　下要求：
│　　　1）了解简单控制系统的设计任务及开发步骤。
│　　　2）熟悉被控过程特性对控制质量的影响，掌握被控参数、控制参数的设计原则。
│　　　3）了解调节规律对控制质量的影响，熟悉调节规律的选择方法。
│　　　4）掌握调节器作用方式的选择。
│　　　5）熟悉执行器的选择方法及注意的问题。
│　　　6）掌握调节器参数的整定方法与实验技能，重点掌握调节器参数的整定方法。
└──

5.1　简单控制系统设计概述

　　简单控制系统是只对一个被控参数进行控制的单回路闭环控制系统。图 5-1 所示为简单
控制系统的典型结构框图。

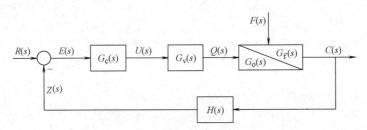

图 5-1　简单控制系统的典型结构框图

　　这类系统虽然结构简单，但却是最基本的过程控制系统。即使在复杂、高水平的过程控
制系统中，这类系统仍占大多数（约占工业控制系统的 70% 以上）。况且，复杂过程控制系
统也是在简单控制系统的基础上构成的，既便是一些高级过程控制系统，也往往是将这类系
统作为最低层的控制系统。因此，学习和掌握简单控制系统的分析与设计方法既具有广泛的
实用价值，又是学习和掌握其他各类复杂控制系统的基础。

　　由于实际的生产过程是多种多样的（如电力、机械、石油、化工、轻工、冶金、水利
等），不同的生产过程又具有不同的工艺参数（如液位、温度、压力、流量、湿度、成分
等），这就导致过程控制系统的设计方案也会多种多样。本章先讨论过程控制系统设计中存
在的共性问题，如系统设计的任务、内容、设计步骤以及需要注意的问题等，然后再讨论控
制方案的设计和调节器参数的整定。

5.1.1　控制系统设计任务及开发步骤

如图 5-1 所示，简单过程控制系统主要由被控过程、过程检测和控制仪表组成。被控过程是由生产工艺的要求所决定的，一经确定就不能随意改变。因此，过程控制系统设计的主要任务就在于如何确定合理的控制方案、选择正确的参数检测方法与检测仪表以及过程控制仪表的选型和调节器的参数整定等。其中，控制方案的确定、仪表的选型和调节器的参数整定是过程控制系统设计的重要内容。

过程控制系统的设计在第 1 章中已结合实例进行了简单分析，这里就其开发的主要步骤叙述如下：

1. 熟悉控制系统的技术要求或性能指标

控制系统的技术要求或性能指标通常是由用户或被控过程的设计制造单位提出的。控制系统设计者对此必须全面了解和掌握，这是控制方案设计的主要依据之一。技术要求或性能指标必须切合实际，否则就很难制定出切实可行的控制方案。

2. 建立控制系统的数学模型

控制系统的数学模型是控制系统理论分析和设计的基础。只有用符合实际的数学模型来描述系统（尤其是被控过程），系统的理论分析和设计才能深入进行。因此，建立数学模型的工作就显得十分重要，必须给予足够的重视。从某种意义上讲，系统控制方案确定的合理与否在很大程度上取决于系统数学模型的精度。模型的精度越高、越符合被控过程的实际，方案设计就越合理；反之亦然。

3. 确定控制方案

系统的控制方案包括系统的构成、控制方式和控制规律的确定，这是控制系统设计的关键。控制方案的确定不仅要依据被控过程的特性、技术指标和控制任务的要求，还要考虑方案的简单性、经济性及技术实施的可行性等，并进行反复研究与比较，才能制定出比较合理的控制方案。

4. 根据系统的动态和静态特性进行分析与综合

在确定了系统控制方案的基础上，根据要求的技术指标和系统的动、静态特性进行分析与综合，以确定各组成环节的有关参数。系统理论分析与综合的方法很多，如经典控制理论中的频率特性法和根轨迹法，现代控制理论中的优化设计法等，而计算机仿真或实验研究则为系统的理论分析与综合提供了更加方便快捷的手段，应尽可能采用。

5. 系统仿真与实验研究

系统仿真与实验研究是检验系统理论分析与综合正确与否的重要步骤。许多在理论设计中难以考虑或考虑不周的问题，可以通过仿真与实验研究加以解决，以便最终确定系统的控制方案和各环节的有关参数。MATLAB 语言是进行系统仿真的有效工具之一，应尽可能地加以熟练应用。

6. 工程设计

工程设计是在合理设计控制方案、各环节的有关参数已经确定的基础上进行的。它涉及的主要内容包括测量方式与测量点的确定、仪器仪表的选型与定购、控制室及仪表盘的设计、仪表供电与供气系统的设计、信号连锁与安全保护系统的设计、电缆的敷设以及保证系统正常运行的有关软件的设计等。在此基础上，绘制出具体的施工图。

7. 工程安装

工程安装是依据施工图对控制系统的具体实施。系统安装前后，均要对每个检测和控制仪表进行调校和对整个控制回路进行联调，以确保系统能够正常运行。

8. 控制器的参数整定

控制器的参数整定是在控制方案设计合理、仪器仪表工作正常、系统安装正确无误的前提下，使系统运行在最佳状态的重要步骤，也是系统设计的重要内容之一。一个简单控制系统开发设计的全过程如图 5-2 所示。

5.1.2 设计中需要注意的有关问题

1. 认真熟悉过程特性

对于控制系统的设计者而言，深入了解被控过程的工艺特点及其要求非常重要，因为这是控制方案确定的基本依据之一。不同的被控过程在控制方式和控制品质方面存在差异，即使是同一类型的被控过程，由于其规模、容量、干扰来源及性质等不同，控制要求也会存在差异。系统设计者要根据这些差异，确定不同的控制方案。因此，不熟悉被控过程特点的系统设计者很难设计出一个合理的控制方案。

2. 明确各生产环节之间的约束关系

生产过程是由各个生产环节和工艺设备构成的，各个生产环节和工艺设备之间通常都存在相互制约、相互影响的关系。在进行系统设计和布局时应全面考虑这些约束关系，弄清局部自动化在全局自动化中的作用和地位，以便从生产过程的全局出发考虑局部系统的控制方案和布局，合理设计每一个控制系统。

3. 重视对测量信号的预处理

在控制系统设计中，测量信号的正确

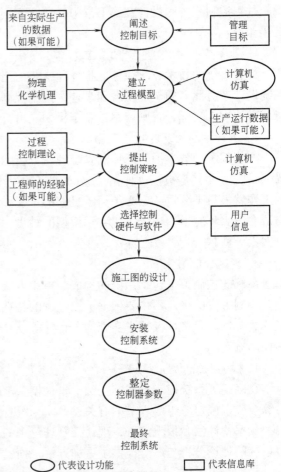

图 5-2 简单控制系统开发设计的全过程

获取和预处理也是十分重要的，尤其是当测量信号用作反馈量时，测量信号的正确与否直接影响系统的控制质量。这是因为在对过程参数的测量中，不可避免地会引入一些随机干扰，这些干扰可能是由于测量元件的结构或参数的随机变化而引起的，也可能是由于测量环境中的电磁干扰所致。但不管原因如何，所有这些干扰都会使测量结果偏离真实值。如果将偏离真实值而又未经处理的测量信号直接反馈并参与控制，可能会使控制器产生错误的控制动作。正因为如此，对测量信号一般都需要进行"滤波"，即滤除其中的干扰。与此同时，某些测量信号还可能受到其他信号的影响，如气体流量信号会同时受到压力和温度变化的影响，因此必须对其进行压力和温度的校正或补偿。还有，当某些测量信号与被测参数之间呈现非线性特性时，还要进行线性化处理等，所有这些预处理工作，系统设计者均不能有丝毫的疏忽和大意，必须认真对待。不过需要说明的是，当有些标准化测量仪表或仪器已经具备了信号补偿和线性化处理的功能时，它们的输出信号可以直接使用，而无需再做上述处理，但必须搞清楚它们的使用范围和使用条件。

4. 注意系统的安全保护

一个好的过程控制系统首先必须保证安全可靠地运行，尤其是某些过程控制系统的运行环境比较恶劣（如石油化工生产过程中存在的高温、高压、易燃、易爆、强腐蚀等），稍不注意就可能发生重大的生产事故。对于这种情况，系统的安全就显得更加重要。为了保证系统安全可靠地运行，除了要加强日常防范外，在系统设计时要认真设计安全保护措施，如选用具有防腐、防爆、耐高温、耐高压的仪器、仪表装置以及采用合理的布线与接地方式等，必要时还要设计多层次、多级别的安全保护系统。

综上所述，控制系统的设计是一件细致而又复杂的工作，尤其是从工程角度考虑，需要注意的问题更是多方面的。对具体的过程控制系统设计者而言，只有通过认真调查研究，熟悉各个生产工艺过程，具体问题具体分析，才能获得预期的效果。

5.2　控制方案的确定

对于简单控制系统，控制方案的确定主要包括系统被控参数的选择、测量信息的获取及变送、控制参数的选择、调节规律的选取、调节阀（执行器）的选择和调节器正、反作用的确定等内容。

在工程实际中，控制方案的确定是一件涉及多方面因素的复杂工作。它既要考虑到生产工艺过程控制的实际需要，又要满足技术指标的要求，同时还要顾及客观环境以及经济条件的约束。一个好的控制方案的确定，一方面要依赖于有关理论分析和计算，另一方面还要借鉴许多实际工程经验。因此，这里只能给出控制方案确定的一般性原则。

5.2.1　被控参数的选取

被控参数的选取对于提高产品质量、安全生产以及生产过程的经济运行等都具有决定性的意义。如果被控参数选取不当，无论是采用何种控制方法，还是采用何种先进的检测仪表，都难以达到预期的控制效果。但是，影响一个正常生产过程的因素又很多，不同的生产过程其影响因素也千差万别，很难为每一种生产过程定出具体的规定，这里只能给出被控参数选取的一般性原则，以供设计者参考。

1）对于具体的生产过程，应尽可能选取对产品质量和产量、安全生产、经济运行以及环境保护等具有决定性作用的、可直接进行测量的工艺参数（通常称为直接参数，下同）作为被控参数，这就需要设计者根据生产工艺要求，深入分析具体工艺过程才能确定。

2）当难以用直接参数作为被控参数时，应选取与直接参数有单值函数关系的所谓间接参数作为被控参数。如精馏塔的精馏过程要求产品达到规定的浓度，因而精馏产品的浓度就是直接反映产品质量的直接参数。但是，由于对产品浓度的测量，无论是在实时性还是在精确性方面都存在一定的困难，因而通常采用塔顶馏出物（或塔底残液）的温度这一间接参数代替浓度作为被控参数。

3）当采用间接参数时，该参数对产品质量应具有足够高的控制灵敏度，否则难以保证对产品质量的控制效果。

4）被控参数的选取还应考虑工艺上的合理性（如能否方便地进行测量等）和所用测量仪表的性能、价格、售后服务等因素。

需要特别说明的是，对于一个已经运行的生产过程，被控参数往往是由工艺要求事先确定的，控制系统的设计者并不能随意改变。如确实需要改变，应和工艺工程师共同协商后确定。

5.2.2 控制参数的选择

熟悉过程特性对系统控制质量的影响是合理选择控制参数的前提和依据，而过程特性又分为干扰通道特性和控制通道特性，下面先分析它们对系统控制质量的影响，然后再讨论控制参数的确定。

5.2.2.1 过程特性对控制质量的影响

1. 干扰通道特性对控制质量的影响

对于图 5-1 所示简单过程控制系统，可求得系统输出与干扰之间的传递函数（也称干扰通道特性）为

$$\frac{C(s)}{F(s)} = \frac{G_f(s)}{1 + G_c(s) G_v(s) G_o(s) H(s)} \tag{5-1}$$

假设 $G_f(s)$ 为一单容过程，其传递函数为

$$G_f(s) = \frac{K_f}{T_f s + 1}$$

由式（5-1）可得

$$\frac{C(s)}{F(s)} = \frac{1}{1 + G_c(s) G_v(s) G_o(s) H(s)} \frac{K_f}{T_f s + 1} \tag{5-2}$$

若考虑 $G_f(s)$ 具有纯时延时间 τ_f，则

$$\frac{C(s)}{F(s)} = \frac{G_f(s)}{1 + G_c(s) G_v(s) G_o(s) H(s)} e^{-\tau_f s} \tag{5-3}$$

根据式（5-3），干扰通道特性对控制质量的影响分析如下：

（1）干扰通道 K_f 的影响　由式（5-2）可知，当 K_f 越大，由干扰引起的输出也越大，被控参数偏离给定值就越多。从控制角度看，这是我们所不希望的。因而在系统设计时，应尽可能选择静态增益 K_f 小的干扰通道，以减小干扰对被控参数的影响。当 K_f 无法改变时，减小干扰引起偏差的办法之一则是增强控制作用，以抵消干扰的影响；或者采用干扰补偿，将干扰引起的被控参数的变化及时消除。

（2）干扰通道 T_f 的影响　由式（5-2）可以看出，$G_f(s)$ 为惯性环节，对干扰 $F(s)$ 具有"滤波"作用，T_f 越大，"滤波"效果越明显。由此可知，干扰通道的时间常数越大，干扰对被控参数的动态影响就越小，因而越有利于系统控制质量的提高。

（3）干扰通道 τ_f 的影响　由式（5-3）可以看出，与式（5-1）或式（5-2）相比，τ_f 的存在，仅仅使干扰引起的输出推迟了一段时间 τ_f，这相当于干扰隔了 τ_f 一段时间后才进

入系统，而干扰在什么时候进入系统本来就是随机的，因此，τ_f 的存在并不影响系统的控制质量。

（4）干扰进入系统位置的影响　如图 5-1 所示，假定 $F(s)$ 不是在 $G_o(s)$ 之后，而是在 $G_o(s)$ 之前进入系统，则干扰通道的特性变为

$$\frac{C(s)}{F(s)} = \frac{G_f(s)G_o(s)}{1 + G_c(s)G_v(s)G_o(s)H(s)} \tag{5-4}$$

依然假设 $G_f(s) = \dfrac{K_f}{T_f s + 1}$，并设 $G_o(s) = \dfrac{K_o}{T_o s + 1}$，则有

$$\frac{C(s)}{F(s)} = \frac{1}{1 + G_c(s)G_v(s)G_o(s)H(s)} \cdot \frac{K_f}{T_f s + 1} \cdot \frac{K_o}{T_o s + 1} \tag{5-5}$$

将式（5-5）与式（5-2）比较，又多了一个滤波项，这表明干扰多经过一次滤波才对被控参数产生动态影响。从动态看，这对提高系统的抗干扰性能是有利的。因此，干扰进入系统的位置越远离被控参数，对系统的动态控制质量越有利。但从静态看，式（5-5）与式（5-2）相比，多乘了一个 K_o，而当 $K_o > 1$ 时，则会使干扰引起被控参数偏离给定值的偏差相对增大，这对系统的控制品质又是不利的，因此需要权衡它们的利弊。

2. 控制通道特性对控制质量的影响

控制通道特性对控制质量的影响与干扰通道有着本质的不同。由控制理论可知，控制作用总是力图使被控参数与给定值相一致，而干扰作用则使被控参数与给定值相偏离。由于在控制理论课程中对控制通道作用的理论阐述已相当详尽，这里不再重复。下面仅针对控制通道特性对控制质量的影响着重从物理意义上进行定性的分析。

（1）控制通道 K_o 的影响　在调节器增益 K_c 一定的条件下，当控制通道静态增益 K_o 越大时，控制作用越强，克服干扰的能力也越强，系统的稳态误差就越小；与此同时，当 K_o 越大，被控参数对控制作用的反应就越灵敏，响应越迅速。但是，当调节器静态增益 K_c 一定、K_o 越大时，系统的开环增益也越大，这对系统的闭环稳定性是不利的。因此，在系统设计时，应综合考虑系统的稳定性、快速性和稳态误差三方面的要求，尽可能选择 K_o 比较大的控制通道，然后通过改变调节器［对应图 5-1 中 $G_c(s)$ 部分］的增益 K_c，使系统的开环增益 $K_o K_c$ 保持规定的数值。这样，当 K_o 越大时，K_c 取值就越小，对调节器的性能要求就越低。

（2）控制通道 T_0 的影响　由于调节器的调节作用是通过控制通道去影响被控参数的，如果控制通道的时间常数 T_0 太大，则调节器对被控参数变化的调节作用就不够及时，系统的过渡过程时间就会延长，最终导致控制质量下降；但当 T_0 太小，则调节过程又过于灵敏，容易引起振荡，同样难以保证控制质量。因此，在系统设计时，应使控制通道的时间常数 T_0 既不能太大也不能太小。当 T_0 过大而又无法减小时，可以考虑在控制通道中增加微分环节。

（3）控制通道 τ_0 的影响　控制通道纯滞后时间 τ_0 产生的原因，一是由信号传输滞后所致，如在气动单元组合控制仪表中，气压信号在管路中的传输事实上存在时间滞后；二是由信号的测量变送滞后所致，如对温度或成分进行测量时，由于分布参数或非线性等因素，导致测量信号的起始部分变化比较缓慢，可近似为纯滞后；三是执行器的动作滞后所致。但不管是何种原因引起的控制通道的纯滞后，它对系统控制质量的影响都是非常不利的。如果是

测量方面的滞后，会使控制器不能及时察觉被控参数的变化，导致调节不及时；如果是执行器的动作滞后，会使控制作用不能及时产生应有的效应。总之，控制通道的纯滞后，都会使系统的动态偏差增大，超调量增加，最终导致控制质量下降。从系统的频率特性分析可知，控制通道纯滞后的存在，会增加开环频率特性的相角滞后，导致系统的稳定性降低。因此，无论如何，均应设法减小控制通道的纯滞后，以利于提高系统的控制质量。

在过程控制中，通常用 τ_0/T_0 的大小作为反映过程控制难易程度的一种指标。一般认为，当 $\tau_0/T_0 \leqslant 0.3$ 时，系统比较容易控制；而当 $\tau_0/T_0 > 0.5$ 时，系统较难控制，需要采取特殊措施，如当 τ_0 难以减小时，可设法增加 T_0 以减小 τ_0/T_0 的比值，否则很难收到良好的控制效果。

（4）控制通道时间常数匹配的影响　在实际生产过程中，广义被控过程（即包括测量元件与变送器和执行器的被控过程）可近似看成由几个一阶惯性环节串联而成。现以三阶为例，则有

$$G_0(s) = \frac{K_0}{(T_{01}s + 1)(T_{02}s + 1)(T_{03}s + 1)} \tag{5-6}$$

根据控制理论可计算出相应的临界稳定增益 K_K 为

$$K_K = 2 + \frac{T_{01}}{T_{02}} + \frac{T_{02}}{T_{03}} + \frac{T_{03}}{T_{02}} + \frac{T_{02}}{T_{01}} + \frac{T_{03}}{T_{01}} + \frac{T_{01}}{T_{03}} \tag{5-7}$$

由式（5-7）可知，K_K 的大小完全取决于 T_{01}、T_{02} 和 T_{03} 三个时间常数的相对比值，如当 $T_{01} = aT_{02}$、$T_{02} = bT_{03}$，$a = b = 2$ 时，则 $K_K = 11.25$；当 $a = b = 5$ 时，则 $K_K = 37.44$；当 $a = b = 10$ 时，则 $K_K = 122.21\cdots\cdots$。由此可见，时间常数相差越大，临界稳定的增益 K_K 则越大，这对系统的稳定性是有利的。换句话说，在保持稳定性相同的情况下，时间常数错开得越多，系统开环增益就允许增大得越多，因而对系统的控制质量就越有利。

在实际生产过程中，当存在多个时间常数时，最大的时间常数往往对应生产过程的核心设备，未必能随意改变。但是，减小广义被控过程的其他时间常数却是可能的。例如，可以选用快速测量仪表以减小测量变送环节的时间常数，通过合理选择或采取一定措施以减小执行器的时间常数等。所以，将时间常数尽量错开也是选择广义被控过程控制参数的重要原则之一。

5.2.2.2　控制参数的确定

综上所述，可以将简单控制系统控制参数选择的一般性原则归纳如下：

1）选择结果应使控制通道的静态增益 K_0 尽可能大，时间常数 T_0 选择适当。具体数值则需根据具体的生产过程、系统的技术指标和调节器参数的整定范围，运用控制理论的知识进行具体分析计算后才能最终确定。

2）控制通道的纯滞后时间 τ_0 应尽可能小，τ_0 与 T_0 的比值一般应小于0.3。当比值大于0.3时，则需采取特殊措施，否则难以满足控制要求。

3）干扰通道的静态增益 K_f 应尽可能小；时间常数 T_f 应尽可能大，其个数尽可能多；扰动进入系统的位置应尽可能远离被控参数而靠近调节阀（执行器）。上述选择对抑制干扰对被控参数的影响均有利。

4）当广义被控过程（包括被控过程、调节阀和测量变送环节）由几个一阶惯性环节串

联而成时，应尽量设法使几个时间常数中的最大与最小的比值尽可能大，以便尽可能提高系统的可控性。

5）在确定控制参数时，还应考虑工艺操作的合理性、可行性与经济性等因素。

5.2.3　被控参数的测量与变送

在控制系统中，被控参数的测量及信号变送问题非常重要，尤其是当测量信号被用作反馈信号时，如果该信号不能准确而又及时地反映被控参数的变化，调节器就很难发挥其应有的调节作用，从而也就难以达到预期的控制效果。

如第 2 章所述，测量变送环节的作用是将被控参数转换为统一的标准信号反馈给调节器。该环节的特性可近似表示为

$$\frac{Y(s)}{X(s)} = \frac{K_m}{T_m s + 1} e^{-\tau_m s} \tag{5-8}$$

式中，$Y(s)$ 为测量及变送环节的输出；$X(s)$ 为其输入（代表被控参数信号）；K_m、T_m、τ_m 分别为测量及变送环节的静态增益、时间常数和纯时延时间。

由式（5-8）可知，测量及变送环节是一个带有纯滞后的惯性环节，因而当 τ_m、T_m 不为零时，它的输出不能及时地反映被测信号的变化，二者之间必然存在动态偏差。当 τ_m 和 T_m 越大，这种动态偏差就越大，因而对系统控制质量的影响就越不利。而且这种动态偏差并不会因为检测仪表精度等级的提高而减小或消除。只要 τ_m 和 T_m 存在，这种动态偏差将始终存在。

为了更清楚地说明这一点，图 5-3 示出了测量变送环节在阶跃信号作用和速度信号作用时的响应曲线。其中，图 5-3a 为阶跃信号作用时的响应曲线，图 5-3b 为速度信号作用时的响应曲线（$K_m = 1$）。

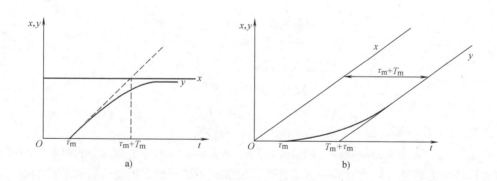

图 5-3　测量变送环节在阶跃信号和速度信号作用下的响应曲线

由图 5-3 可见，当被测信号 $x(t)$ 做阶跃变化时，测量变送信号 $y(t)$ 并不能及时反应这种变化，而是要经过很长时间之后才能逐渐跟上这种变化。在这段时间里，二者之间的动态差异是很显然的；当被测信号 $x(t)$ 做等速变化时，测量变送信号 $y(t)$ 即使经过很长时间仍然与被测信号之间存在很大偏差。因此，只要 τ_m 和 T_m 存在，动态偏差就必然会存在。

根据以上简单分析可知，为了减小测量信号与被控参数之间的动态偏差，应尽可能选择快速测量仪表，以减小测量变送环节的 τ_m 和 T_m。与此同时，还应注意解决以下几个问题：

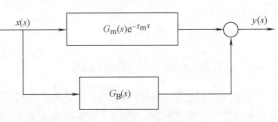

图 5-4　纯滞后的补偿措施

1）应尽可能做到对测量仪表的正确安装，这是因为安装不当会引起不必要的测量误差，降低仪表的测量精度。

2）对测量信号应进行滤波和线性化处理，这在设计概述中已叙及，此处不再重复。

3）对纯滞后要尽可能进行补偿，其补偿措施如图5-4所示。

图中，设 $G_m(s)$ 为无纯滞后的传递函数，采用补偿措施后，根据信号等效的原则，则有

$$X(s)G_m(s) = X(s)G_m(s)e^{-\tau_m s} + X(s)G_B(s)$$

由此可导出补偿环节的特性为

$$G_B(s) = G_m(s)(1 - e^{-\tau_m s}) \tag{5-9}$$

在 $G_m(s)$ 和 τ_m 已知的情况下，按式（5-9）构造补偿环节，理论上可以对纯滞后环节实现完全补偿。

4）对时间常数 T_m 的影响要尽可能消除。如前所述，测量变送环节时间常数 T_m 的存在，会使测量变送信号产生较大的动态偏差。为了克服其影响，在系统设计时，一方面应尽量选用快速测量仪表，使其时间常数 T_m 为控制通道最大时间常数的1/10以下；另一方面，则是在测量变送环节的输出端串联微分环节，如图5-5所示。

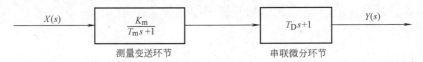

图 5-5　测量变送环节输出端串联微分环节

由图5-5可见，这时的输出与输入关系变为

$$\frac{Y(s)}{X(s)} = \frac{K_m(T_D s + 1)}{T_m s + 1} \tag{5-10}$$

如果选择 $T_m = T_D$，则在理论上可以完全消除 T_m 的影响。

在工程上，常将微分环节置于调节器之后。一方面，这对于克服 T_m 的影响，与串联在测量变送环节之后是等效的；另一方面，还可以加快系统对给定值变化时的动态响应。

需要说明的是，由于在纯滞后时间里参数的变化率为零，所以微分环节对纯滞后是无效的。

5.2.4　调节规律对控制质量的影响及其选择

在工程实际中，应用最为广泛的调节规律为比例、积分和微分调节规律，简称PID。即使是科学技术飞速发展、许多新的控制方法不断涌现的今天，PID仍作为最基本的控制方式显示出强大的生命力。

PID 之所以能作为一种基本控制方式获得广泛应用，是由于它具有原理简单、使用方便、鲁棒性强、适应性广等许多优点。因此在过程控制中，一提到调节规律，人们总是首先想到 PID。下面讨论 PID 调节规律对系统调节质量的影响及其选择。

5.2.4.1　调节规律对调节质量的影响

1. 比例调节规律的影响

在比例调节（简称 P 调节）中，调节器的输出信号 u 与输入偏差信号 e 成比例关系，即

$$u = K_c e \tag{5-11}$$

式中，u 为调节器的输出；e 为调节器的输入；K_c 为比例增益。

如第 3 章所述，在电动单元组合仪表中，习惯用比例增益的倒数表示调节器输入与输出之间的比例关系，即

$$u = \frac{1}{\delta} e \tag{5-12}$$

式中，δ 称为比例度，$\delta = \frac{1}{K_c} \times 100\%$。它的物理意义解释如下：

如果将调节器的输出 u 直接代表调节阀开度的变化量，将偏差 e 代表系统被调量的变化量（假设调节器的设定值不变），那么由式（5-12）可以看出，δ 表示调节阀开度改变 100%（即从全关到全开）时所需的系统被调量的允许变化范围（通常称比例度）。也就是说，只有当被调量处在这个范围之内时，调节阀的开度变化才与偏差 e 成比例；若超出这个范围，调节阀则处于全关或全开状态，调节器将失去其调节作用。实际上，调节器的比例度 δ 常常用它相对于被调量测量仪表量程的百分比表示。例如，假设温度测量仪表的量程为 100℃，$\delta = 50\%$ 就意味着当被调量改变 50℃ 时，就使调节阀由全关到全开（或由全开到全关）。

P 调节是一种最简单的调节方式。根据控制理论的有关知识可知，当被控对象为惯性特性时，单纯比例调节有如下结论：

1）比例调节是一种有差调节，即当调节器采用比例调节规律时，不可避免地会使系统存在稳态误差。之所以如此，是因为只有当偏差信号 e 不为零时，调节器才会有输出；如果 e 为零，调节器输出也为零，此时将失去调节作用。或者说，比例调节器是利用偏差实现控制的，它只能使系统输出近似跟踪给定值。

2）比例调节系统的稳态误差随比例度的增大而增大，若要减小误差，就需要减小比例度，亦即需要增大调节器的比例增益 K_c。这样做往往会使系统的稳定性下降，其控制效果如图 5-6 所示。

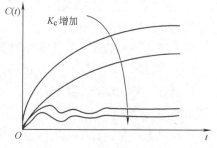

图 5-6　比例控制器 K_c 增加
时的控制效果

3）对于惯性过程，即无积分环节的过程，当给定值不变时，采用比例调节，只能使被控参数对给定值实现有差跟踪；当给定值随时间变化时，其跟踪误差将会随时间的增大而增大。因此，比例调节不适用于给定值随时间变化的系统。

4）增大比例调节的增益 K_c 不仅可以减小系统的稳态误差，而且还可以加快系统的响应速度。现以图 5-7 所示系统进行分析。

系统的广义过程为一阶惯性环节，则系统的闭环传递函数为

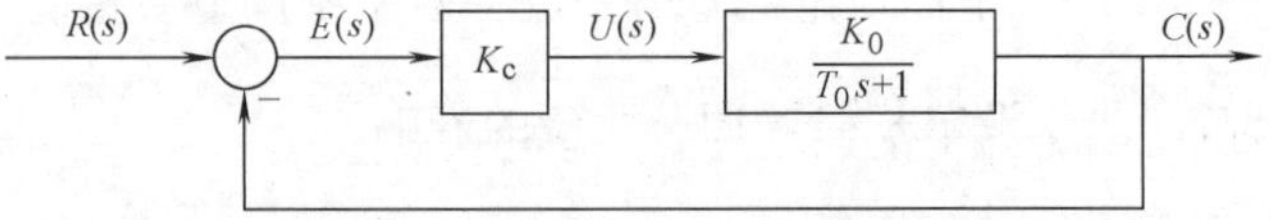

$$\frac{C(s)}{R(s)} = \frac{\dfrac{K_0 K_c}{1 + K_0 K_c}}{\dfrac{T_0}{1 + K_0 K_c}s + 1} = \frac{K}{Ts + 1}$$

图 5-7　比例调节作用于一阶惯性过程

式中，$K = \dfrac{K_0 K_c}{1 + K_0 K_c}$；$T = \dfrac{T_0}{1 + K_0 K_c}$。很显然，$T$ 与 T_0 相比，减小了 $1/(1 + K_0 K_c)$，K_c 越大，减小得越多，说明过程的惯性越小，因而响应速度加快。但 K_c 的增大会使系统的稳定性下降，这一点与前述相同。

2. 积分调节规律的影响

在积分调节（简称 I 调节）中，调节器的输出信号 u 与输入偏差信号 e 的积分成正比关系，即

$$u = S_I \int_0^t e \, dt \tag{5-13}$$

式中，S_I 称为积分速度。

由式（5-13）可见，只要偏差 e 存在，调节器的输出会不断地随时间的增大而增大，只有当 e 为零时，调节器才会停止积分，此时调节器的输出就会维持在一个数值上不变。这就说明，当被控系统在负载扰动下的调节过程结束后，系统的静差虽然已不存在，但调节阀却会停留在新的开度上不变，这与 P 调节时，当 e 为零时调节器输出为零是不同的。

当采用积分调节时，系统的开环增益与积分速度 S_I 成正比。增大积分速度会增强积分效果，使系统的动态开环增益增大，从而导致系统的稳定性降低。从过程控制的角度分析，增大 S_I，相当于增大了同一时刻的调节器输出控制增量，使调节阀的动作幅度增大，这势必会使系统振荡加剧。从控制理论的角度分析，当系统引入积分后，系统的相频特性滞后了 90°，因而使系统的动态品质变差。因此，无论从哪一个角度分析，积分调节都是牺牲了动态品质而使稳态性能得到改善的。

综上所述，积分调节可得如下结论：

1）采用积分调节可以提高系统的无差度，也即提高系统的稳态控制精度。

2）与比例调节相比，积分调节的过渡过程变化相对缓慢，系统的稳定性变差，这是积分调节的不足之处。

针对以上不足，在工程实际应用中，一般较少单独采用积分调节规律。通常将积分调节和比例调节二者结合起来，组成所谓的 PI 调节器，PI 调节器的输入/输出关系为

$$u = K_c e + \frac{K_c}{T_I}\int_0^t e \, dt = \frac{1}{\delta}\left(e + \frac{1}{T_I}\int_0^t e \, dt\right) \tag{5-14}$$

式中，$\delta = \dfrac{1}{K_c}$；T_I 为积分时间。PI 调节器的传递函数为

$$G_c(s) = \frac{U(s)}{E(s)} = \frac{1}{\delta}\left(1 + \frac{1}{T_I s}\right) \tag{5-15}$$

图 5-8 示出了 PI 调节器在阶跃输入下的输出响应曲线。

由图可见，输出响应由两部分组成。在起始阶段，比例作用迅速反应输入的变化；随后积分作用使输出逐渐增加，达到最终消除稳态误差的目的。因此，PI 调节是将比例调节的快速反应与积分调节的消除稳态误差功能相结合，从而能收到比较好的控制效果。但是，由于 PI 调节给系统增加了相位滞后，与单纯比例调节相比，PI 调节的稳定性相对变差。此外，积分调节还有另外一个缺点，即只要偏差不为零，调节器就会不停地积分使输出增加（或减小），从而导致调节器输出进入深度饱和，调节器失去调节作用。因此，采用积分规律的调节器一定要防止积分饱和。有关抗积分饱和调节器的内容，请参阅有关文献，这里不再叙述。

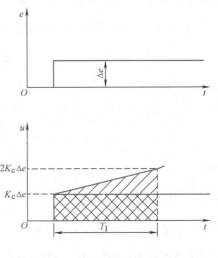

图 5-8　PI 调节器的阶跃响应

3. 微分调节规律的影响

比例和积分调节都是在系统被调量的偏差产生以后才进行调节的，它们均无预测偏差的变化趋势这一功能，而微分调节（简称 D 调节）恰好具有这一功能。微分调节器的输入/输出关系为

$$u = S_D \frac{de}{dt} \tag{5-16}$$

由式（5-16）可见，微分调节器的输出与系统被调量偏差的变化率成正比。由于变化率（包括大小和方向）能反映系统被调量的变化趋势，因此，微分调节不是等被调量出现偏差之后才动作，而是根据变化趋势提前动作。这对于防止系统被调量出现较大动态偏差是有利的。

但是，微分时间的选择，对系统质量的影响具有两面性。当微分时间较小时，增加微分时间可以减小偏差，缩短响应时间，减小振荡程度，从而能改善系统的质量；但当微分时间较大时，一方面有可能将测量噪声放大，另一方面也可能使系统响应产生振荡。因此，应该选择合适的微分时间。最后还要说明的是，单纯的微分调节器是不能工作的，这是因为任何实际的调节器都有一定的不灵敏区（或称死区）。在不灵敏区内，当系统的输出产生变化时，调节器并不动作，从而导致被调量的偏差有可能出现相当大的数值而得不到校正。因此，在实际使用中，往往将它与比例调节或比例积分调节结合成 PD 或 PID 调节规律。下面分别讨论它们对系统输出的影响。

4. PD 调节规律的影响

PD 调节器的调节规律为

$$u = K_c e + K_c T_D \frac{de}{dt} \tag{5-17}$$

或写成

$$u = \frac{1}{\delta}\left(e + T_D \frac{de}{dt}\right) \tag{5-18}$$

式中，$\delta = \frac{1}{K_c}$；T_D 为微分时间。

按照式（5-18），PD 调节器的传递函数为

$$G_c(s) = \frac{1}{\delta}(1 + T_D s) \tag{5-19}$$

考虑到微分容易引进高频噪声，所以需要加一些滤波环节，因此，工业上实际采用的 PD 调节器的传递函数为

$$G_c(s) = \frac{1}{\delta} \frac{T_D s + 1}{\frac{T_D}{K_D} s + 1} \tag{5-20}$$

式中，K_D 称为微分增益，一般在 $5 \sim 10$ 左右。由此可知，式（5-20）中分母项的时间常数是分子项时间常数的 $\frac{1}{5} \sim \frac{1}{10}$ 左右。因此，在理论分析 PD 调节器的性能时，为简单起见，通常忽略分母项时间常数的影响，仍按式（5-19）进行。

运用控制理论的知识分析 PD 调节规律，可以得出以下结论：

1）PD 调节也是有差调节。这是因为在稳态情况下，$\frac{de}{dt}$ 为零，微分部分不起作用，PD 调节变成了 P 调节。

2）PD 调节能提高系统的稳定性、抑制过渡过程的动态偏差（或超调）。这是因为微分作用总是力图阻止系统被调量的变化，而使过渡过程的变化速度趋于平缓。

3）PD 调节有利于减小系统静差（稳态误差）、提高系统的响应速度。这是因为微分作用的适度增强，引入了一定的超前相角，提高了系统的稳定裕度，若欲保持原过渡过程的衰减率不变，则可以适当减小比例度，即适当增加系统的开环增益，这不仅使系统的稳态误差减小，而且也可以使系统的频带变宽，从而提高系统的响应速度。

4）PD 调节也有一些不足之处。首先，PD 调节一般只适用于时间常数较大或多容过程，不适用于流量、压力等一些变化剧烈的过程；其次，当微分作用太强即 T_D 较大时，会导致系统中调节阀的频繁开启，容易造成系统振荡。因此，PD 调节通常以比例调节为主，微分调节为辅。此外需说明的是，微分调节对于纯滞后过程是无效的。

5. PID 调节规律的影响

PID 调节器的调节规律为

$$u = K_c e + S_I \int_0^t e \, dt + S_D \frac{de}{dt} \tag{5-21}$$

或写成

$$u = \frac{1}{\delta}\left(e + \frac{1}{T_I} \int_0^t e \, dt + T_D \frac{de}{dt}\right) \tag{5-22}$$

其相应的传递函数为

$$G_c(s) = \frac{1}{\delta}\left(1 + \frac{1}{T_I s} + T_D s\right) \tag{5-23}$$

式中，δ、T_{I}、T_{D} 的意义分别与 PI、PD 调节器相同。

由式（5-23）可知，PID 是比例、积分、微分调节规律的线性组合，它吸取了比例调节的快速反应功能、积分调节的消除误差功能以及微分调节的预测功能等优点，弥补了三者的不足，是一种比较理想的复合调节规律。从控制理论的观点分析可知，与 PD 相比，PID 提高了系统的无差度；与 PI 相比，PID 多了一个零点，为动态性能的改善提供了可能。因此，PID 兼顾了静态和动态两方面的控制要求，因而能取得较为满意的调节效果。

图 5-9 表示了被控过程在阶跃干扰输入下，系统采用不同调节作用时的典型响应。

图中，$y(t)$ 表示相对于初始稳态的偏离情况。如图所示，如果不加控制（即开环情况），过程将缓慢地到达一个新的稳态值；当采用比例控制后，加快了过程的响应，并减小了稳态误差；当加入积分控制作用后，消除了稳态误差，但却容易使过程产生振荡；在增加微分作用以后则可以减小振荡的程度和响应时间。但是，事物都是一分为二的，虽然 PID 调节器的调节效果比较理想，但并不意味着在任何情况下都可采用 PID 调节器。至少有一点可以说明，PID 调节器要整定三个参数 δ、T_{I} 和 T_{D}，在工程上很难将这三个参数都能整定得最佳。如果参数整定得不合理，也难以发挥各自的长处，弄得不好还会适得其反。

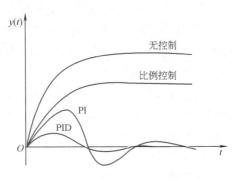

图 5-9　控制系统在不同调节作用下的典型响应

5.2.4.2　调节规律的选择

调节规律的选择不仅要根据对象特性、负荷变化、主要干扰以及控制要求等具体情况具体分析，同时还要考虑系统的经济性以及系统投入运行方便等因素，所以它是一件比较复杂的工作，需要综合多方面的因素才能得到比较好的解决办法，这里只能给出选择调节规律的一般性原则。

1）当广义过程控制通道时间常数较大或容量滞后较大时，应引入微分调节；当工艺容许有静差时，应选用 PD 调节；当工艺要求无静差时，应选用 PID 调节，如温度、成分、pH 值等控制过程属于此类范畴。

2）当广义过程控制通道时间常数较小、负荷变化不大且工艺要求允许有静差时，应选用 P 调节，如储罐压力、液位等过程。

3）当广义过程控制通道时间常数较小，负荷变化不大，但工艺要求无静差时，应选用 PI 调节，如管道压力和流量的控制过程等。

4）当广义过程控制通道时间常数很大且纯滞后也较大、负荷变化剧烈时，简单控制系统则难以满足工艺要求，应采用其他控制方案。

5）若将广义过程的传递函数表示为 $G_0(s) = \dfrac{K_0 e^{-\tau_0 s}}{T_0 s + 1}$ 时，则可根据 τ_0 / T_0 的比值来选择调节规律：①当 $\tau_0 / T_0 < 0.2$ 时，可选用 P 或 PI 调节规律；②当 $0.2 < \tau_0 / T_0 < 1.0$ 时，可选用 PID 调节规律；③当 $\tau_0 / T_0 > 1.0$ 时，简单控制系统一般难以满足要求，应采用其他控制方式，如串级控制、前馈-反馈复合控制等。

5.2.5 执行器的选择

执行器是过程控制系统的重要组成部分，其特性好坏直接影响系统的控制质量，其选择问题必须认真对待，不可忽视。

执行器的具体选用可参阅第3章的有关内容。这里仅就一些需要注意的问题再做一些补充说明。

1. 执行器的选型

在过程控制中，使用最多的是气动执行器，其次是电动执行器。究竟选用何种执行器，应根据生产过程的特点、对执行器推力的需求以及被控介质的具体情况（如高温、高压、易燃易爆、剧毒、易结晶、强腐蚀、高黏度等）和保证安全等因素加以确定。

2. 气动执行器气开、气关的选择

气动执行器分气开、气关两种形式，它的选择首先应根据调节器输出信号为零（或气源中断）时使生产处于安全状态的原则确定；其次，在保证安全的前提下，还应根据是否有利于节能，是否有利于开车、停车等进行选择。

3. 调节阀尺寸的选择

调节阀的尺寸主要指调节阀的开度和口径，它们的选择对系统的正常运行影响很大。若调节阀口径选择过小，当系统受到较大干扰时，调节阀即使运行在全开状态，也会使系统出现暂时失控现象；若口径选择过大，则在运行中阀门会经常处于小开度状态，容易造成流体对阀芯和阀座的频繁冲蚀，甚至使调节阀失灵。因此，调节阀的口径和开度选择应该给予充分重视。在正常工况下一般要求调节阀开度应处于15%~85%之间，具体应根据实际需要的流通能力的大小进行选择。

4. 调节阀流量特性的选择

调节阀流量特性的选择也很重要。从控制的角度分析，为保证系统在整个工作范围内都具有良好的品质，应使系统总的开环放大倍数在整个工作范围内都保持线性。一般说来，变送器、调节器以及执行机构的静特性可近似为线性的，而被控过程一般都具有非线性特性。为此，常常需要通过选择调节阀的非线性流量特性来补偿被控过程的非线性特性，以达到系统总的放大倍数近似线性的目的。正因为如此，具有对数流量特性的调节阀得到了广泛应用。当然，流量特性的选择还要根据具体过程做具体分析，不可生搬硬套。

5.2.6 调节器正/反作用方式的选择

由于过程控制系统中的执行器（调节阀）有气开与气关两种形式，为了与此相对应，通常把被控过程和调节器也分为正作用与反作用两种类型。当被控过程的输入量增加（或减小）时，过程的输出量（即被控参数）也随之增加（或减小），则称为正作用被控过程；反之则称为反作用被控过程。当反馈到调节器输入端的系统输出增加（或减小）时，调节器的输出也随之增加（或减小），则称为正作用调节器；反之，则称为反作用调节器。与此相适应，正作用被控过程的静态增益 K_o 规定为正值，反作用被控过程的 K_o 规定为负值；正作用调节器的静态增益 K_c 规定为负值，反作用调节器的 K_c 规定为正值。气开式调节阀的静态增益 K_v 规定为正，气关式则为负。测量变送环节的静态增益 K_m 规定为正值。

根据反馈控制的基本原理，对于图5-1所示过程控制系统，要使系统能够正常工作，构成系统开环传递函数静态增益的乘积必须为正。由此可得调节器正反作用类型的确定方法为：首先根据生产工艺要求及安全等原则确定调节阀的气开、气关形式，以确定 K_v 的正负；然后根据被控过程特性确定其属于正、反哪一种类型，以确定 K_o 的正负；最后根据系统开环传递函数中各环节静态增益的乘积必须为正这一原则确定调节器 K_c 的正负，进而确定调节器的正反作用类型。

在工程实际中，调节器正反作用的实现并不难。若是电动调节器，可以通过正、反作用选择开关来实现。若是气动调节器，调节换接板即可改变调节器的正反极性。

5.3　调节器的参数整定

调节器的参数整定也是过程控制系统设计的核心内容之一。它的任务是根据被控过程的特性，确定 PID 调节器的比例度 δ、积分时间 T_I 以及微分时间 T_D 的大小。

在简单过程控制系统中，调节器的参数整定通常以系统瞬态响应的衰减率 $\Psi = 0.75 \sim 0.9$（对应衰减比为 4:1 ~ 10:1）为主要指标，以保证系统具有一定的稳定裕量（对于大多数过程控制系统而言，当系统的瞬态响应曲线达到 $\Psi = 0.75 \sim 0.9$ 的衰减率时，接近最佳的过渡过程曲线）。此外，在满足 Ψ 主要指标的条件下，还应尽量满足系统的稳态误差（又称静差、余差）、最大动态偏差（或超调量）和过渡过程时间等其他指标。由于不同的工艺过程对系统控制品质的要求有不同的侧重点，因而也有用系统响应的平方误差积分（ISE）、绝对误差积分（IAE）、时间乘以绝对误差积分（ITAE）等分别取极小值作为指标来整定调节器参数的。

调节器参数整定的方法很多，概括起来可以分为三类，即理论计算整定法、工程整定法和自整定法。理论计算整定法主要是依据系统的数学模型，采用控制理论中的根轨迹法、频率特性法、对数频率特性法、扩充频率特性法等，经过理论计算确定调节器参数的数值。这些方法不仅计算繁琐，而且过分依赖数学模型，所得到的计算数据还要通过工程实践进行调整和修改。因此，理论计算整定法除了有理论指导意义外，工程实践中较少采用。工程整定法则主要依靠工程经验，直接在过程控制系统的实际运行中进行。工程整定方法简单、易于掌握。由于工程整定法是由人根据经验按照一定的计算规则整定的，因而要求操作人员具有丰富的经验并要占用相当长的时间，即使参数调整完毕，由于对象的非线性和系统工作点的变化或对象特性的变化也会使系统偏离最佳工作状态，因而需要多次反复进行。而自整定法则是对一个正在运行中的控制系统特别是设定值改变的控制系统，进行自动整定控制回路中的 PID 参数，因而得到越来越广泛的应用。

下面分别介绍调节器参数整定的理论基础、工程整定和自整定方法。

5.3.1　调节器参数整定的理论基础

1. 控制系统的稳定性与衰减指数

在图 5-1 所示的简单控制系统中，在干扰 $F(s)$ 作用下，闭环控制系统的传递函数为

$$\frac{G(s)}{F(s)} = \frac{G_f(s)}{1 + G_c(s)G_v(s)G_o(s)H(s)} = \frac{G_f(s)}{1 + G_k(s)} \tag{5-24}$$

式中，$G_k(s) = G_c(s)G_v(s)G_o(s)H(s)$ 为系统的开环传递函数。

闭环系统的特征方程为

$$1 + G_k(s) = 0 \tag{5-25}$$

其一般形式为

$$S^n + a_{n-1}s^{n-1} + \cdots + a_1 s + a_0 = 0 \tag{5-26}$$

式中，系数 a_i（$i = 0, 1, \cdots, n-1$）由广义对象的特性和调节器的整定参数所确定。当控制方案一旦确定，广义对象的特性也随之确定，此时，各系数 a_i 只随调节器的整定参数而变化，特征方程根的值也随调节器的整定参数而变化。因此，调节器参数整定的实质就是选择合适的调节器参数，使其闭环控制系统的特征方程的每一个根都能满足稳定性的要求。具体分析如下：

如果特征方程有一个实根，即 $s = -\alpha$，其通解 $Ae^{-\alpha t}$ 为非周期变化过程，当 $\alpha > 0$ 时，其幅值越来越小，最终趋于 0；当 $\alpha < 0$ 时，其幅值越来越大，系统不稳定。

如果特征方程有一对共轭复根，即 $s_{1,2} = -\alpha \pm j\omega$，则通解 $Ae^{-\alpha t}\cos(\omega t + \varphi)$ 为振荡过程，当 $\alpha < 0$ 时，呈发散振荡，系统不稳定；当 $\alpha = 0$ 时，呈等幅振荡，通常也认为是不稳定的。

对于稳定的振荡分量 $y(t) = Ae^{-\alpha t}\cos(\omega t + \varphi)$（$\alpha > 0$），假定在 $t = t_0$ 时到达第一个峰值 y_{1m}，那么经过一个振荡周期 T 后，即在 $t = t_0 + \dfrac{2\pi}{\omega}$ 时，又到达第二个峰值 y_{3m}，如图5-10所示。

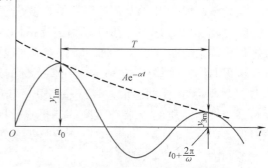

图5-10　稳定振荡分量的衰减过程

由衰减率的定义可知

$$\Psi = \frac{y_{1m} - y_{3m}}{y_{1m}} = \frac{Ae^{-\alpha t} - Ae^{-\alpha(t + 2\pi/\omega)}}{Ae^{-\alpha t}} = 1 - e^{-2\pi\frac{\alpha}{\omega}} = 1 - e^{-2\pi m} \tag{5-27}$$

式中，定义 m 为衰减指数，为 α 与 ω 之比。它与衰减率 Ψ 有一一对应关系，见表5-1。

表5-1　Ψ 与 m 的对应关系（$\Psi = 1 - e^{-2\pi m}$）

Ψ	0	0.150	0.300	0.450	0.600	0.750	0.900	0.950	…
m	0	0.026	0.057	0.095	0.145	0.221	0.366	0.478	…

由上述分析可知，所谓调节器的参数整定，就是通过选择调节器的参数比例度 δ、积分时间 T_I 以及微分时间 T_D 的大小，使特征方程所有实根与所有复根的实数部分均为负数，从而保证系统是稳定的；与此同时还要使衰减指数 m 在 0.221 ~ 0.366 之间，以满足衰减率在 0.75 ~ 0.9 的要求。

2. 控制系统的稳定裕量

实际生产过程要求控制系统不仅是稳定的，而且要求有一定的稳定裕量。稳定裕量可以用衰减率 Ψ 或衰减指数 m 的大小来表征。对于二阶系统，它们和阻尼系数 ζ 有一一对应的关系，即

$$\Psi = 1 - e^{-2\pi \frac{\zeta}{\sqrt{1-\zeta^2}}} \tag{5-28}$$

$$m = \frac{\alpha}{\omega} = \frac{\zeta}{\sqrt{1-\zeta^2}} \tag{5-29}$$

由上述关系可知，为了保证系统的过渡过程具有一定的稳定裕量，就要使闭环系统的特征根具有一定的衰减指数，这同样需要通过对调节器的参数整定来完成。

此外，调节器的参数整定还可以决定系统的快速性，这是因为一对共轭复根所代表的振荡分量的衰减速度取决于复根的实部（$-\alpha$），即 α 越大，$e^{-\alpha t}$ 衰减越快。所以当 α 相同时，其衰减速度也相同，即系统到达稳定状态所需的过渡时间也相同。可以证明，系统过渡过程时间 $t_s \approx 3/\alpha$。

最后还要指出的是，系统的最大动态偏差也与衰减指数 m 有关，因此对衰减率的要求不仅要考虑稳定裕量的要求，还应兼顾最大动态偏差的要求。

综上所述，无论是控制系统的稳定性、稳定裕量，还是控制系统的快速性、准确性均与系统的衰减率或衰减指数有关。所以，调节器参数整定的实质就是通过选择合适的调节器参数，以达到规定的衰减率或衰减指数，从而最终保证系统的控制质量。

还需指出的是，在进行调节器参数整定与实际操作时，往往是通过给控制系统加设定值干扰进行的。用加设定值干扰进行调节器参数整定的理论依据是，控制系统在不同的干扰作用下，其闭环系统的特征方程是相同的，即特征根是相同的。因此，用加设定值干扰进行参数整定所得到的控制质量与其他干扰作用下系统的控制质量基本是一致的，只是不同的干扰作用，所产生的闭环传递函数的分子存在差异，其结果会导致过渡过程的动态分量有所不同，即主要表现在最大动态偏差有所不同。因而在加设定值干扰整定好参数后，让系统投入运行，当发生其他干扰作用时，观察其动态过程是否满足控制质量要求，若不满足，还要有针对性地改变调节器的某些参数直至满足质量要求为止。

5.3.2　调节器参数的整定

调节器参数的整定方法除理论计算法外主要有工程整定法、最佳整定法和经验法三种。其中，工程整定法又有临界比例度法、衰减曲线法和反应曲线法。

1. 临界比例度法

临界比例度法（又称稳定边界法）是一种闭环整定方法。由于该方法直接在闭环系统中进行，不需要测试过程的动态特性，其方法简单、使用方便，因而获得了广泛应用。具体整定步骤如下：

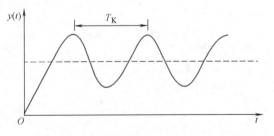

图 5-11　系统的临界振荡过程

1）先将调节器的积分时间 T_I 置于最大（$T_I = \infty$），微分时间 T_D 置零（$T_D = 0$），比例度 δ 置为较大的数值，使系统投入闭环运行。

2）等系统运行稳定后，对设定值施加一个阶跃变化，并减小 δ，直到系统出现如图 5-11 所示的等幅振荡为止。记录下此时的 δ_K（临界比例度）和等幅振荡周期 T_K。

3）根据所记录的 δ_K 和 T_K，按表 5-2 给出的经验公式计算出调节器的 δ、T_I 及 T_D 参数。

需要指出的是，采用这种方法整定调节器参数时会受到一定的限制，如有些过程控制系统，像锅炉给水系统和燃烧控制系统等，不允许反复进行振荡试验，就不能应用此法；再如某些时间常数较大的单容过程，当采用比例调节规律时根本不可能出现等幅振荡，此法也就不能应用。

表 5-2　临界比例度法的参数计算表

整定参数 调节规律	δ	T_I	T_D
P	$2\delta_K$		
PI	$2.2\delta_K$	$0.85T_K$	
PID	$1.7\delta_K$	$0.5T_K$	$0.13T_K$

此外，随着过程特性不同，按此法整定的调节器参数不一定都能获得满意的结果。实践表明，对于无自衡特性的过程，按此法整定的调节器参数在实际运行中往往会使系统响应的衰减率偏大（$\Psi > 0.75$），而对于有自衡特性的高阶等容过程，按此法确定的调节器参数在实际运行中又大多会使系统衰减率偏小（$\Psi < 0.75$）。因此，用此法整定的调节器参数还需要在实际中做一些在线调整。

2. 衰减曲线法

衰减曲线法与临界比例度法相类似，所不同的是无需出现等幅振荡过程，具体方法如下：

1）先置调节器积分时间 $T_I = \infty$，微分时间 $T_D = 0$，比例度 δ 置于较大数值，将系统投入运行。

2）等系统运行稳定后，对设定值做阶跃变化，然后观察系统的响应。若响应振荡衰减太快，则减小比例度；反之，则增大比例度。如此反复，直到出现如图 5-12a 所示的衰减比为 4:1 的振荡过程，或者如图 5-12b 所示的衰减比为 10:1 的振荡过程时，记录下此时的 δ 值（设为 δ_s）以及 T_s 值（如图 5-12a 所示），或者 T_p 值（如图 5-12b 所示）。图中，T_s 为衰减振荡周期，T_p 为输出响应的峰值时间。

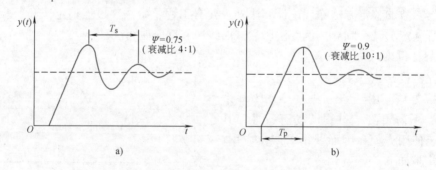

图 5-12　系统衰减振荡曲线

3）按表 5-3 中所给的经验公式计算 δ、T_I 及 T_D。

衰减曲线法对多数过程都适用。该方法的最大缺点是较难准确确定 4:1（或 10:1）的衰减程度，从而较难得到准确的 δ_s 值和 T_s（或 T_p）值。尤其对于一些干扰比较频繁、过程变化较快的控制系统，如管道、流量等控制系统不宜采用此法。

表 5-3　衰减曲线法参数计算公式表

衰减率 Ψ	调节规律	整定参数		
		δ	T_I	T_D
0.75	P	δ_s		
	PI	$1.2\delta_s$	$0.5T_s$	
	PID	$0.8\delta_s$	$0.3T_s$	$0.1T_s$
0.90	P	δ_s		
	PI	$1.2\delta_s$	$2T_p$	
	PID	$0.8\delta_s$	$1.2T_p$	$0.4T_p$

　　需要说明的是，临界比例度法与衰减曲线法虽然是工程整定方法，但它们都不是操作经验的简单总结，而是有理论依据的。表 5-2 和表 5-3 中的计算公式都是根据自动控制理论，按一定的衰减率对系统进行分析计算，再对大量的实践经验加以总结而成的。

　　3. 反应曲线法

　　反应曲线法（动态特性参数法）是一种开环整定方法，即利用系统广义过程的阶跃响应曲线对调节器参数进行整定。具体做法是：对图 5-13 所示系统，先使系统处于开环状态，再在调节阀 $G_v(s)$ 的输入端施加一个阶跃信号，记录下测量变送环节 $G_m(s)$ 的输出响应曲线 $y(t)$。

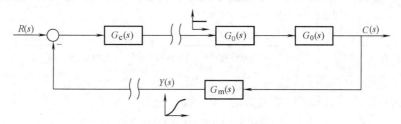

图 5-13　求广义过程阶跃响应曲线示意图

根据这个阶跃响应曲线将广义被控过程的传递函数近似表示为

1）对于无自衡能力的广义被控过程，传递函数可写为

$$G_0'(s) = \frac{\varepsilon}{s}e^{-\tau s} \tag{5-30}$$

2）对于有自衡能力的广义被控过程，传递函数可写为

$$G_0'(s) = \frac{K_0}{1+T_0 s}e^{-\tau s} = \frac{1/\rho}{1+T_0 s}e^{-\tau s} \tag{5-31}$$

假设是单位阶跃响应，式中各参数的意义如图 5-14 所示。

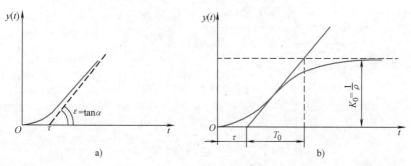

图 5-14　广义过程的单位阶跃响应曲线

a）无自衡能力过程　b）有自衡能力过程

　　根据阶跃响应曲线求得广义被控过程的传递函数后，即可分别按表 5-4、表 5-5 中的近似经验公式计算调节器的参数。其中表 5-4 对应无自衡过程，表 5-5 对应有自衡过程。

表 5-4　过程无自衡能力时的整定计算公式（$\Psi = 0.75$）

调节规律	$G_c(s)$	δ	T_I	T_D
P	$\dfrac{1}{\delta}$	$\varepsilon\tau$		
PI	$\dfrac{1+\dfrac{1}{T_I s}}{\delta}$	$1.1\varepsilon\tau$	3.3τ	
PID	$\dfrac{1+\dfrac{1}{T_I s}+T_D s}{\delta}$	$0.85\varepsilon\tau$	2τ	0.5τ

表 5-5　过程有自衡能力时的整定计算公式（$\Psi = 0.75$）

调节规律	$G_c(s)$	δ	T_I	T_D
P	$\dfrac{1}{\delta}$	$\dfrac{1}{\rho}\dfrac{\tau}{T_0}$		
PI	$\dfrac{1+\dfrac{1}{T_I s}}{\delta}$	$\dfrac{1.1}{\rho}\dfrac{\tau}{T_0}$	3.3τ	
PID	$\dfrac{1+\dfrac{1}{T_I s}+T_D s}{\delta}$	$\dfrac{0.85}{\rho}\dfrac{\tau}{T_0}$	2τ	0.5τ

　　在表 5-4 和表 5-5 中，没有给出 PD 调节器的整定参数。若需要，则可在 P 调节器参数整定的基础上确定 PD 调节器的整定参数，即先按照表 5-4、表 5-5 算出 P 调节器的 δ 值并设为 δ_p，再按以下两式计算 PD 调节器的 δ 值和 T_D 值，即

$$\delta = 0.8\delta_p, \quad T_D = (0.25 \sim 0.3)\tau \tag{5-32}$$

　　反应曲线法是由齐格勒（Ziegler）和尼科尔斯（Nichols）于 1942 年首先提出的，之后经过多次改进，总结出较优的整定公式。这些公式均是以衰减率 $\Psi = 0.75$ 为其性能指标，其中广为流行的是柯恩（Cheen）-库恩（Coon）整定公式，具体为

　　1）P 调节器

$$\frac{1}{\delta} = \frac{1}{K_0}\left[(\tau/T_0)^{-1} + 0.3333\right] \tag{5-33}$$

　　2）PI 调节器

$$\begin{cases} \dfrac{1}{\delta} = \dfrac{1}{K_0}\left[0.9(\tau/T_0)^{-1} + 0.082\right] \\[3mm] \dfrac{T_I}{T_0} = \dfrac{3.33(\tau/T_0) + 0.3(\tau/T_0)^2}{1 + 2.2(\tau + T_0)} \end{cases} \tag{5-34}$$

　　3）PID 调节器

$$\begin{cases} \dfrac{1}{\delta} = \dfrac{1}{K_0}\left[1.35(\tau/T_0)^{-1} + 0.27\right] \\[3mm] \dfrac{T_I}{T_0} = \dfrac{2.5(\tau/T_0) + 0.5(\tau/T_0)^2}{1 + 0.6(\tau/T_0)} \\[3mm] \dfrac{T_D}{T_0} = \dfrac{0.37(\tau/T_0)}{1 + 0.2(\tau/T_0)} \end{cases} \tag{5-35}$$

式中，τ、T_0 和 K_0 是式（5-31）广义被控过程传递函数的有关参数。

4. 三种工程整定方法的比较

上面介绍的三种工程整定方法都是通过试验获取某些特征参数，然后再按计算公式算出调节器的整定参数，这是三者的共同点。但是，这三种方法也有各自的特点。

1）反应曲线法是通过系统开环试验得到被控过程的典型特征参数之后，再对调节器参数进行整定的。因此，这种方法的适应性较广，并为调节器参数的最佳整定提供了可能；与其他两种方法相比，所受试验条件的限制也较少，通用性较强。

2）临界比例度法和衰减曲线法都是闭环试验整定方法，它们都是依赖系统在某种运行状况下的特征信息对调节器参数进行整定的，其优点是无需掌握被控过程的数学模型。但是，这两种方法也都有一定的缺点，如临界比例度法对生产工艺过程不能反复做振荡试验、对比例调节是本质稳定的被控系统并不适用；而衰减曲线法在做衰减比较大的试验时，观测数据很难准确确定，对于过程变化较快的系统也不宜采用。

3）从减少干扰对试验信息的影响考虑，衰减曲线法和临界比例度法都要优于反应曲线法。这是因为闭环试验对干扰有较好的抑制作用，而开环试验对外界干扰的抑制能力很差，因此，从这个意义上讲，衰减曲线法最好，临界比例度法次之，反应曲线法最差。

5. 最佳整定法

随着计算机仿真技术的发展，人们进一步发展了 $\Psi = 0.75$ 的最佳整定准则，即分别以 IAE、ISE 和 ITAE 为极小的最优化准则。对于式（5-31）所示的典型过程，通过计算机仿真，得到调节器参数最佳整定的计算公式分别为

$$\begin{cases} K_c = \dfrac{A}{K_0}\left(\dfrac{\tau}{T_0}\right)^B \\[2mm] T_I = \dfrac{T_0}{A}\left(\dfrac{T_0}{\tau}\right)^B \\[2mm] T_D = A T_0 \left(\dfrac{\tau}{T_0}\right)^B \end{cases} \tag{5-36}$$

式中，$K_c = 1/\delta$；A、B 的具体数值可由表 5-6 查得。

表 5-6　定值控制系统的最佳整定参数 A、B 的数值

判　据	调节规律	调节作用	A	B
IAE	P	P	0.902	−0.985
ISE	P	P	1.411	−0.917
ITAE	P	P	0.904	−1.084
IAE	PI	P	0.984	−0.986
		I	0.608	−0.707
ISE	PI	P	1.305	−0.959
		I	0.492	−0.739
ITAE	PI	P	0.859	−0.977
		I	0.674	−0.680
IAE	PID	P	1.435	−0.921
		I	0.878	−0.749
		D	0.482	1.137
ISE	PID	P	1.495	−0.945
		I	1.101	−0.771
		D	0.560	1.006

（续）

判 据	调节规律	调节作用	A	B
ITAE	PID	P	1.357	-0.947
		I	0.842	-0.738
		D	0.381	0.995

以上是对于定值过程控制系统而言。若是随动系统，对应 P、D 作用的计算公式和式（5-36）完全一样（仅仅是 A、B 数值不同），而 I 作用的计算公式则变为

$$T_I = \frac{T_0}{A + B\left(\dfrac{\tau}{T_0}\right)} \tag{5-37}$$

随动控制系统 A、B 的数值可由表 5-7 查得（表中标注 * 号是为了强调该整定参数的计算公式与表 5-6 中不同）。

表 5-7　随动控制系统的最佳整定参数 A、B 的数值

判 据	调 节 规 律	调 节 作 用	A	B
IAE	PI	P	0.758	-0.861
		I*	1.02	-0.323
ITAE	PI	P	0.586	-0.916
		I*	1.03	-0.165
IAE	PID	P	1.086	-0.869
		I*	0.740	-0.130
		D	0.348	0.914
ITAE	PID	P	0.965	-0.855
		I*	0.796	-0.147
		D	0.308	0.929

6. 经验法

需要指出的是，无论采用哪一种工程整定方法所得到的调节器参数，都需要在系统的实际运行中，针对实际的过渡过程曲线进行适当的调整与完善。其调整的经验准则是"看曲线，调参数"：

1）比例度 δ 越大，放大系数 K_c 越小，过渡过程越平缓，稳态误差越大；反之，过渡过程振荡越激烈，稳态误差越小；若 δ 过小，则可能导致发散振荡。

2）积分时间 T_I 越大，积分作用越弱，过渡过程越平缓，消除稳态误差越慢；反之，过渡过程振荡越激烈，消除稳态误差越快。

3）微分时间 T_D 越大，微分作用越强，过渡过程趋于稳定，最大偏差越小；但 T_D 过大，则会增加过渡过程的波动程度。

5.3.3　PID 调节器参数的自整定

PID 调节器参数的自整定方法有多种，本节仅介绍基于改进型临界比例度法的迭代自整定方法。

1. 改进型临界比例度法

前已叙及，在用临界比例度法整定调节器参数时，对于实际控制系统，要得到真正的等幅振荡并保持一段时间，对有些生产过程（如单容过程）是不可能实现的，对有些生产过程是不允许的。为解决这一问题，K. J. Aström 提出了改进型临界比例度法。改进型临界比

例度法又称继电器限幅整定法。该方法是用具有继电特性的非线性环节代替比例调节器，使闭环系统自动稳定在等幅振荡状态，其振荡幅度还可由继电特性的特征参数进行调节，以便减小对生产过程的影响，从而达到实用化要求。改进型临界比例度法的 PID 参数整定示意图如图 5-15 所示。

图中，$G_0(j\omega)$ 为广义被控对象，N 为具有继电特性的非线性环节。当系统处于整定状态时，开关 S 置于位置 2；S 置于位置 1 时为系统正常工作状态，进行 PID 控制。

如图 5-16 所示为改进型临界比例度法整定 PID 参数时的系统框图。

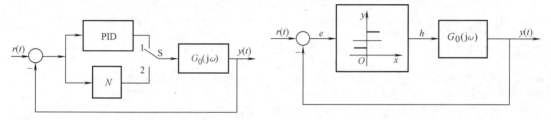

图 5-15 改进型参数整定示意图　　图 5-16 改进型临界比例度法整定
PID 参数时的系统框图

由图可知，当系统处于整定状态时，为一个典型的非线性系统。为了分析系统产生自激等幅振荡的原理，非线性环节 N 用描述函数表示，即

$$N = \frac{y_1}{x}e^{j\phi} \tag{5-38}$$

式中，y_1 为输出的一次谐波幅值；x 为输入正弦波的幅值；ϕ 为输出的一次谐波相位移。

N 的理想继电特性如图 5-17a 所示，其描述函数可由图 5-17b 求出。

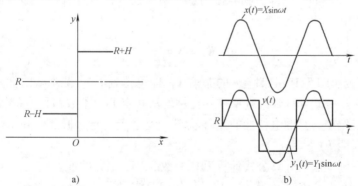

图 5-17 理想继电特性及其正弦输入响应曲线
a）理想继电特性　b）正弦输入响应曲线

将输出 $y(t)$ 展开为傅里叶三角级数，即

$$y(t) = A_0 + \sum_{n=1}^{\infty} A_n\cos(\omega t) + B_n\sin(\omega t) \tag{5-39}$$

式中

$$A_0 = 0$$

$$A_1 = \frac{1}{\pi}\int_0^{2\pi} y(t)\cos(\omega t)\,d(\omega t)$$

$$= \frac{1}{\pi}\int_0^{2\pi}(R + H)\mathrm{d}\sin(\omega t) + \frac{1}{\pi}\int_\pi^{2\pi}(R - H)\mathrm{d}\sin(\omega t) = 0 \tag{5-40}$$

$$B_1 = \frac{1}{\pi}\int_0^{2\pi}y(t)\sin(\omega t)\mathrm{d}(\omega t)$$

$$= \frac{1}{\pi}\int_0^\pi(R + H)(-1)\mathrm{d}\cos(\omega t) + \frac{1}{\pi}\int_\pi^{2\pi}(R - H)(-1)\mathrm{d}\cos(\omega t)$$

$$= \frac{2}{\pi}(R + H) - \frac{2}{\pi}(R - H) = \frac{4H}{\pi} \tag{5-41}$$

设 $y(t)$ 的一次谐波分量为

$$y_1(t) = \frac{4H}{\pi}\sin(\omega t)$$

其描述函数为

$$N = \frac{Y_1}{X}\angle 0° = \frac{4H}{\pi X} \tag{5-42}$$

可见，理想继电特性的描述函数是一个实数，且为 H/X 的函数。由控制理论可知，整定状态的闭环系统产生等幅振荡的条件为

$$1 + NG_0(\mathrm{j}\omega) = 0 \tag{5-43}$$

因而有

$$G_0(\mathrm{j}\omega) = -\frac{1}{N} = -\frac{\pi X}{4H} \tag{5-44}$$

由式（5-44）可知，当 X 从 $0\to\infty$ 时，$-1/N$ 是在幅频特性平面上沿负实轴的一条轨迹，$G_0(\mathrm{j}\omega)$ 和 $-1/N$ 的交点即为临界振荡点，闭环系统在该点有一个稳定的极限环，此时的临界放大系数为

$$K_\mathrm{K} = N = \frac{4H}{\pi X} \tag{5-45}$$

因此，只要测出图 5-16 中偏差 e 的振幅 X，即可得到 K_K，测取 e 的振荡周期即可得到临界振荡周期 T_K。由此可得到改进型临界比例度法整定 PID 参数的具体步骤为：

1）使系统工作在具有继电特性的闭环状态，使之产生自激振荡，并求出临界放大系数 K_K 和临界振荡周期 T_K。

2）按临界比例度法的计算公式计算 PID 参数 δ、T_I、T_D 的值。

3）将系统切换到 PID 工作状态，将求得的 PID 参数投入运行，并在运行中根据性能要求再对参数 δ、T_I、T_D 进行适当调整，直到满意为止。

2. 迭代自整定算法

在闭环控制系统中，假设调节器按改进型临界比例度法整定的初始参数使系统存在一对共轭复数主导极点，在干扰作用下，输出呈衰减振荡过程，如图 5-18 所示。

由图可得

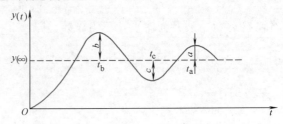

图 5-18　二阶系统衰减振荡过程

$$
\begin{cases}
\dfrac{a}{b} = \mathrm{e}^{-\frac{2\pi\zeta}{\sqrt{1-\zeta^2}}} = \mathrm{e}^{-2\pi m} \\[3mm]
m = \dfrac{\zeta}{\sqrt{1-\zeta^2}} = \dfrac{1}{2\pi}\ln\dfrac{b}{a}
\end{cases}
\tag{5-46}
$$

式中，m 为衰减指数，是表征过程衰减比的特征参数；ζ 为二阶系统的阻尼系数。下面给出以衰减指数 m 为自变量的 PID 参数迭代整定方法。

（1）放大系数 K_C 的迭代整定　设 K_K 为调节器的临界放大系数，K_C 为其他任意振荡过程的调节器的放大系数。在工程上，K_K/K_C 可以用 m 的幂级数近似，即

$$
K_K/K_C \approx \alpha_0 + \alpha_1 m + \alpha_2 m^2 + \cdots
\tag{5-47}
$$

式中，$\alpha_i\ (i=0,\ 1,\ 2,\ \cdots)$ 为待定常数。

为简单起见，只取前两项，即

$$
K_K/K_C \approx \alpha_0 + \alpha_1 m
\tag{5-48}
$$

当 $K_K = K_C$ 时，$\zeta = 0$，$m = 0$，$\alpha_0 = 1$。

如果要求过程的衰减比为 4∶1 时，则对应的衰减指数记为

$$
m_4 = \frac{1}{2\pi}\ln\frac{y_{1m}}{y_{3m}} = \frac{1}{2\pi}\ln 4 = 0.22
\tag{5-49}
$$

将式（5-49）代入式（5-48），可得比例调节器按 4∶1 衰减比的整定参数 K_C 为

$$
K_C = \frac{K_K}{1 + 0.22\alpha_1}
$$

对于 PI 调节器，因有

$$
K_C = 0.45 K_K
$$

$$
\frac{K_K}{K_C} = 1 + \alpha_1 m_4
$$

所以有

$$
\alpha_1 = \frac{K_K/K_C - 1}{m_4} = \frac{1/0.45 - 1}{0.22} = 5.5555
$$

进而有

$$
K_C = \frac{K_K}{1 + 5.5555 m_4}
\tag{5-50}
$$

设 K_C 的当前值为 $K_C(n)$，其衰减指数为 $m(n)$，优化值为 $K_C(n+1)$，其对应的期望衰减指数为 m_4，则有

$$
\frac{K_C(n+1)}{K_C(n)} = \frac{1 + 5.5555 m(n)}{1 + 5.5555 m_4}
\tag{5-51}
$$

将 m_4 的值代入式（5-51）可得 K_C 的迭代算式为

$$
\begin{cases}
K_C(n+1) = \left[0.45 + 2.5 m(n)\right] K_C(n) \\[3mm]
m(n) = 0.18\left[\dfrac{K_K}{K_C(n)} - 1\right]
\end{cases}
\tag{5-52}
$$

式中，n 为迭代次数，经过几次迭代可使系统满足期望的衰减指数。

（2）积分时间 T_I 的迭代整定　　在 K_C 按 4∶1 衰减比整定好以后，再进一步整定 T_I 的值。对衰减比为 $a/b = 1/4$ 的二阶振荡系统，有 $a/c = c/b = 1/2$，假定：①当 $c/a \leqslant 1.5$ 时，说明过程输出衰减较慢，需要降低积分作用，可使 T_I 增加 10%；②当 $c/a \geqslant 2.5$ 时，情况相反，则使 T_I 减小 10%；③当 $1.5 < c/a < 2.5$ 时，接近期望的过渡过程，T_I 可保持不变。由上述假定可得 T_I 的迭代整定算法为

$$T_I(n+1) = \frac{2}{\beta} T_I(n) \tag{5-53}$$

式中，$c/a \leqslant 1.5$ 时，$\beta = 1.8$；$c/a \geqslant 2.5$ 时，$\beta = 2.2$；$1.5 < c/a < 2.5$ 时，$\beta = 2$。

（3）微分时间 T_D 的计算　　微分时间 T_D 的计算式为

$$T_D(n) = \frac{1}{4} T_I(n) \tag{5-54}$$

　　用同样的方法可推算出衰减比为 10∶1 的 PID 参数迭代整定方法，这里不再赘述。综上所述，基于改进型临界比例度法的迭代整定方法是先用改进型临界比例度整定方法求得临界放大系数并作为初始整定参数，再用迭代整定算法逐渐逼近最佳参数。将上述算法编制成自整定程序模块，其程序框图如图 5-19 所示。

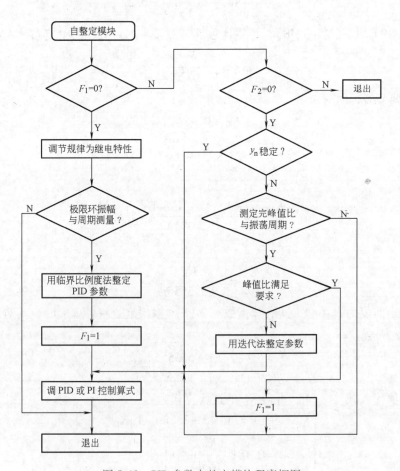

图 5-19　PID 参数自整定模块程序框图

图中，F_1、F_2 分别为改进型临界比例度整定算法和迭代算法标志，当 $F_i = 0$（$i = 1，2$）时，相应算法启动。最终用当前过程输出值 y_n 与前 n 个采样值 y_i（$i = 1，2，\cdots，n-1$）进行比较来判断过程输出 y_n 是否达到稳定，即当 $|y_n - y_i| < \alpha(\alpha = 0.1 \sim 0.5)$ 时，则认为过程输出已进入稳定状态。

在系统启动阶段，调用图 5-19 所示模块整定 PID 参数。当参数整定好后，调节器工作在 PID 状态。每隔一定时间 T，将 F_2 置为 0，若此时 y_n 不在稳定区域，就用迭代算法整定一次 PID 参数，如此往复，即可实现 PID 参数的全部自整定。

5.4　单回路控制系统设计实例

本节介绍两个单回路过程控制系统的设计实例。通过这两个设计实例，力求全面掌握单回路控制系统的设计方法，并为其他过程控制系统的方案设计提供借鉴。

5.4.1　干燥过程的控制系统设计

5.4.1.1　工艺要求

图 5-20 所示为乳化物干燥过程示意图。由于乳化物属于胶体物质，激烈搅拌易固化，也不能用泵抽送，因而采用高位槽的办法。浓缩的乳液由高位槽流经过滤器 A 或 B，滤去凝结块和其他杂质，并从干燥器顶部由喷嘴喷下。由鼓风机将一部分空气送至换热器，用蒸汽进行加热，并与来自鼓风机的另一部分空气混合，经风管送往干燥器，由下而上吹出，以便蒸发掉乳液中的水分，使之成为粉状物，由底部送出进行分离。生产工艺对干燥后的产品质量要求很高，水分含量不能波动太大，因而需要对干燥的温度进行严格控制。试验表明，若温度波动在 ±2℃ 以内，则产品质量符合要求。

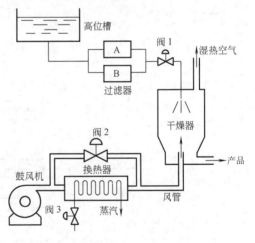

图 5-20　乳化物干燥过程示意图

5.4.1.2　方案设计与参数整定

1. 被控参数与控制参数的选择

（1）被控参数的选择　根据上述生产工艺情况，产品质量（水分含量）与干燥温度密切相关。考虑到一般情况下测量水分的仪表精度较低，故选用间接参数，即干燥的温度为被控参数，水分与温度一一对应。因此，必须将温度控制在一定数值上。

（2）控制参数的选择　若知道被控过程的数学模型，控制参数的选择则可根据其选择原则进行。现在不知道过程的数学模型，只能就图 5-20 所示装置进行分析。由工艺可知，影响干燥器温度的主要因素有乳液流量 $f_1(t)$、旁路空气流量 $f_2(t)$ 和加热蒸汽流量 $f_3(t)$。选其中任一变量作为控制参数，均可构成温度控制系统。图中，用调节阀 1、2、3 的位置分别代表三种可供选择的控制方案。其系统框图分别如图 5-21、图 5-22、图 5-23 所示。

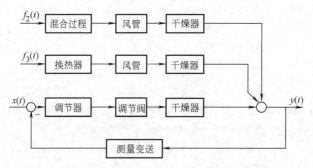

图 5-21 乳液流量为控制参数时的系统框图

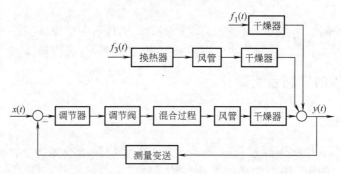

图 5-22 旁路空气流量为控制参数时的系统框图

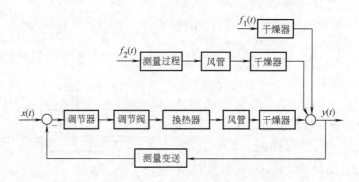

图 5-23 蒸汽流量为控制参数时的系统框图

按图 5-21 所示框图进行分析可知，乳液直接进入干燥器，控制通道的滞后最小，对被控温度的校正作用最灵敏，而且干扰进入系统的位置远离被控量，所以将乳液流量作为控制参数应该是最佳的控制方案；但是，由于乳液流量是生产负荷，工艺要求必须稳定，若作为控制参数，则很难满足工艺要求。所以，将乳液流量作为控制参数的控制方案应尽可能避免。按图 5-22 所示框图进行分析可知，旁路空气量与热风量混合，经风管进入干燥器，它与图 5-21 所示控制方案相比，控制通道存在一定的纯滞后，对干燥温度校正作用的灵敏度虽然差一些，但可通过缩短传输管道的长度而减小纯滞后时间。按图 5-23 所示的控制方案分析可知，蒸汽需经过换热器的热交换，才能改变空气温度。由于换热器的时间常数较大，而且该方案的控制通道既存在容量滞后又存在纯滞后，因而对干燥温度校正作用的灵敏度最差。根据以上分析可知，选择旁路空气流量作为控制参数的方案比较适宜。

2. 仪表的选择

根据生产工艺及用户要求，宜选用 DDZ-Ⅲ 型仪表，具体选择如下：

（1）测温元件及变送器的选择　因被控温度在 600℃ 以下，故选用热电阻温度计。为提高检测精度，应采用三线制接法，并配用温度变送器。

（2）调节阀的选择　根据生产工艺安全的原则，宜选用气关式调节阀；根据过程特性与控制要求，宜选用对数流量特性的调节阀；根据被控介质流量的大小及调节阀流通能力与其尺寸的关系（参见表 3-2），选择调节阀的公称直径和阀座的直径。

（3）调节器的选择　根据过程特性与工艺要求，宜选用 PI 或 PID 控制规律；由于选用调节阀为气关式，故 K_v 为负；当给被控过程输入的空气量增加时，干燥器的温度降低，故 K_0 为负；测量变送器的 K_m 通常为正。为使整个系统中各环节静态放大系数的乘积为正，则调节器的 K_c 应为正，故选用反作用调节器。

3. 温度控制原理图及其系统框图

根据上述设计的控制方案，喷雾式干燥设备过程控制系统的原理图与系统框图如图 5-24 所示。

4. 调节器的参数整定

可按 5.3 节中所介绍的任何一种整定方法对调节器的参数进行整定。

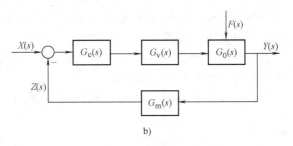

a)

b)

图 5-24　干燥设备温控系统原理图及框图
a）温控系统原理图　b）温控系统框图

5.4.2　储槽液位过程控制系统的设计

5.4.2.1　工艺要求

在工业生产中，液位过程控制的应用十分普遍，如进料槽、成品罐、中间缓冲容器、水箱等的液位均有可能需要控制。为了保证生产的正常进行，对于如图 5-25 所示的液体储槽，生产工艺要求储槽内的液位常常需要维持在某个设定值上，或只允许在某一小范围内变化。与此同时，为确保生产过程的安全，还要绝对保证液体不产生溢出。

5.4.2.2　方案设计与参数整定

1. 被控参数的选择

根据工艺要求，可选择储槽的液位为直接被控参数。这是因为液位测量一般比较方便，

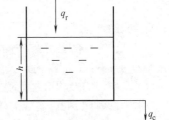

图 5-25　液体储槽

而且工艺指标要求并不高，所以直接选取液位作为被控参数是可行的。

2. 控制参数的选择

从液体储槽的原理和工作过程可知，影响储槽液位的参数有两个，一个是液体的流入量，再一个则是液体的流出量。调节这两个参数均可控制液位，这是因为液体储槽是一个单容过程，无论是流入量还是流出量，它们对被控参数的影响都是一样的，所以这两个参数中的任何一个都可选为控制参数。但是，从保证液体不产生溢出的要求考虑，选择液体的流入量作为控制参数则更为合理。

3. 测控仪表的选择

（1）测量元件及变送器的选择　可选用差压式传感器（如膜盒）与 DDZ-Ⅲ型差压式变送器来实现储槽液位的测量和变送。

（2）调节阀的选择　为保证不产生液体溢出，根据生产工艺安全原则，宜选用气开式调节阀；由于储槽是单容特性，故选用对数流量特性的调节阀即可满足要求。

（3）调节器的选择　若储槽只是为了起缓冲作用而需要控制液位时，则控制精度要求不高，可选用简单易行的 P 调节规律即可；若储槽作为计量槽使用时，则需要精确控制液位，即需要消除稳态误差，则可选用 PI 调节规律。对于该过程，当液体流入量增加时，液位输出亦增加，故为正作用过程，K_0 为正；因调节阀选为气开式，K_v 也为正；测量变送环节的 K_m 一般都为正。因此，根据单回路系统的各部分增益乘积应为正的原则，调节器的 K_c 应为正，即为反作用方式的调节器。

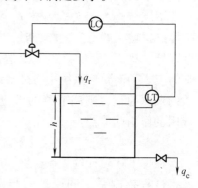

据此可画出储槽液位控制系统的原理图，如图 5-26 所示。

图 5-26　储槽液位控制系统原理图

4. 调节器参数整定

这是一个简单的单容过程，根据 5.3 节中所介绍的几种工程整定方法的特点，宜采用反应曲线法进行调节器的参数整定，而不宜采用临界比例度法或衰减曲线法进行参数整定。

思考题与习题

1. 基本练习题

（1）过程控制系统方案设计的主要内容有哪些？一般应怎样选择被控参数？

（2）控制通道 τ_0/T_0 的大小是怎样反映控制难易程度的？举例说明控制参数的选择方法？

（3）调节器正反作用方式的定义是什么？在方案设计中应怎样确定调节器的正反作用方式？

（4）什么叫比例度？它是怎样定义的？

（5）比例控制对控制质量有什么影响？

（6）在保持稳定性不变的情况下，比例微分控制系统的静差为什么比纯比例控制的静差要小？

（7）在保持稳定性不变的情况下，在比例控制中引入积分作用后，为什么要增大比例度？积分作用的最大优点是什么？

（8）微分控制规律对纯滞后有无作用，为什么？

（9）调节器参数都有哪些工程整定方法，各有什么特点，分别适用于什么场合？

（10）已知某对象采用衰减曲线法测得 $\delta_s = 0.5$，$T_s = 10s$。试用衰减曲线法确定 PID 调节器参数（T_s 为衰减振荡周期）。

（11）已知某对象采用衰减曲线法进行试验时测得 $\delta_s = 0.3$，$T_r = 5s$。试用衰减曲线法确定 PID 调节器参数（T_r 为上升时间）。

（12）试确定如图 5-27 所示各系统的调节器正反作用方式。已知燃料调节阀为气开式，给水调节阀为气关式。

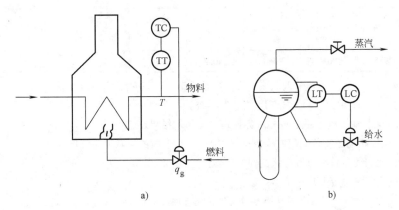

图 5-27　加热炉温度、锅炉汽包液位控制系统

a）加热炉温度控制　b）锅炉汽包液位控制

（13）某混合器出口温度控制系统流程图如图 5-28a 所示，系统框图如图 5-28b 所示。其中 $K_{01} = 5.4$，$K_{02} = 1$，$K_d = 1.48$，$T_{01} = 5\text{min}$，$T_{02} = 2.5\text{min}$，调节器比例增益为 K_c。

1）计算当 $\Delta F = 10$、K_c 分别为 2.4 和 0.48 时的系统干扰响应 $T_F(t)$。

2）计算当 $\Delta T_r = 2$ 时的系统设定值阶跃响应 $T_R(t)$。

3）分析调节器比例增益 K_c 对设定值阶跃响应和干扰阶跃响应的不同影响。

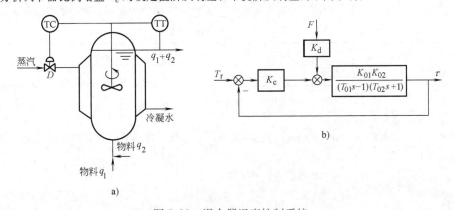

图 5-28　混合器温度控制系统

a）混合器温度控制系统流程图　b）系统框图

（14）试以二阶欠阻尼系统为例，推导相角裕量、最大动态偏差与衰减指数的定量关系。

2. 综合练习题

（1）以一阶惯性过程为例，试计算并分析比例控制对控制质量（超调量、调节时间、稳态误差）的影响。

（2）对同一个控制系统，在比例控制的基础上分别增加：①适当的积分作用；②适当的微分作用。试问：

1）这两种情况对系统的稳定性、最大动态偏差、静差分别有何影响？

2）在保持相同稳定性的条件下，应如何分别调整调节器的比例度 δ？并说明理由。

（3）已知被控过程控制通道的阶跃响应曲线数据见表 5-8，调节量的阶跃变化幅度为 $\Delta u = 50$。

表 5-8 阶跃响应曲线数据

t/min	0	0.2	0.4	0.6	0.8	1.0	1.2	1.4
C	200.1	201.1	204.0	227.0	251.0	280.0	302.5	318.0
t/min	1.6	1.8	2.0	2.2	…	∞		
C	329.5	336.0	339.0	340.5	…	340.5		

1）试用一阶惯性加纯滞后环节近似该过程的数学模型，求其 K_0、T_0、τ_0 的值。

2）通过仿真，用临界比例度法确定 PI 调节器参数。

3）用反应曲线法确定 PI 参数，并与临界比例度法所求结果比较。

（4）已知对象控制通道阶跃响应曲线数据见表 5-9，调节量的阶跃变化幅度为 $\Delta u = 5$。

1）用一阶惯性加纯滞后环节近似该过程的数学模型，并求其 K_0、T_0、τ_0 的值。

2）应用反应曲线法确定 PID 调节器参数。

表 5-9 阶跃响应曲线数据

t/min	0	5	10	15	20	25	30	35	40
C	0.650	0.651	0.652	0.668	0.735	0.817	0.881	0.979	1.075
t/min	45	50	55	60	65	70	75	80	…	∞
C	1.151	1.213	1.239	1.262	1.311	1.329	1.338	1.350	…	1.350

（5）已知控制对象传递函数 $G(s) = 10/[(s+2)(2s+1)]$，通过仿真，用临界比例度法整定 PI 调节器参数。

（6）某液位系统采用气动 PI 调节器控制。液位变送器量程为 $0 \sim 100\text{mm}$（液位 h 由零变到 100mm 时，变送器送出气压由 0.02MPa 到 0.1MPa）。当调节器输出气压变化 $\Delta p = 0.02\text{MPa}$ 时，测得液位变化见表 5-10。

表 5-10 液位变化数据

t/s	0	10	20	40	60	80	100	140	180	250	300	…	∞
$\Delta h/\text{mm}$	0	0	0.5	2	5	9	13.5	22	29.5	36	39	…	39

试求：

1）调节器整定参数 δ 和 T_I。

2）如液位变送器量程改为 $0 \sim 50\text{mm}$，为保持衰减率 φ 不变，应改变调节器哪一个参数？如何改变（增大还是减小）？

（7）试推导衰减比为 10:1 的 PID 参数迭代整定算法。

3. 设计题

（1）如图 5-29 所示的热交换器，用蒸汽将进入其中的冷水加热到一定温度。生产工艺要求热水温度维持在一定范围（$-1℃ \le \Delta T \le 1℃$），试设计一个简单的温度控制系统，并指出调节器类型。

（2）如图 5-30 所示水槽，用泵把水打入水槽中（泵 I 与泵 II 互为备用），要求流量控制范围为 $q_{\min} \sim q_{\max}$ 且无稳态偏差，试设计一个简单流量控制系统，并指出所用调节器的类型（指明调节规律和正反作用）。

（3）已知对象传递函数 $G(s) = 8\mathrm{e}^{-\tau_0 s}/(T_0 s + 1)$，其中 $\tau_0 = 3\mathrm{s}$，$T_0 = 6\mathrm{s}$，试用反应曲线法确定 PI、PD 调节器参数，并用临界比例度法确定 PI 调节器参数与反应曲线法确定的 PI 参数相比较。要求用 MATLAB 语言进行仿真。

（4）某广义被控过程传递函数为 $G(s) = \dfrac{1}{(s + 1)(2s + 1)(5s + 1)(10s + 1)}$，要求：

1）用 MATLAB 语言编写程序，通过仿真，求出阶跃输入下的响应曲线，并确定 K、T、τ 三个参数。

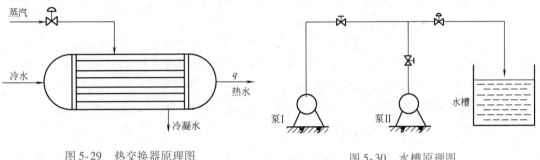

图 5-29　热交换器原理图　　　　　　　　　图 5-30　水槽原理图

2）若采用衰减曲线法，求衰减比为 4∶1 时的比例度 δ_s、振荡周期 T_s；此时若采用 PI 控制，试求比例度 δ 和积分时间 T_I。

3）若采用临界比例度法，求其临界比例度 δ_K 和临界振荡周期 T_K；当采用 PI 控制时，试计算比例度 δ 和积分时间 T_I。

第6章 常用高性能过程控制系统

┌─ 教学内容与学习要求 ─────────────────────────────────

　　本章主要介绍常用高性能过程控制系统，主要包括串级控制、前馈补偿控制、大滞后预估控制等。学完本章后应能达到如下要求：

　　1）了解串级控制系统的应用背景，熟悉串级控制系统的典型结构与特点。

　　2）掌握串级控制系统的设计方法，熟悉串级控制系统的参数整定方法。

　　3）了解前馈控制的原理及使用场合。

　　4）掌握前馈补偿器的设计方法，熟悉前馈-反馈复合控制的特点及工业应用。

　　5）了解大滞后被控过程的解决方案，掌握大滞后过程控制系统的设计方法。
└──

6.1 串级控制系统

6.1.1 串级控制的基本概念

　　什么叫串级控制？它是怎样提出来的？其组成结构怎样？现以化学反应釜的温度控制为例加以说明。如图 6-1 所示为化学反应釜单回路温度控制系统。图中，物料自顶部连续进入釜中，经反应后由底部排出。反应产生的热量由夹套中的冷却水带走。

　　为保证产品质量，对反应温度 T_1 需要进行严格控制。为此，选取冷却水流量作为调节参数。这样，控制通道有三个热容器，即夹套中的冷却水、釜壁和釜中物料。引起温度 T_1 变化的干扰因素有：进料流量、进料入口温度及化学成分，用 F_1 表示；冷却水的入口温度和阀前压力，用 F_2 表示。其框图如图 6-2 所示。

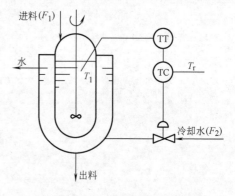

图 6-1　化学反应釜单回路温度控制系统

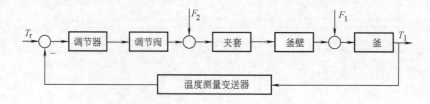

图 6-2　化学反应釜简单控制系统框图

由图 6-2 可见，当干扰 F_1 或 F_2 引起反应温度 T_1 升高时，经反馈后调节器输出产生相应变化，导致调节阀开始动作，从而使冷却水流量增加，但要经过三个容器才能使温度 T_1 下降。这样，从干扰引起反应温度 T_1 升高到调节阀开始动作使温度 T_1 下降，其间要经历较长的时间。在这段较长的时间里，反应温度 T_1 因调节不及时而出现了较大的偏差。解决这一问题的办法之一是使调节器能及时动作。如何才能使调节器及时动作呢？经过分析不难看到，冷却水方面的干扰 F_2 的变化很快会在夹套温度 T_2 上表现出来，如果把 T_2 的变化及时测量出来，并由调节器 T_2C 进行调节，则控制动作即可大大提前，但仅仅依靠调节器 T_2C 的调节作用还是不够的，因为控制的最终目标是保持 T_1 不变，而 T_2C 的调节作用只能使 T_2 相对稳定，它不能克服 F_1 干扰对 T_1 的影响，因而不能保证 T_1 满足工艺的要求。为解决这一问题，办法之一是适当改变 T_2C 的设定值 T_{2r}，从而使 T_1 稳定在所需要的数值上。这个改变 T_{2r} 的工作，将由另一个调节器 T_1C 来完成。它的主要任务就是根据 T_1 与 T_{1r} 的偏差自动改变 T_2C 的设定值 T_{2r}。这种将两个调节器串联在一起工作、各自完成不同任务的系统结构，就称为串级控制结构。反应釜温度串级控制系统的流程图如图 6-3 所示。串级控制系统的一般结构框图如图 6-4 所示。

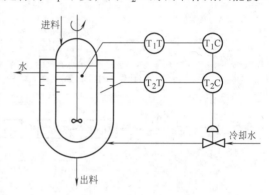

图 6-3　反应釜温度串级控制系统流程图

由图 6-4 可知，串级控制系统与简单控制系统的主要区别是，串级控制系统在结构上增加了一个测量变送器和一个调节器，形成了两个闭合回路，其中一个称为副回路，另一个称为主回路。由于副回路的存在，使控制效果得到了显著改善。

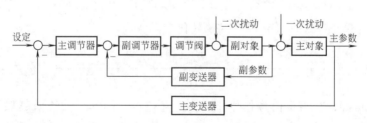

图 6-4　串级控制系统的一般结构框图

6.1.2　串级控制系统的控制效果

为便于分析，将图 6-4 所示串级控制系统的各环节分别用传递函数代替，形成图 6-5 所示的串级控制系统传递函数框图。

串级控制为什么能显著提高控制品质呢？其主要原因是它比单回路控制在结构上多了一个副回路，因而具有如下特点：

1. 能迅速克服进入副回路的干扰

在图 6-5 所示系统中，作用于副回路的干扰 F_2 称为二次干扰，在它的作用下，F_2 与 Y_2 的等效传递函数为

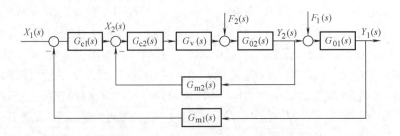

图 6-5　串级控制系统传递函数框图

$$G_{02}^*(s) = \frac{Y_2(s)}{F_2(s)} = \frac{G_{02}(s)}{1 + G_{c2}(s)\,G_v(s)\,G_{02}(s)\,G_{m2}(s)} \qquad (6\text{-}1)$$

由此，图 6-5 可等效为图 6-6 的形式。

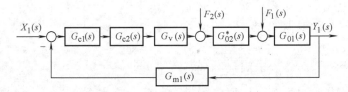

图 6-6　图 6-5 的等效形式

由图 6-6 可见，在给定信号 $X_1(s)$ 的作用下，$X_1(s)$ 与 $Y_1(s)$ 的等效传递函数为

$$\frac{Y_1(s)}{X_1(s)} = \frac{G_{c1}(s)\,G_{c2}(s)\,G_v(s)\,G_{02}^*(s)\,G_{01}(s)}{1 + G_{c1}(s)\,G_{c2}(s)\,G_v(s)\,G_{02}^*(s)\,G_{01}(s)\,G_{m1}(s)} \qquad (6\text{-}2)$$

在干扰 F_2 的作用下，$F_2(s)$ 与 $Y_1(s)$ 的等效传递函数为

$$\frac{Y_1(s)}{F_2(s)} = \frac{G_{02}^*(s)\,G_{01}(s)}{1 + G_{c1}(s)\,G_{c2}(s)\,G_v(s)\,G_{02}^*(s)\,G_{01}(s)\,G_{m1}(s)} \qquad (6\text{-}3)$$

由控制理论可知，在给定信号作用下，当 $Y_1(s)$ 与 $X_1(s)$ 的比值越接近于"1"时，系统的控制性能越好；而在干扰作用下，当 $Y_1(s)$ 与 $F_2(s)$ 的比值越接近于"零"时，系统的抗干扰能力越强。在工程上，通常将二者的比值作为衡量控制系统的控制能力和抗干扰能力的综合指标，即比值越大，系统的控制能力和抗干扰能力越强。对于式（6-2）和式（6-3），则有

$$\frac{Y_1(s)/X_1(s)}{Y_1(s)/F_2(s)} = G_{c1}(s)\,G_{c2}(s)\,G_v(s) \qquad (6\text{-}4)$$

假设 $G_{c1}(s) = K_{c1}$，$G_{c2}(s) = K_{c2}$，$G_v(s) = K_v$，式（6-4）可以写成

$$\frac{Y_1(s)/X_1(s)}{Y_1(s)/F_2(s)} = K_{c1}K_{c2}K_v \qquad (6\text{-}5)$$

式（6-5）表明，主、副调节器放大系数的乘积越大，抗干扰能力越强，控制质量越好。

为便于比较，对图 6-5 所示系统采用单回路控制，其系统框图如图 6-7 所示。

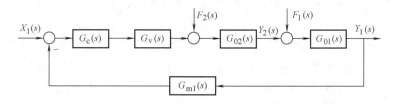

图 6-7　单回路控制系统框图

由图 6-7 可知，在给定信号 $X_1(s)$ 的作用下，$X_1(s)$ 与 $Y_1(s)$ 的传递函数等效为

$$\frac{Y_1(s)}{X_1(s)} = \frac{G_c(s)G_v(s)G_{02}(s)G_{01}(s)}{1 + G_c(s)G_v(s)G_{02}(s)G_{01}(s)G_{m1}(s)} \tag{6-6}$$

在干扰 F_2 作用下，$F_2(s)$ 与 $Y_1(s)$ 的传递函数等效为

$$\frac{Y_1(s)}{F_2(s)} = \frac{G_{02}(s)G_{01}(s)}{1 + G_c(s)G_v(s)G_{02}(s)G_{01}(s)G_{m1}(s)} \tag{6-7}$$

单回路控制系统控制性能与抗干扰能力的综合指标为

$$\frac{Y_1(s)/X_1(s)}{Y_1(s)/F_2(s)} = G_c(s)G_v(s) \tag{6-8}$$

假设 $G_c(s) = K_c$，$G_v(s) = K_v$，式（6-8）可以写成

$$\frac{Y_1(s)/X_1(s)}{Y_1(s)/F_2(s)} = K_cK_v \tag{6-9}$$

比较式（6-5）和式（6-9），在一般情况下，有

$$K_{c1}K_{c2} > K_c \tag{6-10}$$

由式（6-10）可知，由于串级控制系统副回路的存在，能迅速克服进入副回路的二次干扰，从而大大减小二次干扰对主参数的影响，并导致抗干扰能力和控制能力的综合指标比单回路控制系统均有了明显的提高。

2. 能改善控制通道的动态特性，提高工作频率

（1）等效时间常数减小，响应速度加快　分析比较图 6-5 和图 6-7 可以发现，串级控制系统中的副回路代替了单回路系统中的一部分过程，若把整个副回路等效为一个被控过程，它的等效传递函数用 $G'_{02}(s)$ 表示，则有

$$G'_{02}(s) = \frac{Y_2(s)}{X_2(s)} = \frac{G_{c2}(s)G_v(s)G_{02}(s)}{1 + G_{c2}(s)G_v(s)G_{02}(s)G_{m2}(s)} = G_{c2}(s)G_v(s)G^*_{02}(s) \tag{6-11}$$

假设副回路中各环节的传递函数分别为

$$G_{02}(s) = \frac{K_{02}}{T_{02}s + 1}, \quad G_{c2}(s) = K_{c2}, \quad G_v(s) = K_v, \quad G_{m2}(s) = K_{m2}$$

式（6-11）变为

$$G'_{02}(s) = \frac{K_{c2}K_vK_{02}/(T_{02}s+1)}{1 + K_{c2}K_vK_{m2}K_{02}/(T_{02}s+1)} = \frac{K_{c2}K_vK_{02}/(1 + K_{c2}K_vK_{m2}K_{02})}{\dfrac{T_{02}}{1 + K_{c2}K_vK_{m2}K_{02}}s + 1} = \frac{K'_{02}}{T'_{02}s + 1} \tag{6-12}$$

式中，K'_{02} 和 T'_{02} 分别为等效过程的放大系数与时间常数。

比较 $G_{02}(s)$ 和 $G'_{02}(s)$，由于 $1 + K_{c2}K_{v}K_{m2}K_{02} \gg 1$，因此有

$$T'_{02} \ll T_{02} \tag{6-13}$$

式（6-13）表明，由于副回路的存在，改善了控制通道的动态特性，使等效过程的时间常数缩小了 $1/(1 + K_{c2}K_{v}K_{m2}K_{02})$，而且副调节器比例增益越大，等效过程的时间常数将越小。通常情况下，副被控过程大多为单容过程或者双容过程，因而副调节器的比例增益可以取得较大，致使等效时间常数可以减小到很小的数值，从而加快了副回路的响应速度。

（2）提高了系统的工作频率 串级控制系统的工作频率可以依据闭环系统的特征方程式进行计算。串级控制系统的特征方程式为

$$1 + G_{c1}(s) G'_{02}(s) G_{01}(s) G_{m1}(s) = 0 \tag{6-14}$$

假设 $G_{01}(s) = K_{01}/(T_{01}s + 1)$，$G_{c1}(s) = K_{c1}$，$G_{m1}(s) = K_{m1}$，$G'_{02}(s)$ 如式（6-12）所示，则式（6-14）变为

$$1 + K_{c1}K'_{02}K_{01}K_{m1}/\left[(T'_{02} + 1)(T_{01}s + 1)\right] = 0$$

经整理后为

$$s^2 + \frac{T_{01} + T'_{02}}{T_{01}T'_{02}}s + \frac{1 + K_{c1}K'_{02}K_{01}K_{m1}}{T_{01}T'_{02}} = 0 \tag{6-15}$$

若令

$$\begin{cases} 2\xi\omega_0 = \dfrac{T_{01} + T'_{02}}{T_{01}T'_{02}} \\[3mm] \omega_0^2 = \dfrac{1 + K_{c1}K'_{02}K_{01}K_{m1}}{T_{01}T'_{02}} \end{cases}$$

式（6-15）可写成如下标准形式：

$$s^2 + 2\xi\omega_0 s + \omega_0^2 = 0 \tag{6-16}$$

式中，ξ 为串级控制系统的阻尼系数；ω_0 为串级控制系统的自然频率。

由反馈控制理论可知，串级控制系统的工作频率为

$$\omega_{串} = \omega_0 \sqrt{1 - \xi^2} = \frac{\sqrt{1 - \xi^2}}{2\xi} \frac{(T_{01} + T'_{02})}{T_{01}T'_{02}} \tag{6-17}$$

对于同一被控过程，如果采用单回路控制方案，由式（6-6）可得系统的特征方程式为

$$1 + G_{c}(s) G_{v}(s) G_{02}(s) G_{01}(s) G_{m1}(s) = 0 \tag{6-18}$$

设各环节的传递函数为

$$G_{01}(s) = K_{01}/(T_{01}s + 1), G_{02}(s) = K_{02}/(T_{02}s + 1), G_{c}(s) = K_{c}, G_{v}(s) = K_{v}, G_{m1}(s) = K_{m1}$$

式（6-18）变为

$$s^2 + \frac{T_{01} + T_{02}}{T_{01}T_{02}}s + \frac{1 + K_{c}K_{v}K_{02}K_{01}K_{m1}}{T_{01}T_{02}} = 0 \tag{6-19}$$

若令

$$\begin{cases} 2\xi'\omega_0' = \dfrac{T_{01} + T_{02}}{T_{01}T_{02}} \\[3mm] \omega_0'^2 = \dfrac{1 + K_{c}K_{v}K_{01}K_{02}K_{m1}}{T_{01}T_{02}} \end{cases} \tag{6-20}$$

式中，ξ' 为单回路控制系统的阻尼系数；ω_0' 为单回路控制系统的自然频率。可得单回路控制系统的工作频率为

$$\omega_{\text{单}} = \omega_0' \sqrt{1-\xi'^2} = \frac{\sqrt{1-\xi'^2}}{2\xi'} \frac{(T_{01}+T_{02})}{T_{01}T_{02}} \tag{6-21}$$

如果使串级控制系统和单回路控制系统的阻尼系数相同（$\xi=\xi'$），则有

$$\frac{\omega_{\text{串}}}{\omega_{\text{单}}} = \frac{(T_{01}+T_{02}')/T_{01}T_{02}'}{(T_{01}+T_{02})/T_{01}T_{02}} = \frac{1+T_{01}/T_{02}'}{1+T_{01}/T_{02}} \tag{6-22}$$

因为

$$T_{01}/T_{02}' \gg T_{01}/T_{02}$$

所以有

$$\omega_{\text{串}} \gg \omega_{\text{单}} \tag{6-23}$$

研究表明，若将主、副被控过程推广到一般情况，主、副调节器推广到一般的 PID 调节规律时，上述结论依然成立。由此可知，串级控制系统由于副回路的存在，改善了被控过程的动态特性，提高了整个系统的工作频率。进一步研究表明，当主、副被控过程的时间常数 T_{01} 和 T_{02} 比值一定时，副调节器的比例放大系数 K_{c2} 越大，串级控制系统的工作频率就越高；而当副调节器的比例放大系数 K_{c2} 一定时，T_{01} 和 T_{02} 的比值越大，串级控制系统的工作频率也越高。

与单回路控制系统相比，串级控制系统工作频率的提高，使系统的振荡周期得以缩短，因而提高了整个系统的控制质量。

3. 能适应负荷和操作条件的剧烈变化

众所周知，实际的生产过程往往包含一些非线性因素。对于非线性过程，若采用单回路控制时，在负荷变化不大的情况下，广义被控过程的放大系数通常被认为是近似不变的，此时按一定控制质量指标整定的调节器参数也近似不变。但如果负荷变化过大，由于非线性因素的影响，广义被控过程的放大系数会随负荷的变化而变化，此时若不重新整定调节器参数，则控制质量就难以得到保证。但在串级控制系统中，由于副回路的等效放大系数为

$$K_{02}' = \frac{K_{c2}K_v K_{02}}{1+K_{c2}K_v K_{02}K_{m2}} \tag{6-24}$$

一般情况下，$K_{c2}K_v K_{02}K_{m2} \gg 1$，因此，当副被控过程中的放大系数 K_{02} 或 K_v 随负荷变化时，K_{02}' 几乎不变，因而无需重新整定调节器的参数。此外，由于副回路是一个随动系统，它的设定值是随主调节器的输出变化而改变的。当负荷或操作条件改变时，主调节器将改变其输出，调整副调节器的设定值，使负荷或操作条件改变时能适应其变化而保持较好的控制性能。从上述分析可知，串级控制系统能自动克服非线性的影响，对负荷和操作条件的变化具有一定的自适应能力。

综上所述，串级控制系统的主要特点有：

1）对进入副回路的干扰有很强的抑制能力。

2）能改善控制通道的动态特性，提高系统的快速反应能力。

3）对非线性情况下的负荷或操作条件的变化有一定的自适应能力。

6.1.3 串级控制系统的适用范围

1. 适用于容量滞后较大的过程

当被控过程容量滞后较大时，可以选择一个容量滞后较小的辅助变量组成副回路，使控制通道被控过程的等效时间常数减小，以提高系统的工作频率，从而提高控制质量。因此，对于很多以温度或质量指标为被控参数的过程，其容量滞后往往较大，而生产上对这些参数的控制质量要求又比较高，此时宜采用串级控制系统。

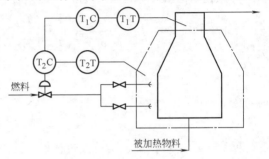

例如，图 6-8 所示工业生产中的加热炉温度串级控制系统，其任务是将被加热物料加热到一定温度，然后传送给下一道工序。为了使加热炉出口温度保持为定值，选取燃料流量为调节参数。但是，由于加热炉的容

图 6-8 加热炉温度串级控制系统

量滞后较大，干扰因素也较多，故单回路控制系统不能满足工艺对加热炉出口温度的要求。为此，可以选择滞后较小的炉膛温度作为副参数，构成加热炉出口温度对炉膛温度的串级控制系统，利用副回路的快速作用，有效地提高控制质量，从而满足工艺要求。

2. 适用于纯滞后较大的过程

当被控过程纯滞后时间较长、单回路控制系统不能满足工艺要求时，可以考虑用串级控制系统来改善控制质量。通常的做法是，在离调节阀较近、纯滞后时间较小的地方选择一个辅助参数作为副参数，构成一个纯滞后较小的副回路，由它实现对主要干扰的控制。现以化纤厂纺丝胶液压力控制为例加以说明。纺丝胶液压力与压力串级控制的流程图如图 6-9 所示。

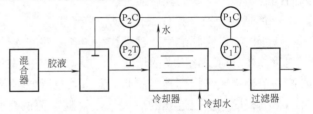

图 6-9 纺丝胶液压力与压力串级控制流程图

由图可见，来自混合器的纺丝胶液由计量泵送到冷却器中进行冷却，随后又被送到过滤器以除去杂质。工艺要求过滤前的压力应稳定在 250kPa，以保证后面喷头抽丝工序的正常工作。由于纺丝胶液黏度较大，由计量泵到过滤器前的距离较长，即纯滞后时间较长，单回路控制系统不能满足工艺要求。为提高控制质量，在靠近计量泵出口的某个地方选择一个测压点作为副参数，构成如图 6-9 所示的压力与压力串级控制系统。由图可见，当来自纺丝胶液的黏度发生变化或计量泵前的混合器有污染而引起压力变化时，副参数能及时反应，并通过副回路及时加以克服，从而稳定了过滤前的胶液压力，满足了工艺要求。

3. 适用于干扰变化剧烈、幅度大的过程

由于串级控制系统的副回路对于进入其中的干扰具有较强的克服能力，因而在系统设计时，只要将变化剧烈、幅度大的干扰包括在副回路之中，就可以大大减小干扰对主参数的影响。图 6-10 所示为某快装锅炉三冲量液位串级控制流程图。在工业生产过程中，用汽的场合很多，蒸汽流量与水压的变化频繁激烈且幅值大，而快装锅炉的汽包容量往往又较小，所

以汽包液位是一个很重要的被控参数。为确保控制质量，常以蒸汽流量和水流量的综合作用作为副回路的输出反馈值，并同液位一起构成所谓三冲量液位串级控制系统。由于该系统把多冲量与串级控制结合起来，所以它比一般的三冲量控制系统对液位具有更强的控制能力。

4. 适用于参数互相关联的过程

在有些生产过程中，对两个互相关联的参数需要用同一种介质进行控制。在这种情况下，若采用单回路控制系统，则需要装两套装置，即在同一管道上装两个调节阀。这样，既不经济又无法工作。对这样的过程，可以根据互相关联的主次，组成串级控制，以满足工艺要求。

现以图 6-11 所示的炼油厂常压塔塔顶出口温度和一线温度的控制为例加以说明。由炼油工艺可知，进入常压塔的油品，通过精馏将各组分分离成塔顶汽油、一线航空煤油等产品，其中塔顶出口温度是保证塔顶产品纯度的重要指标，而一线温度是保证一线产品质量的重要指标，两者均通过塔顶的回流量进行控制。若采用单回路控制系统，显然是困难的。如果采用如图所示的串级控制系统，则既可行又能满足工艺要求。

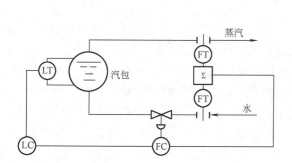

图 6-10　快装锅炉三冲量液位串级控制流程图　　图 6-11　一线温度与塔顶温度串级控制

5. 适用于非线性过程

在实际工业生产中，被控过程的特性大多呈现不同程度的非线性。当负荷或操作条件变化而导致工作点移动时，过程特性也会发生变化。此时，若采用单回路控制系统，虽然可以通过改变调节器的整定参数来保证系统的衰减率不变，但是，负荷或操作条件的变化是随时发生的，靠改变调节器整定参数来适应负荷或操作条件变化是不可取的。如果采用串级控制系统，它能根据负荷和操作条件的变化，自动调整副调节器的给定值，使系统运行在新的工作点，最终使主被控参数保持相对稳定，从而满足工艺要求。例如，在化学工业中，醋酸生产装置中的乙炔合成反应器，其中部温度是生产过程的重要参数，为保证合成气质量，必须对它进行严格控制，其控制系统如图 6-12 所示。

由图可见，在它的控制通道中，包含了一个换热器和一个合成反应器。由于换热器有明显的非线性，致使整个被控过程非线性特性比较严重。若采用单回路控制系统，当负荷或操作条件变化时，要想保持系统原有衰减率不变，则必须不断改变

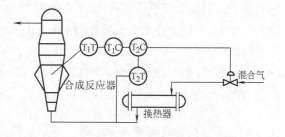

图 6-12　合成反应器温度串级控制系统

调节器的整定参数，然而这是不现实的。如果以反应器中部温度为主被控参数，以换热器出口温度为副被控参数构成串级控制，由于在副回路中包含了过程特性中非线性特性的主要部分，利用串级控制中副回路对非线性随负荷变化具有自适应能力这一特点，则可以保证控制系统具有较高的控制质量，从而满足工艺要求。

最后需要指出的是，串级控制的工业应用范围虽然较广，但是必须根据工业生产的具体情况，充分利用串级控制的优点，才能收到预期的效果，这一点，必须充分注意。

6.1.4 串级控制系统的设计

如果把串级控制系统中整个副回路看成一个等效过程，那么，串级控制系统与一般单回路控制系统没有什么区别，无需特殊讨论其设计问题。正是因为它多了一个副回路，所以它的设计比一般单回路控制系统的设计要复杂得多。这里涉及的主要问题有：副参数如何选择？主、副回路之间存在什么联系？一个系统中存在两个调节器，应该如何选择各自的调节规律以及如何确定其正反作用等。下面分别加以讨论。

1. 副回路的设计与副参数的选择

由串级控制的控制效果分析可知，它的种种特点都是由于存在副回路的缘故，因而副回路设计的好坏是关系到能否发挥串级控制系统特点的关键所在。从结构上看，副回路是一个单回路。如何从整个被控过程中选取其一部分作为副被控过程组成这个单回路，其关键所在是如何选择副参数。从控制理论的角度，副参数的选择必须遵循以下几项原则：

（1）副参数要物理可测、副对象的时间常数要小、纯滞后时间应尽可能短　为了构成副回路，副参数为物理可测是必要条件；为了提高副回路的快速反应能力、缩短调节时间，副被控过程时间常数不能太大，纯滞后时间也应尽可能小。例如，图 6-3 所示的反应釜温度串级控制，选择夹套水温为副参数组成副回路，对冷却水入口温度、调节阀的阀前压力变化等干扰将具有快速抑制能力，因而这种选择是适宜的；又如图 6-8 所示的加热炉温度串级控制，选择炉膛温度为副参数组成副回路，对燃料压力、燃料成分以及烟囱抽力的变化等诸多干扰能够迅速予以克服，其选择也是有效的。总之，为了充分发挥副回路的快速调节作用，必须选择物理上可测、对干扰作用能迅速做出反应的工艺参数作为副参数是必须遵循的原则之一。

（2）副回路应尽可能多地包含变化频繁、幅度大的干扰　为了充分发挥串级控制对进入副回路干扰有较强的抑制能力这一特点，在选择副参数时，一定要把尽可能多的干扰包含在副回路中，尤其要将严重影响主参数、变化剧烈而又频繁的干扰包含在副回路中。但需要注意的是，随着副回路包含干扰的增多，其调节通道的惯性滞后必然会增大，会使副回路迅速克服干扰的能力降低，反而不利于提高控制质量。因此，副回路包含的干扰也不能越多越好。图 6-13 所示为炼油厂管式加热炉原油出口温度两种不同的串级控制流程图。其一是针对燃料油压力为主要干扰而设计的原料油出口温度与燃料油的阀后压力串级控制流程图，如图 6-13a 所示；其二是针对燃料油的黏度、成分、处理量和燃料油热值为主要干扰而设计的原料油出口温度与炉膛温度串级控制流程图，如图 6-13b 所示。由此可见，既便是同一被控过程，由于主要干扰不同，采用的串级控制方案也会有所不同。但无论什么情况，副参数的选择必须使副回路包含其主要干扰，这是必须遵循的原则之二。

（3）主、副被控过程的时间常数要适当匹配　当主、副被控过程均用一阶惯性环节来

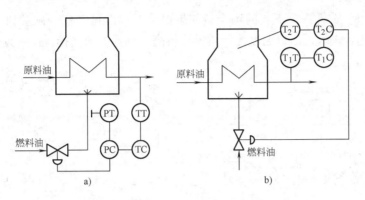

图 6-13　管式加热炉两种串级控制方案流程图

a）方案一　b）方案二

描述且使串级控制系统与单回路控制系统的阻尼系数相同时，由式（6-22）可知其工作频率之比为

$$\frac{\omega_{\text{串}}}{\omega_{\text{单}}} = \frac{1 + T_{01}/T'_{02}}{1 + T_{01}/T_{02}} = \frac{1 + (1 + K_{c2}K_{v}K_{02}K_{m2})T_{01}/T_{02}}{1 + T_{01}/T_{02}} \tag{6-25}$$

根据式（6-25），假设 $1 + K_{c2}K_{v}K_{02}K_{m2}$ 为常量，做出如图 6-14 所示曲线。

由图 6-14 可见，串级控制的工作频率与单回路控制的工作频率之比 $\omega_{\text{串}}/\omega_{\text{单}}$，在主、副被控过程的时间常数之比 T_{01}/T_{02} 较小时增长较快，而随着 T_{01}/T_{02} 的增加，$\omega_{\text{串}}/\omega_{\text{单}}$ 的增长速度明显减弱。由副参数的选择原则一可知，为了使副回路的调节速度尽可能快，应使副被控过程的时间常数不能太大。但从图 6-14 可知，如果过分减小副被控过程的惯性时间常数，一方面对进一步提高整个系统的工作频率不利，另一方面，副被控过程的时间常数太小，会使副回路所包含的干扰较少，又不利于确保主被控量的控制质量；相反，当主、副被控过程的时间常数之比较小时，副回路包含的干扰又会增多，其结果导致因副回

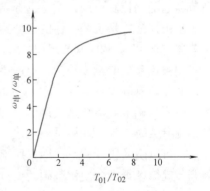

图 6-14　$1 + K_{c2}K_{v}K_{02}K_{m2}$ 为常量时的 $\omega_{\text{串}}/\omega_{\text{单}}$ 与 T_{01}/T_{02} 关系曲线

路反应迟钝而不能及时克服进入副回路的干扰。综上所述，主、副被控过程的时间常数的比值既不能太大也不能太小，应适当匹配，这是必须遵循的原则之三。究竟如何匹配才算适当？由控制理论可知，当主、副回路的工作频率 $\omega_{\text{主}}$ 和 $\omega_{\text{副}}$ 相互接近时，容易引起系统共振，为此必须使 $\omega_{\text{主}}/\omega_{\text{副}} > 3$；相应地，要求主、副被控过程的时间常数之比 T_{01}/T_{02} 至少应大于 3。所以，为使主、副回路之间的动态联系较小，避免引起系统共振，通常选择 T_{01}/T_{02} 在 3 ~ 10 的范围内为宜。

（4）应综合考虑控制质量和经济性要求　在选择副参数时常会出现较多可供选择的方案，在这种情况下可根据对主参数控制质量的要求及经济性原则综合考虑。如图 6-15 所示为相同冷却器构成的两种不同串级控制流程图，它们均以被冷却物料的出口温度作为主被控参数，而可供选择的副参数却有两个。如果以冷剂液位作为副参数，则该方案投资少，适用

于对出口温度控制质量要求不高的场合；如果以冷剂蒸发压力作为副参数，则该方案投资多，但副回路比较灵敏，出口温度控制质量比较高。究竟如何选择，需视具体情况而定。

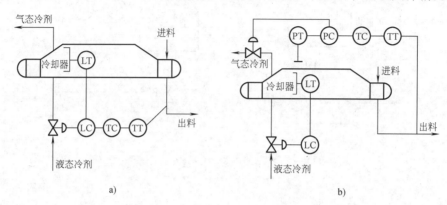

图 6-15　冷却器温度串级控制的两种流程图

a）以冷剂液位为副参数　b）以冷剂蒸发压力为副参数

2. 主、副调节器调节规律的选择

在串级控制系统中，主、副调节器所起的作用是不同的。主调节器起定值控制作用，副调节器起随动控制作用，这是选择调节规律的基本出发点。

主被控参数是工艺操作的主要指标，允许波动的范围很小，一般要求无静差，因此，主调节器应选 PI 或 PID 调节规律。

副被控参数的设置是为了克服主要干扰对主参数的影响，因而可以允许在一定范围内变化，并允许有静差。为此，副调节器只需选择 P 调节规律，一般不引入积分调节规律，这是因为积分调节规律会延长调节过程，削弱副回路的快速作用。但需要注意的是，当选择流量为副参数时，为了保持系统稳定，比例度必须选得较大，即比例调节作用较弱，在这种情况下，可以引入积分调节，即采用 PI 调节规律，以增强控制作用。副调节器一般不引入微分调节规律，否则会使调节阀动作过大或过于频繁，对控制不利。

3. 主、副调节器正、反作用方式的选择

串级控制系统中，主、副调节器的正反作用方式选择的方法是：首先根据工艺要求决定调节阀的气开、气关形式，并决定副调节器的正、反作用；然后再依据主、副过程的正、反形式最终确定主调节器的正、反作用方式。

由控制理论的知识可知，要使一个控制系统能够正常稳定运行，必须采用负反馈，即保证系统总的开环放大系数为正。对串级控制系统而言，主、副调节器正、反作用方式的选择结果同样要使整个系统为负反馈，即主回路各环节放大系数的乘积必须为正。各环节放大系数极性的确定与第 5 章单回路控制系统设计中的方法完全相同，这里不再重复。现以图 6-8 所示加热炉温度串级控制系统为例，说明主、副调节器正、反作用方式的确定过程。

从生产过程的安全性出发，燃料油调节阀选用气开式（K_v 为正），这是因为当控制系统一旦出现故障，调节阀必须全关，以便切断进入加热炉的燃料油，确保其设备安全；由工艺可知，当调节阀开度增大时，炉膛温度升高，故 K_{02} 为正；为保证副回路为负反馈，K_{c2} 应为正，即为反作用调节器；当炉膛温度升高时，加热炉出口温度也随之升高，故 K_{01} 也为正；

为保证主回路为负反馈，则 K_{c1} 应为正，即为反作用调节器。

主、副调节器正、反作用方式选择的各种可能情况见表 6-1。

表 6-1 主、副调节器正、反作用方式选择一览表

序号	K_{01}	K_{02}	K_v	K_{c2}	K_{c1}
1	正	正	正[①]	正	正[②]
2	正	正	负	负	正
3	负	负	正	负	负
4	负	负	负	正	负
5	负	正	正	正	正
6	负	正	正	负	负
7	正	负	正	负	正
8	正	负	负	正	正

① 当 K_v 为正时，调节阀为气开方式；当 K_v 为负时，调节阀为气关方式。

② 当 K_{c1} 为正时，调节器为反作用方式；当 K_{c1} 为负时，调节器为正作用方式。

6.1.5 串级控制系统的参数整定

串级控制系统的参数整定比单回路控制系统要复杂一些，这是因为两个调节器同串在一个系统中工作，不可避免地会产生相互影响。系统在运行过程中，主回路和副回路的工作频率是不同的。一般情况是副环的频率较高，主环的频率较低。工作频率的高低主要取决于被控过程的动态特性，但也与主、副调节器的整定参数有关。在整定时应尽量加大副调节器的增益，以提高副回路的工作频率，从而使主、副回路的工作频率尽可能错开，以减少相互间的影响。

串级控制系统调节器的参数整定，目前采用如下几种方法。

1. 逐步逼近整定法

逐步逼近整定法的步骤为：

1）在主回路开环、副回路闭环的情况下，先整定副调节器参数，即采用第 5 章中任意一种单回路调节器参数整定方法，求得副调节器的参数，记为 $[G_{c2}(s)]^1$。

2）将副回路等效成一个环节，并将主回路闭环，用相同的整定方法求得主调节器的参数，记为 $[G_{c1}(s)]^1$。

3）按以上两步所得结果，观察系统在 $[G_{c1}(s)]^1$、$[G_{c2}(s)]^1$ 作用下的过渡过程曲线，如已满足工艺要求，则 $[G_{c1}(s)]^1$、$[G_{c2}(s)]^1$ 即为所求的调节器参数；否则，在主回路闭合的情况下，再整定副调节器的参数，记为 $[G_{c2}(s)]^2$，观察系统在 $[G_{c1}(s)]^1$、$[G_{c2}(s)]^2$ 作用下的过渡过程曲线，如此反复进行，直到获得符合控制质量指标的调节器参数为止。该方法适用于主、副过程的时间常数相差不大，主、副回路的动态联系比较密切的情况，整定需要反复进行、逐步逼近，因而费时较多。

2. 两步整定法

当主、副过程时间常数相差较大时，可采用两步整定法。两步整定法的步骤为：

1）在主、副回路闭合的情况下，主调节器为比例调节，其比例度为 $\delta = 100\%$；先用

4:1衰减曲线法整定副调节器的参数，求得副回路在4:1衰减过程下的比例度 $[\delta_2]$ 和操作周期 $[T_2]$。

2）把副回路等效成一个环节，用相同的整定方法调整主调节器参数，求得主回路在4:1衰减过程下的比例度 $[\delta_1]$ 和操作周期 $[T_1]$。根据 $[\delta_2]$、$[T_2]$、$[\delta_1]$、$[T_1]$，按第5章中的有关经验公式求出主、副调节器的其他参数，如积分时间和微分时间等，然后再按照先副后主、先比例后积分再微分的次序将系统投入运行，并观察过渡过程曲线。必要时再进行适当的调整，直到系统的控制质量指标符合要求为止。该方法适用于主、副过程的时间常数之比 T_{01}/T_{02} 在 $3 \sim 10$ 范围内。由于主、副过程的时间常数相差较大，主、副回路的工作频率和操作周期差异也大，其动态联系小，因此，在副调节器参数整定后，可将副回路等效为主回路的一个环节，直接按单回路控制系统的整定方法整定主调节器的参数，而无需再去考虑主调节器的整定参数对副回路的影响。

3. 一步整定法

一步整定法的思路是：先根据副过程的特性或经验确定副调节器的参数，然后再按单回路控制系统的整定方法一步完成主调节器的参数整定。

理论研究表明，在过程特性不变的条件下，主、副调节器的放大系数在一定范围内可以任意匹配，即在 $0 < K_{c1}K_{c2} \le 0.5$ 的条件下，当主、副过程特性一定时，$K_{c1}K_{c2}$ 为一常数。一步整定法是该理论成果在主、副调节器参数整定中的应用。

一步整定法的具体步骤为：

1）当控制系统的主、副调节器均在比例作用下时，先根据 $K_{c1}K_{c2} \le 0.5$ 的约束条件或由经验确定 K_{c2}，并将其设置在副调节器上。

2）将副回路等效为一个环节，按照单回路控制系统的衰减曲线整定法，整定主调节器的参数。

3）观察控制过程，根据 K_{c1} 与 K_{c2} 在 $K_{c1}K_{c2} \le 0.5$ 的条件下可任意匹配的原则，适当调整主、副调节器的参数，使控制指标满足工艺要求。

4. 应用举例

在硝酸生产过程中，氧化炉是主要的生产设备。其中，炉温为被控参数，工艺要求较高，单回路控制不能满足要求，宜采用串级控制。根据工艺情况，可选择氨气流量为副参数，并允许在一定范围内变化。主调节器采用 PI 调节，副调节器则采用 P 调节。由于主、副过程动态联系较小，因而采用两步整定法整定主、副调节器的参数。具体整定步骤如下：

1）将主、副调节器均置于比例作用，主调节器的比例度 δ_1 为 100%，用 4:1 衰减曲线法整定副调节器参数，得 $\delta_{2s} = 32\%$，$T_{2s} = 15s$。

2）将副调节器的比例度置于32%，用相同的整定方法，将主调节器的比例度由大到小逐渐调节，得主调节器的 $\delta_{1s} = 50\%$，$T_{1s} = 7min$。

3）根据上述求得的参数，运用第5章中4:1衰减曲线法计算公式，计算出主、副调节器的整定参数为：

主调节器（温度调节器）的比例度为

$$\delta_1 = 1.2\delta_{1s} = 1.2 \times 50\% = 60\%$$

积分时间为

$$T_1 = 0.5T_{1s} = 3.5\text{min}$$

副调节器（流量调节器）的比例度为

$$\delta_2 = \delta_{2s} = 32\%$$

6.2　前馈控制系统

理想的过程控制要求被控参数在过程特性呈现大滞后（包括容量滞后和纯滞后）和多干扰的情况下，必须持续保持在工艺所要求的数值上。但是，反馈控制永远不能实现这种理想。这是因为，调节器只有在输入被控参数与给定值之差产生后才能发出控制指令。这就是说，系统在控制过程中必然存在偏差，因而不可能得到理想的控制效果。

与反馈控制不同，前馈控制直接按干扰大小进行控制。在理论上，前馈控制能实现理想的控制。

本节讨论前馈控制的特性、典型结构、设计原则及工业应用等问题。

6.2.1　前馈控制的基本概念

前馈控制又称干扰补偿控制。它与反馈控制不同，它是依据引起被控参数变化的干扰大小进行调节的。在这种控制系统中，当干扰刚刚出现而又能测出时，前馈调节器（亦称前馈补偿器）便发出调节信号使调节参数做相应的变化，使调节作用与干扰作用及时抵消于被控参数产生偏差之前。因此，前馈调节对干扰的克服要比反馈调节快。

图 6-16 是换热器物料出口温度的前馈控制流程图。如图所示，加热蒸汽通过换热器中排管的外表面，将热量传递给排管内部流过的被加热液体。热物料的出口温度用蒸汽管路上调节阀开度的大小进行调节。引起出口温度变化的干扰有冷物料的流量、初始温度和蒸汽压力等，其中最主要的干扰是冷物料的流量 q。

当冷物料的流量 q 发生变化时，热物料的出口温度 T 就会产生偏差。若采用反馈控制（如图中虚线所示），调节器只能等到 T 变化后才能动作，使蒸汽流量调节阀的开度产生变化以改变蒸汽的流量。此后，还要经过换热器的惯性滞后，才能使出口温度做相应变化以体现出调节效果。由此可见，从干扰出现到实现调节需要较长的时间，而较长时间的调节过程必然会导致出口温度产生较大的动态偏差。如果采用前馈控制，可直接根据冷物料流量的变化，通过前馈补偿器（图 6-16 中为 FC）使调节阀（如图中实线所示）产生控制动作，这样即可在出口温度尚未变化时就对流量 q 的变化进行预先的补偿，以便将出口温度的变化消灭在萌芽状态，实现理想控制。前馈控制系统的一般框图如图 6-17 所示。

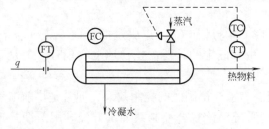

图 6-16　换热器物料出口温度前馈控制流程图

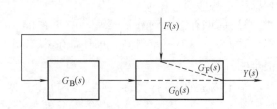

图 6-17　前馈控制系统的一般框图

由图 6-17 可知，干扰作用 $F(s)$ 一方面通过干扰通道的传递函数 $G_F(s)$ 产生干扰作用影响输出量 $Y(s)$，另一方面又通过前馈补偿器 $G_B(s)$、控制通道传递函数 $G_0(s)$ 产生补偿作用影响输出量 $Y(s)$。当补偿作用和干扰作用对输出量的影响大小相等、方向相反时，被控量 $Y(s)$ 就不会随干扰而变化。

由图 6-17 可以得出干扰 $F(s)$ 对输出 $Y(s)$ 的传递函数为

$$\frac{Y(s)}{F(s)} = G_F(s) + G_B(s)G_0(s) \tag{6-26}$$

若适当选择前馈补偿器的传递函数 $G_B(s)$，使 $G_F(s) + G_B(s)G_0(s) = 0$，即可使 $F(s)$ 对 $Y(s)$ 不产生任何影响，从而实现输出 $Y(s)$ 的完全不变性。实现输出 $Y(s)$ 完全不变性的条件为

$$G_B(s) = -\frac{G_F(s)}{G_0(s)} \tag{6-27}$$

6.2.2 前馈控制的特点及局限性

1. 前馈控制的特点

由图 6-17 不难得出前馈控制具有如下一些特点：

（1）前馈控制是一种开环控制 如图 6-16 所示，当测量到冷物料流量变化的信号后，通过前馈补偿器，其输出信号直接控制调节阀的开度，改变加热蒸汽的流量，以控制加热器出口温度，但控制的效果如何却不能得到检验。所以，前馈控制是一种开环控制。

（2）前馈控制比反馈控制及时 这是因为前者是在干扰刚刚出现时，即可通过前馈补偿器产生的补偿作用及时有效地抑制干扰对被控参数的影响，而后者则要等被控参数产生变化后才能产生控制作用，因而前者要比后者控制及时而有效。

（3）前馈补偿器为专用调节器 前馈补偿器的动态特性与常规 PID 的动态特性不同，它是由式（6-27）的过程特性所决定的。不同的过程特性，补偿器的动态特性是不同的，它是一个专用调节器。

2. 前馈控制的局限性

前馈控制虽然是克服干扰对输出影响的一种及时有效的方法，但实际上，它却做不到对干扰的完全补偿，这是因为：

1）前馈控制只能抑制可测干扰对被控参数的影响。对不可测的干扰则无法实现前馈控制。

2）在实际生产过程中，影响被控参数变化的干扰因素很多，不可能对每一个干扰设计和应用一套前馈补偿器。

3）前馈补偿器的数学模型是由过程的动特性 $G_F(s)$ 和 $G_0(s)$ 决定的，而 $G_F(s)$ 和 $G_0(s)$ 的精确模型很难得到；即使能够精确得到，由其确定的补偿器在物理上实现有时也是很难的。

鉴于以上原因，前馈控制往往不能单独使用。为了获得满意的控制效果，通常是将前馈控制与反馈控制相结合，组成前馈-反馈复合控制系统。该复合控制系统一方面利用前馈控制及时有效地减少干扰对被控参数的动态影响，另一方面则利用反馈控制使被控参数稳定在设定值上，从而保证系统有较高的控制质量。

6.2.3　静态补偿与动态补偿

1. 静态补偿

所谓静态补偿，是指前馈补偿器为静态特性，是由干扰通道的静态放大系数和控制通道的静态放大系数的比值所决定，即 $G_B(0) = -G_F(0)/G_0(0) = -K_B$。静态补偿的作用是使被控参数的静态偏差接近或等于零，而不考虑其动态偏差。

静态前馈补偿器的物理实现非常简单，只要用 DDZ-Ⅲ 型仪表中的比例调节器或比值器就能满足使用要求。在实际生产过程中，当干扰通道与控制通道的时间常数相差不大时，采用静态前馈补偿器，可以获得比较满意的控制效果。

例如，在图 6-16 所示的换热器前馈控制中，冷物料流量为主要干扰。要实现静态前馈控制，可按稳态时能量平衡关系写出其平衡方程式，即

$$q_0 H_0 = q_f c_p (T_2 - T_1) \tag{6-28}$$

式中，q_0 为加热蒸汽的流量；H_0 为蒸汽汽化潜热；q_f 为冷物料的流量；c_p 为冷物料的比热；T_1、T_2 分别为冷、热物料的温度。

由式 (6-28) 可得

$$T_2 = T_1 + \frac{q_0 H_0}{q_f c_p} \tag{6-29}$$

如果冷物料的温度 T_1 不变，则由式 (6-29) 可求得控制通道的静态放大系数为

$$K_0 = \frac{dT_2}{dq_0} = \frac{H_0}{q_f c_p}$$

而干扰通道的静态放大系数为

$$K_f = \frac{dT_2}{dq_f} = -\frac{q_0 H_0}{c_p} q_f^{-2} = -\frac{T_2 - T_1}{q_f}$$

所以有

$$K_B = -\frac{K_f}{K_0} = \frac{c_p (T_2 - T_1)}{H_0} \tag{6-30}$$

式 (6-30) 就是换热器静态前馈控制方案中前馈补偿器的静态特性。可见，该补偿器用比例调节器即可实现。

2. 动态前馈补偿器

如上所述，静态前馈补偿器的作用只能保证被控参数的静态偏差接近或等于零，而不能保证被控参数的动态偏差接近或等于零。当需要严格控制动态偏差时，则要采用动态前馈补偿器。

动态前馈补偿器必须根据过程干扰通道和控制通道的动态特性加以确定，即 $G_B(s) = -G_F(s)/G_0(s)$，由于 $G_F(s)$ 和 $G_0(s)$ 的精确模型很难得到，即使能够精确得到，有时在物理上也难以实现。鉴于动态前馈补偿器的结构比较复杂，只有当工艺要求控制质量特别高时，才需要采用动态前馈补偿控制方案。

6.2.4　前馈-反馈复合控制

图 6-18a 所示为换热器前馈-反馈复合控制系统流程图；图 6-18b 所示为前馈-反馈复合

控制系统框图。

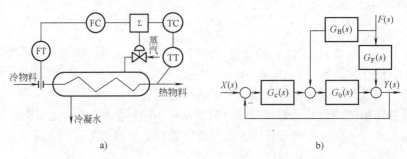

图 6-18 换热器前馈-反馈复合控制系统

a）流程图 b）框图

由图可见，当冷物料（生产负荷）发生变化时，前馈补偿器及时发出控制指令，补偿冷物料流量变化对换热器出口温度的影响；同时，对于未引入前馈的冷物料的温度、蒸汽压力等干扰对出口温度的影响，则由 PID 反馈控制来克服。前馈补偿作用加反馈控制作用，使得换热器的出口温度稳定在设定值上，获得了比较理想的控制效果。前馈-反馈复合控制的作用机理分析如下：

在前馈-反馈复合控制系统中，给定输入 $X(s)$ 与干扰输入 $F(s)$ 对系统输出 $Y(s)$ 的共同影响为

$$Y(s) = \frac{G_c(s)G_0(s)}{1 + G_c(s)G_0(s)}X(s) + \frac{G_F(s) + G_B(s)G_0(s)}{1 + G_c(s)G_0(s)}F(s) \qquad (6-31)$$

如果要实现对干扰 $F(s)$ 的完全补偿，则上式的第二项应为零，即

$$G_F(s) + G_B(s)G_0(s) = 0 \text{ 或 } G_B(s) = -G_F(s)/G_0(s)$$

可见，前馈-反馈复合控制系统对干扰 $F(s)$ 实现完全补偿的条件与开环前馈控制相同。所不同的是干扰对输出的影响却只有开环前馈控制的 $1/\left|1 + G_c(s)G_0(s)\right|$。这充分说明，经过前馈补偿后干扰对输出的影响已经大大减弱，再经过反馈控制则又进一步缩小了 $\left|1 + G_c(s)G_0(s)\right|$ 倍，这就充分体现了前馈-反馈复合控制的优越性。

此外，由式（6-31）可得复合控制系统的特征方程式为

$$1 + G_c(s)G_0(s) = 0 \qquad (6-32)$$

由式（6-32）可知，复合控制系统的特征方程式只与 $G_c(s)$、$G_0(s)$ 有关，而与 $G_B(s)$ 无关。这就表明加不加前馈补偿器与系统的稳定性无关，系统的稳定性完全由反馈控制回路决定。这一特点给系统设计带来很大方便，即在设计复合控制系统时，可以先根据系统要求的稳定储备和过渡过程品质指标设计反馈控制系统而暂不考虑前馈补偿器的设计。在反馈控制系统设计好后，再根据不变性原理设计前馈补偿器，从而完成最后的设计工作。

6.2.5 引入前馈控制的原则及应用实例

1. 引入前馈控制的原则

1）当系统中存在变化频率高、幅值大、可测而不可控的干扰、反馈控制又难以克服其

影响、工艺生产对被控参数的要求又十分严格时，为了改善和提高系统的控制品质，可以考虑引入前馈控制。

2）当过程控制通道的时间常数大于干扰通道的时间常数、反馈控制不及时而导致控制质量较差时，可以考虑引入前馈控制，以提高控制质量。

3）当主要干扰无法用串级控制使其包含于副回路或者副回路滞后过大，串级控制系统克服干扰的能力又较差时，可以考虑引入前馈控制以改善控制性能。

4）由于动态前馈补偿器的投资通常要高于静态前馈补偿器。所以，若静态前馈补偿能够达到工艺要求时，应尽可能采用静态前馈补偿而不采用动态前馈补偿。

2. 前馈-反馈复合控制系统的应用实例

前馈-反馈复合控制已广泛应用于石油、化工、电力、核能等各工业生产部门。下面举几个工业应用实例。

（1）蒸发过程的浓度控制　蒸发是借加热作用使溶液浓缩或使溶质析出的物理操作过程。它在轻工、化工等生产过程中得到广泛的应用，如造纸、制糖、海水淡化、制碱等，都要采用蒸发工艺。在蒸发过程中，对浓度的控制是必需的。下面以葡萄糖生产过程中蒸发器浓度控制为例，介绍前馈-反馈控制在蒸发过程中的应用。图 6-19 所示为葡萄糖生产过程中蒸发器浓度控制流程图。

如图所示，初蒸浓度为 50% 的葡萄糖液，用泵送入升降膜式蒸发器，经蒸汽加热蒸发至 73% 的葡萄糖液，然后送至下一道工序。由蒸发工艺可知，在给定压力下，溶液的浓度与溶液的沸点和水的沸点之差（即温差）有较好的单值对应关系，故以温差为间接质量指标作为被控参数以反映浓度的高低。

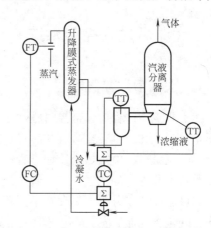

图 6-19　蒸发器浓度控制流程图

由图可见，影响温差（对应为葡萄糖液的浓度）的主要因素有：进料溶液的浓度、温度及流量，加热蒸汽的压力及流量等，其中对温差影响最大的是进料溶液的流量和加热蒸汽的流量。为此，采用以加热蒸汽流量为前馈信号、以温差为反馈信号、进料溶液为控制参数构成的前馈-反馈复合控制系统，经实际运行表明，该系统的控制质量能满足工艺要求。

（2）锅炉汽包水位控制　锅炉是火力发电工业中的重要设备。在锅炉的正常运行中，汽包水位是其重要的工艺指标。当汽包水位过高时，易使蒸汽带液，这不仅会降低蒸汽的质量和产量，而且还会导致汽轮机叶片的损坏；当水位过低时，轻则影响汽、水平衡，重则会使锅炉烧干而引起爆炸。所以必须严格控制水位在规定的工艺范围内。

锅炉汽包水位控制的主要任务是使给水量能适应蒸汽量的需要，并保持汽包水位在规定的工艺范围之内。显然，汽包水位是被控参数。引起汽包水位变化的主要因素为蒸汽用量和给水流量。蒸汽用量是负荷，随发电需要而变化，一般为不可控因素；给水流量则可以作为控制参数，以此构成锅炉汽包水位控制系统。但由于锅炉汽包在运行过程中常常会出现"虚假水位"，即在燃料量不变的情况下，当蒸汽用量（既负荷）突然增加时，会使汽包内的压

力突然降低，导致水的沸腾加剧，汽泡大量增加。由于汽泡的体积比同重量水的体积大得
多，结果形成了汽包内水位"升高"的假象。反之，当蒸汽用量突然减少时，由于汽包内蒸汽压力上升，水的沸腾程度降低，又导致汽包内水位"下降"的假象。无论上述哪种情况，均会引起汽包水位控制的误动作而影响控制效果。解决这一问题的有效办法之一是，将蒸汽流量作为前馈信号，汽包水位作为主被控参数，给水流量作为副被控参数，构成前馈-反馈串级控制系统，如图 6-20 所示。

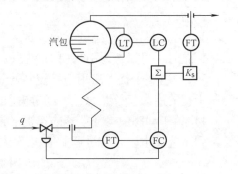

图 6-20　锅炉汽包水位前
馈-反馈串级控制系统

该系统不但能通过副回路及时克服给水压力这一很强的干扰，而且还能实现对蒸汽负荷的前馈补偿以克服"虚假"水位的影响，从而保证了锅炉汽包水位具有较高的控制质量，满足了工艺要求。

6.3　大滞后过程控制系统

6.3.1　大滞后过程概述

在工业生产过程中，被控过程除了具有容积滞后外，还存在不同程度的纯滞后。例如，在图 6-16 所示的换热器中，被控量是被加热物料的出口温度，而控制量是热介质，当改变热介质的流量后，由于热介质通过管道输送需要时间，因而对热物料出口温度的影响必然要产生滞后。此外，如化学反应、管道混合、皮带传送、轧辊传输、多个容器串联以及用分析仪表测量流体的成分等，都存在不同程度的纯滞后。一般说来，在大多数被控过程的动态特性中，既包含纯滞后 τ，又包含惯性常数 T，通常用 τ/T 的比值来衡量被控过程纯滞后的严重程度。若 $\tau/T < 0.3$，称为一般滞后过程；若 $\tau/T > 0.3$，则称之为大滞后过程。大滞后过程被公认为较难控制的过程。难于控制的主要原因分析如下：

1）由测量信号提供不及时而产生的纯滞后，会导致调节器发出的调节作用不及时，影响调节质量。

2）由控制介质的传输而产生的纯滞后，会导致执行器的调节动作不能及时影响调节效果。

3）纯滞后的存在使系统的开环相频特性的相角滞后随频率的增大而增大，从而使开环频率特性的中频段与（-1，j0）点的距离减小，结果导致闭环系统的稳定裕度下降。若要保证其稳定裕度不变，只能减小调节器的放大系数，同样导致调节质量的下降。

为了克服大纯滞后的不利影响，保证控制质量，一直是科学工作者研究的课题。目前已有的一些解决方案有：微分先行控制、中间反馈控制、史密斯预估控制和内模控制等。限于篇幅，这里只讨论史密斯预估控制和内模控制的有关内容。

6.3.2　史密斯预估控制

1. 史密斯预估控制

史密斯预估控制的基本思想是预先估计出被控过程的动态模型，然后设计一个预估器对

其进行补偿，使被滞后了 τ 时间的被控量提前反馈到调节器的输入端，使调节器提前动作，以减小超调和加速调节过程。其控制系统框图如图 6-21 所示。

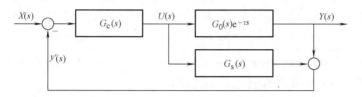

图 6-21　史密斯预估控制系统框图

图中，$G_0(s)$ 是被控过程无纯滞后环节 $e^{-\tau s}$ 的传递函数；$G_s(s)$ 是史密斯预估器的传递函数。假如没有此预估器，则由调节器输出 $U(s)$ 到被控量 $Y(s)$ 之间的传递函数为

$$\frac{Y(s)}{U(s)} = G_0(s)e^{-\tau s} \tag{6-33}$$

式（6-33）表明，受到调节作用的被控量要经过纯滞后时间 τ 之后才能反馈到调节器的输入端，这就导致调节作用不及时。此外，系统的闭环传递函数为

$$\frac{Y(s)}{X(s)} = \frac{G_c(s)G_0(s)e^{-\tau s}}{1 + G_c(s)G_0(s)e^{-\tau s}} \tag{6-34}$$

由式（6-34）可见，闭环特征方程式中含有 $e^{-\tau s}$ 项，这会对系统的稳定性产生不利影响。当采用史密斯预估器 $G_s(s)$ 以后，调节量 $U(s)$ 与反馈到调节器输入端的信号 $Y'(s)$ 之间的传递函数则为

$$\frac{Y'(s)}{U(s)} = G_0(s)e^{-\tau s} + G_s(s) \tag{6-35}$$

为使调节器接收的反馈信号 $Y'(s)$ 与调节量 $U(s)$ 不存在纯滞后时间 τ，则要求式（6-35）为

$$\frac{Y'(s)}{U(s)} = G_0(s)e^{-\tau s} + G_s(s) = G_0(s)$$

由此可得预估器 $G_s(s)$ 的传递函数为

$$G_s(s) = G_0(s)(1 - e^{-\tau s}) \tag{6-36}$$

式（6-36）表示的预估器称为史密斯预估器。史密斯预估控制系统的实施框图如图 6-22 所示。

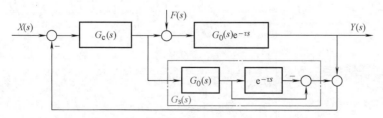

图 6-22　史密斯预估控制系统的实施框图

由图 6-22 导出系统的闭环传递函数为

$$\frac{Y(s)}{X(s)} = \frac{G_c(s)G_0(s)e^{-\tau s}/[1+G_c(s)G_s(s)]}{1+G_c(s)G_0(s)e^{-\tau s}/[1+G_c(s)G_s(s)]} = \frac{G_c(s)G_0(s)e^{-\tau s}}{1+G_c(s)G_s(s)+G_c(s)G_0(s)e^{-\tau s}}$$

$$= \frac{G_c(s)G_0(s)e^{-\tau s}}{1+G_c(s)G_0(s)(1-e^{-\tau s})+G_c(s)G_0(s)e^{-\tau s}} = \frac{G_c(s)G_0(s)e^{-\tau s}}{1+G_c(s)G_0(s)} \tag{6-37}$$

由式（6-37）可见，史密斯预估控制的闭环特征方程式中已没有 $e^{-\tau s}$ 项。换句话说，该系统与原系统相比已消除了纯滞后对系统稳定性的影响。

2. 仿真实例

对一阶惯性加纯滞后的过程，分别进行单回路控制和史密斯预估器控制。设过程参数 $K_0 = 2$，$\tau = 4$，$T_0 = 4$，当调节器参数 $K_c = 20$，$T_1 = 1$ 时，系统在设定值干扰 [设 $X =$

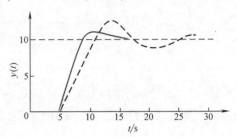

图 6-23 两种控制方案在设定值阶跃干扰下的输出仿真曲线

$10 \times 1(t)$] 下的输出仿真曲线如图 6-23 所示。其中实线是史密斯预估控制的仿真曲线，其超调量小于 10%，调节时间约为 8s，与单回路控制（图中虚线所示）相比，控制效果有明显改善。

6.3.3 改进型史密斯预估控制

从史密斯预估控制的原理可知，预估器模型完全取决于被控过程的特性。如果被控过程的特性不能精确得到，则难以获得预期的控制效果。为了克服这一缺点，很多科学工作者先后提出了一些改进方案，其中最具代表性的有增益自适应和动态参数自适应预估控制。

1. 增益自适应预估控制

增益自适应预估控制是由贾尔斯（R. F. Giles）和巴特利

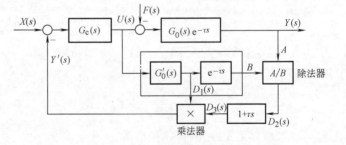

图 6-24 增益自适应预估控制结构框图

（T. M. Bartley）在史密斯预估控制的基础上提出的。其结构框图如图 6-24 所示。

图中

$$\begin{cases} U(s) = G_c(s)[X(s) - Y'(s)] \\ Y'(s) = D_1(s)D_3(s) \\ D_1(s) = G_0'(s)U(s) \\ D_3(s) = (1+\tau s)D_2(s) \\ D_2(s) = A/B \\ A = Y(s) = U(s)G_0(s)e^{-\tau s} \end{cases} \tag{6-38}$$

当 $G_0'(s) = G_0(s)$ 时，A/B 的输出 $D_2(s) \equiv 1$，此时，$D_3(s) \equiv 1$，图 6-24 可以等效为图 6-25 所示的预估控制。

由图 6-26 可见，当预估器模型准确地复现过程特性时，便可获得式（6-37）的预估控制效果；当预估器模型与过程特性存在差异时，$D_2(s)$ 随时间变化，通过 $(\tau s + 1)$ 超前环节，产生超前校正作用，使调节器提

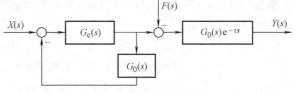

图 6-25　理想情况下的预估控制结构框图

前动作，从而可以减小超调量和加快调节过程，达到增益自适应预估控制的目的。上述分析表明，增益自适应预估控制较之传统的史密斯预估控制，具有更好的控制性能。

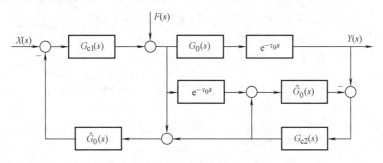

图 6-26　动态参数自适应预估控制结构框图

2. 动态参数自适应预估控制

动态参数自适应预估控制是由 C. C. Hang 提出的又一种改进型史密斯预估控制方案。它比史密斯预估控制方案多了一个调节器 $C_{c2}(s)$，其结构框图如图 6-26 所示。$\hat{G}_0(s)$ 为不含纯滞后的估计模型。图 6-26 可等效变换为图 6-27。

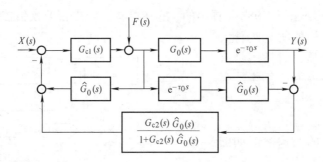

图 6-27　图 6-26 的等效框图

由图 6-27 可见，它与史密斯预估控制方案的主要区别在于主反馈回路，其反馈通道传递函数不是 1 而是 $G_F(s)$，即

$$G_F(s) = \frac{G_{c2}(s)\hat{G}_0(s)}{1 + G_{c2}(s)\hat{G}_0(s)} \tag{6-39}$$

当模型完全准确($\hat{G}_0(s) = G_0(s)$)时，主反馈信号为零，其控制效果与图 6-25 所示的史密斯预估控制的效果完全一样；当估计模型的动态参数不等于实际模型的动态参数时，主反馈信号将随之产生动态变化，但由于此动态变化信号需经过 $G_F(s)$（常设计成参数可调的惯性滤波器），而不是直接反馈到调节器 $G_{c1}(s)$ 的输入端，通过适当设计 $G_F(s)$，即可降低模型精度的敏感性，增强适应能力。现举例说明 $G_F(s)$ 的设计方法。

为保证系统输出响应无静差，设两个调节器均为 PI 调节器。其中 $G_{c1}(s)$ 可按模型完全准确时的情况整定。$G_{c2}(s)$ 可按过程的具体情况进行设计。假设 $\hat{G}_0(s)$ 为一阶惯性环节，设 $\hat{G}_0(s) = \dfrac{\hat{K}_0}{\hat{T}_0 s + 1}$，$G_{c2}(s)$ 的积分时间常数与 $\hat{G}_0(s)$ 的时间常数相等，即 $T_{c2} = \hat{T}_0$，则有

$$
G_F(s) = \frac{G_{c2}(s)\hat{G}_0(s)}{1 + G_{c2}(s)\hat{G}_0(s)} = \frac{K_{c2}\left(1 + \dfrac{1}{T_{c2}s}\right)\left(\dfrac{\hat{K}_0}{\hat{T}_0 s + 1}\right)}{1 + K_{c2}\left(1 + \dfrac{1}{T_{c2}s}\right)\left(\dfrac{\hat{K}_0}{\hat{T}_0 s + 1}\right)}
$$

$$
= \frac{K_{c2}\hat{K}_0}{\hat{T}_0 s + K_{c2}\hat{K}_0} = \frac{1}{\dfrac{\hat{T}_0}{K_{c2}\hat{K}_0}s + 1} = \frac{1}{T_F s + 1} \tag{6-40}
$$

式（6-40）表示 $G_F(s)$ 为一阶惯性滤波器，对其只需在线调整参数 K_{c2} 即可根据需要得到 T_F，以此来适应动态参数变化所造成的不利影响。

最后需要说明的是，史密斯预估控制的改进方案远不止上述两种，但至今仍无一个通用的行之有效的方法，有关克服大滞后的控制策略仍在研究发展之中。

6.3.4　内模控制

内模控制是由 Garcia 于 1982 年提出的，它在结构上与史密斯预估控制相似。它不但与史密斯预估控制一样能明显改善大滞后过程的控制品质，而且还具有设计简单、调节性能好、鲁棒性强等优点。

1. 内模控制系统的结构

内模控制系统的结构框图如图 6-28 所示。

图中，$G_0(s)$ 为被控过程的实

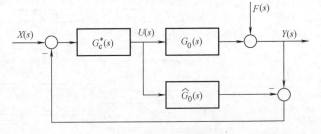

图 6-28　内模控制系统的结构框图

际动态特性；$\hat{G}_0(s)$ 为被控过程的估计模型（也称内部模型）；$G_c^*(s)$ 为内模控制器。由图 6-28 可得内模控制系统的输出 $Y(s)$ 为

$$
Y(s) = \frac{G_c^*(s)G_0(s)}{1 + G_c^*(s)[G_0(s) - \hat{G}_0(s)]}X(s) + \frac{1 - G_c^*(s)\hat{G}_0(s)}{1 + G_c^*(s)[G_0(s) - \hat{G}_0(s)]}F(s) \tag{6-41}
$$

内模控制系统的核心问题是如何设计内模控制器。它的基本思想是，先在理想的情况下

设计一个理想控制器，然后再考虑实际情况，设计实用的控制器。

2. 理想内模控制器

假设模型没有误差，即 $\hat{G}_0(s) = G_0(s)$，则式(6-41)可简化为

$$Y(s) = G_c^*(s)G_0(s)X(s) + [1 - G_c^*(s)\hat{G}_0(s)]F(s) \tag{6-42}$$

当 $X(s) = 0$，$F(s) \neq 0$ 时，则有

$$Y(s) = [1 - G_c^*(s)\hat{G}_0(s)]F(s) \tag{6-43}$$

假设模型"可倒"，即 $\dfrac{1}{\hat{G}_0(s)}$ 存在且能物理实现，令

$$G_c^*(s) = \frac{1}{\hat{G}_0(s)} \tag{6-44}$$

则有

$$Y(s) = 0 \tag{6-45}$$

可见，当模型没有误差且"可倒"时，不管干扰 $F(s)$ 如何，该控制器均能克服干扰对系统的影响。

同样，当 $X(s) \neq 0$，$F(s) = 0$ 时，则有

$$Y(s) = G_c^*(s)G_0(s)X(s) = \frac{1}{\hat{G}_0(s)}G_0(s)X(s) = X(s) \tag{6-46}$$

式（6-46）表明，当模型没有误差且"可倒"时，内模控制器可确保系统输出完全能够跟踪设定值输入的变化。

3. 实际内模控制器

式（6-44）所示的控制器是在假定模型不存在误差且"可倒"的情况下设计的内模控制器，因而称其为理想内模控制器。但在实际工作中，模型和实际过程总会存在误差；此外，模型 $\hat{G}_0(s)$ 的倒数有时还会出现物理不可实现的情况。例如，当 $\hat{G}_0(s)$ 中包含有纯滞后环节或零点在 S 右半平面的非最小相位环节时，其倒数要么在物理上难以实现，要么是不稳定环节，均不能使用。

针对上述情况，在设计内模控制器时，先将内部模型分解为两个因式的乘积，即令

$$\hat{G}_0(s) = \hat{G}_{0+}\hat{G}_{0-} \tag{6-47}$$

式中，$\hat{G}_{0+}$ 包含了所有纯滞后和在 S 右半平面存在零点的环节，且规定静态增益为1。令

$$G_c^*(s) = \frac{D(s)}{\hat{G}_{0-}} \tag{6-48}$$

式中，$D(s)$ 是静态增益为1的低通滤波器，其典型结构为

$$D(s) = \frac{1}{(Ts+1)^p} \tag{6-49}$$

式中，T 为所希望的闭环时间常数；p 为一正整数。通过选择 p 的大小，可使 $G_c^*(s)$ 的分母阶次大于或等于分子的阶次，从而保证 $G_c^*(s)$ 既稳定又可物理实现。需要指出的是，式（6-48）所示控制器是基于零、极点相消的原理设计的，当 $\hat{G}_0(s)$ 为不稳定过程（在 S 右半平面有极点）时，这种设计方法则不能采用。

假设模型没有误差，将式（6-47）、式（6-48）代入式（6-42），可得

$$Y(s) = \hat{G}_{0+}(s)D(s)X(s) + [1 - D(s)\hat{G}_{0+}(s)]F(s) \qquad (6-50)$$

设定值变化[设 $F(s) = 0$]时的闭环传递函数为

$$\frac{Y(s)}{X(s)} = G_{0+}(s)D(s) = G_{0+}(s)\frac{1}{(Ts+1)^p} \qquad (6-51)$$

上式表明，滤波器 $D(s)$ 与闭环性能有密切的关系。滤波器中的时间常数 T 是可调参数。时间常数越小，则输出对设定值的跟踪滞后也越小。但当模型存在误差时，由式（6-51）可知，时间常数越小，对模型误差就越敏感，系统的鲁棒性会变差。所以对具体系统而言，滤波器时间常数的取值应在兼顾动态性能和系统鲁棒性之间折中选择。

总之，内模控制系统在结构上与史密斯预估控制系统相似，与其相比更具一般性。它不仅可以解决大滞后过程的控制问题，而且还可通过滤波器的参数调整以增强系统的鲁棒性，这是它比史密斯预估控制的优越之处。然而，由于它对过程模型同样有较强的依赖性，所以它在工业生产过程中的应用也同样受到了限制。

4. 内模控制与反馈控制的关系

对图 6-28 的内模控制框图做等效变换，可得图 6-29。

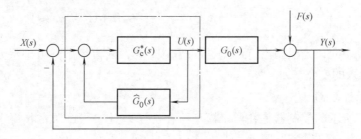

图 6-29　内模控制的等效框图

若令图 6-29 中点画线框的传递函数等效为 $G_c(s)$，则

$$G_c(s) = \frac{G_c^*(s)}{1 - G_c^*(s)\hat{G}_0(s)} \qquad (6-52)$$

将式（6-48）代入式（6-52），可得

$$G_c(s) = \frac{\dfrac{D(s)}{\hat{G}_{0-}}}{1 - \dfrac{D(s)}{\hat{G}_{0-}}\hat{G}_0(s)} \qquad (6-53)$$

当 $s = 0$，$D(0) = 1$，且 $\hat{G}_{0-}(s) = \hat{G}_0(s)$ 时，则有

$$D_c(s)\big|_{s=0} = \infty \qquad (6-54)$$

式（6-54）的意义是控制器 $G_c(s)$ 的零频增益为无穷大。由控制理论可知，零频增益为无穷大的反馈控制器可以消除由外界阶跃干扰引起的余差。这表明内模控制器 $G_c^*(s)$ 本身没有积分功能，但它的控制结构保证了整个内模控制可以消除稳态误差。有关内模控制的

更详细内容，限于篇幅，不再叙述。有兴趣的读者，请参阅有关文献。

<h2 style="text-align:center">思考题与习题</h2>

1. 基本练习题

（1）与单回路控制系统相比，串级控制系统有什么结构特点？

（2）前馈控制与反馈控制各有什么特点？为什么采用前馈-反馈控制系统能改善控制品质？

（3）前馈控制系统有哪些典型结构形式？什么是静态前馈和动态前馈？

（4）单纯前馈控制在生产过程控制中为什么很少采用？

（5）简述前馈控制系统的选用原则和前馈控制系统的设计。

（6）试分析大纯滞后过程对系统控制品质的不利影响。

（7）Smith 预估控制方案能否改善或消除过程大滞后对系统品质的不利影响？为什么？

（8）能否将串级控制系统中的副回路视为放大系数为"正"的环节？为什么？

（9）串级控制系统主调节器正、反作用的确定是否只取决于主被控过程放大系数的符号而与其他环节无关？为什么？

（10）试举例说明在串级控制系统中，主调节器的正、反作用选错所造成的危害，副调节器的正、反作用选错后又会如何？

（11）在图 6-8 所示加热炉原油出口温度与炉膛温度串级控制系统中，工艺要求一旦发生重大事故应立即切断燃料油的供应。要求：

1）画出控制系统的框图。

2）确定调节阀的气开、气关形式。

3）确定主、副调节器的正、反作用方式。

（12）图 6-30 所示为精馏塔塔釜温度与蒸汽流量的串级控制系统。生产工艺要求一旦发生事故应立即停止蒸汽的供应。要求：

1）画出控制系统的框图。

2）确定调节阀的气开、气关形式。

3）确定主、副调节器的正、反作用方式。

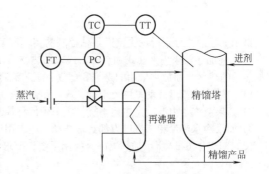

（13）在设计某一个串级控制系统时，主调节器采用 PID 调节规律，副调节器采用 P 调节规律。按4:1衰减曲线法已经测得：

$\delta_{2s} = 44\%$，$T_{2s} = 20s$；$\delta_{1s} = 80\%$，$T_{1s} = 10min$

请采用两步整定法求主、副调节器的整定参数。

图 6-30　温度-流量串级控制系统

（14）已知某串级控制系统在4:1衰减比的条件下测得过程的参数为 $\delta_{1s} = 8\%$，$\delta_{2s} = 42\%$，$T_{1s} = 120s$，$T_{2s} = 8s$，若该系统的主调节器采用 PID 调节规律，副调节器采用 P 调节规律。请采用两步整定法求主、副调节器的整定参数。

2. 综合练习题

（1）已知某一前馈-反馈控制系统，其过程控制通道的传递函数为

$$G_0(s) = \frac{K_0}{(T_{01}s+1)(T_{02}s+1)} e^{-\tau_0 s}$$

干扰通道的传递函数为

$$G_f(s) = \frac{K_f}{(T_f s+1)(T_{02}s+1)} e^{-\tau_f s}$$

试写出前馈调节器的传递函数，并讨论其实现的可能性。

（2）在史密斯预估控制方案中存在的主要问题是什么？目前有哪些改进方案？

（3）一个带有史密斯预估器的系统如图 6-22 所示，在干扰 $F(s)$ 发生变化时，预估器能否消除大滞后对系统的不利影响？为什么？

（4）在图 6-30 所示的温度-流量串级控制系统中，如果进料流量 F 波动较大，试设计一个前馈-串级复合控制系统，已知系统中有关传递函数为

$$G_{01}(s) = \frac{K_{01}e^{-\tau_0 s}}{(T_{01}s+1)(T_{02}s+1)} \qquad G_{02}(s) = K_{02} \qquad G_f(s) = \frac{K_f e^{-\tau_f s}}{T_f s + 1}$$

试画出此复合控制系统的传递函数框图，并写出前馈调节器的传递函数，讨论其实现的可能性。

（5）已知系统被控过程的传递函数为

$$G_0(s) = \frac{K_0 e^{-\tau s}}{T_0 s + 1} = \frac{e^{-10s}}{(5s+1)^2}$$

可以求得史密斯预估控制器的传递函数为

$$G_s(s) = \frac{1}{(5s+1)^2}(1 - e^{-10s})$$

试用 MATLAB 语言编写程序，分别对 PID 控制系统和带有史密斯预估器的控制系统进行仿真，画出其仿真波形，并比较它们的控制性能。

3. 设计题

（1）已知 $e^{-\tau s}$ 的帕德一阶近似式和帕德二阶近似式分别为

$$e^{-\tau s} = \frac{1 - \frac{\tau}{2}s}{1 + \frac{\tau}{2}s}$$

和

$$e^{-\tau s} = \frac{1 - \frac{\tau}{2}s + \frac{\tau^2}{2}s^2}{1 + \frac{\tau}{2}s + \frac{\tau^2}{2}s^2}$$

试用上述两式分别讨论史密斯预估控制的实现方案。

（2）某加热器采用夹套式加热的方式来加热物料。物料温度要求严格加以控制。夹套通入的是由加热器加热后的热水，而加热采用的是饱和蒸汽。工艺流程如图 6-31 所示。要求：

1）如果冷水流量波动是主要干扰，应采用何种控制方案？为什么？

2）如果蒸汽压力波动是主要干扰，应采用何种控制方案？为什么？

3）如果冷水流量和蒸汽压力都经常波动，应采用何种控制方案？为什么？

（3）对于图 6-32 所示加热器串级控制系统，要求：

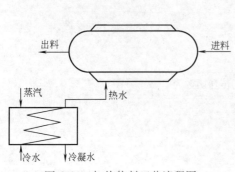

图 6-31　加热物料工艺流程图

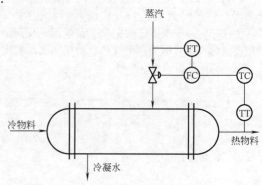

图 6-32　加热器串级控制系统

1）画出控制系统的框图。

2）若工艺要求加热器的温度不能过高，试确定调节阀的气开、气关形式。

3）确定主、副调节器的正、反作用方式。

4）当蒸汽压力或冷物料流量突然增加时，分别简述控制系统的控制过程。

（4）图 6-33 所示为污水处理过程示意图，工艺要求清水池水位需稳定在某一高度。其中污水流量经常波动，是诸多干扰中最主要的干扰。试设计一个控制系统，要求：

1）画出控制系统流程图与框图。

2）为了保证清水的处理质量，试确定调节阀的气开、气关形式。

3）确定各调节器的正、反作用。

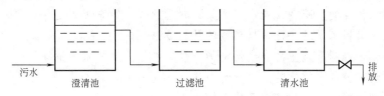

图 6-33　污水处理过程示意图

（5）已知系统被控过程的传递函数为

$$G_0(s) = \frac{K_0 e^{-\tau s}}{(T_{01}s+1)(T_{02}s+1)}$$

试分别用原史密斯预估控制方案和增益自适应预估控制方案对其进行仿真，画出仿真波形，并比较其控制性能。

（6）假设过程的传递函数和模型的传递函数为

$$G_0(s) = \frac{4e^{-20s}}{(20s+1)} \qquad G_0'(s) = \frac{4e^{-15s}}{(20s+1)}$$

试分别用原史密斯预估控制方案和参数自适应预估控制方案对其进行仿真，画出设定值干扰和负荷干扰下的仿真波形，并比较其控制性能。

第7章 实现特殊工艺要求的过程控制系统

--- 教学内容与学习要求 --------------------------------------

　　本章主要介绍实现特殊工艺要求的过程控制系统，它们分别为比值控制系统、均匀控制系统、分程控制系统和自动选择性控制系统。学完本章后，应能达到如下要求：

　　1）了解比值控制系统的工业应用背景，熟悉比值控制系统的结构类型。

　　2）掌握比值控制系统中比值器参数的计算方法。

　　3）了解比值控制系统中的非线性补偿、动态补偿以及实施方案等。

　　4）了解均匀控制系统的特点及设计方法。

　　5）了解分程控制系统的特点及应用场合。

　　6）了解自动选择性控制系统的特点及应用场合。

7.1 比值控制系统

7.1.1 比值控制概述

　　在现代工业生产过程中，常常要求两种或两种以上的物料流量成一定比例关系。如果比例失调，则会影响生产的正常进行，或者影响产品的产量与质量，浪费原材料，造成环境污染，甚至发生生产事故。例如，在工业锅炉的燃烧过程中，需要自动保持燃料量和空气量按一定比例混合后送入炉膛，以确保燃烧的效率；又如，在制药生产过程中，要求将药物和注入剂按规定比例混合，以保证药品的有效成分；再如，在硝酸生产过程中，进入氧化炉的氨气和空气的流量要有合适的比例，否则会产生不必要的浪费。总之，为了实现如上所述的种种要求，需要设计一种特殊的过程控制系统，即比值控制系统。由此可见，所谓比值控制系统，简单地说，就是使一种物料随另一种物料按一定比例变化的控制系统。在比值控制系统中，需要保持比值的两种物料必有一种处于主导地位，这种物料通常被称为主动物料或主流量，用 q_1 表示。通常情况下，将生产中主要物料的流量或不可控物料的流量作为主流量，而将随主流量的变化而变化的其他物料流量，称之为从动流量或副流量，用 q_2 表示。比值控制系统就是要实现副流量和主流量成一定的比例关系，即满足 $q_2/q_1 = K$，K 为副流量和主流量的比值。现将常用的几种比值控制系统做简要介绍。

　　1. 开环比值控制系统

　　图 7-1 所示为开环比值控制系统流程图。如图所示，在稳定工况下，两种物料的流量应满足 $q_2 = Kq_1$ 的要求。该系统的优点是结构简单，投资较少。其缺点是副流量无抗干扰能力，即当从动物料管线

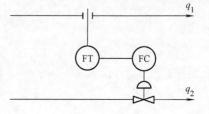

图 7-1　开环比值控制系统流程图

的压力改变时，就保证不了所要求的比值。所以这种开环比值控制系统只适用于从动物料管线压力比较稳定，对比值的控制精度要求不高的场合。

2. 单闭环比值控制系统

为了克服开环比值控制系统的缺点，在开环比值控制的基础上，对副流量实施闭环控制，组成如图 7-2 所示的单闭环比值控制系统。

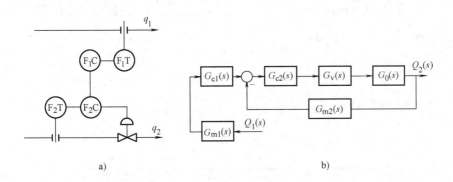

图 7-2　单闭环比值控制系统

a）控制流程图　b）系统框图

由图可见，当主流量 q_1 受到干扰而变化时，其流量信号经变送器送到比值运算器 $G_{c1}(s)$，比值运算器则按预先设置的比值系数使输出成比例地变化，即成比例地改变副调节器 $G_{c2}(s)$ 的给定值，使副流量 q_2 跟随主流量 q_1 变化，从而保证原设定的比值不变。当主、副流量同时受到干扰而变化时，调节器 $G_{c2}(s)$ 在克服副流量干扰的同时，又根据新的给定值（由 q_1 的变化而引起）改变调节阀的开度，使主、副流量稳定在新的流量数值上，仍可保持其不变的比值关系。可见，该系统既能确保主、副两个流量的比值不变，又使副流量具有抗干扰能力，且系统的结构又较简单，所以在工业生产过程自动化中应用较广。单闭环比值控制系统的缺点是因主流量不受控制而不能保证总流量（$q_1 + q_2$）不变，这对于负荷变化较大的化学反应过程是不适宜的，这是因为总流量的改变会给化学反应过程带来一定的影响。

3. 双闭环比值控制系统

为了克服单闭环比值控制系统对主流量不受控制所存在的不足，在单闭环控制的基础上，又设计了如图 7-3 所示的双闭环比值控制系统。该系统是由主流量控制回路、副流量控制回路和比值器连接而成。其中，主流量控制回路是为了克服对主流量的干扰，实现定值控制；而副流量控制回路是为了抑制作用于副回路的干扰，从而使主、副流量既能保持一定的比值，又能使总物料量保持平稳。因此，在工业生产过程中，当要求总的物料变化比较平稳时，可以采用这种控制方案。不过，该控制方案所用仪表较多，投资较高。

4. 变比值控制系统

在有些生产过程中，存在两种物料流量的比值随第三个工艺参数的变化而变化的情况。为了满足这种工艺要求，又设计了变比值控制系统。图 7-4 为基于除法器的变比值控制系统框图。

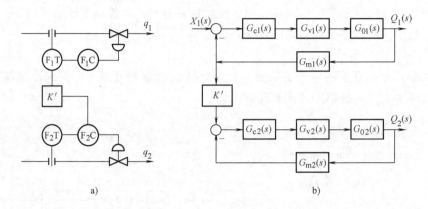

图 7-3 双闭环比值控制系统

a) 控制流程图 b) 系统框图

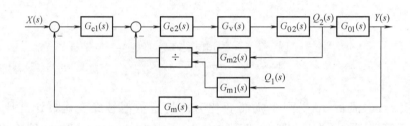

图 7-4 变比值控制系统框图

由图可见，变比值控制系统实际上是一个以第三参数为主被控参数、以两个流量之比为副被控参数所组成的串级控制系统。当系统处于稳态时，$G_{c1}(s)$ 输出不变，主、副流量的比值也不变，主参数符合工艺要求，产品质量合格；当系统受到干扰时，虽然通过单闭环比值控制回路（相当于串级控制的副回路），保证了 q_1 与 q_2 的比值一定，却不能保证总流量不变。一旦总流量发生变化，会导致主被控参数偏离设定值，由于 $G_{c1}(s)$ 的调节作用，修正了 $G_{c2}(s)$ 的设定值，相当于系统在新的比值上使总流量保持稳定，这就是所谓变比值控制的由来。

图 7-5 为硝酸生产过程中氧化炉温度串级-比值控制流程图。图中氨气和空气混合后进入氧化炉中，在铂触媒的作用下进行氧化反应。该反应为放热反应，反应温度必须严格控制在（84 ±5）℃，而影响温度的主要因素是氨气和空气的比值。因此，当温度受到干扰而变化时，通过改变氨气流量进行补偿，也即通过改变氨气与空气的比值进行补偿，为此设计了以氧化炉中的反应温度

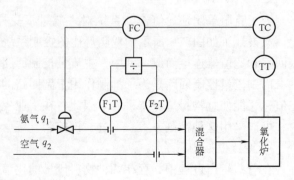

图 7-5 氧化炉温度串级-比值控制流程图

为主参数，氨气与空气之比为副参数的串级-比值控制系统，即变比值控制系统。

7.1.2　比值控制系统的设计

比值控制系统的设计与单回路控制系统的设计既有相同之处，也有不同之处。这里只讨论它的不同之处。

1. 比值器参数 K' 的计算

如上所述，比值控制是解决不同物料流量之间的比例关系问题。工艺要求的比值系数 K，是不同物料之间的体积流量或重量流量之比，而比值器参数 K'，则是仪表的读数，一般情况下，它与实际物料流量的比值 K 并不相等。因此，在设计比值控制系统时，必须根据工艺要求的比值系数 K 计算出比值器参数 K'。当使用单元组合仪表时，因输入-输出参数均为统一标准信号，所以，比值器参数 K' 必须由实际物料流量的比值系数 K 折算成仪表的标准统一信号。以下分两种情况进行讨论。

（1）流量与检测信号呈非线性关系　当采用差压式流量传感器（如孔板）测量流量时，差压与流量的二次方成正比，即

$$q = C\sqrt{\Delta p} \tag{7-1}$$

式中，C 为差压式流量传感器的比例系数。

当物料流量从 0 变化到 Δq_{max} 时，差压则从 0 变化到 Δp_{max}。相应地，变送器的输出则由 4mA DC 变化到 20mA DC（对 DDZ-Ⅲ型仪表而言）。此时，任何一个流量值 q_1 或 q_2 所对应的变送器的输出电流信号 I_1 和 I_2 应为

$$\begin{cases} I_1 = \dfrac{q_1^2}{q_{1max}^2} \times 16\text{mA} + 4\text{mA} \\[3mm] I_2 = \dfrac{q_2^2}{q_{2max}^2} \times 16\text{mA} + 4\text{mA} \end{cases} \tag{7-2}$$

式中，q_1 为主流量的体积流量或重量流量；q_2 为副流量的体积流量或重量流量；q_{1max} 为测量 q_1 所用变送器的最大量程；q_{2max} 为测量 q_2 所用变送器的最大量程；I_1、I_2 分别为测量 q_1、q_2 时所用变送器的输出电流(mA)。

由于生产工艺要求 $K = \dfrac{q_2}{q_1}$，则 $K^2 = \dfrac{q_2^2}{q_1^2}$，根据式（7-2），则有

$$K^2 = \frac{q_2^2}{q_1^2} = \frac{q_{2max}^2 (I_2 - 4\text{mA})}{q_{1max}^2 (I_1 - 4\text{mA})} = \frac{q_{2max}^2}{q_{1max}^2} K'$$

由此可得

$$K' = \left(K \frac{q_{1max}}{q_{2max}} \right)^2 = \frac{I_2 - 4\text{mA}}{I_1 - 4\text{mA}} \tag{7-3}$$

式（7-3）所示即为比值器的参数。上式表明，当物料流量的比值 K 一定、流量与其检测信

号呈二次方关系时，比值器的参数与物料流量的实际比值和最大值之比的乘积也呈二次方关系。

（2）流量与检测信号呈线性关系 为了使流量与检测信号呈线性关系，在系统设计时，可在差压变送器之后串接一个开方器，比值器参数的计算则与上述不同。设开方器的输出为 I'，I' 与 q 的线性关系为

$$\begin{cases} I_1' = \dfrac{q_1}{q_{1max}} \times 16mA + 4mA \\[3mm] I_2' = \dfrac{q_2}{q_{2max}} \times 16mA + 4mA \end{cases} \quad (7\text{-}4)$$

进而有

$$K = \frac{q_2}{q_1} = \frac{q_{2max}}{q_{1max}} \frac{(I_2' - 4mA)}{(I_1' - 4mA)} = \frac{q_{2max}}{q_{1max}} K'$$

即

$$K' = K \frac{q_{1max}}{q_{2max}} = \frac{I_2' - 4mA}{I_1' - 4mA} \quad (7\text{-}5)$$

由式（7-5）可知，当物料流量的比值 K 一定、流量与其测量信号呈线性关系时，比值器的参数与物料流量的实际比值和最大值之比的乘积也呈线性关系。

（3）实例计算

例 7-1 已知某比值控制系统，采用孔板和差压变送器测量主、副流量，主流量变送器的最大量程为 $q_{1max} = 12.5m^3/h$，副流量变送器的最大量程为 $q_{2max} = 20m^3/h$，生产工艺要求 $q_2/q_1 = K = 1.4$，试计算：

1）不加开方器时，DDZ-Ⅲ型仪表的比值系数 K'。

2）加开方器后，DDZ-Ⅲ型仪表的比值系数 K'。

解 根据题意，当不加开方器时，可采用式（7-3）计算仪表的比值系数 K'，即

$$K' = K^2 q_{1max}^2 / q_{2max}^2 = 1.4^2 \times 12.5^2 / 20^2 = 0.766$$

当加开方器时，可采用式（7-5）计算仪表的比值系数 K'，即

$$K' = K q_{1max} / q_{2max} = 1.4 \times 12.5 / 20 = 0.875$$

由实例计算可知，对相同的工艺要求，在计算比值器的参数时，采用开方器与不采用开方器，其结果是不同的。

2. 比值控制系统中的非线性补偿

比值控制系统中的非线性特性是指被控过程的静态放大系数随负荷变化而变化的特性，在设计比值控制系统时必须加以注意。

（1）测量变送环节的非线性特性 由上述比值器参数的计算可知，流量与测量信号无论是呈线性关系还是呈非线性关系，其比值系数与负荷的大小无关，均保持为常数。但是，当流量与测量信号呈非线性关系时对过程的动态特性却是有影响的。现以图 7-6 所示的比值

控制系统为例进行说明。图中，对于从动量 q_2 的节流元件（孔板），其输入-输出关系有

$$\begin{cases} \Delta p_2 = kq_2^2 \\ \Delta p_{2\max} = kq_{2\max}^2 \end{cases} \tag{7-6}$$

若差压变送器采用 DDZ-Ⅲ 型仪表，它将差压信号线性地转换为电流信号 I_2（单位为 mA），即

$$I_2 = \frac{\Delta p_2}{\Delta p_{2\max}} \times (20 - 4)\,\text{mA} + 4\text{mA} \tag{7-7}$$

将式（7-6）代入式（7-7），则可得测量变送环节的输入-输出关系为

$$I_2 = \left(\frac{q_2}{q_{2\max}}\right)^2 \times 16\text{mA} + 4\text{mA} \tag{7-8}$$

可见，测量变送环节是非线性的，其静态放大系数 K_2 为

$$K_2 = \frac{\partial I_2}{\partial q_2}\bigg|_{q_2 = q_{20}} = \frac{32}{q_{2\max}^2} q_{20} \tag{7-9}$$

式中，q_{20} 是流量 q_2 的静态工作点（即负荷），可见静态放大系数 K_2 与负荷的大小成正比，随负荷的变化而变化，是一个非线性特性。由于这个非线性特性是包含在广义过程中，即便其他环节的放大系数都是线性的，系统总的放大系数也会呈现非线性特性。由此可知，当过程处于小负荷时，若经调节器参数的整定，使系统运行在正常状态；但当负荷增大时，调节器的整定参数如果不能随之改变，系统的运行质量就会下降，这就是测量变送环节的非线性特性所带来的不利影响。

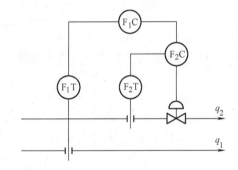

图 7-6　比值控制系统

（2）非线性补偿　为了克服这一不利影响，通常用开方器进行补偿，即在差压变送器后串联一个开方器，使流量与测量信号之间呈现线性关系。

设差压变送器的输出电流信号 I_2 与开方器的输出电流信号 I_2'（单位为 mA）之间的关系为

$$I_2' - 4\text{mA} = \sqrt{I_2 - 4}\ \text{mA} \tag{7-10}$$

将式（7-8）代入式（7-10）可得

$$I_2' = \frac{q_2}{q_{2\max}} \times 4\text{mA} + 4\text{mA} \tag{7-11}$$

此时，测量变送环节和开方器串联后总的静态放大系数 K_2' 为

$$K_2' = \frac{\partial I_2'}{\partial q_2}\bigg|_{q_2 = q_{20}} = \frac{4}{q_{2\max}} \tag{7-12}$$

可见，K_2' 是一个常量，它已不再受负荷变化的影响。所以，在采用差压法测量流量的

比值控制系统中，引入开方器是对系统非线性特性进行补偿的最简便方法。但是，对于开方器的引入与否，还需根据系统的控制精度与负荷变化情况而定。若控制精度要求较高，负荷变化又较大，用开方器进行补偿是必要的；如果控制精度要求不高，负荷变化又不大，则无需采用开方器进行补偿。

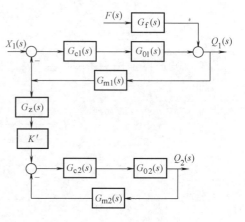

图 7-7 具有动态补偿器的
双闭环比值控制系统框图

3. 比值控制系统中的动态补偿

在某些特殊的生产工艺中，对比值控制的要求非常高，即不仅在静态工况下要求两种物料流量的比值一定，在动态情况下也要求两种物料流量的比值一定。为此，需要增加动态补偿器。图 7-7 所示为具有动态补偿器的双闭环比值控制系统框图。图中，$G_z(s)$ 为动态补偿器。

根据工艺要求，为实现动态比值一定，必须满足

$$\frac{Q_2(s)}{Q_1(s)} = K \qquad (K \text{ 为常数}) \tag{7-13}$$

由图 7-7 可知，干扰 $F(s)$ 对主动流量 $Q_1(s)$ 的传递函数为

$$\frac{Q_1(s)}{F(s)} = \frac{G_f(s)}{1 + G_{c1}(s)G_{01}(s)G_{m1}(s)} \tag{7-14}$$

主动流量 $Q_1(s)$ 对从动流量 $Q_2(s)$ 的传递函数为

$$\frac{Q_2(s)}{Q_1(s)} = \frac{G_{m1}(s)G_z(s)K'G_{c2}(s)G_{02}(s)}{1 + G_{c2}(s)G_{02}(s)G_{m2}(s)} \tag{7-15}$$

为使主、从流量实现动态比值一定，则要求

$$\frac{Q_2(s)}{Q_1(s)} = K \qquad (K = \text{常量}) \tag{7-16}$$

又因为在加开方器的情况下，有

$$K' = K \frac{q_{1\max}}{q_{2\max}} \tag{7-17}$$

将式（7-17）代入式（7-15）可得动态补偿器的传递函数为

$$G_z(s) = \frac{1 + G_{c2}(s)G_{02}(s)G_{m2}(s)}{G_{m1}(s)G_{c2}(s)G_{02}(s)} \frac{q_{2\max}}{q_{1\max}} \tag{7-18}$$

在已知式（7-18）右边各环节的传递函数和 $q_{2\max}$、$q_{1\max}$ 的大小后，即可求得动态补偿器的传递函数。在实际应用中，可以用简化了的关系式去逼近式（7-18）。需要注意的是，由于从动流量总要滞后于主动流量，所以动态补偿器一般应具有超前特性。

4. 比值控制系统的实现

为了实现对 $q_2/q_1 = K$（或 $q_2 = Kq_1$）的比值控制，其具体实现方案有两种。一是把两个流量 q_1 与 q_2 测量出来后将其相除，其商作为副调节器的反馈值，称为相除控制方案，如图 7-8 所示。二是把流量 q_1 测量出来后乘以比值系数 K，其乘积作为副调节器的设定值，称为相乘控制方案，如图 7-9 所示。

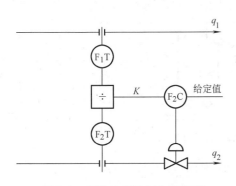

图 7-8　相除比值控制方案框图

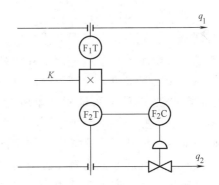

图 7-9　相乘比值控制方案框图

在工程上，具体实现比值控制时，通常有比值器、乘法器或除法器等单元仪表可供选用，相当方便。

7.1.3　比值控制系统的参数整定

在比值控制系统中，双闭环比值控制系统的主动量回路可按单回路控制系统进行整定；变比值控制系统因结构上属串级控制系统，所以主调节器可按串级控制系统的整定方法进行。这样，比值控制系统的参数整定，主要是讨论单闭环、双闭环以及变比值控制从动量回路的整定问题。由于这些回路本质上都属随动系统，要求从动量快速、准确地跟随主动量变化，而且不宜有超调，所以最好整定在振荡与不振荡的临界状态。具体整定步骤可归纳如下：

1）在满足生产工艺流量比的条件下，计算比值器的参数 K'，将比值控制系统投入运行。

2）将积分时间置于最大，并由大到小逐渐调节比例度，使系统响应迅速、处于振荡与不振荡的临界状态。

3）若欲投入积分作用，则先适当增大比例度，再投入积分作用，并逐步减小积分时间，直到系统出现振荡与不振荡或稍有超调为止。

7.2　均匀控制系统

7.2.1　均匀控制的提出及其特点

1. 均匀控制的提出

在连续生产过程中，前一设备的出料往往是后一设备的进料。随着生产的不断强化，前后生产过程的联系也越来越紧密。例如，用精馏方法分离多组分混合物时，往往有几个塔串联在一起运行；又如，在石油裂解气深冷分离的乙烯装置中，也有多个塔串联在一起进行连续生产。为了保证这些相互串联的塔能够正常地连续运行，要求进入后续塔的流量应保持在一定的范围内，这就不可避免地要求前一个塔的液位既不能过高也不能过低。

图7-10所示为两个串联的精馏塔各自设置的两个控制系统。图中，A塔的出料是B塔的进料。为了使A塔的液位保持稳定，设计了A塔液位控制系统；根据B塔进料稳定的要求，又设计了B塔进料流量控制系统。显然，若按照这两个控制系统的各自要求，两个塔的供求关系是相互矛盾的。为了解决这一矛盾，简单的办法是在两个塔之间增加一个缓冲器。这样做不但增加了投资成本，而且还会使物料储存的时间过长。这对于某些生产连续性很强的过程

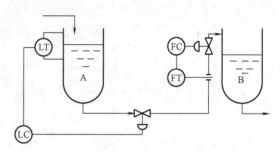

图7-10　前后精馏塔间不协调的控制方案

是不希望的。因此，还需从自动控制系统的方案设计上寻求解决办法，故而提出了均匀控制的设计思想。

均匀控制的设计思想是将液位控制与流量控制统一在一个控制系统中，从系统内部解决两种工艺参数供求之间的矛盾，即使A塔的液位在允许的范围内波动的同时，也使流量平稳缓慢地变化。为了实现上述控制思想，可将图7-10中的流量控制系统删去，只设置一个液位控制系统。这样可能出现三种情况，如图7-11所示。其中，图a液位控制系统具有较强的控制作用，所以在干扰作用下，为使液位不变，流量需产生较大的变化；图b液位控制系统，其控制作用相对适中，在干扰作用下，液位在较小的范围内发生一些变化，与此同时，流量也在一定范围内产生了缓慢变化；图c液位控制系统，其控制作用较小，在干扰作用下，由于流量的调节作用很小（即基本不变），从而导致液位产生大幅度波动。由此可见，三种情况中只有图b符合均匀控制的要求。

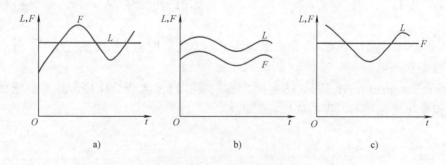

图7-11　液位控制时前后设备的液位、流量关系
a）K_c较大　b）K_c适中　c）K_c较小

由上述分析可知，均匀控制的提出是来自生产工艺所要求的特殊控制任务，其控制目的是使前后设备的工艺参数相互协调、统筹兼顾，以确保生产的正常进行。

2. 均匀控制的特点

由图 7-11 可以很容易地得出均匀控制的一些特点。

（1）系统结构无特殊性　同样一个单回路液位控制系统，由于控制作用的强弱不同，既可以是图 7-11a 所示的单回路定值控制系统，也可以成为图 7-11b 所示的均匀控制系统。因此，均匀控制取决于控制目的而不取决于控制系统的结构。在结构上，它既可以是一个单回路控制系统，也可以是其他结构形式。所以，对于一个已定结构的控制系统，能否实现均匀控制，主要取决于其调节器的参数如何整定。事实上，均匀控制是靠降低控制回路的灵敏度而不是靠结构的变化体现的。

（2）参数均应缓慢地变化　均匀控制的任务是使前后设备物料供求之间相互协调，所以表征物料的所有参数都应缓慢变化。那种试图把两个参数都稳定不变或使其中一个变一个不变的想法都不能实现均匀控制。由此可见，图 7-11a 和 c 均不符合均匀控制的思想，只有图 7-11b 才是均匀控制。此外，还需注意的是，均匀控制在有些场合无需将两个参数平均分配，而要视前后设备的特性及重要性等因素来确定其主次，有时以液位参数为主，有时则以流量参数为主。

（3）参数变化应限制在允许范围内　在均匀控制系统中，参数的缓慢变化必须被限制在一定的范围内。如在图 7-10 所示的两个串联的精馏塔中，A 塔液位的变化有一个规定的上、下限，过高或过低都可能造成"冲塔"或"抽干"的危险。同样，B 塔的进料流量也不能超过它所能承受的最大负荷和最低处理量，否则精馏过程难以正常进行。

7.2.2　均匀控制系统的设计

均匀控制系统的设计主要包括以下内容。

1. 控制方案的选择

均匀控制通常有多种可供选择的方案，常见的有简单均匀控制系统、串级均匀控制系统等，各自适用于不同的场合和不同的控制要求。

（1）简单均匀控制系统　简单均匀控制系统的结构形式如图 7-12 所示。从系统的结构形式上看，它与单回路液位定值控制系统没有什么区别。但由于它们的控制目的不同，所以对控制的动态过程要求就不同，调节器的参数整定也不一样。均匀

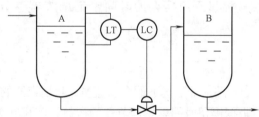

图 7-12　简单均匀控制系统

控制系统在调节器参数整定时，比例作用和积分作用均不能太强，通常需设置较大的比例度（大于 100%）和较长的积分时间，以较弱的控制作用达到均匀控制的目的。

简单均匀控制系统的最大优点是结构简单、投运方便、成本低。其不足之处是，它只适用于干扰较小、对控制要求较低的场合。当被控过程的自平衡能力较强时，简单均匀控制的效果较差。

值得注意的是，当调节阀两端的压差变化较大时，流量大小不仅取决于调节阀开度的大小，还将受到压差波动的影响。此时，简单均匀控制已不能满足要求，需要采用较为复杂的均匀控制方案。

（2）串级均匀控制系统　为了克服调节阀前后压差波动对流量的影响，设计了以液位为主参数、以流量为副参数的串级均匀控制系统，如图 7-13 所示。在结构上，它与一般的液位-流量串级控制系统没有什么区别。这里采用串级形式的目的并不是为了提高主参数液位的控制精度，而流量副回路的引入也主要是为了克服调节阀前后压差波动对流量的影响，使流量变化平缓。为了使液位的变化也比较平缓，以达到均匀控制的目的，液位调节器的参数整定与简单均匀控制系统类似，这里不再重复。

2. 调节规律的选择

简单均匀控制系统的调节器及串级均匀控制系统的主调节器一般采用比例或比例积分调节规律。串级均匀控制的副调节器一般采用比例调节规律。如果为了使副参数变化更加平稳，也可采用比例积分调

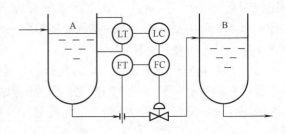

图 7-13　串级均匀控制系统

节规律。在所有的均匀控制系统中，都不应采用微分调节，因为微分作用是加速动态过程的，与均匀控制的目的不符。

3. 调节器的参数整定

对简单均匀控制系统而言，调节器的参数整定已如前述；对串级均匀控制系统来说，调节器的参数整定通常采用两种方法。

（1）经验法　所谓经验法，就是先根据经验，按照"先副后主"的原则，把主、副调节器的比例度 δ 调节到某一适当值，然后由大到小进行调节，使系统的过渡过程缓慢地、非周期衰减变化，最后再根据过程的具体情况，给主调节器加上积分作用。需要注意的是，主调节器的积分时间要调得大一些。

（2）停留时间法　停留时间法是指被控参数在允许变化的范围内、依据控制介质流过被控过程所需要的时间整定调节器参数的方法。停留时间 t（单位为 min）的计算公式为

$$t = \frac{V}{q} \tag{7-19}$$

式中，q 是正常工况下的介质流量；V 是容器的有效容量。

根据停留时间整定调节器的参数，其相互关系见表 7-1。

表 7-1　整定参数与停留时间 t 的关系

停留时间 t/min	<20	20～40	>40
比例度 δ（%）	100～150	150～200	200～250
积分时间 T_i/min	5	10	15

具体整定方法归纳如下：

1）副调节器按简单均匀控制系统的方法整定。

2）计算停留时间 τ，然后根据表 7-1 确定液位调节器的整定参数。

3）根据工艺要求，适当调整主、副调节器的参数，直到液位、流量的曲线都符合要求为止。

7.3　分程控制系统

7.3.1　分程控制概述

在一般的过程控制系统中，通常调节器的输出只控制一个调节阀。但在某些工业生产中，根据工艺要求，需将调节器的输出信号分段，去分别控制两个或两个以上的调节阀，以便使每个调节阀在调节器输出的某段信号范围内全行程动作，这种控制系统被称为分程控制系统。

例如，间歇式化学反应过程，需在规定的温度中进行。当每次加料完毕后，为了达到规定的反应温度，需要用蒸汽对其进行加热；当反应过程开始后，因放热反应而产生了大量的热，为了保证反应仍在规定的温度下进行，又需要用冷却水取走反应热。为此，需要设计以反应器温度为被控参数、以蒸汽流量和冷却水流量为控制参数的分程控制系统。间歇式化学反应器分程控制系统流程图如图 7-14 所示。

在分程控制系统中，调节器输出信号的分段是通过阀门定位器来实现的。它将调节器的输出信号分成几段，不同区段的信号由相应的阀门定位器将其转换为 0.02 ~ 0.1MPa 的压力信号，使每个调节阀都作全行程动作。图 7-15 所示为使用两个调节阀的分程关系曲线图。

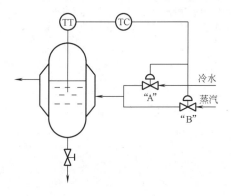

图 7-14　间歇式化学反应器
分程控制系统流程图

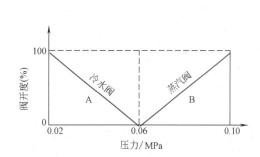

图 7-15　使用两个调节阀的
分程关系曲线图

根据调节阀的气开、气关形式和分程信号区段不同，分程控制系统又有两种类型。

1. 调节阀同向动作

图 7-16 所示为调节阀同向动作示意图，图 a 表示两个调节阀都为气开式，图 b 表示两个调节阀都为气关式。由图 7-16a 可知，当调节器输出信号从 0.02MPa 增大时，阀 A 开始打开，阀 B 处于全关状态；当信号增大到 0.06MPa 时，阀 A 全开；阀 B 开始打开；当信号增大到 0.1MPa 时，阀 B 全开。由图 7-16b 可知，当调节器输出信号从 0.02MPa 增大时，阀 A 由全开状态开始关闭，阀 B 则处于全开状态；当信号达到 0.06MPa 时，阀 A 全关，而阀 B 则由全开状态开始关闭；当信号达到 0.1MPa 时，阀 B 也全关。

2. 调节阀异向动作

图 7-17 所示为调节阀异向动作的示意图，图 a 为调节阀 A 选用气开式、调节阀 B 选用

气关式，图 b 为调节阀 A 选用气关式、调节阀 B 选用气开式。由图 7-17a 可知，当调节器输出信号大于 0.02MPa 时，阀 A 开始打开，阀 B 处于全开状态；当信号达到 0.06MPa 时阀 A 全开，阀 B 开始关闭；当信号达到 0.1MPa 时阀 B 全关。图 7-17b 的调节阀动作情况与图 7-17a 相反。分程控制中调节阀同向或异向动作的选择完全由生产工艺安全与要求决定，具体选择将在系统设计中叙述。

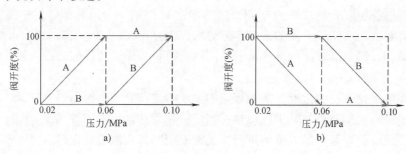

图 7-16　调节阀同向动作示意图

a）两阀同为气开式　b）两阀同为气关式

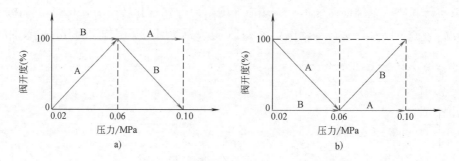

图 7-17　调节阀异向动作示意图

a）阀 A 气开、阀 B 气关　b）阀 A 气关、阀 B 气开

7.3.2　分程控制系统的设计

分程控制系统本质上是属于单回路控制系统，因此，单回路控制系统的设计原则完全适用于分程控制系统的设计。但是，它与单回路控制系统相比，由于调节器的输出信号要进行分程而且所用调节阀较多，所以在系统设计上也有一些特殊之处。

1. 调节器输出信号的分程

在分程控制中，调节器输出信号究竟需要分成几个区段、每一区段的信号控制哪一个调节阀、每个调节阀又选用什么形式？所有这些都取决于工艺要求。例如，在图 7-14 所示的间歇式化学反应器温度分程控制中，为了设备安全，在系统出现故障时避免反应器温度过高，要求系统无信号时输入热量处于最小的情况，因而蒸汽阀选为气开式，冷水阀选为气关式，温度调节器选为反作用方式。根据节能要求，当温度偏高时，总是先关小蒸汽阀再开大冷水阀。由于温度调节器为反作用，温度增高时调节器的输出信号下降。将两者综合起来即要求在信号下降时先关小蒸汽阀，再开大冷水阀。这就意味着蒸汽阀的分程区间处在高信号区（如 0.06 ~ 0.1MPa）；冷水阀的分程区间处在低信号区（0.02 ~ 0.06MPa）。其分程动作关系如图 7-18 所示。

该反应器温度分程控制系统的工作过程是：在化学反应开始前，实际温度远低于设定值，具有反作用的调节器输出信号处于高信号区，B 阀打开并工作，通入蒸汽升温；当温度逐渐升高则调节器输出信号逐渐减小，B 阀开度也随之减小，直至温度等于设定值，引发化学反应；当化学反应开始后，会产生大量的反应热，实际温度高于反应温度，此时调节器的输出信号继续下降至低信号区，B 阀关闭，A 阀打开并工作，通入冷水移走反应热，使反应温度最终稳定在设定值上。

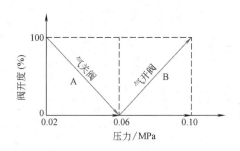

图 7-18　间歇式化学反应器调节阀的动作示意图

2. 调节阀的选择及注意的问题

（1）调节阀类型的选择　根据工艺要求选择同向工作或异向工作的调节阀。

（2）调节阀流量特性的选择　在分程控制中，若把两个调节阀作为一个调节阀使用并要求分程点处的流量特性平滑时，就需要对调节阀的流量特性进行仔细的选择，选择不好会影响分程点处流量特性的平滑性。例如，当两个增益相差较大的线性阀并联使用时，分程点处出现了流量特性的突变，如图 7-19a 所示。图 7-19b 所示为两个对数阀的并联，其平滑性有所改善。

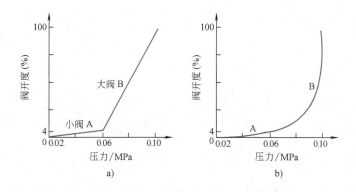

图 7-19　分程控制调节阀并联时的流量特性

a）不同增益线性阀并联　b）不同增益对数阀并联

为解决这一问题，可采用如图 7-20 所示的方法：①选择流量特性合适的调节阀，如选用两个流通能力相等的线性阀，使两阀的流量特性衔接成直线，如图 a 所示；②使两个阀在分程点附近有一段重叠的调节器输出信号，这样不等到小阀全开，大阀就已开始启动，从而使两阀特性衔接平滑，如图 b 所示。

（3）调节阀的泄漏量　在分程控制系统中，必须保证在调节阀全关时无泄漏或泄漏量极小。尤其是当大阀全关时的泄漏量接近或大于小阀的正常调节量时，小阀就不能发挥其应有的调节作用，甚至不起调节作用。

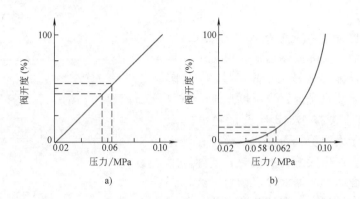

图 7-20　分程点附近重叠的流量特性

a) 流通能力相等的线性阀　b) 有重叠信号的调节阀

7.3.3　分程控制系统的应用

1. 用于节能

利用分程控制系统中多个调节阀的不同功能以减少能量消耗，提高经济效益。例如，在某生产过程中，冷物料通过热交换器用热水（工业废水）对其进行加热，当用热水加热不能满足出口温度的要求时，则同时使用蒸汽加热。为达此目的，可设计如图 7-21 所示的温度分程控制系统。

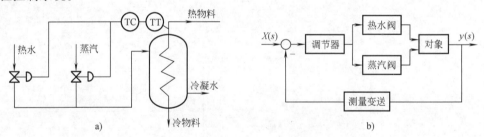

图 7-21　温度分程控制系统流程图

在该控制系统中，蒸汽阀和热水阀均选用气开式，调节器为反作用。在一般情况下，蒸汽阀关闭，热水阀工作；若在此情况下仍不能满足出口温度要求，调节器输出信号同时使蒸汽阀打开，以满足出口温度的要求。可见，采用分程控制，可节省能源，降低能耗。

2. 用于扩大调节阀的可调范围

由于我国目前统一设计的调节阀可调范围为 30，因而不能满足需要调节阀可调范围大的生产过程。解决这一问题的办法之一是采用分程控制，将流通能力不同、可调范围相同的两个调节阀当一个调节阀使用，扩大其可调节范围，以满足特殊工艺的要求。

例如，某一分程控制系统的两个调节阀，其最小流通能力分别为 $C_{1min} = 0.14$ 和 $C_{2min} = 3.5$，可调范围为 $R_1 = R_2 = 30$。此时，调节阀的最大流通能力分别为 $C_{1max} = 4.2$ 和 $C_{2max} = 105$。若将两个调节阀当成一个调节阀使用，则最小流通能力为 0.14，最大流通能力为

109.2，由此可算出分程控制调节阀的可调范围为

$$R_分 = \frac{C_{1max} + C_{2max}}{C_{1min}} = \frac{109.2}{0.14} = 780$$

由此可见，分程控制中调节阀的可调范围与单个调节阀相比，扩大了 26 倍，从而满足了工艺上的特殊要求。事实上，在实际生产中，开车、停车和正常生产时的负荷变化是很大的，因而对控制的要求差异也较大。对一个简单控制系统而言，在正常负荷时能满足工艺要求，但在异常负荷下未必能满足。若采用分程控制，把两个调节阀当一个调节阀使用，便可扩大调节阀的可调范围，因而可以满足不同负荷下的工艺要求。

3. 用于两个不同控制介质的生产过程

例如，在工业废液和过程控制中，由于工业生产中排放的废液来自不同的工序，有时呈酸性，有时呈碱性，因此，需要根据废液的酸碱度，决定加酸或加碱。通常，废液的酸碱度用 pH 值的大小来表示。当 pH 值小于 7 时，废液显酸性；当 pH 值大于 7 时，废液显碱性；等于 7 时，即为中性。工艺要求排放的废液要维持在中性。由于控制介质不同，需要设计分程控制系统。图 7-22 所示为废液中和过程的分程控制系统流程图。

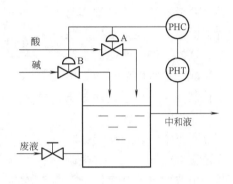

图 7-22　废液中和过程的分程控制流程图

图中，pH 计是废液氢离子浓度测量仪。pH 值越小，pH 计的输出电流越大。设 pH 值等于 7 时，其输出电流为 I_H^*。当 pH 计的输出电流 $I_H > I_H^*$ 时，废液为酸性，此时分程控制系统中的 pH 调节器的输出信号使调节阀 B 打开，调节阀 A 关闭，加入适量碱，使废液为中性；反之，当 $I_H < I_H^*$ 时，废液为碱性，调节器输出信号使调节阀 B 关闭、调节阀 A 工作，加入适量的酸，使废液为中性。

总之，分程控制系统在工业生产中的应用很广泛，限于篇幅，这里不再详述。

7.4　自动选择性控制系统

7.4.1　自动选择性控制概述

一般的过程控制系统是在正常工况下，为保证生产过程的物料平衡、能量平衡和生产安全而设计的，它们没有考虑到在事故状态下的安全生产问题，即当操作条件到达安全极限时，应有保护性措施。如大型透平压缩机的防喘振，化学反应器的安全操作及锅炉燃烧系统的防脱火、防回火等。事故状态的保护性措施大致可分成两类：一类是自动报警，然后由人工进行处理，或采用自动连锁、自动停机的方法进行保护，称为"硬保护"。但是由于生产的复杂性和快速性，操作人员处理事故的速度往往满足不了需要，或处理过程容易出错。采用自动连锁、自动停机的办法又往往造成生产设备频繁的停机与开机，影响生产的连续进行。所以，一些连续生产、控制高度集中的大型企业中，"硬保护"措施满足不了生产的需要。另一种措施称为"软保护"，即所谓选择性控制系统。选择性控制是指将工艺生产过程的限制条件所构成的逻辑关系叠加到正常自动控制系统上而形成的一种控制方法。它的基本

做法是：当生产操作趋向极限条件时，通过选择器，选择一个用于不正常工况下的备用控制系统自动取代正常工况下的控制系统，使工况能自动脱离极限条件回到正常工作状态。此时，备用控制系统又通过选择器自动脱离工作状态重新进入备用状态，而正常工况下的控制系统又自动投入运行。

7.4.2 系统的类型及工作过程

自动选择性控制系统按选择器所选信号不同大致可分为两类。

1. 选择调节器的输出信号

对调节器输出信号进行选择的系统框图如图7-23所示。系统含有取代调节器和正常调节器，两者的输出信号都作为选择器的输入。在正常生产状况下，选择器选出能适应生产安全状况的正常调节器的输出信号控制调节阀，以实现对正常生产过程的自动控制。当生产工况不正常时，选择器也能选出适应生产安全状况的控制信号，由取代调节器取代正常调节器的工作，实现对非正常工况下的自动控制。一旦生产状况恢复正常，选择器则进行自动切换，重新由正常调节器来控制生产的正常进行。这类系统结构简单，应用比较广泛。

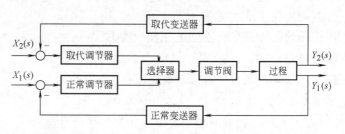

图7-23 对调节器输出信号进行选择的系统框图

图7-24所示为锅炉燃烧过程压力自动选择性控制系统流程图，燃料为天然气。在控制过程中，当天然气压力过高时会发生"脱火"，而压力过低时又会发生"回火"，两者均可造成事故。系统中，P_1C为正常工况时使用的调节器，P_2C为压力过高时使用的取代调节器。P_1C、P_2C都是反作用调节器，PC为带下限节点的压力调节器，它与三通电磁阀构成自动连锁硬保护装置，调节阀为气开式。系统在正常运行时，PC下限节点是断开的，

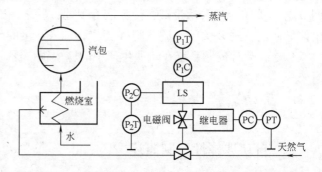

图7-24 锅炉燃烧过程压力自动选择控制系统流程图

电磁阀失电，低值选择器LS选择P_1C信号控制调节阀。当蒸汽压力上升时，调节器P_1C输出减小（反作用），调节阀关小，天然气流量减小，蒸汽压力下降；反之亦然。由于工艺原因，当天然气压力下降到某一下限值、达到有可能产生"回火"时，PC下限节点接通，电磁阀得电，于是便切断了低值选择器LS至调节阀的通路，并使调节阀的膜头与大气相通，调节阀关闭，实现硬保护。当蒸汽压力下降到某一下限值、导致调节阀的阀后压力增大有可能产生"脱火"时，此时P_2C调节器的输出大幅度下降（反作用），并低于P_1C调节器的输出值。此时通过低值选择器，选择了P_2C的输出信号，使调节阀的开度由P_2C控制，导致调节阀的阀后压力下降，从而避免"脱火"事故的发生。当工况恢复正常后，P_1C调节器

的输出又高于 P_2C 调节器的输出，P_2C 自动切除，P_1C 又自动投入运行。

2. 选择变送器的输出信号

这种系统至少采用两个或两个以上的变送器。变送器的输出信号均送入选择器，选择器选择符合工艺要求的信号反馈至调节器。图 7-25 所示为一化学反应过程峰值温度自动选择性控制系统流程图。图中，反应器内部装有固定触媒层，为了防止反应温度过高而烧坏触媒，在触媒层的不同位置安装了多个温度检测点，其测温信号全部送到高值选择器，由高值选择器选出峰值温度信号并加以控制，以保证触媒层的安全。图 7-26 所示为该自动选择性控制系统框图。

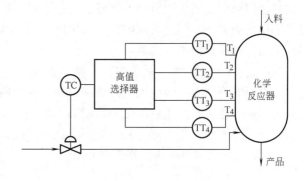

图 7-25　化学反应过程峰值温度
自动选择性控制系统流程图

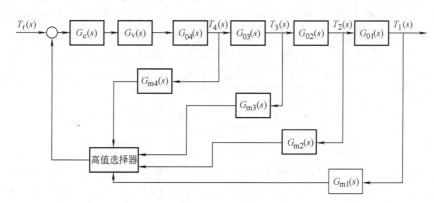

图 7-26　反应器峰值温度自动选择性控制系统框图

7.4.3　自动选择性控制系统的设计

自动选择性控制系统的设计与简单控制系统设计的不同之处在于调节器调节规律的确定及调节器的参数整定、选择器的选型、防积分饱和等。

1. 调节规律的确定及其参数整定

在自动选择性控制系统中，若采用两个调节器，其中必有一个为正常调节器，另一个为取代调节器。对于正常调节器，由于有较高的控制精度而应选用 PI 或 PID 调节规律；对于取代调节器，由于在正常生产中开环备用，仅在生产将要出现事故时，才迅速动作，以防事故发生，故一般选用 P 调节规律即可。

在进行调节器参数整定时，因两个调节器是分别工作的，故可按单回路控制系统的参数整定方法处理。但是，当备用控制系统投入运行时，取代调节器必须发出较强的调节信号以产生及时的自动保护作用，所以，其比例度应该整定得小一些。如果需要积分作用，则积分作用应该整定得弱一些。

2. 选择器的选型

选择器是自动选择性控制系统中的一个重要环节。选择器有高值选择器与低值选择器两种。前者选择高值信号通过，后者选择低值信号通过。在确定选择器的选型时，先要根据调节阀的选用原则，确定调节阀的气开、气关形式，进而确定调节器的正、反作用方式，最后确定选择器的类型。确定的原则是：如果取代调节器的输出信号为高值时，则选择高值选择器；反之，则选择低值选择器。

例如，在图7-27所示系统中，液氨蒸发器是一个换热设备，在工业上应用极其广泛，它利用液氨的汽化需要吸收大量的热来冷却流经管内的被冷物料。在生产上，要求被冷却物料的出口温度稳定，其正常工况的控制方案如图7-27a所示。为了防止不正常工况的发生，蒸发器中液氨的液位不得超过某一最高限值。为此，在图7-27a的基础上，设计了如图7-27b所示的防液位超限自动选择性控制系统。

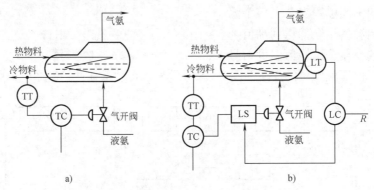

图7-27 液氨蒸发器的控制方案
a）简单温度控制 b）自动选择性控制

为使蒸发器的液位不致过高而满溢，调节阀应选气开式。相应地，温度调节器应选正作用方式，而液位调节器选反作用方式。当液位的测量值超过设定值时，调节器的输出信号减小，要求选择器选中。显而易见，该选择器应为低值选择器。

3. 积分饱和及其克服措施

在选择性控制系统中，由于采用了选择器，未被选用的调节器总是处于开环状态。不论哪一个调节器处于开环状态，只要有积分作用都有可能产生积分饱和，即由于长时间存在偏差而导致调节器的输出达到最大或最小。积分饱和使处于备用状态的调节器一旦启用不能及时动作而短时丧失控制功能，必须退出饱和后才能正常工作，这会给生产安全带来严重影响。

一般而言，积分饱和产生的必要条件一是调节器具有积分作用，二是调节器输入偏差长期存在。为解决上述问题，通常采用外反馈法、积分切除法、限幅法等措施加以克服。

（1）外反馈法 外反馈法是指调节器处在开环状态下不选用调节器自身的输出作反馈，而是用其他相应的信号作反馈以限制其积分作用的方法，图7-28所示为外反馈原理示意图。

在选择性控制系统中，设两台PI调节器的输出分别为P_1、P_2。选择器选中之一后，一方面送至调节阀，同时又反馈到两个调节器的输入端，以实现积分外反馈。

若选择器为低值选择器，设$P_1 < P_2$，调节器1被选中，其输出为

$$P_1 = K_{c1}\left(e_1 + \frac{1}{\tau_{I1}}\int e_1 dt\right) \tag{7-20}$$

由图 7-28 可见，积分外反馈信号就是其本身的输出 P_1。因此，调节器 1 仍保持 PI 调节规律。

此时，调节器 2 处于备用状态，其输出为

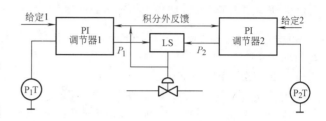

$$P_2 = K_{c2}\left(e_2 + \frac{1}{\tau_{12}}\int e_1 \mathrm{d}t\right)$$

（7-21）

图 7-28　积分外反馈原理示意图

上式积分项的偏差是 e_1，并非其本身的偏差 e_2，因此不存在对 e_2 的积累而带来的积分饱和问题。当系统处于稳态时，$e_1 = 0$，调节器 2 仅有比例作用。所以，处在开环状态的备用调节器不会产生积分饱和。一旦生产过程出现异常，而该调节器的输出又被选中时，其输出反馈到自身的积分环节，立即产生 PI 调节动作，投入系统运行。

（2）积分切除法　所谓积分切除法，是指调节器具有 PI/P 调节规律，即当调节器被选中时具有 PI 调节规律，一旦处于开环状态，立即切除积分功能而仅保留比例功能。这是一种特殊的调节器。若用计算机进行选择性控制，只要利用计算机的逻辑判断功能，编制出相应的程序即可。

（3）限幅法　所谓限幅法，是指利用高值或低值限幅器使调节器的输出信号不超过工作信号的最高值或最低值。至于是用高值限幅器还是用低值限幅器，则要根据具体工艺来决定。若调节器处于备用、开环状态时，调节器由于积分作用会使输出逐渐增大，则要用高值限幅器；反之，则用低值限幅器。

思考题与习题

1. 基本练习题

（1）什么叫比值控制系统？它有哪几种类型？画出它们的原理框图。

（2）比值控制中的比值与比值系数是否是一回事？其关系如何？

（3）什么是比值控制中的非线性特性？它对系统的控制品质有何影响？在工程设计中如何解决？

（4）同单回路控制、串级控制相比，比值控制系统的参数整定有何特点？

（5）什么是均匀控制？常用均匀控制方案有哪几种？试述设置均匀控制的目的与要求。

（6）从调节器参数整定来看，怎样区分均匀控制和液位或流量的定值控制？均匀控制参数整定有何特点？

（7）什么是均匀控制系统参数整定的停留时间法？参数整定是怎样进行的？

（8）什么叫分程控制？与前述过程控制方案（如单回路、串级等）相比，有何特点？

（9）分程控制系统是怎样进行分类的？可分为哪几类？

（10）什么叫选择性控制？试述其常用的系统分类及应用。

（11）什么叫积分饱和现象？在选择性系统的设计中怎样防止积分饱和现象？

（12）在分程控制系统设计中，分程控制信号是怎样确定的？为什么从一个调节阀向另一调节阀过渡

时，其流量变化需要平滑？在工程设计上如何来实现这一要求？

（13）在分程控制系统中，什么情况下需选用同向动作调节阀？什么情况下需选用反向动作调节阀？

（14）某比值控制系统用 DDZ-Ⅲ型乘法器进行比值运算（乘法器输出 $I_2 = \dfrac{(I_1 - 4mA)(I_0 - 4mA)}{16mA} +$
$4mA$，其中 I_1 与 I_0 分别为乘法器的两个输入信号），流量用孔板配差压变送器来测量，未加开方器，如图
7-29 所示。

1）画出该比值控制系统框图。

2）如果 $q_1 : q_2 = 2:1$，应如何设置乘法器的设定值 I_0？

（15）图 7-30 为管式加热炉原油出口温度分程控制系统。两分程阀分别设置在天然气和燃料油管线
上。工艺要求尽量采用天然气供热，只有当天然气量不足以提供所需热量时，才打开燃料油调节阀作为补
充。根据上述要求，试确定：

1）A、B 两调节阀的气关、气开形式及每个阀的工作信号段（假定分程点在 0.06MPa 处）。

2）确定调节器的正、反作用形式。

3）画出该系统的框图，并简述其工作原理。

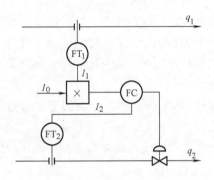
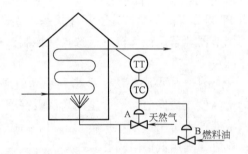

图 7-29　某比值控制系统　　　图 7-30　管式加热炉原油出口温度分程控制系统

（16）图 7-31 所示高位槽向用户供水，为保证供水流量的平稳，要求对高位槽出口流量进行控制。但
为了防止高位槽水位过高而造成溢水事故，需
对液位采取保护性措施。根据上述情况，要求
设计一连续型选择性控制系统。试画出该系统
的框图，确定调节阀的气开、气关形式和调节
器的正、反作用形式以及选择器的类型，并简
述该系统的工作原理。

2. 综合练习题

（1）某化学反应过程要求参与反应的 A、
B 两物料保持 $q_1 : q_2 = 4:2.5$ 的比例，两物料的
最大流量 $q_{1max} = 625m^3/h$，$q_{2max} = 290m^3/h$，通

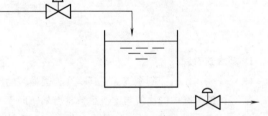

图 7-31　高位槽供水系统

过观察发现 A、B 两物料流量因管道压力波动而经常变化。根据上述情况，要求：

1）设计一个比较合适的比值控制系统。

2）计算该比值控制系统的比值系数 K'（假定采用 DDZ-Ⅲ型仪表）。

3）选择该比值控制系统调节阀的气开、气关形式和调节器的正、反作用方式。

（2）图 7-32 所示为一简单均匀控制系统，图中，A 为水槽的横截面，假定是恒值；h 为液位，q_i 和 q_o
分别为进入与排出流量；h、q_i 和 q_o 都用增量表示；调节规律为 PI；调节阀可看作增益为 K_v 的比例环节；
测量变送为 1:1 的比例环节。令 $e = r - h$，r 为设定值，也用增量形式。对于该系统，有时会出现周期很长、
衰减很慢的振荡过程。若加大调节器的比例度，并不能减小振荡；反之，若减小调节器的比例度反而能提

高衰减比。试从理论上分析这一现象。

（3）图 7-33 为一燃料气混合罐（FA—703）压力分程控制系统。正常时调节甲烷流量调节阀 A，当罐内压力降低到阀 A 全关仍不能使压力回升时，则开大来自燃料气发生罐（FA—704）的出口管线调节阀 B。试确定：

1）该系统中各调节阀的气关、气开形式。

2）每个阀的工作信号段（分程点在 0.06MPa 处）。

3）调节器的正、反作用，并画出系统框图。

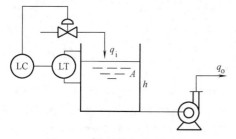

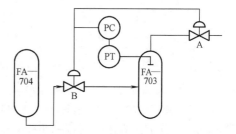

图 7-32　简单均匀控制系统　　　　　图 7-33　燃料气混合罐压力水程控制系统

（4）图 7-34 所示的热交换器用以冷却裂解气，冷剂为脱甲烷塔的釜液。正常情况下要求釜液流量维持恒定，以保证脱甲烷塔的稳定操作。但是裂解气冷却后的出口温度不得低于 15℃，否则，裂解气中所含水分就会生成水合物而堵塞管道。为此，需设计一个选择性控制系统，要求：

1）画出该系统的控制流程图和框图。

2）确定系统调节阀的气开、气关形式，调节器的正、反作用形式以及选择器的类型。

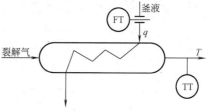

3. 设计题

（1）双闭环比值控制系统如图 7-35 所示，其比值用 DDZ-Ⅲ型乘法器来实现。已知 $q_{1max} = 700kg/h$，$q_{2max} = 4000kg/h$。要求：

图 7-34　热交换器控制系统

1）画出该系统框图。

2）若已知 $I_0 = 18mA$，求该比值系统的比值 $K = ?$、比值系数 $K' = ?$

3）待该比值系统稳定时，测得 $I_1 = 10mA$，试计算此时的 $I_2 = ?$

（2）在硝酸生产过程中有一个氧化工序，其任务是将氨氧化成一氧化氮。为了提高氧化率，要求氨气与氧气的比例为 2∶1。该比值控制系统采用如图 7-36 所示的结构形式。已知 $q_{氨max} = 12000m^3/h$，$q_{氧max} = 5000m^3/h$，试求比值系数 $K' = ?$（假设采用 DDZ-Ⅲ型仪表）

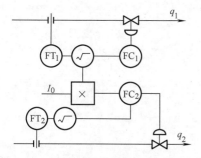

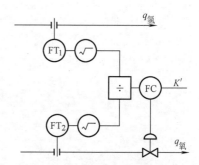

图 7-35　双闭环比值控制系统　　　　　图 7-36　比值控制系统

（3）图 7-37 所示为一水槽，其液位为 h，进水流量为 q，试设计一个入口流量与液位的双冲量均匀控制系统。画出该系统的控制流程图与框图，确定该系统中调节阀的气开与气关形式、调节器的正、反作用形式以及引入加法器的各信号所取的符号。

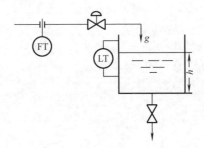

图 7-37　水槽控制系统

（4）图 7-38 为储罐氮封过程示意图。工艺要求储罐内的氮气压保持微量正压，当储罐内液面上升时，应停止补充氮气并将压缩的氮气适量排出；反之，应停止放出氮气。试设计充氮分程控制系统，要求：

1）确定阀的气开、气关形式。

2）确定调节器的正、反作用方式及调节规律。

3）确定两阀的分程动作关系。

4）画出控制系统的流程图和框图。

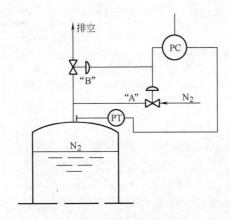

图 7-38　储罐氮封过程示意图

第8章 复杂过程控制系统

┌─ 教学内容与学习要求 ───

　　本章主要介绍复杂过程控制系统，其中包括多变量解耦控制系统、适应式控制系统、推理控制系统、预测控制系统。学完本章后，应能达到如下要求：

　　1）了解多变量耦合控制系统的应用背景及要解决的问题，熟悉相对增益的概念，掌握相对增益矩阵的计算方法，学会用相对增益判断系统的耦合程度，掌握常见的前馈补偿解耦设计方法。

　　2）了解适应式控制系统的应用背景，熟悉三种过程参数变化时的适应式控制系统的结构及工作原理。

　　3）熟悉推理控制系统的工作原理与性能特点，掌握设计方法。

　　4）熟悉预测控制系统的主要原理，掌握单步预测控制的设计方法。
└───

8.1　序言

　　本章讨论复杂过程的控制问题。所谓复杂过程，是指有一些工业过程，它们的输入、输出变量至少在两个或两个以上，而且变量之间还存在相互耦合和相互影响，这样的过程称之为多输入/多输出过程，简称多变量过程；还有的虽属单变量过程，但描述它们的某些特征参数，如放大倍数、时间常数、纯滞后时间等，却随时间不断地变化，这样的过程称之为特征参数时变过程；还有的过程，它们的主要干扰量和过程的输出量都无法用仪器仪表测量或难以测量；还有的过程，由于它们的复杂性，过程的参数模型难以得到，能够得到的却是表征输入、输出关系的非参数模型，如阶跃响应曲线或脉冲响应曲线等。所有这些过程，均具有不同程度的复杂性，所以将它们统称为复杂过程。面对这些复杂过程，前面讨论的控制策略和系统设计方法已不能满足要求。本章将要讨论的多变量解耦控制系统、基于时变参数的适应式控制系统、推理控制系统及基于非参数模型的预测控制系统等，就是针对上述复杂过程而设计的。

8.2　多变量解耦控制系统

8.2.1　耦合过程及其要解决的问题

　　前面所讨论的各种控制系统均属由一个被控量和一个控制量所构成的控制系统，其被控过程是单输入/单输出的。而在实际工业生产过程中，有些被控过程往往是多输入/多输出的。如火力发电厂中的锅炉就是一种典型的多输入/多输出过程。图8-1所示为锅炉中各种控制量对各种被控量的相互关系图。可见，它们之间是互相耦合、互相关联、互相影响的，一个控制量的变化将会引起多个被控量的变化。

在工业生产中，往往需要设计若干个控制回路来稳定多个被控量。由于被控过程存在耦合，其中任意一个回路的控制作用发生变化，都会影响到其他回路中被控量的变化，甚至可能导致各控制回路无法工作。最典型的例子就是图8-2所示的流体传输过程中流量与压力的控制。

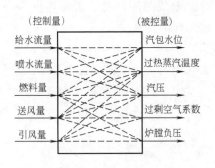

图8-1　锅炉各控制量与
各被控量的相互关系图

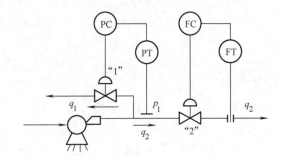

图8-2　流量与压力控制系统

由图可见，当干扰使压力 p_1 升高时，通过压力调节器 PC 的调节，开大调节阀1的开度，增加旁路回流量 q_1，减小排出量 q_2，迫使压力 p_1 回到给定值上；与此同时，压力 p_1 的升高，会使调节阀2前后的压差增大，导致阀门开度未变时流量 q_2 就增大。此时，通过流量控制回路，关小调节阀2的阀门开度，迫使阀后流量 q_2 回到给定值上。由于阀后流量 q_2 的减小又将引起阀前压力 p_1 的增加。如此下去，将导致两个控制系统无法正常工作。

通常认为，在一个多变量被控过程中，如果每一个被控变量只受一个控制变量的影响，则称为无耦合过程。对无耦合的多变量被控过程，其控制系统的分析和设计方法与单变量过程控制系统完全一样，这里不再进行讨论。这里所要讨论的是指存在耦合的多变量过程控制系统的分析与设计问题。为此，需要解决的主要问题有：

1）如何判断多变量过程的耦合程度？

2）如何最大限度地减少耦合程度？

3）在什么情况下必须进行解耦设计，如何进行解耦设计？

下面将围绕上述问题进行讨论。

8.2.2　相对增益与相对增益矩阵

为了研究多变量被控过程的耦合程度以及解决被控变量与操作变量的合适配对问题，E. H. Bristol 于1966年提出了一种所谓"相对增益和相对增益矩阵"的概念。这些概念在多变量耦合过程的控制中得到了广泛的应用。

1. 相对增益与相对增益矩阵

（1）开环增益　在相互耦合的 $n \times n$ 维被控过程中选择第 i 个通道，使所有其他控制量 $u_k(k = 1, 2, \cdots, n, k \neq j)$ 都保持不变，将控制量 u_j 改变一个 Δu_j，此时，将 $y_i(i = 1, 2, \cdots, n)$ 的变化量 Δy_i 与 Δu_j 之比，定义为 u_j 到 y_i 通道的开环增益，表示为

$$k_{ij} = \left. \frac{\partial y_i}{\partial u_j} \right|_{\substack{u_k = \text{const} \\ (k=1,2,\cdots,n,k \neq j)}} \tag{8-1}$$

（2）闭环增益　还是选择第 i 个通道，将其他所有通道进行闭环并采用积分调节使其他被控量 $y_k(k=1,2,\cdots,n,k \neq i)$ 都保持不变，只改变被控量 y_i 所得到的变化量 Δy_i 与 u_j $(j=1,2,\cdots,n)$ 的变化量 Δu_j 之比，定义为 u_j 到 y_i 通道的闭环增益，表示为

$$k'_{ij} = \left. \frac{\partial y_i}{\partial u_j} \right|_{\substack{y_k = \text{const} \\ (k=1,2,\cdots,n,k \neq i)}} \tag{8-2}$$

（3）相对增益与相对增益矩阵　将开环增益与闭环增益之比，定义为相对增益，即

$$\lambda_{ij} \triangleq \frac{k_{ij}}{k'_{ij}} = \frac{\left. \dfrac{\partial y_i}{\partial u_j} \right|_{\substack{u_k = \text{const} \\ (k=1,2,\cdots,n,k \neq j)}}}{\left. \dfrac{\partial y_i}{\partial u_j} \right|_{\substack{y_k = \text{const} \\ (k=1,2,\cdots,n,k \neq i)}}} \tag{8-3}$$

相对增益矩阵定义为

$$\boldsymbol{\lambda} = \{\lambda_{ij}\} = \begin{pmatrix} \lambda_{11} & \lambda_{12} & \cdots & \lambda_{1n} \\ \lambda_{21} & \lambda_{22} & \cdots & \lambda_{2n} \\ \vdots & \vdots & & \vdots \\ \lambda_{n1} & \lambda_{n2} & \cdots & \lambda_{nn} \end{pmatrix} \tag{8-4}$$

式（8-3）与式（8-4）就是 E. H. Bristol 于 1966 年提出的相对增益与相对增益矩阵的表达式。依据它可以揭示多变量过程内部的耦合关系，并能以此确定输入/输出变量之间应如何配对以及判断该过程是否需要解耦。现在已成为多变量耦合过程控制系统设计中不可缺少的方法之一。

2. 相对增益矩阵的获取

若已知被控过程的数学表达式，获取相对增益的基本方法是对过程的数学表达式进行偏微分，从而计算出式（8-3）的分子和分母；其次，还可通过静态增益矩阵直接计算相对增益矩阵。下面以图 8-3 所示的两输入/两输出耦合过程为例加以说明。

图中，过程的传递函数由静态增益 K_{ij} 与动态特性 $G_{ij}(s)$ 组成。为简单起见，这里只讨论静态情况。

（1）偏微分方法　由图 8-3 可知，过程的静态关系为

$$\begin{cases} y_1 = K_{11}u_1 + K_{12}u_2 \\ y_2 = K_{21}u_1 + K_{22}u_2 \end{cases} \tag{8-5}$$

式中

$$K_{ij} = \left. \frac{\partial y_i}{\partial u_j} \right|_u \tag{8-6}$$

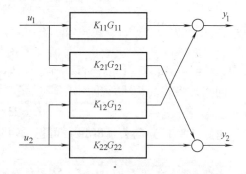

图 8-3　两输入/两输出耦合过程框图

它表示第 i 个被控量相对于第 j 个控制量之间的开环增益。由式（8-5）可得第一个被控量相对于第一个控制量的开环增益 K_{11} 为

$$K_{11} = \frac{\partial y_1}{\partial u_1}\bigg|_{u_2 = \text{const}} \qquad (8\text{-}7)$$

由式（8-5）还可得到

$$y_1 = K_{11}u_1 + K_{12}\frac{y_2 - K_{21}u_1}{K_{22}}$$

则第一个被控量相对于第一个控制量的闭环增益 K_{11}' 为

$$K_{11}' = \frac{\partial y_1}{\partial u_1}\bigg|_{y_2 = \text{const}} = K_{11} - \frac{K_{12}K_{21}}{K_{22}} \qquad (8\text{-}8)$$

因而有

$$\lambda_{11} = \frac{K_{11}}{K_{11}'} = \frac{K_{11}K_{22}}{K_{11}K_{22} - K_{12}K_{21}} \qquad (8\text{-}9\text{a})$$

同理可得

$$\lambda_{12} = \frac{-K_{12}K_{21}}{K_{11}K_{22} - K_{12}K_{21}} \qquad (8\text{-}9\text{b})$$

$$\lambda_{21} = \frac{-K_{12}K_{21}}{K_{11}K_{22} - K_{12}K_{21}} \qquad (8\text{-}9\text{c})$$

$$\lambda_{22} = \frac{K_{11}K_{22}}{K_{11}K_{22} - K_{12}K_{21}} \qquad (8\text{-}9\text{d})$$

（2）增益矩阵计算法 对于式（8-5）也可以将其表示为

$$\left.\begin{array}{l} u_1 = h_{11}y_1 + h_{12}y_2 \\ u_2 = h_{21}y_1 + h_{22}y_2 \end{array}\right\} \qquad (8\text{-}10)$$

式中

$$h_{ji} = \frac{\partial u_j}{\partial y_i}\bigg|_{\substack{y_k = \text{const} \\ (k \neq i)}} = \frac{1}{K_{ij}'} \qquad (8\text{-}11)$$

由式（8-11）可知，h_{ji} 为闭环增益的倒数。若 K_{ij} 与 h_{ji} 均为已知，则相对增益 λ_{ij} 为

$$\lambda_{ij} = K_{ij}\, h_{ji} \qquad (8\text{-}12)$$

若将式（8-5）用矩阵/向量表示，可得

$$\boldsymbol{Y} = \boldsymbol{K}\boldsymbol{U} \qquad (8\text{-}13)$$

式中，$\boldsymbol{K} = \{K_{ij}\}$；$\boldsymbol{Y} = [y_1,\ y_2,\ \cdots y_n]^{\mathrm{T}}$；$\boldsymbol{U} = [u_1,\ u_2,\ \cdots u_n]^{\mathrm{T}}$。

同样，将式（8-10）也用矩阵/向量表示为

$$\boldsymbol{U} = \boldsymbol{H}\boldsymbol{Y}, \qquad \boldsymbol{H} = \{h_{ij}\} \qquad (8\text{-}14)$$

由式（8-13）与式（8-14）可得，矩阵 $\boldsymbol{K}$ 与矩阵 $\boldsymbol{H}$ 互为逆矩阵，即

$$\boldsymbol{K} = \boldsymbol{H}^{-1} \qquad (8\text{-}15)$$

由式（8-12）可知，相对增益矩阵 $\boldsymbol{\lambda}$ 的每个元素 λ_{ij} 等于矩阵 $\boldsymbol{K}$ 中的对应元素与矩阵 $\boldsymbol{H}$ 转置后对应元素的乘积。由式（8-15）可知，相对增益矩阵 $\boldsymbol{\lambda}$ 的每个元素 λ_{ij} 也可以表示成矩阵 $\boldsymbol{K}$ 中的每个元素与矩阵 $\boldsymbol{K}$ 求逆并转置后的对应元素的乘积，记为

$$\boldsymbol{\lambda} = \boldsymbol{K}\otimes\boldsymbol{H}^{\mathrm{T}} = \boldsymbol{K}\otimes(\boldsymbol{K}^{-1})^{\mathrm{T}} \qquad (8\text{-}16)$$

式中，"$\otimes$" 表示两矩阵的对应元素相乘。可见第二种方法只需知道开环增益矩阵即可很方

便地计算出相对增益矩阵，因而它的计算方法更简单也更具一般性。

3. 相对增益矩阵的性质

由式（8-9）可以得出相对增益矩阵的一个重要性质，即

$$\begin{cases} \lambda_{11} + \lambda_{12} = 1 \\ \lambda_{21} + \lambda_{22} = 1 \\ \lambda_{11} + \lambda_{21} = 1 \\ \lambda_{12} + \lambda_{22} = 1 \end{cases} \tag{8-17}$$

可见，一个双变量耦合过程，$\boldsymbol{\lambda}$ 矩阵中每行元素之和为 1，每列元素之和也为 1。对于 $n \times n$ 维被控过程，可以证明上述结论依然成立，即每一行元素之和为 1，每一列元素之和也为 1。

相对增益矩阵的这个重要性质至少有两个用途：第一是可以大大减少计算的工作量。例如对一个 2×2 过程，只要求出其中任何一个相对增益，根据同一行或同一列相对增益之和为 1 的性质，即可很容易地得到其他的相对增益；又如对 3×3 系统，只要求出其中四个不同的相对增益，即可利用上述性质获得其余的相对增益。第二是揭示了相对增益矩阵中各元素之间存在某种定性关系。如在一个给定的行或列中，若出现一个大于 1 的数，则在同行或同列中就至少会有一个负数。

4. 相对增益与耦合特性

不同的相对增益反映了系统中不同的耦合程度，这一点可以通过图 8-3 所示的双变量耦合过程加以说明。从式（8-9a）可知，该过程 u_1 对 y_1 之间的相对增益为

$$\lambda_{11} = \frac{K_{11}K_{22}}{K_{11}K_{22} - K_{12}K_{21}}$$

式中，K_{12} 和 K_{21} 分别代表 u_2 对 y_1、u_1 对 y_2 的耦合通道静态增益。假如 K_{12} 和 K_{21} 都很小，表明这两个回路之间的静态耦合作用很弱。如果 K_{12} 和 K_{21} 都为零，则表明两个通道彼此独立，此时 u_1 对 y_1 之间的相对增益 λ_{11} 就等于 1；当然，此时 λ_{22} 也等于 1。这就是说，当某通道的相对增益越接近于 1，则由该通道组成的控制回路受其他控制回路的影响就越小；当各控制回路之间无耦合关系时，则构成回路的每个过程通道的相对增益都应为 1，因而无耦合过程的相对增益矩阵必为单位阵。

基于以上分析，通常将相对增益所反映的耦合特性以及"变量配对"措施归纳如下（以 2×2 过程为例）：

1）当 $\lambda_{11} = 1$ 时，表明第二通道对第一通道无耦合作用，断开或闭合第二个通道回路不会影响第一个通道回路，因而 y_1 对 u_1 的"变量配对"是最合适的。

2）当 $\lambda_{11} = 0$ 时，表明 u_1 对 y_1 不发生任何控制作用，u_1 与 y_1 不能配对。

3）当 $0 < \lambda_{11} < 1$ 时，表明第二通道与第一通道存在不同程度的耦合。特别当 $\lambda_{11} = 0.5$ 时，表明两个回路之间存在相同的耦合。此时无论怎样变量配对，两个回路之间的耦合均不能被解除，因而必须进行解耦。

4）当 $\lambda_{11} > 1$ 时，闭合第二个回路将减小 y_1 和 u_1 之间的增益，说明回路之间有耦合。当 λ_{11} 增加时，耦合程度随之增加。不过，在 λ_{11} 很大时，已不可能独立控制两个输出变量。

5）当 $\lambda_{11} < 0$ 时，第二个回路的断开或闭合将会对 y_1 有相反的作用，两个控制回路将会以"相互不相容"的方式进行关联。因此，y_1 不应该与 u_1 配对，否则，该闭环系统可能

变成不稳定。

综上所述，2×2 过程只有当 $0.5 \leqslant \lambda_{11} \leqslant 1$ 时，y_1 才能与 u_1 配对；否则，y_1 应该与 u_2 配对。将这个结果推广到 $n \times n$ 过程时可得出一个推荐性结论：任何被控量与控制量配对时一定要使相应的相对增益尽可能地接近于 1。

5. 变量配对实例

一个耦合过程在进行控制系统设计之前，必须首先决定哪个被控量应该由哪个控制量来控制，这就是前面所述的各变量的配对问题。在实际应用中，常常会发生这样的情形，即每个控制回路的单独设计、调试都是正确的，可是若将整个系统投入运行时，由于变量配对不当，结果导致耦合系统不能正常工作。此时若将变量重新配对，则该耦合系统就能够正常工作。这就表明正确变量配对的重要性。下面举例说明正确的变量配对过程。

图 8-4 所示为三种流体的混合过程。图中，将流量 u_1 与 u_3、温度均为 100℃ 的流体与流量 u_2、温度为 200℃ 的流体进行混合，假设图示管道配置完全对称，调节阀均为线性阀，其系数 $K_{v1} = K_{v2} = K_{v3} = 1$，压力与比热也相同，且比热 $C_1 = C_2 = C_3 = 1$。要求控制混合后两边管道中流体的热量与总流量。

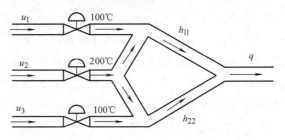

图 8-4 三种流体混合过程

三种流体混合后两边管道中流体的热量分别用 h_{11} 和 h_{22} 表示

$$h_{11} = K_{v1} \frac{u_1}{100} C_1 \times 100 + \frac{1}{2} K_{v2} \frac{u_2}{100} C_2 \times 200 = u_1 + u_2 \tag{8-18}$$

$$h_{22} = K_{v3} \frac{u_3}{100} C_3 \times 100 + \frac{1}{2} K_{v2} \frac{u_2}{100} C_2 \times 200 = u_2 + u_3 \tag{8-19}$$

总流量 q 为三路流量之和，即

$$q = K_{v1} \frac{u_1}{100} \times 100 + K_{v2} \frac{u_2}{100} \times 100 + K_{v3} \frac{u_3}{100} \times 100 = u_1 + u_2 + u_3 \tag{8-20}$$

在这三种流体的混合过程中有三个被控量 h_{11}、h_{22}、q 与三个控制量 u_1、u_2、u_3，因而有六种可能的变量配对控制方案。一种可能的配对控制方案如图 8-5 所示。图中，选用了 u_1 控制 h_{11}、u_3 控制 h_{22}、u_2 控制 q。在该配对控制方案中，当 u_2 增大一个 Δu_2 时，将会引起 h_{11} 和 h_{22} 上升，导致调节器 F_1C 和 F_3C 的输出分别使两只调节阀关小。由于两只调节阀同时关小，使总流量 q 减小，进而使调节器 F_2C 输出增大并使 u_2 进一步增大，结果形成了一个不稳

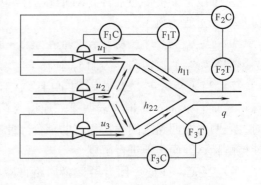

图 8-5 一种可能的变量配对控制方案

定控制过程，可见该配对方案不合理。如何进行合理的变量配对？首先要获取相对增益矩阵。

由式（8-18）~式（8-20）可得该过程的开环增益矩阵为

$$
\boldsymbol{K} = \begin{pmatrix} \dfrac{\partial h_{11}}{\partial u_1} & \dfrac{\partial h_{11}}{\partial u_2} & \dfrac{\partial h_{11}}{\partial u_3} \\[2mm] \dfrac{\partial q}{\partial u_1} & \dfrac{\partial q}{\partial u_2} & \dfrac{\partial q}{\partial u_3} \\[2mm] \dfrac{\partial h_{22}}{\partial u_1} & \dfrac{\partial h_{22}}{\partial u_2} & \dfrac{\partial h_{22}}{\partial u_3} \end{pmatrix} = \begin{pmatrix} 1 & 1 & 0 \\ 1 & 1 & 1 \\ 0 & 1 & 1 \end{pmatrix} \tag{8-21}
$$

进而有

$$
\boldsymbol{K}^{-1} = \begin{pmatrix} 0 & 1 & -1 \\ 1 & -1 & 1 \\ -1 & 1 & 0 \end{pmatrix}
$$

$$
\left[\boldsymbol{K}^{-1} \right]^{\mathrm{T}} = \begin{pmatrix} 0 & 1 & -1 \\ 1 & -1 & 1 \\ -1 & 1 & 0 \end{pmatrix}
$$

该过程的相对增益矩阵为

$$
\boldsymbol{\lambda} = \boldsymbol{K} \otimes \left(\boldsymbol{K}^{-1} \right)^{\mathrm{T}} = \begin{array}{c} \\ h_{11} \\ q \\ h_{22} \end{array} \begin{pmatrix} \overset{u_1}{0} & \overset{u_2}{1} & \overset{u_3}{0} \\ 1 & -1 & 1 \\ 0 & 1 & 0 \end{pmatrix} \tag{8-22}
$$

根据式（8-22），控制变量与被控变量较为合适的变量配对有两种方案：①选用控制量 u_1 控制总流量 q 以及采用控制量 u_2 控制热量 h_{11} 或 h_{22}；②选用控制量 u_3 控制总流量 q 以及采用控制量 u_2 控制热量 h_{11} 或 h_{22}。这两种配对的控制方案均只需两套控制系统，简单、易行、正确合理且节约成本。

从上例可知，对于多变量被控过程，利用相对增益矩阵可以很方便地进行合适的变量配对。

8.2.3　解耦控制系统的设计

在工程实际中，当耦合非常严重、无论采用怎样的变量配对也得不到满意的控制效果时，必须进行解耦设计。

所谓解耦设计，就是设计一个解耦装置，使其中任意一个控制量的变化只影响其配对的那个被控变量而不影响其他控制回路的被控变量，即将多变量耦合控制系统分解成若干个相互独立的单变量控制系统。目前，比较实用的解耦装置的设计有以下几种方法。

1. 前馈补偿设计法

该方法是将第 6 章介绍的前馈控制原理用于多变量解耦控制。图 8-6 所示为应用前馈补偿器来实现双变量解耦控制的系统框图。

图中，$G_{B1}(s)$ 和 $G_{B2}(s)$ 为前馈补偿器。根据不变性原理可求得前馈补偿器的数学模型，即

$$[G_{B2}(s)G_{011}(s) + G_{012}(s)]U_2(s) = 0$$

则有

$$G_{B2}(s) = -\frac{G_{012}(s)}{G_{011}(s)} \qquad (8\text{-}23)$$

同理

$$[G_{B1}(s)G_{022}(s) + G_{021}(s)]U_1(s) = 0$$

则有

$$G_{B1}(s) = -\frac{G_{021}(s)}{G_{022}(s)} \qquad (8\text{-}24)$$

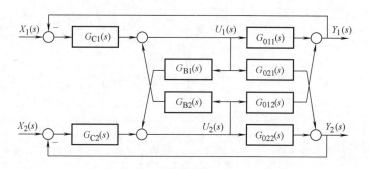

图 8-6　前馈补偿法解耦框图

　　这种方法与前馈控制设计所论述的方法一样，补偿器对过程特性的依赖性较大。此外，当输入 – 输出变量较多时，不宜采用此方法。

　　2. 对角矩阵设计法

　　对角矩阵设计法的思路是，设计一个解耦装置 $G_D(s)$，用以解除多变量被控过程的相互耦合，使其等效的数学模型为期望的对角矩阵，以构成相互独立的多个单变量过程控制系统，一个双变量解耦控制系统如图 8-7 所示。

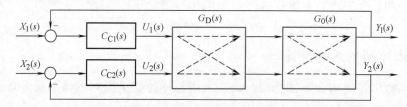

图 8-7　双变量解耦控制系统

　　由图可见，系统输出变量与控制量之间的关系具有如下形式，即：

$$\boldsymbol{Y}(s) = \boldsymbol{G}_0(s)\boldsymbol{G}_D(s)\boldsymbol{U}(s) = \boldsymbol{G}_p(s)\boldsymbol{U}(s) = \mathrm{diag}\{G_{pii}(s)\}\boldsymbol{U}(s) \qquad (i = 1,2) \quad (8\text{-}25)$$

式中，$G_{pii}(s)$ 为对角阵 $\boldsymbol{G}_p(s)$ 的对角元，可以根据控制要求设计成期望的传递函数。

　　对于该被控过程，则有

$$\begin{pmatrix} G_{011}(s) & G_{012}(s) \\ G_{021}(s) & G_{022}(s) \end{pmatrix} \begin{pmatrix} G_{d11}(s) & G_{d12}(s) \\ G_{d21}(s) & G_{d22}(s) \end{pmatrix} = \begin{pmatrix} G_{p11}(s) & 0 \\ 0 & G_{p22}(s) \end{pmatrix} \qquad (8\text{-}26)$$

解耦装置 $G_D(s)$ 可由式（8-26）求取，即

$$\begin{aligned}
\boldsymbol{G}_{\mathrm{D}}(s) &= \boldsymbol{G}_0^{-1}(s)\,\mathrm{diag}\{G_{pii}(s)\}\,\Big|_{i=1,2} \\[4pt]
&= \frac{1}{|\boldsymbol{G}_0(s)|}\mathrm{adj}[\boldsymbol{G}_0(s)]\,\mathrm{diag}\{G_{pii}(s)\}\,\Big|_{i=1,2} \\[4pt]
&= \frac{\begin{pmatrix} G_{022}(s) & -G_{012}(s) \\ -G_{021}(s) & G_{011}(s) \end{pmatrix}\begin{pmatrix} G_{p11}(s) & 0 \\ 0 & G_{p22}(s) \end{pmatrix}}{G_{011}(s)G_{022}(s)-G_{012}(s)G_{021}(s)} \\[4pt]
&= \begin{pmatrix} \dfrac{G_{022}(s)G_{p11}(s)}{\Delta} & \dfrac{-G_{012}(s)G_{p22}(s)}{\Delta} \\[10pt] \dfrac{-G_{021}(s)G_{p11}(s)}{\Delta} & \dfrac{G_{011}(s)G_{p22}(s)}{\Delta} \end{pmatrix}
\end{aligned} \tag{8-27}$$

式中，$\Delta = G_{011}(s)G_{022}(s) - G_{012}(s)G_{021}(s)$。

由式（8-27）可见，若已知被
控过程的传递函数阵 $\boldsymbol{G}_0(s)$ 和期望
的对角矩阵 $\boldsymbol{G}_p(s)$，代入上式即可
求得双变量解耦控制系统的解耦装
置 $\boldsymbol{G}_{\mathrm{D}}(s)$。通过上述解耦之后，两个
控制回路互不相关，成为相互独立
的控制回路，并具有期望的被控过

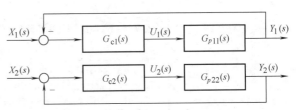

图 8-8　双变量解耦控制系统等效框图

程，如图 8-8 所示。但是上述方法的可行性必须具备两个条件，即 $\boldsymbol{G}_0(s)$ 必须可逆和 $\boldsymbol{G}_{\mathrm{D}}$
(s)，并要在物理上能够实现。若不满足这两个条件，该方法难以应用。

3. 单位矩阵设计法

单位矩阵设计法是对角矩阵设计法的一种特殊情况，即期望的对角矩阵为单位矩阵。如
图 8-7 所示，只要使系统的控制作用 $\boldsymbol{U}(s)$ 与被控量 $\boldsymbol{Y}(s)$ 的关系具有以下形式

$$\boldsymbol{Y}(s) = \boldsymbol{G}_0(s)\boldsymbol{G}_{\mathrm{D}}(s)\boldsymbol{U}(s) = \boldsymbol{I}\cdot\boldsymbol{U}(s) \tag{8-28}$$

式中，$\boldsymbol{I}$ 为单位矩阵，当 $|\boldsymbol{G}_0(s)|\neq 0$ 时，有

$$\boldsymbol{G}_{\mathrm{D}}(s) = \boldsymbol{G}_0^{-1}(s) = \frac{\mathrm{adj}[\boldsymbol{G}_0(s)]}{|\boldsymbol{G}_0(s)|} \tag{8-29}$$

对于双变量解耦控制系统，有

$$\begin{aligned}
\boldsymbol{G}_{\mathrm{D}}(s) &= \frac{1}{|\boldsymbol{G}_0(s)|}\begin{pmatrix} G_{022}(s) & -G_{012}(s) \\ -G_{021}(s) & G_{011}(s) \end{pmatrix} \\[4pt]
&= \begin{pmatrix} \dfrac{G_{022}(s)}{\Delta} & \dfrac{-G_{012}(s)}{\Delta} \\[10pt] \dfrac{-G_{021}(s)}{\Delta} & \dfrac{G_{011}(s)}{\Delta} \end{pmatrix}
\end{aligned} \tag{8-30}$$

式中，Δ 的意义同式（8-27）。

由式（8-28）可见，单位矩阵设计法的解耦装置，不但解除了控制回路间的相互耦合，
而且改善了被控过程的动态特性，使每个等效过程的特性为 1，这就大大提高了控制系统的

稳定性，减少了系统的过渡过程时间和最大偏差，提高了控制系统的质量。但是，由式(8-30)所示的解耦装置，完全依赖于过程的动态特性，这给物理实现带来一定的难度。

4. 解耦控制系统的简化设计

由上述解耦控制系统的设计方法可知，它们都是以获得过程数学模型为前提的，而工业过程千差万别，影响因素众多，要想得到精确的数学模型则相当困难，即使采用机理分析法或试验法得到了数学模型，利用它们设计的解耦装置也往往比较复杂，在工程上难以实现。因此，必须对获得的过程模型进行简化，以利于工程应用。简化的方法很多，比较常用的方法有：当过程模型的时间常数相差很大时，可以忽略较小的时间常数；当过程模型的时间常数相差不大时，可以让它们相等。例如，一个三变量被控过程的传递函数阵为

$$\boldsymbol{G}_0(s) = \begin{pmatrix} G_{011}(s) & G_{012}(s) & G_{013}(s) \\ G_{021}(s) & G_{022}(s) & G_{023}(s) \\ G_{031}(s) & G_{032}(s) & G_{033}(s) \end{pmatrix}$$

$$= \begin{pmatrix} \dfrac{2.6}{(2.7s+1)(0.3s+1)} & \dfrac{-116}{(2.7s+1)(0.2s+1)} & 0 \\ \dfrac{1}{3.8s+1} & \dfrac{1}{4.5s+1} & 0 \\ \dfrac{2.74}{0.2s+1} & \dfrac{2.6}{0.18s+1} & \dfrac{-0.87}{0.25s+1} \end{pmatrix}$$

根据上述简化方法，将 $G_{011}(s)$ 和 $G_{012}(s)$ 简化为一阶惯性环节，将 $G_{031}(s)$、$G_{032}(s)$ 和 $G_{033}(s)$ 的时间常数忽略而成为比例环节，同时令 $G_{021}(s)$ 和 $G_{022}(s)$ 的时间常数相等，则上述传递函数矩阵最终简化为

$$\begin{pmatrix} G_{011}(s) & G_{012}(s) & G_{013}(s) \\ G_{021}(s) & G_{022}(s) & G_{023}(s) \\ G_{031}(s) & G_{032}(s) & G_{033}(s) \end{pmatrix} \approx \begin{pmatrix} \dfrac{2.6}{2.7s+1} & \dfrac{-1.6}{2.7s+1} & 0 \\ \dfrac{1}{4.5s+1} & \dfrac{1}{4.5s+1} & 0 \\ 2.74 & 2.6 & -0.87 \end{pmatrix}$$

最后，利用对角矩阵法或单位矩阵法，依据简化后的传递函数矩阵求出解耦装置，经实验研究，其解耦效果是令人满意的。

必须指出的是，有时尽管作了简化，解耦装置还是比较复杂。因此在工程上常常采用更简单的方法，即静态解耦法。例如一个 2×2 的系统，已经求得解耦装置的传递矩阵为

$$\begin{pmatrix} G_{d11}(s) & G_{d12}(s) \\ G_{d11}(s) & G_{d22}(s) \end{pmatrix} = \begin{pmatrix} 0.328(2.7s+1) & 0.21(s+1) \\ -0.52(2.7s+1) & 0.94(s+1) \end{pmatrix}$$

如果采用静态解耦法，使解耦装置成为比例环节，即使

$$\begin{pmatrix} G_{d11}(s) & G_{d12}(s) \\ G_{d11}(s) & G_{d22}(s) \end{pmatrix} \approx \begin{pmatrix} 0.328 & 0.21 \\ -0.52 & 0.94 \end{pmatrix}$$

这样，其解耦装置的物理实现特别简单。经实验研究，同样可以取得较好的解耦效果。

对于某些系统，如果动态解耦是必需的，可以考虑采用超前-滞后环节进行近似的动态解耦，这样既可以不必花费太高的经济成本而又能取得较好的解耦效果。

当然，如果控制要求更好的解耦效果，则将获得的解耦装置用计算机软件实现，此时的解耦装置可以允许复杂一些，但也不是越复杂越好。

5. 解耦控制系统设计举例

在图 8-9 中，两种料液 q_1 和 q_2 经均匀混合后送出，要求对混合液的总流量 q 和成分 a 进行控制，于是组成了如图 8-9 所示的成分和流量控制系统。总流量 q 和成分 a 分别由 q_1 和 q_2 进行控制。不难看出，这两个控制回路是相互耦合的，其耦合程度可用相对增益矩阵进行分析。

由图 8-9 可写出系统的静态关系式为

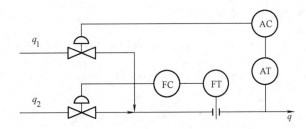

$$\begin{cases} q = q_1 + q_2 \\ a = \dfrac{q_1}{q_1 + q_2} \end{cases} \quad (8\text{-}31)$$

设静态相对增益矩阵为

$$\boldsymbol{\lambda} = \begin{pmatrix} \lambda_{1a} & \lambda_{1q} \\ \lambda_{2a} & \lambda_{2q} \end{pmatrix} \quad (8\text{-}32)$$

图 8-9　两种料液混合控制系统

式中

$$\lambda_{1a} = \frac{\left. \dfrac{\partial a}{\partial q_1} \right|_{q_2}}{\left. \dfrac{\partial a}{\partial q_1} \right|_{q}} = \frac{q_2}{(q_1 + q_2)^2} \bigg/ \frac{1}{q} = \frac{q_2}{(q_1 + q_2)} = 1 - a \quad (8\text{-}33)$$

利用静态相对增益矩阵的性质，可得

$$\begin{cases} \lambda_{2a} = 1 - \lambda_{1a} = 1 - 1 + a = a \\ \lambda_{1q} = 1 - \lambda_{1a} = a \\ \lambda_{2q} = \lambda_{1a} = 1 - a \end{cases} \quad (8\text{-}34)$$

若已知 $q_1 = q_2 = 25$，则 $a = 0.5$。将 a 的值代入式 (8-32) 可得

$$\boldsymbol{\lambda} = \begin{pmatrix} 0.5 & 0.5 \\ 0.5 & 0.5 \end{pmatrix} \quad (8\text{-}35)$$

由式 (8-35) 可知，成分和流量控制系统相互存在相同的耦合，无论怎样进行变量配对，都不能改变彼此间的耦合程度，因而解耦设计是必需的。若测得被控过程的特性为

$$\boldsymbol{G}_0(s) = \begin{pmatrix} \dfrac{K_{011}}{Ts+1} & \dfrac{K_{012}}{Ts+1} \\ \dfrac{K_{021}}{Ts+1} & \dfrac{K_{022}}{Ts+1} \end{pmatrix} \quad (8\text{-}36)$$

当采用对角矩阵设计法时，设期望的等效过程特性为

$$\boldsymbol{G}_{\mathrm{p}}(s) = \boldsymbol{G}_0(s)\boldsymbol{G}_{\mathrm{D}}(s) = \begin{pmatrix} \dfrac{K_{\mathrm{p}11}}{Ts+1} & 0 \\ 0 & \dfrac{K_{\mathrm{p}22}}{Ts+1} \end{pmatrix}$$

则解耦装置的数学模型为

$$G_D(s) = G_0^{-1}(s)G_p(s) = \frac{1}{\Delta}\begin{pmatrix} K_{022}K_{p11} & -K_{012}K_{p22} \\ -K_{021}K_{p11} & K_{011}K_{p22} \end{pmatrix} \tag{8-37}$$

式中，$\Delta = K_{011}K_{022} - K_{012}K_{021}$。

若采用单位矩阵设计法时，期望的等效过程特性为

$$G_p(s) = G_0(s)G_D(s) = \begin{pmatrix} 1 & 0 \\ 0 & 1 \end{pmatrix} \tag{8-38}$$

则解耦装置的数学模型为

$$G_D(s) = G_0^{-1}(s)G_p(s) = \frac{M(s)}{\Delta}\begin{pmatrix} K_{022} & -K_{012} \\ -K_{021} & K_{011} \end{pmatrix} \tag{8-39}$$

式中，$M(s) = Ts + 1$。

比较式（8-37）与式（8-39）可知，采用单位矩阵设计法所得解耦装置要比对角矩阵设计法复杂（多了微分环节），但期望的等效过程特性却比对角矩阵设计法有很大的改善。

8.3　适应过程参数变化的控制系统

在过程控制系统中，调节器参数的整定，是在给定的品质指标和过程特性不变的条件下进行的。当实际的过程特性发生变化时，为保持给定的品质指标不变，则必须重新整定调节器参数，以便适应变化了的过程特性，否则控制系统的品质指标将会下降。但在生产过程中，由于环境条件的不断变化，致使过程特性也会产生不断的变化，这样势必会导致不断地重新整定调节器的参数，这样既麻烦又不现实。解决的办法是，在同样的输入作用下，当实际过程特性发生变化时，可根据参考模型的输出与实际过程的输出之差设计一个调整装置来自动适应过程特性的变化，通常将这种系统称为适应过程参数变化的控制系统。

由于大多数工业过程的特性都可以用 $K_0 e^{-\tau_0 s}/(T_0 s + 1)$ 来近似描述，所以这里所讨论的适应式控制系统主要针对 $K_0 e^{-\tau_0 s}/(T_0 s + 1)$ 的参数 K_0、T_0、τ_0 变化的情况。

8.3.1　适应静态增益变化的控制系统

有些工业生产过程，如热交换过程、pH（酸碱度）值控制过程、成分控制过程等，其静态增益 K_0 经常会发生变化，如果想保持原系统的稳定性不变，可通过外加一个自动调整装置，自动维持整个开环静态增益近似不变。图 8-10 所示为适应 K_0 变化的控制系统结构框图。

图中，$K_0 e^{-\tau_0 s}/(T_0 s + 1)$ 是模拟正常工况下的模型（亦称参考模型），环境变化引起过程静态增益 K_0 的变化用 $\tilde{K}_0$ 表示。$M_k(s)$ 为包括调节器在内的整个调整环节的输出，不妨假设为

$$M_k(s) = U(s) + K_k'(s)$$

或

$$m_k(t) = u(t) + k_k'(t) \tag{8-40}$$

式中，$K_k'(s)$ 或 $k_k'(t)$ 分别为外加自动调整环节最终输出的拉普拉斯变换值或时域值。这里的关键是如何推证图 8-10 的合理性。

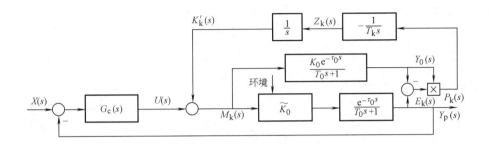

图 8-10　适应 K_0 变化的控制系统结构框图

若选择模型误差的二次方积分作为控制的目标函数，即

$$J \triangleq \int e_k^2(t)\,\mathrm{d}t \tag{8-41}$$

依据最速下降原理，外加自动调整环节的输出 $k_k'(t)$ 的变化规律为

$$\frac{\mathrm{d}k_k'(t)}{\mathrm{d}t} = -\alpha\,\frac{\partial J}{\partial \widetilde{K}_0} \tag{8-42}$$

式中，α 为下降步长，可通过试验确定。由式（8-41）可得

$$\frac{\partial J}{\partial \widetilde{K}_0} = 2\int e_k(t)\,\frac{\partial e_k(t)}{\partial \widetilde{K}_0}\,\mathrm{d}t \tag{8-43}$$

按照图 8-10 所示结构有

$$E_k(s) = M_k(s)\left(\frac{\widetilde{K}_0\,\mathrm{e}^{-\tau_0 s}}{T_0 s + 1} - \frac{K_0\,\mathrm{e}^{-\tau_0 s}}{T_0 s + 1}\right) \tag{8-44}$$

所以有

$$\frac{\partial E_k(s)}{\partial \widetilde{K}_0} = M_k(s)\,\frac{\mathrm{e}^{-\tau_0 s}}{T_0 s + 1} = \frac{Y_0(s)}{K_0}$$

由于

$$\frac{\partial e_k(t)}{\partial \widetilde{K}_0} = L^{-1}\left[\frac{\partial E_k(s)}{\partial \widetilde{K}_0}\right] = L^{-1}\left[\frac{Y_0(s)}{K_0}\right] = \frac{y_0(t)}{K_0} \tag{8-45}$$

将式（8-45）代入式（8-43）得

$$\frac{\partial J}{\partial \widetilde{K}_0} = 2\int e_k(t)\,\frac{y_0(t)}{K_0} = \frac{2}{K_0}\int e_k(t) y_0(t)\,\mathrm{d}t = \frac{2}{K_0}\int p_k(t)\,\mathrm{d}t \tag{8-46}$$

将式（8-46）代入式（8-42）得

$$\frac{\mathrm{d}k_k'(t)}{\mathrm{d}t} = -\alpha\,\frac{2}{K_0}\int p_k(t)\,\mathrm{d}t = -\frac{1}{T_k}\int p_k(t)\,\mathrm{d}t \tag{8-47}$$

式中，$T_k = \dfrac{K_0}{2\alpha}$。所以有

$$k_k'(t) = -\frac{1}{T_k} \iint p_k(t) \, \mathrm{d}t \mathrm{d}t$$

$$K_k'(s) = -\frac{1}{T_k} \frac{P_k(s)}{s^2} \tag{8-48}$$

令 $Z_k(s) = -\dfrac{P_k(s)}{T_k s}$，则有

$$K_k'(s) = \frac{Z_k(s)}{s}$$

与

$$z_k(t) = -\frac{1}{T_k} \int p_k(t) \, \mathrm{d}t$$

整个调整环节的输出 $M_k(s)$ 或 $m_k(t)$ 的结果为

$$M_k(s) = U(s) + \frac{1}{s} Z_k(s)$$

或

$$m_k(t) = u(t) + \int z_k(t) \, \mathrm{d}t \tag{8-49}$$

根据以上分析，图 8-10 所示控制系统，能适应 K_0 的变化，并能最大限度地减少由于 K_0 的变化所产生的控制误差。

8.3.2　适应纯滞后时间变化的控制系统

在生产过程中，负荷的变化常常会引起纯滞后时间 τ_0 的变化，纯滞后时间 τ_0 的变化又会引起系统工作周期的变化，工作周期的变化又会影响系统的稳定性和动态过程。为了保持原系统的稳定性不变，同样通过外加一个自动调整装置，自动维持整个开环静态增益近似不变。图 8-11 所示为适应 τ_0 变化的控制系统结构框图。

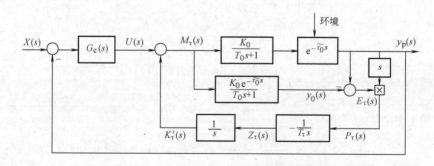

图 8-11　适应 τ_0 变化的控制系统结构框图

图中，$K_0 \mathrm{e}^{-\tau_0 s}/(T_0 s + 1)$ 是模拟正常工况下的参考模型，环境变化引起纯滞后时间 τ_0 变化时用 $\tilde{\tau}_0$ 表示。$M_\tau(s)$ 为包括调节器在内的整个调整环节的输出，不妨假设为

$$M_\tau(s) = U(s) + K_\tau'(s)$$

或
$$m_\tau(t) = u(t) + k_\tau'(t) \tag{8-50}$$

式中，$K_\tau'(s)$ 或 $k_\tau'(t)$ 分别为外加自动调整环节最终输出的拉普拉斯变换值或时域值。下面推证图 8-11 所示系统的合理性。

同样选择模型误差的二次方积分作为控制目标函数，即
$$J \triangleq \int e_\tau^2(t)\,\mathrm{d}t \tag{8-51}$$

依据最速下降原理，此时外加自动调整环节的输出 $k_\tau'(t)$ 的变化规律为
$$\frac{\mathrm{d}k_\tau'(t)}{\mathrm{d}t} = -\beta \frac{\partial J}{\partial \tilde{\tau}_0} \tag{8-52}$$

式中，β 为下降步长，可通过试验确定。由式（8-51）可得
$$\frac{\partial J}{\partial \tilde{\tau}_0} = 2 \int e_\tau(t) \frac{\partial e_\tau(t)}{\partial \tilde{\tau}_0}\,\mathrm{d}t \tag{8-53}$$

由图 8-11 可知
$$E_\tau(s) = M_\tau(s)\left[\frac{K_0 e^{-\tilde{\tau}_0 s}}{T_0 s + 1} - \frac{K_0 e^{-\tau_0 s}}{T_0 s + 1}\right]$$

所以有
$$\begin{aligned}
\frac{\partial E_\tau(s)}{\partial \tilde{\tau}_0} &= \partial\left\{M_\tau(s)\left[\frac{K_0 e^{-\tilde{\tau}_0 s}}{T_0 s + 1} - \frac{K_0 e^{-\tau_0 s}}{T_0 s + 1}\right]\right\}\Big/ \partial \tilde{\tau}_0 \\
&= M_\tau(s)\frac{K_0 e^{-\tilde{\tau}_0 s}}{T_0 s + 1}(-s) = -s Y_p(s)
\end{aligned} \tag{8-54}$$

进而有
$$\frac{\partial e_\tau(t)}{\partial \tilde{\tau}_0} = -\frac{\mathrm{d}y_p(t)}{\mathrm{d}t} \tag{8-55}$$

代入式（8-53）有
$$\frac{\partial J}{\partial \tilde{\tau}_0} = 2 \int e_\tau(t)\left[-\frac{\mathrm{d}y_p(t)}{\mathrm{d}t}\right]\mathrm{d}t \tag{8-56}$$

将式（8-55）再代入式（8-52）可得
$$\begin{aligned}
\frac{\mathrm{d}k_\tau'(t)}{\mathrm{d}t} &= 2\beta \int e_\tau(t)\left[-\frac{\mathrm{d}y_p(t)}{\mathrm{d}t}\right]\mathrm{d}t \\
&= -\frac{1}{T_\tau}\int P_\tau(t)\,\mathrm{d}t
\end{aligned} \tag{8-57}$$

式中，$P_\tau(t) = e_\tau(t)\dfrac{\mathrm{d}y_p(t)}{\mathrm{d}t}$；$T_\tau = \dfrac{1}{2\beta}$。所以有
$$k_\tau'(t) = -\frac{1}{T_\tau}\iint p_\tau(t)\,\mathrm{d}t\mathrm{d}t$$

$$K_\tau'(s) = -\frac{1}{T_\tau}\frac{P_\tau(s)}{s^2} \tag{8-58}$$

令 $Z_\tau(s) = -\dfrac{P_\tau(s)}{T_\tau s}$，则有

$$K_\tau'(s) = \frac{Z_\tau(s)}{s}$$

或

$$z_\tau(t) = -\frac{1}{T_\tau} \int P_\tau(t)\,\mathrm{d}t$$

整个调整环节的输出 $M_\tau(s)$ 或 $m_\tau(s)$ 的结果为

$$M_\tau(s) = U(s) + \frac{1}{s}Z_\tau(s)$$

或

$$m_\tau(t) = u(t) + \int z_\tau(t)\,\mathrm{d}t \tag{8-59}$$

以上分析同样推证了图 8-11 所示控制系统的合理性，最大限度地减少了纯滞后时间 τ_0 的变化所产生的控制误差。

8.3.3 适应时间常数变化的控制系统

在工业生产过程中，凡是传热、传质状态的变化均会引起过程时间常数 T_0 的变化，从而会引起过程动态增益的变化。为了保持原系统的动态增益不变，同样可以通过外加一个自动调整装置，自动维持整个开环增益不变。图 8-12 所示为适应 T_0 变化的控制系统结构框图。

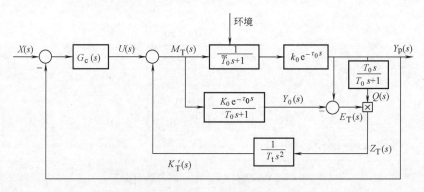

图 8-12 适应 T_0 变化的控制系统结构框图

图中，$K_0 \mathrm{e}^{-\tau_0 s}/(T_0 s + 1)$ 依然是模拟正常工况下的模型，环境变化引起过程时间常数 T_0 的变化，用 $\tilde{T}_0$ 表示。$M_\mathrm{T}(s)$ 为包括调节器在内的整个调整环节的输出，不妨假设为

$$M_\mathrm{T}(s) = U(s) + K_\mathrm{T}'(s)$$

或

$$m_\mathrm{t}(t) = u(t) + k_\mathrm{t}'(t) \tag{8-60}$$

式中，$K_\mathrm{T}'(s)$ 或 $k_\mathrm{t}'(t)$ 分别为自动调整环节最终输出的拉普拉斯变换值或时域值。下面以同样的方式推证图 8-12 所示控制系统的合理性。

同样选择模型误差的二次方积分作为控制目标函数，即

$$J \triangleq \int e_t^2(t) \, \mathrm{d}t \tag{8-61}$$

依据最速下降原理，此时外加调整环节的输出 $k_t'(t)$ 的变化规律为

$$\frac{\mathrm{d}k_t'(t)}{\mathrm{d}t} = -\gamma \frac{\partial J}{\partial \tilde{T}_0} \tag{8-62}$$

式中，γ 为下降步长，可通过试验确定。由式（8-61）可得

$$\frac{\partial J}{\partial \tilde{T}_0} = 2 \int e_t(t) \frac{\partial e_t(t)}{\partial \tilde{T}_0} \mathrm{d}t \tag{8-63}$$

由图 8-12 所示结构可知

$$E_T(s) = M_T(s) \left(\frac{K_0 e^{-\tau_0 s}}{\tilde{T}_0 s + 1} - \frac{K_0 e^{-\tau_0 s}}{T_0 s + 1} \right) \tag{8-64}$$

所以有

$$\frac{\partial E_T(s)}{\partial \tilde{T}_0} = \partial \left[M_T(s) \left(\frac{K_0 e^{-\tau_0 s}}{\tilde{T}_0 s + 1} - \frac{K_0 e^{-\tau_0 s}}{T_0 s + 1} \right) \right] \Big/ \partial \tilde{T}_0$$

$$= -\frac{M_T(s) K_0 e^{-\tau_0 s}}{\tilde{T}_0 s + 1} \frac{s}{\tilde{T}_0 s + 1}$$

$$= -Y_p(s) \frac{s}{\tilde{T}_0 s + 1} \tag{8-65}$$

或

$$\frac{\partial e_t(t)}{\partial \tilde{T}_0} = L^{-1} \left[\frac{\partial E_T(s)}{\partial \tilde{T}_0} \right] = \frac{-1}{T_0} L^{-1} \left[Y_p(s) \frac{T_0 s}{T_0 s + 1} \right] = \frac{-1}{T_0} L^{-1} \left[Q(s) \right] = \frac{-1}{T_0} q(t) \tag{8-66}$$

将式（8-66）代入式（8-63），则有

$$\frac{\partial J}{\partial \tilde{T}_0} = \frac{-2}{T_0} \int e(t) q(t) \, \mathrm{d}t \tag{8-67}$$

将式（8-67）代入式（8-62）可得 $k_t'(t)$ 的变化规律为

$$\frac{\mathrm{d}k_t'(t)}{\mathrm{d}t} = -\gamma \frac{\partial J}{\partial \tilde{T}_0} = \frac{1}{T_t} \int e_t(t) q(t) \, \mathrm{d}t = \frac{1}{T_t} \int z_t(t) \, \mathrm{d}t \tag{8-68}$$

式中，$T_t = \dfrac{T_0}{2r}$；$q(t) = L^{-1}[Q(s)] = L^{-1} \left[Y_p(s) \dfrac{T_0 s}{T_0 s + 1} \right]$。

整个调整环节的输出 $M_t(s)$ 或 $m_t(t)$ 的结果为

$$M_T(s) = U(s) + \frac{1}{T_t s^2} Z_T(s) \tag{8-69}$$

或

$$m_t(t) = u(t) + \frac{1}{T_t} \iint z_t(t) \, \mathrm{d}t \tag{8-70}$$

以上分析同样推证了图 8-12 所示控制系统的合理性，最大限度地减少了时间常数 T_0 的

变化所产生的控制误差。

以上三种适应式控制系统的最大特点是原理简单、概念清晰，用常规调节器即可实现。在实际使用时，先测得被控过程的阶跃响应曲线，求得三个特征参数 K_0、T_0、τ_0，然后根据三个参数中变化最大的情况选用相应的控制方案。

8.4 推理控制系统

在实际工业生产中，常常存在这样一些情况，即被控过程的输出变量不能直接测量或者难以测量，因而无法实现反馈控制；或者被控过程的干扰也无法测量，也不能实现前馈控制。在这种情况下，采用控制辅助输出量的办法间接控制过程的主要输出量，这就是推理控制（Inferential Control）的主要构想。它是由美国的 Coleman Brosilow 和 Martin Tong 等人于 1978 年提出来的。他们根据过程输出的性能要求，在建立过程数学模型的基础上，通过数学推理，导出推理控制系统应该具有的结构形式。

8.4.1 推理控制系统的组成

图 8-13 所示为推理控制系统基本结构框图。

图中 $Y_1(s)$、$Y_2(s)$ 分别为过程的主要输出变量和辅助输出变量；$G_{01}(s)$ 和 $G_{02}(s)$ 分别为过程主、辅控制通道的传递函数；$G_{f1}(s)$ 和 $G_{f2}(s)$ 分别为过程主、辅干扰通道的传递函数；$F(s)$ 为过程的不可测干扰；$G_{ic}(s)$ 为推理控制部分的传递函数。设 $F(s)$ 与 $Y_1(s)$ 均为不可测变量。推理控制部分的输入为过程的辅助输出变量 $Y_2(s)$，其输出为过程的控制输入 $U(s)$。为了克服不可测干扰对过程输出 $Y_1(s)$ 的影响，其关键是如何设计 $G_{ic}(s)$。

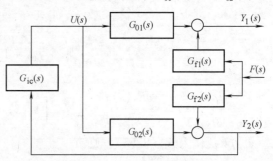

图 8-13 推理控制系统基本结构框图

由图 8-13 可得

$$Y_2(s) = G_{f2}(s)F(s) + G_{02}(s)G_{ic}(s)Y_2(s) \tag{8-71}$$

$$Y_1(s) = G_{f1}(s)F(s) + G_{01}(s)G_{ic}(s)Y_2(s) \tag{8-72}$$

由式（8-71）可得

$$Y_2(s) = \frac{G_{f2}(s)}{1 - G_{02}(s)G_{ic}(s)}F(s) \tag{8-73}$$

将式（8-73）代入式（8-72）可得

$$Y_1(s) = G_{f1}(s)F(s) + G_{01}(s)G_{ic}(s)\frac{G_{f2}(s)}{1 - G_{02}(s)G_{ic}(s)}F(s)$$

设

$$\frac{G_{01}(s)G_{ic}(s)}{1 - G_{02}(s)G_{ic}(s)} = -E(s) \tag{8-74}$$

则有

$$Y_1(s) = \left[G_{f1}(s) - G_{f2}(s)E(s) \right] F(s) \tag{8-75}$$

若设

$$E(s) = \frac{G_{f1}(s)}{G_{f2}(s)} \tag{8-76}$$

则有

$$Y_1(s) = 0 \tag{8-77}$$

由以上分析可知，只要满足式（8-74）和式（8-76）的条件，即可完全克服不可测干扰 $F(s)$ 对过程主要输出变量 $Y_1(s)$ 的影响。由式（8-74）和式（8-76）可以得到 $G_{ic}(s)$ 的传递函数为

$$G_{ic}(s) = \frac{E(s)}{G_{02}(s)E(s) - G_{01}(s)} = \frac{G_{f1}(s)/G_{f2}(s)}{G_{02}(s)G_{f1}(s)/G_{f2}(s) - G_{01}(s)} \tag{8-78}$$

上式表明，$G_{ic}(s)$ 取决于被控过程各通道的动态特性。若已知过程各通道动态特性的估计值，则可得 $G_{ic}(s)$ 的估计值为

$$\hat{G}_{ic}(s) = \frac{\hat{E}(s)}{\hat{G}_{02}(s)\hat{E}(s) - \hat{G}_{01}(s)} \tag{8-79}$$

式中，$\hat{E}(s) = \dfrac{\hat{G}_{f1}(s)}{\hat{G}_{f2}(s)}$。

过程的控制输入 $U(s)$ 为

$$U(s) = \hat{G}_{ic}(s)Y_2(s) = \frac{\hat{E}(s)}{\hat{G}_{02}(s)\hat{E}(s) - \hat{G}_{01}(s)}Y_2(s) \tag{8-80}$$

将式（8-80）进一步改写后，则有

$$\begin{aligned}
U(s) &= -\frac{1}{\hat{G}_{01}(s)} \left[Y_2(s) - U(s)\hat{G}_{02}(s) \right] \hat{E}(s) \\
&= -G_c(s) \left[Y_2(s) - U(s)\hat{G}_{02}(s) \right] \hat{E}(s) \\
&= -G_c(s)\hat{Z}(s)
\end{aligned} \tag{8-81}$$

依据式（8-81）可画出图 8-14 所示推理控制部分的实现框图。

由图可见，推理控制部分的作用是将不可测干扰 $F(s)$ 对 $Y_1(s)$ 的影响推理出来得到 $\hat{Z}(s)$，然后将 $\hat{Z}(s)$ 反馈到推理控制器 $G_c(s)$ 的输入端，产生控制作用 $U(s)$。图中，$\hat{E}(s)$ 称为估计器，$X(s)$ 为参考输入。由图 8-14 不难看出，推理控制具有三个基本特征。

1. 实现了不可测干扰的信号分离

当干扰量与控制量对辅助输出通道的数学模型完全匹配时，即

$$G_{f2}(s) = \hat{G}_{f2}(s), G_{02}(s) = \hat{G}_{02}(s)$$

则有

$$Y_2(s) - \hat{G}_{02}(s)U(s) = G_{f2}(s)F(s)$$

$$(8-82)$$

可见，推理控制将不可测干扰 $F(s)$ 对辅助输出 $Y_2(s)$ 的影响从 $Y_2(s)$ 中分离了出来。

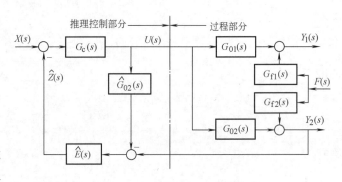

图 8-14 推理控制部分的实现框图

2. 实现了不可测干扰的估计

已知估计器 $\hat{E}(s) = \hat{G}_{f1}(s)/\hat{G}_{f2}(s)$，若 $\hat{G}_{02}(s) = G_{02}(s)$，其输入则为 $G_{f2}(s)F(s)$。若 $\hat{G}_{f1}(s) = G_{f1}(s)$，$\hat{G}_{f2}(s) = G_{f2}(s)$，则估计器的输出 $\hat{Z}(s)$ 为

$$\hat{Z}(s) = \hat{E}(s)G_{f2}(s)F(s) = \frac{\hat{G}_{f1}(s)}{\hat{G}_{f2}(s)}G_{f2}(s)F(s) = G_{f1}(s)F(s) \qquad (8-83)$$

它等于不可测干扰 $F(s)$ 对过程主要输出（即被控变量）$Y_1(s)$ 影响的估计。

这里需要说明的是，在干扰 $F(s)$ 的来源确定之后，选择过程的辅助输出时必须使估计器 $\hat{E}(s) = \hat{G}_{f1}(s)/\hat{G}_{f2}(s)$ 为可实现的。

3. 可实现理想控制

由图 8-14 可求出推理控制系统的主要输出为

$$Y_1(s) = \frac{G_c(s)G_{01}(s)}{1 + \hat{E}(s)G_c(s)[G_{02}(s) - \hat{G}_{02}(s)]}X(s) + \frac{G_{f1}(s) - \hat{E}(s)G_c(s)G_{f2}(s)G_{01}(s)}{1 + \hat{E}(s)G_c(s)[G_{02}(s) - \hat{G}_{02}(s)]}F(s)$$

若模型完全匹配，即 $\hat{G}_{02}(s) = G_{02}(s)$，$\hat{G}_{01}(s) = G_{01}(s)$，$\hat{G}_{f1}(s) = G_{f1}(s)$，$\hat{G}_{f2}(s) = G_{f2}(s)$，且 $G_c(s) = 1/\hat{G}_{01}(s)$ 时，则有

$$Y_1(s) = X(s) \qquad (8-84)$$

可见推理控制系统在模型完全匹配的情况下，既能实现对设定值变化的完全跟踪，也能实现对不可测干扰影响的完全消除。

但是需要指出的是，当推理控制器 $G_c(s)$ 设计为 $1/\hat{G}_{01}(s)$ 时，常常会出现高阶微分项，这在物理上难以实现。为此，通常需要串联惯性滤波器 $G_F(s)$，以降低微分项的阶次，即使 $G_c(s) = G_F(s)/\hat{G}_{01}(s)$。此时，当设定值与干扰量变化时，有

$$Y_1(s) = G_F(s)X(s) + G_{f1}(s)[1 - G_F(s)]F(s) \qquad (8-85)$$

由上式可见，当接入滤波器后，要想实现设定值变化的动态响应完全跟踪输出是不可能的。但只要滤波器的稳态增益为1，即 $G_F(0) = 1$，则仍可实现设定值的稳态值完全跟踪输出的稳态值，即

$$Y_1(0) = X(0)$$

8.4.2 推理-反馈控制系统

图 8-14 所示的推理控制系统本质上是由一个特定的不可测干扰驱动的开环控制系统，

它没有考虑其他可能存在的干扰。即便对于该特定的不可测干扰而言，也只有在模型完全匹配的条件下，对设定值变化才具有良好的跟踪性能，对不可测干扰的影响才能起到完全消除的作用。但在实际生产中，过程模型不可能与实际过程完全匹配，因而系统的主要输出也不可避免地存在稳态误差。为了消除主要输出的稳态误差，应引入主要输出的反馈。但由于主要输出又不可测量，所以必须采用推理方法估算出主要输出量，从而构成推理-反馈控制系统。其结构框图如图 8-15 所示。

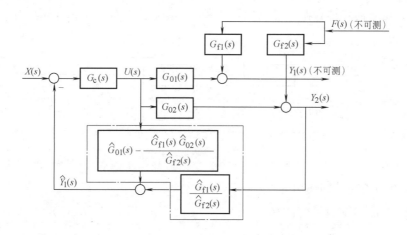

图 8-15　推理-反馈控制系统框图

由图 8-15 可得

$$Y_1(s) = G_{01}(s)U(s) + G_{f1}(s)F(s) \tag{8-86}$$

$$Y_2(s) = G_{02}(s)U(s) + G_{f2}(s)F(s) \tag{8-87}$$

由式（8-87）可得不可测干扰的估算式为

$$\hat{F}(s) = \frac{Y_2(s)}{\hat{G}_{f2}(s)} - \frac{\hat{G}_{02}(s)}{\hat{G}_{f2}(s)}U(s)$$

将上式代入式（8-86），可得主要输出变量的估算式为

$$\hat{Y}_1(s) = \left[\hat{G}_{01}(s) - \frac{\hat{G}_{f1}(s)}{\hat{G}_{f2}(s)}\hat{G}_{02}(s)\right]U(s) + \frac{\hat{G}_{f1}(s)}{\hat{G}_{f2}(s)}Y_2(s) \tag{8-88}$$

式（8-88）表明，主要输出变量的估计值是可测的辅助输出变量和控制变量的函数，将它作为反馈量可构成推理-反馈控制系统。当模型不存在误差时，则有

$$\hat{Y}_1(s) = \left[G_{01}(s) - \frac{G_{f1}(s)}{G_{f2}(s)}G_{02}(s)\right]U(s) + \frac{G_{f1}(s)}{G_{f2}(s)}[F(s)G_{f2}(s) + U(s)G_{02}(s)]$$

$$= G_{01}(s)U(s) + G_{f1}(s)F(s) = Y_1(s) \tag{8-89}$$

式（8-89）说明，反馈信号是真实的主要输出变量，此时只要控制器 $G_c(s)$ 中包含积分调节规律，就能够保证主要输出的稳态误差为零；当存在模型误差或其他干扰而导致 $\hat{Y}_1(s) \neq Y_1(s)$ 时，同样可以通过适当选择 $G_c(s)$ 的调节规律，实现对设定值变化的良好跟踪和对干扰的有效抑制。

8.4.3　输出可测条件下的推理控制系统

推理控制最初是为了解决主要输出变量不可测和干扰量不可测的问题而提出来的，其基本思想后来又被广泛用于输出可测而干扰不可测的情况，形成输出可测条件下的推理控制。

1. 系统构成

在输出可测而干扰不可测的情况下，推理控制系统简化成图 8-16 所示结构，这里不需要辅助输出，也不需要估算器。对系统设计来说，仅需要估算一个估计模型 $\hat{G}_{01}(s)$。

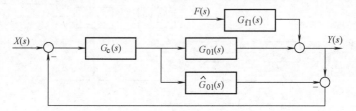

图 8-16　输出可测条件下的推理控制系统框图

由图 8-16 可得系统的输出为

$$Y(s) = \frac{G_c(s)G_{01}(s)/[1 - G_c(s)\hat{G}_{01}(s)]}{1 + G_c(s)G_{01}(s)/[1 - G_c(s)\hat{G}_{01}(s)]}X(s) + \frac{G_{f1}(s)}{1 + G_c(s)G_{01}(s)/[1 - G_c(s)\hat{G}_{01}(s)]}F(s)$$

式中，$G_c(s) = G_F(s)/\hat{G}_{01}(s)$；$G_F(s)$ 为惯性滤波器。当 $\hat{G}_{01}(s) = G_{01}(s)$ 时，则有

$$Y(s) = G_F(s)X(s) + [1 - G_F(s)]G_{f1}(s)F(s) \tag{8-90}$$

就是说，在模型准确的情况下，输出响应与输出不可测情况下的推理控制相同。

2. 控制系统的性能

（1）鲁棒性　设 $\hat{G}_{01}(s) \neq G_{01}(s)$，则系统输出为

$$Y(s) = \frac{G_{01}(s)G_F(s)/\hat{G}_{01}(s)}{1 - G_F(s)[\hat{G}_{01}(s) - G_{01}(s)]/\hat{G}_{01}(s)}X(s) +$$

$$\frac{1 - G_F(s)}{1 - G_F(s)[\hat{G}_{01}(s) - G_{01}(s)]/\hat{G}_{01}(s)}G_{f1}(s)F(s)$$

因为滤波器的静态增益 $G_F(0) = 1$，所以在设定值阶跃干扰作用下，系统输出的稳态偏差为

$$X(0) - Y(0) = \left\{1 - \frac{G_{01}(0)/\hat{G}_{01}(0)}{1 - [\hat{G}_{01}(0) - G_{01}(0)]/\hat{G}_{01}(0)}\right\}X(0) = \{1 - 1\}X(0) = 0 \tag{8-91}$$

在阶跃不可测干扰作用下，系统输出的稳态偏差为

$$Y(0) = 0 \tag{8-92}$$

从以上分析可以得到一个很有用的结论，即不管模型是否存在误差或干扰，只要满足 $C_F(0) = 1$，系统输出总是稳态无偏的。这种系统为什么能有这样好的稳态性能呢？若将图 8-16 重新安排成图 8-17。图中，点画线框内部分相当于一个反馈控制器，其等效传递函数为

$$\frac{G_c(s)}{1 - G_c(s)\hat{G}_{01}(s)} = \frac{G_F(s)}{\hat{G}_{01}(s)[1 - G_F(s)]} \tag{8-93}$$

可见当滤波器的静态增益 $G_F(0)=1$ 时，等效反馈控制器的增益为无穷大，这就是该系统能够消除稳态误差的原因所在。

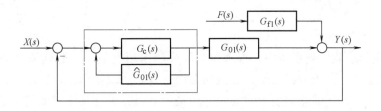

图 8-17　等效反馈控制器结构框图

（2）与前馈-反馈控制相比　由上述分析可知，图 8-16 所示的推理控制系统，无论是在设定值干扰还是在不可测干扰的作用下，其稳态性能不受模型误差的影响。若从克服干扰影响的角度，它还可以看成是前馈-反馈控制的一种延伸与发展，而它又比前馈-反馈控制具有某些突出的优点。

1）不要求干扰是可测的。

2）只需要建立控制通道的模型，而无需建立干扰通道的模型；前馈控制只能对可测的干扰进行补偿，而推理控制无此限制。

（3）与 Smith 预估控制相比　对具有纯滞后的被控过程，图 8-16 所示的推理控制也是一种很有效的控制方法，它可以看成是 Smith 预估控制的一种理想情况。为便于比较，将图 6-22 所示 Smith 预估控制结构重新安排，如图 8-18 所示。

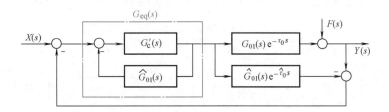

图 8-18　重新安排 Smith 预估控制的结构框图

图中，过程模型为 $\hat{G}_{01}(s)e^{-\hat{\tau}_0 s}$，模型中的 $\hat{G}_{01}(s)$ 与常规 PID 调节器 $G_c'(s)$ 构成一个等效的控制器 $G_{eq}(s)$。当 $G_c'(s)$ 的增益趋于无穷大时，等效控制器 $G_{eq}(s)=\hat{G}_{01}^{-1}(s)$。而在图 8-16 所示的推理控制系统中，推理控制器设计为

$$G_c(s)=\frac{1}{(T_f s+1)}\frac{1}{\hat{G}_{01}(s)} \tag{8-94}$$

当滤波器时间常数 $T_f=0$ 时，$G_c(s)=\hat{G}_{01}^{-1}(s)$。这就是说，当 $T_f=0$ 时，推理控制系统与调节器增益为无穷大时的 Smith 预估控制系统完全等效。但是，作为实际的控制器，$G_c'(s)$ 的增益不可能取为无穷大，所以上述完全等效只是一种理想情况。实际上，$G_c(s)$ 与 $G_{eq}(s)$ 只是大致相同。

对具有负特性，甚至包含有不稳定环节的过程，图 8-16 所示的推理控制系统，其控制

效果也是很明显的。限于篇幅,这里不再介绍。

综上所述,输出可测条件下的推理控制系统,其控制性能不仅优于常规 PID 控制、前馈-反馈控制、Smith 预估控制等,而且系统的可调参数少,因而是一种很有工程实用价值的控制系统。

3. 控制作用的限幅

在图 8-16 所示的控制系统中,推理控制部分的作用类似于积分调节功能,它能使模型存在误差时也能消除系统的稳态偏差。换句话说,只要系统输出存在偏差,推理控制部分就会产生控制作用,直到偏差完全消除为止。但是,上述分析均基于对象和模型接受同样大小的输入信号。而在工程应用中,过程的输入信号常常受阀门开度的限制,模型的输入信号则无此限制,因而出现了过程的输入和模型的输入不尽相同的情况,从而导致输出的稳态偏差不能完全消除。这是因为在偏差的作用下,推理控制器的输出将无限增大,出现了一种与常规调节器中的积分饱和相类似而又不完全相同的现象。为避免这种现象的发生,在控制器的输出端增加一个限幅器,经过限幅以后的信号再分别送入过程和模型,如图 8-19 所示。限幅器的引入,大大改善了系统的性能。

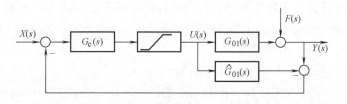

图 8-19 控制作用限幅器结构框图

4. 实例

例 8-1 某工业过程经试验获得干扰通道和控制通道的模型分别为

$$\hat{G}_{f1}(s) = \frac{-0.06496}{76s + 1}, \quad \hat{G}_{f2}(s) = \frac{-14.07}{66s + 1}$$

和

$$\hat{G}_{01}(s) = \frac{-0.173}{70s + 1}, \quad \hat{G}_{02}(s) = \frac{36}{65s + 1}$$

而且该过程的主要输出变量与干扰量皆不可测,要求设计一个推理控制系统,并确定估计器 $\hat{E}(s)$ 和推理控制器 $G_c(s)$ 的数学模型。

解 估计器的数学模型为

$$\hat{E}(s) = \frac{\hat{G}_{f1}(s)}{\hat{G}_{f2}(s)} = 0.0046 \times \frac{66s + 1}{76s + 1}$$

惯性滤波器的模型为

$$G_F(s) = \frac{1}{10s + 1}$$

推理控制器的模型为

$$G_c(s) = \frac{G_F(s)}{\hat{G}_{01}(s)} = -5.78 \times \frac{70s+1}{10s+1}$$

推理控制系统框图如图 8-20 所示。

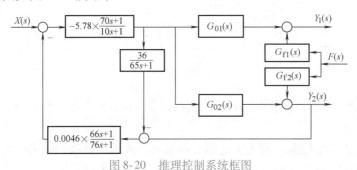

图 8-20　推理控制系统框图

8.5　预测控制系统

在已经介绍过的各类控制系统中，多数都要依赖于被控过程的数学模型，而且模型的准确程度直接影响到系统的控制质量。但对大多数工业过程而言，要建立它们的准确模型是非常困难的。因此从 20 世纪 70 年代以来，人们设想从工业过程的特点出发，寻找一种对模型精度要求不高而同样能实现高质量控制的方法，预测控制就是在这种需要下发展起来的，并很快在工业生产过程自动化中获得了成功的应用，取得了很好的控制效果。各种相近的预测控制有：模型预测启发控制（Model Predictive Heuristic Control，MPHC）、模型算法控制（Model Algotithmic Control，MAC）、动态矩阵控制（Dynamic Mateix Control，DMC）、预测控制（Predictive Control，PC）等。虽然这些控制算法的表达形式和控制方案各不相同，但都是采用工业过程中较易得到的过程脉冲响应或阶跃响应曲线，并用它们的一系列采样值作为描述过程动态特性的预测模型，然后据此确定控制量的时间序列，使未来一段时间的被控量与期望轨迹之间的误差最小，而且这种"最小化"的过程是反复在线进行的，这就是预测控制的基本思想，它是由 J·Richalet 等人在 1978 年首先提出来的。

8.5.1　预测控制的基本思想

预测控制是一种基于模型的滚动优化控制策略，它是建立在阶跃响应或脉冲响应基础上的一种时域控制技术，适用于渐近稳定（即有自平衡能力）的工业过程。对于无自平衡能力的过程，一般可先采用常规 PID 控制使其稳定，然后再使用预测控制算法。这里只讨论渐近稳定的工业过程。

预测控制基本原理图如图 8-21 所示。从图中可以看到，参考轨迹模型实际上是一个滤波器，其作用是提高系统的"柔性"与鲁棒性；反馈修正实际上是应用了控制理论中的反馈原理，即在预测模型的每一步计算中，都将实际系统的信息叠加到原有模型上，使原有模型不断得到在线修正；滚动优化是指系统在控制的每一步实现的是静态参数优化，而在控制的全过程中则表现为动态优化，从而体现了优化控制的工程实用性。所以，在复杂工业过程的控制中，预测控制已受到人们的普遍重视。

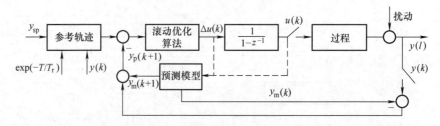

图 8-21　预测控制基本原理框图

预测控制虽然实现形式不同，但是都建立在三项基本要素上：预测模型、参考轨迹、优化算法。

预测模型的功能是根据对象的历史信息和未来输入预测其未来输出。其中，预测模型可以是传统模型如状态方程、传递函数，也可以是非参数模型如阶跃响应、脉冲响应。

预测控制的目的是使系统的输出变量沿着一条事先规定的最优化曲线逐渐到达设定值。这条指定的最优化曲线被称为参考轨迹，参考轨迹通常用一阶指数曲线表示。

优化算法是指依据预测模型和参考轨迹，找到满足性能指标的控制作用。其中，目标函数可以采用各种不同的形式，而最优化方法可采用常用的最小二乘法、梯度校正法等。需要说明的是，在预测控制中通常采用滚动式有限时域优化策略，其优化过程是通过在线迭代计算反复进行的。

工程实践表明，预测控制由于采用了闭环修正、迭代计算与滚动优化的控制方法，不仅可以使控制效果达到实际上的最优，而且计算简单、快速，便于工程应用。

8.5.2　预测模型

对于一个渐近稳定的被控过程，可以通过实验的方法测定其阶跃响应曲线或矩形脉冲响应曲线，并分别以 $\hat{h}(t)$ 和 $\hat{g}(t)$ 表示。而其真实的响应分别用 $h(t)$ 和 $g(t)$ 表示。

1. 阶跃响应预测模型

图 8-22 为一渐近稳定过程的实测单位阶跃响应曲线。

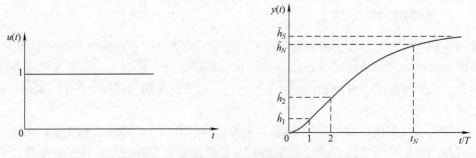

图 8-22　渐近稳定过程的实测单位阶跃响应曲线

现将曲线从时刻 $t=0$（初始时刻）到 $t=t_N$（曲线趋向稳定的时刻）分成 N 段。若采用等间隔采样，采样周期为 $T=t_N/N$，每个采样时刻为 $jT(j=0,1,2,\cdots,N)$，其对应值为 $\hat{h}_j$，N 称为截断步长（亦称模型时域长度），令 $\hat{h}_{\mathrm{s}}$ 为响应曲线的稳态值。定义有限个信息 $\hat{h}_j(j=0,1,2,$ $\cdots,N)$ 的集合为预测模型。假定预测步长为 P，且 $P \leqslant N$，预测模型的输出为 y_{pm}，则可根据离散卷积公式，算出由 k 时刻起到 $(k+P)$ 时刻的输出 $y_{\mathrm{pm}}(k+i)$，即

$$
\begin{aligned}
y_{\mathrm{pm}}(k+i) &= \hat{h}_{\mathrm{s}}u(k-N+i-1) + \sum_{j=1}^{N}\hat{h}_j\Delta u(k-j+i) \\
&= \hat{h}_{\mathrm{s}}u(k-N+i-1) + \sum_{j=1}^{N}\hat{h}_j\Delta u(k-j+i)\Big|_{i<j} + \sum_{j=1}^{N}\hat{h}_j\Delta u(k-j+i)\Big|_{i\geqslant j}
\end{aligned} \tag{8-95}
$$

$$
i = 1,2,\cdots,P
$$

式中，$\Delta u(k-j+i) = u(k-j+i) - u(k-j+i-1)$。

式（8-95）中的第一、二项相加就是 k 时刻以前输入变化序列对输出量 y_{pm} 作用的预测，第三项则是 k 时刻及其以后输入序列对输出量的作用，也就是对输出量受当前及其以后输入序列影响的预测。

为简单起见，可将式（8-95）用向量形式表示为

$$
\boldsymbol{Y}_{\mathrm{pm}}(k+1) = \hat{h}_{\mathrm{s}}\boldsymbol{U}(k) + \boldsymbol{A}_1\Delta\boldsymbol{U}_1(k) + \boldsymbol{A}_2\Delta\boldsymbol{U}_2(k+1) \tag{8-96}
$$

式中，

$$
\boldsymbol{Y}_{\mathrm{pm}}(k+1) = \left[y_{\mathrm{pm}}(k+1),y_{\mathrm{pm}}(k+2),\cdots y_{\mathrm{pm}}(k+P)\right]^{\mathrm{T}}
$$

$$
\boldsymbol{U}(k) = \left[u(k-N),u(k-N+1),\cdots,u(k-N+P-1)\right]^{\mathrm{T}}
$$

$$
\Delta\boldsymbol{U}_1(k) = \left[\Delta u(k-N+1),\Delta u(k-N+2),\cdots,\Delta u(k-1)\right]^{\mathrm{T}}
$$

$$
\Delta\boldsymbol{U}_2(k+1) = \left[\Delta u(k),\Delta u(k+1),\cdots,\Delta u(k+P-1)\right]^{\mathrm{T}}
$$

$$
\boldsymbol{A}_1 = \begin{pmatrix}
\hat{h}_N & \hat{h}_{N-1} & \cdots & & & \hat{h}_2 \\
 & \hat{h}_N & \cdots & & & \hat{h}_3 \\
 & & \ddots & & & \vdots \\
0 & & & \hat{h}_N & \cdots & \hat{h}_{P+1}
\end{pmatrix}_{P\times(N-1)}
$$

$$
\boldsymbol{A}_2 = \begin{pmatrix}
\hat{h}_1 & & & 0 \\
\hat{h}_2 & \hat{h}_1 & & \\
\vdots & \vdots & \ddots & \\
\hat{h}_P & \hat{h}_{P-1} & \cdots & \hat{h}_1
\end{pmatrix}_{P\times P}
$$

式（8-96）中的矩阵 $\boldsymbol{A}_1$ 和 $\boldsymbol{A}_2$ 完全由过程的阶跃响应参数所决定，反映了过程的动态特性，故称为动态矩阵。动态矩阵控制的名称即来源于此。

2. 脉冲响应预测模型

如果由实验得到的是图 8-23 所示的脉冲响应曲线 $\hat{g}(t)$，则可得由 k 时刻起到 $(k+P)$ 时刻的模型输出为

$$
y_{\mathrm{m}}(k+i) = \sum_{j=1}^{N}\hat{g}_j u(k+i-j) \qquad i = 1,2,\cdots,P \tag{8-97}
$$

由 $(k-1)$ 时刻起到 $(k+P-1)$ 时刻的预测模型的输出为

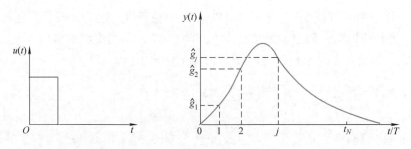

图 8-23 矩形脉冲响应曲线

$$y_m(k+i-1) = \sum_{j=1}^{N} \hat{g}_j u(k+i-j-1) \qquad i = 1,2,\cdots,P \tag{8-98}$$

用式（8-97）减去式（8-98），可得预测模型输出的增量形式为

$$\Delta y_m(k+i) = \sum_{j=1}^{N} \hat{g}_j \Delta u(k+i-j) \tag{8-99}$$

式中，
$$\Delta y_m(k+i) = y_m(k+i) - y_m(k+i-1)$$
$$\Delta u(k+i-j) = u(k+i-j) - u(k+i-j-1)$$

同样，式（8-97）也可用矢量形式表示为

$$Y_m(k+1) = G_1 U_1(k) + G_2 U_2(k+1) \tag{8-100}$$

式中，
$$Y_m(k+1) = [y_m(k+1), y_m(k+2), \cdots, y_m(k+P)]^T$$
$$U_1(k) = [u(k-N+1), u(k-N+2), \cdots, u(k-1)]^T$$
$$U_2(k+1) = [u(k), u(k+1), \cdots, u(k+P-1)]^T$$

$$G_1 = \begin{pmatrix} \hat{g}_N & \hat{g}_{N-1} & \cdots & & & \hat{g}_2 \\ & \hat{g}_N & \cdots & & & \hat{g}_3 \\ & & \ddots & & & \vdots \\ 0 & & & \hat{g}_N & \cdots & \hat{g}_{P+1} \end{pmatrix}_{P \times (N-1)}$$

$$G_2 = \begin{pmatrix} \hat{g}_1 & & & 0 \\ \hat{g}_2 & \hat{g}_1 & & \\ \vdots & \vdots & \ddots & \\ \hat{g}_P & \hat{g}_{P-1} & \cdots & \hat{g}_1 \end{pmatrix}_{P \times P}$$

式（8-96）和式（8-100）是分别根据阶跃响应和矩形脉冲响应得到的在 k 时刻的预测模型。它们完全依赖于过程的内部特性，而与过程在 k 时刻的实际输出无关，因而称它们为开环预测模型。

考虑到实际过程中存在各种随机干扰以及时变或非线性等因素，因而使得预测模型的输出不可能与实际过程的未来输出完全符合，因此需要对上述开环预测模型进行修正。在预测控制中通常采用反馈修正的方法，其具体做法是：将第 k 步的实际过程的输出测量值与预测模型的输出值之差乘上加权系数后再加到模型的预测输出 $Y_m(k+1)$ 上，即可得到所谓的闭环预测模型，记为 $\boldsymbol{Y}_P(k+1)$，即

$$\boldsymbol{Y}_P(k+1) = \boldsymbol{Y}_m(k+1) + \boldsymbol{H}_0\big[y(k) - y_m(k)\big] \tag{8-101}$$

式中，$\boldsymbol{Y}_P(k+1) = [y_P(k+1), y_P(k+2), \cdots, y_P(k+P)]^T$；$\boldsymbol{H}_0 = [1,1,\cdots,1]^T$ 为加权系数向量；$y(k)$ 为 k 时刻实际过程的输出测量值；$y_m(k)$ 为 k 时刻预测模型的输出值。

由式（8-101）可见，由于每个预测时刻的预测模型都引入当时实际过程的输出和模型预测输出的偏差，因而使预测模型不断得到校正，这样就可以有效地克服模型的不精确性和系统中存在的不确定性所造成的不利影响。所以，反馈校正就成为预测控制的重要特点之一。

8.5.3　典型预测控制算法

1. 模型算法控制

模型算法控制（Model Algorithmic Control，MAC）是基于脉冲响应模型的预测控制，又称模型预测启发式控制（MPHC）。20 世纪 60 年代末，Richalet 等人在法国工业企业中将模型算法控制应用于锅炉和精馏塔的控制。

（1）MAC 预测模型　渐近稳定被控对象的单位脉冲响应曲线如图 8-24 所示。

1）根据图 8-24 和式（8-98）可知，被控过程的脉冲响应为

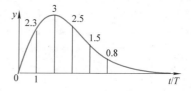

即

$$\begin{cases} y(1) = \hat{g}_1 u(0) \\ y(2) = \hat{g}_2 u(0) + \hat{g}_1 u(1) \\ y(3) = \hat{g}_3 u(0) + \hat{g}_2 u(1) \\ y(4) = \hat{g}_4 u(0) + \hat{g}_3 u(1) \\ y(5) = \hat{g}_5 u(0) + \hat{g}_4 u(1) \\ \ \vdots \qquad \vdots \qquad \vdots \\ y(k) = \sum_{i=1}^{N} \hat{g}_i u(k-i) \end{cases} \tag{8-102}$$

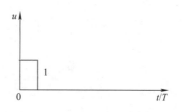

图 8-24　单位脉冲响应曲线

式中，$\hat{\boldsymbol{g}}^T = \{\hat{g}_1, \hat{g}_2, \cdots, \hat{g}_N\}$ 为脉冲响应的 N 个离散值构成的矢量；N 为建模时域。

2）采用脉冲响应模型对未来时刻输出进行预测。由 $(k+1)$ 时刻起到 $(k+P)$ 时刻的预测模型的输出为

$$y_m(k+j) = \sum_{i=1}^{N} \hat{g}_i u(k+j-i) \qquad j = 1,2,\cdots,P \tag{8-103}$$

式中，P 为预测时域。

取 $u(k+i)$ 在 $i = M-1$ 后保持不变

$$u(k+i) = u(k+M-1) \qquad i = M, M+1, \cdots, P-1$$

式中，M 为控制时域，且 $M < P$。

3）未来输出值的 P 步预测值

$$y_{\mathrm{m}}(k+j) = \sum_{i=1}^{N} \hat{g}_i u(k+j-i)$$

$$= \sum_{i=1}^{j-M+1} \hat{g}_i u(k+M-1) + \sum_{i=j-M+2}^{N} \hat{g}_i u(k+j-i) \qquad j = M, M+1, \cdots, P$$

$$(8\text{-}104)$$

从式（8-104）可知，控制作用可分为两步，即

已知控制作用：$U_1(k) = [u(k-N+1) \quad u(k-N+2) \quad \cdots \quad u(k-1)]^{\mathrm{T}}_{1 \times (N-1)}$

未知控制作用：$U_2(k) = [u(k) \quad u(k+1) \quad \cdots \quad u(k+M-1)]^{\mathrm{T}}_{1 \times M}$

为简单起见，可将式（8-104）用向量或矩阵形式表示为

$$Y_{\mathrm{m}}(k) = G_1 U_1(k) + G_2 U_2(k) \qquad (8\text{-}105)$$

式中，

$$G_1 = \begin{pmatrix} \hat{g}_N & \hat{g}_{N-1} & \cdots & & & \hat{g}_2 \\ 0 & \hat{g}_N & & & & \hat{g}_3 \\ & & \ddots & & & \vdots \\ 0 & & & \ddots & & \\ & & & & \hat{g}_N & \cdots & \hat{g}_{P+1} \end{pmatrix}_{P \times (N-1)}$$

$$G_2 = \begin{pmatrix} \hat{g}_1 & & & & \\ \hat{g}_2 & \hat{g}_1 & & 0 & \\ & & \ddots & & \\ \vdots & \vdots & & \ddots & \\ \hat{g}_M & \hat{g}_{M-1} & \cdots & & \hat{g}_1 \\ \hat{g}_{M+1} & \hat{g}_M & \cdots & & \hat{g}_1 + \hat{g}_2 \\ \vdots & \vdots & & & \vdots \\ \hat{g}_P & \hat{g}_{P-1} & \cdots & \hat{g}_{P-M+2} & \sum_{i=1}^{P-M+1} \hat{g}_i \end{pmatrix}_{P \times M}$$

（2）反馈校正 以当前过程输出测量值与模型计算值之差修正模型预测值

$$y_{\mathrm{P}}(k+j) = y_{\mathrm{m}}(k+j) + \beta_j [y(k) - y_{\mathrm{m}}(k)] \qquad j = 1, 2, \cdots, P$$

式中，$y_{\mathrm{m}}(k) = \sum_{i=1}^{N} \hat{g}_i u(k-i)$。

对于 P 步预测

$$Y_{\mathrm{P}}(k) = Y_{\mathrm{m}}(k) + \beta e(k) \qquad (8\text{-}106)$$

式中，$e(k) = y(k) - y_{\mathrm{m}}(k)$；$\beta$ 为误差修正系数，

$\beta = [\beta_1 \quad \beta_2 \quad \cdots \quad \beta_P]^{\mathrm{T}} Y_{\mathrm{P}}(k) = [y_{\mathrm{P}}(k+1) \quad y_{\mathrm{P}}(k+2) \quad \cdots \quad y_{\mathrm{P}}(k+P)]^{\mathrm{T}}_{1 \times P}$。

（3）设定值与参考轨迹 预测控制并不是要求输出迅速跟踪设定值，而是使输出按一

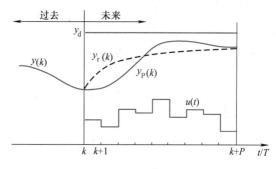

定轨迹缓慢地跟踪设定值，如图 8-25 所示。

根据设定值和当前过程输出测量值确定参考轨迹，其中常用的参考轨迹为一阶指数变化形式。参考轨迹为

$$y_r(k+j) = \alpha^j y(k) + (1-\alpha^j)y_d \qquad j = 1,2,\cdots,P \tag{8-107}$$

式中，$\alpha = e^{-\frac{T_s}{T}}$，$T_s$ 为采样周期，T 为参考轨迹的时间常数；$y(k)$ 为当前时刻过程输出；y_d 为设定值。

图 8-25　参考轨迹与最优化控制策略

（4）最优控制　优化控制的目标函数为

$$\min J = \| Y_P(k) - Y_r(k) \|_Q^2 + \| U_2(k) \|_R^2$$
$$= [Y_P(k) - Y_r(k)]^T Q [Y_P(k) - Y_r(k)] + U_2^T(k)RU_2(k)$$

式中，$Y_r(k) = [y_r(k+1) \quad y_r(k+2) \quad \cdots \quad y_r(k+P)]_{1\times P}^T$。
即

$$J = [H_1 U_1(k) + H_2 U_2(k) + \beta e(k) - Y_r(k)]^T Q [H_1 U_1(k) + H_2 U_2(k) + \beta e(k) - Y_r(k)]$$
$$+ U_2^T(k)RU_2(k) \tag{8-108}$$

令 $\dfrac{\partial J}{\partial U_2(k)} = 0$，求解最优控制率为

$$U_2(k) = [G_2^T Q G_2 + R]^{-1} G_2^T Q [Y_r(k) - G_1 U_1(k) - \beta e(k)] \tag{8-109}$$

式中，Q 为误差权矩阵，$Q = \text{diag}[q_1 \quad q_2 \quad \cdots \quad q_P]$；$R$ 为控制作用权矩阵，$R = \text{diag}[r_1 \quad r_2 \quad \cdots \quad r_M]$。

从而可得，现时刻 k 的最优控制作用为

$$U_2(k) = D^T[Y_r(k) - G_1 U_1(k) - \beta e(k)]$$

式中，$D^T = [1 \quad 0 \quad \cdots \quad 0]_{1\times M}[G_2^T Q G_2 + R]^{-1} G_2^T Q$。

2. 动态矩阵控制

动态矩阵控制（Dynamic Matrix Control，DMC）：基于阶跃响应模型的预测控制。1973 年，DMC 应用于美国壳牌石油公司的生产装置上。1979 年，Cutler 等在美国化工学会年会上首次介绍了 DMC 算法。

（1）预测模型　渐近稳定被控对象的阶跃响应曲线如图 8-26 所示。

1）根据图 8-26b 可知，系统阶跃响应为

$$\hat{y}_{PM}(1) = \hat{h}_1 u(0)$$
$$\hat{y}_{PM}(2) = \hat{h}_2 u(0) + \hat{h}_1 u(1)$$
$$\hat{y}_{PM}(3) = \hat{h}_3 u(0) + \hat{h}_2 u(1) + \hat{h}_1 u(2)$$
$$\hat{y}_{PM}(4) = \hat{h}_4 u(0) + \hat{h}_3 u(1) + \hat{h}_2 u(2)$$
$$\hat{y}_{PM}(5) = \hat{h}_5 u(0) + \hat{h}_4 u(1) + \hat{h}_3 u(2)$$

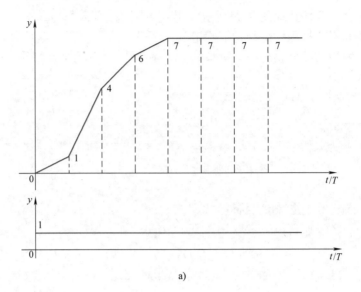

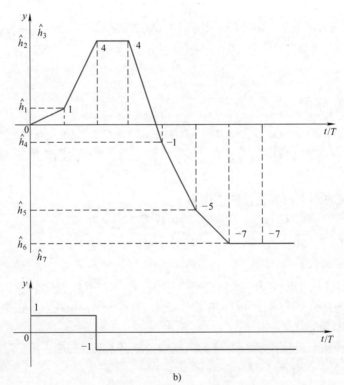

图 8-26 阶跃响应曲线

a) 单位阶跃响应曲线 b) 复合阶跃响应曲线

即

$$\hat{\boldsymbol{y}}_{\mathrm{PM}}(k) = A\Delta \boldsymbol{u}_{\mathrm{M}}(k) \qquad (8\text{-}110)$$

2）采用阶跃响应模型对未来时刻输出进行预测。由 $(k+1)$ 时刻起到 $(k+N)$ 时刻的预测模型的输出：

当无控制作用 $\Delta u(k)$ 的预测输出初值为

$$\hat{\boldsymbol{y}}_{N0} = \begin{bmatrix} \hat{y}_0(k+1) & \hat{y}_0(k+2) & \cdots & \hat{y}_0(k+N) \end{bmatrix}^{\mathrm{T}}$$

考虑有控制作用 $\Delta u(k)$ 时的预测输出为

$$\hat{\boldsymbol{y}}_{N1} = \begin{bmatrix} \hat{y}_1(k+1) & \hat{y}_1(k+2) & \cdots & \hat{y}_1(k+N) \end{bmatrix}^{\mathrm{T}} \tag{8-111}$$

$$= \hat{\boldsymbol{y}}_{N0}(k) + \boldsymbol{A}\Delta u(k)$$

式中，$\boldsymbol{A} = \begin{bmatrix} \hat{h}_1 & \hat{h}_2 & \cdots & \hat{h}_N \end{bmatrix}^{\mathrm{T}}$。

3）系统在未来 P 时刻的预测输出（M 个控制增量）为

$$\hat{\boldsymbol{y}}_{\mathrm{PM}}(k) = \hat{\boldsymbol{y}}_{\mathrm{P0}}(k) + \boldsymbol{A}\Delta\boldsymbol{u}_{\mathrm{M}}(k) \tag{8-112}$$

式中，$\Delta\boldsymbol{u}_{\mathrm{M}}(k) = \begin{bmatrix} \Delta u(k) & \Delta u(k+1) & \cdots & \Delta u(k+M-1) \end{bmatrix}^{\mathrm{T}}$；

$$\hat{\boldsymbol{y}}_{\mathrm{PM}}(k) = \begin{pmatrix} \hat{y}_{\mathrm{M}}(k+1) \\ \hat{y}_{\mathrm{M}}(k+2) \\ \vdots \\ \hat{y}_{\mathrm{M}}(k+P) \end{pmatrix}; \quad \hat{\boldsymbol{y}}_{\mathrm{P0}}(k) = \begin{pmatrix} \hat{y}_0(k+1) \\ \hat{y}_0(k+2) \\ \vdots \\ \hat{y}_0(k+P) \end{pmatrix}; \quad \boldsymbol{A} \text{ 称为 DMC 的动态矩阵；} P \text{ 为预测时域；} M$$

为控制时域；

$$\hat{y}_0(k+i) = \hat{h}_{\mathrm{s}}u(k-N+i-1) + \hat{h}_N\Delta u(k+i-N) + \hat{h}_{N-1}\Delta u(k+i-N+1) + \cdots + \hat{h}_{i+1}\Delta u(k-1)$$

$$= \hat{h}_{\mathrm{s}}u(k-N+i-1) + \sum_{j=i+1}^{N} \hat{h}_j\Delta u(k-j+i)$$

上式中，等号右边第一项是在第 $(k-N+i-1)$ 时刻的控制作用的阶跃响应稳态值，$\hat{h}_{\mathrm{s}}$ 等同于稳态增益，可以取 $\hat{h}_{\mathrm{s}} = \hat{h}_N$；等号右边其他项则是 $\Delta u(k-1)$、$\Delta u(k-1)$、$\Delta u(k+i-N)$ 所起的作用。

系统在未来 P 个时刻的预测输出如图 8-27 所示。

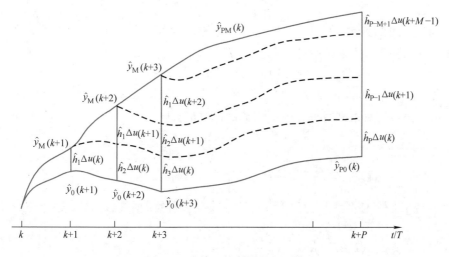

图 8-27　由输入控制增量预测输出

（2）滚动优化　滚动优化的性能指标为

$$\min J(k) = \| \boldsymbol{r}_P(k) - \hat{\boldsymbol{y}}_{\mathrm{PM}}(k) \|_Q^2 + \| \Delta \boldsymbol{u}_{\mathrm{M}}(k) \|_R^2 \tag{8-113}$$

$$= [\boldsymbol{r}_P(k) - \hat{\boldsymbol{y}}_{\mathrm{PM}}(k)]^{\mathrm{T}} \boldsymbol{Q} [\boldsymbol{r}_P(k) - \hat{\boldsymbol{y}}_{\mathrm{PM}}(k)] + \Delta \boldsymbol{u}_{\mathrm{M}}^{\mathrm{T}}(k) \boldsymbol{R} \Delta \boldsymbol{u}_{\mathrm{M}}(k)$$

式中，$\boldsymbol{r}_P(k) = \begin{pmatrix} r(k+1) \\ r(k+2) \\ \vdots \\ r(k+P) \end{pmatrix}$；$\hat{\boldsymbol{y}}_{\mathrm{PM}}(k) = \begin{pmatrix} \hat{y}_{\mathrm{M}}(k+1) \\ \hat{y}_{\mathrm{M}}(k+2) \\ \vdots \\ \hat{y}_{\mathrm{M}}(k+P) \end{pmatrix}$；$\Delta \boldsymbol{u}_{\mathrm{M}}(k) = \begin{pmatrix} \Delta u(k) \\ \Delta u(k+1) \\ \vdots \\ \Delta u(k+M-1) \end{pmatrix}$；

$\boldsymbol{Q} = \mathrm{diag}[\, Q_1 \quad Q_2 \quad \cdots \quad Q_P\,]$ 为误差矩阵；$\boldsymbol{R} = \mathrm{diag}[\, R_1 \quad R_2 \quad \cdots \quad R_{\mathrm{M}}\,]$ 为控制作用权矩阵。

通过 $\dfrac{\partial J}{\partial \Delta u_{\mathrm{M}}(k)} = 0$ 求出最优控制增量，即

$$\Delta \boldsymbol{u}_{\mathrm{M}}^*(k) = (\boldsymbol{A}^{\mathrm{T}} \boldsymbol{Q} \boldsymbol{A} + \boldsymbol{R})^{-1} \boldsymbol{A}^{\mathrm{T}} \boldsymbol{Q} [\boldsymbol{r}_P(k) - \hat{\boldsymbol{y}}_{\mathrm{P0}}(k)] \tag{8-114}$$

式中，$\Delta \boldsymbol{u}_{\mathrm{M}}^*(k) = [\, \Delta u^*(k) \quad \Delta u^*(k+1) \quad \cdots \quad \Delta u^*(k+M-1)\,]$。

预测控制并不将整个最优控制时间序列作用于系统，而是只取第一项 $\Delta u^*(k)$ 作为即时控制增量，即

$$\Delta u^*(k) = \boldsymbol{c}^{\mathrm{T}} \Delta \boldsymbol{u}_{\mathrm{M}}(k) = \boldsymbol{d}^{\mathrm{T}} [\boldsymbol{r}_P(k) - \hat{\boldsymbol{y}}_{\mathrm{P0}}(k)] \tag{8-115}$$

式中，$\boldsymbol{c}^{\mathrm{T}} = [1 \quad 0 \quad 0 \quad 0]$；$\boldsymbol{d}^{\mathrm{T}} = \boldsymbol{c}^{\mathrm{T}} (\boldsymbol{A}^{\mathrm{T}} \boldsymbol{Q} \boldsymbol{A} + \boldsymbol{R})^{-1} \boldsymbol{A}^{\mathrm{T}} \boldsymbol{Q}$。

则实际采取的控制作用为

$$u(k) = u(k-1) + \Delta u^*(k)$$

（3）反馈校正 k 时刻，$\Delta u(k)$ 作用于系统，未来时刻的输出预测值为

$$\hat{\boldsymbol{y}}_{\mathrm{N1}}(k) = \begin{pmatrix} \hat{h}_1 \\ \hat{h}_2 \\ \vdots \\ \hat{h}_p \end{pmatrix} \Delta u(k) + \hat{\boldsymbol{y}}_{\mathrm{N0}}(k) \tag{8-116}$$

$k+1$ 时刻，可测到实际输出值 $y(k+1)$，比较预测值 $\hat{y}_1(k+1)$。由于模型不够精确和未知扰动等原因，存在输出误差，即

$$e(k+1) = y(k+1) - \hat{y}_1(k+1)$$

式中，$\hat{y}_1(k+1) = y_0(k+1) + a_1 \Delta u(k)$。

利用这一误差值对未来时刻其他预测值进行校正，即

$$\hat{\boldsymbol{y}}_{\mathrm{COR}}(k) = \hat{\boldsymbol{y}}_{\mathrm{N1}}(k) + \boldsymbol{A} e(k+1) \tag{8-117}$$

则

$$\begin{pmatrix} \hat{y}_{\mathrm{COR}}(k+1) \\ \hat{y}_{\mathrm{COR}}(k+2) \\ \vdots \\ \hat{y}_{\mathrm{COR}}(k+N) \end{pmatrix} = \begin{pmatrix} \hat{y}_1(k+1) \\ \hat{y}_1(k+2) \\ \vdots \\ \hat{y}_1(k+N) \end{pmatrix} + \begin{pmatrix} \hat{h}_1 \\ \hat{h}_2 \\ \vdots \\ \hat{h}_N \end{pmatrix} [\, y(k+1) - \hat{y}_1(k+1)\,]$$

将 $\hat{y}_{\mathrm{COR}}(k)$ 作为下一时刻的预测初值，可得

$$\hat{y}_{\mathrm{N0}}[\,(k+1)+i\,] = \hat{y}_{\mathrm{COR}}[\,k+(i+1)\,] \qquad i=1,2,\cdots,N-1$$

引入移位矩阵 S，得到下一次预测初值，即

$$\hat{y}_{N0}(k+1) = S\,\hat{y}_{COR}(k) \tag{8-118}$$

式中，$S = \begin{pmatrix} 0 & 1 & 0 & \cdots & 0 \\ 0 & 0 & 1 & \cdots & 0 \\ \vdots & \vdots & \vdots & \ddots & \vdots \\ 0 & 0 & 0 & \cdots & 1 \\ 0 & 0 & 0 & \cdots & 1 \end{pmatrix}$。

预测控制反馈校正示意图如图 8-28 所示。

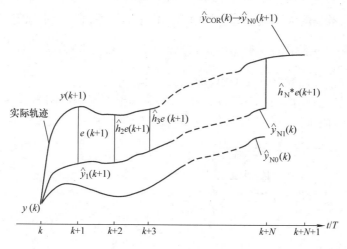

图 8-28　预测控制反馈校正示意图

（4）参数选择和品质分析

1）参数选择如下：

① 采样周期 Δt 和建模时域 N：采样周期 Δt 必须满足香浓采样定理，$N\Delta t$ 应当为被控过程的过渡时间。其中，Δt 取得小，对扰动的影响可及时地发现，但将使 N 增大，会增加控制的计算量和存储量，通常 N 在 20～50 之间取值。

② 预测时域 P 与控制时域 M：$M \leqslant P$，用 M 个优化变量满足 P 点优化的要求。随着 M 减小，控制灵活性变弱，难以使输出跟踪设定值；随着 M 增大，控制灵敏度提高，系统的稳定性和鲁棒性变差，矩阵求逆的计算量增加。M 一般取 2～8，对 S 形动态的对象 M 可取小些，对振荡或反向特性动态复杂的对象可取大一些。

P 必须覆盖对象阶跃响应的主要部分，必须超过阶跃响应的时滞区段和反向区段。当 P 较小时，如 $P=1$ 成为一步最小拍控制，此时对模型失配及扰动的鲁棒性极差，而且不适用于非最小相位的过程（包括时滞过程），有时会导致不稳定。当 P 较大时，系统稳定性好，但动态响应过于平缓，建议 $P=2M$。

③ 误差权矩阵 Q 和控制权矩阵 R：Q 的各个元素 Q_i 是对第 i 时刻系统输出误差二次方值的权系数，对时滞区段和反向区段，这些时刻 $Q_i = 0$；其他时刻，$Q_i = 1$。R 的各个元素 R_j 是对第 j 时刻控制增量二次方值的权系数，R_j 是降低控制作用的波动而引入，通常取一个小数值，许多情况下取 $R_j = 0$。

④ 校正系数 h_i：在 $0 \sim 1$ 之间选择。通常取 $h_1 = 1$，其余的 $h_i < 1$。

⑤ 参考轨迹的参数 α：α 越大，系统的柔性越好，鲁棒性越强，但控制的快速性变差。

2）稳态余差问题。MAC 在一般的性能指标下，即使模型没有失配，也会出现稳态余差。主要由于它以 u 作为控制量，本质上导致了比例性质的控制。DMC 以 Δu 作为控制量，在控制中包含了数字积分环节，即使模型失配，也能导致无稳态余差的控制。

3）预测控制系统的稳定性和鲁棒性。稳定性：如取 $Q = 1$，$R = 1$，$M = 1$，则不论阶跃响应曲线是何种形状，通过选择充分大的 P 值总可以得到稳定的控制器。鲁棒性：当模型失配时，如果对象的实际增益小于模型增益，系统往往仍是稳定的；如果对象的实际增益大于模型增益，即增益失配大到模型增益的两倍或以上时，系统将会不稳定。

（5）仿真示例 对象传递函数 $G(s) = \dfrac{1}{20s + 1} e^{-5s}$，采用 DMC 进行控制，分析不同参数对系统性能的影响，并比较 PID 与 DMC 的控制效果。

M 对控制效果的影响如图 8-29 所示，P 对控制效果的影响如图 8-30 所示。R 对控制效果的影响如图 8-31 所示。

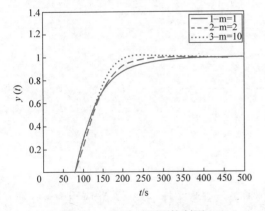

图 8-29 不同 M 预测控制图

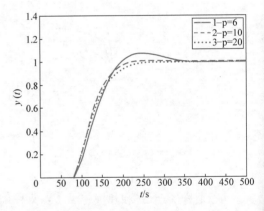

图 8-30 不同 P 预测控制图

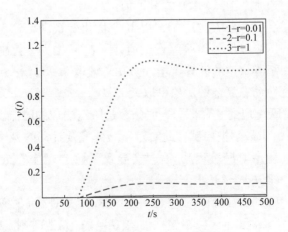

图 8-31 不同 R 预测控制图

DMC 与 PID 控制比较图如图 8-32 所示。

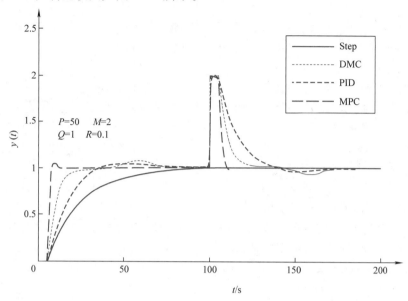

图 8-32　DMC 与 PID 控制比较图

通过图 8-32 可知，DMC 控制效果优于 PID 控制效果。

思考题与习题

1. 基本练习题

（1）什么叫相对增益和相对增益矩阵？

（2）相对增益的大小与过程耦合程度有什么关系？

（3）已知某 2×2 耦合过程的传递函数矩阵为

$$\begin{pmatrix} G_{11} & G_{12} \\ G_{21} & G_{22} \end{pmatrix} = \begin{pmatrix} 0.3 & -0.4 \\ 0.5 & 0.2 \end{pmatrix}$$

试计算该过程的相对增益矩阵 $\boldsymbol{\lambda}$，说明该过程变量之间应如何配对？为什么？

（4）已知 3×3 系统各通道静态增益矩阵 $\boldsymbol{K}$ 为

$$\boldsymbol{K} = \begin{pmatrix} 0.58 & -0.36 & -0.36 \\ 0.73 & 0.61 & 0 \\ 1 & 1 & 1 \end{pmatrix}$$

试求相对增益矩阵 $\boldsymbol{\lambda}$，选择最好的控制回路，并分析该过程是否要解耦。

（5）某化学反应器的温度 T 和压力 p 由冷却剂温度 T_1 和反应物流量 q 进行控制，已知 q 恒定时，增益 $\partial T/\partial T_1$ 为 1，$\partial p/\partial T_1$ 为 0.4；而 T_1 在恒定时，$\partial T/\partial q$ 为 12，$\partial p/\partial q$ 为 4.8。试计算其相对增益，并确定其配对方案。

（6）什么是适应性控制系统？它有什么突出的优点？简述过程参数 K_0、T_0、τ_0 变化时的适应性控制系统的原理。

（7）什么叫推理控制系统？推理控制系统设计的关键是什么？

（8）推理控制系统有哪些基本特征？

（9）输出可测条件下的推理控制系统与前馈 – 反馈控制系统、Smith 预估控制系统相比较，各自有什么优缺点。

（10）什么叫预测控制？从系统结构和原理看，预测控制有何特点？

（11）试以阶跃响应曲线为例，推证基于闭环预测模型的单步预测控制算法。

2. 综合练习题

（1）试推导出图 8-33 所示物料混合系统的相对增益矩阵和过程静态增益矩阵。假设 μ_1 和 μ_2 分别是两种物料的质量流量，它们各自的成分用 a_1 和 a_2 来表示。系统的被控量是混合液成分 a 和总流量 q。

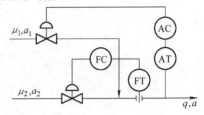

图 8-33　物料混合系统

（2）已知一 2×2 耦合过程的传递函数矩阵为

$$\begin{pmatrix} G_{11} & G_{12} \\ G_{21} & G_{22} \end{pmatrix} = \begin{pmatrix} 0.5 & -0.3 \\ 0.4 & 0.6 \end{pmatrix}$$

试计算该过程的相对增益矩阵 $\boldsymbol{\lambda}$，证明其变量配对的合理性，然后按前馈解耦方式进行解耦，求取前馈解耦装置的数学模型，画出前馈解耦系统框图。

（3）已知一个三种液体混合的过程，其中一种是水。混合液流量为 q，系统的被控参数为混合液的密度 ρ 和粘度 ν。已知它们之间的关系为

$$\rho = \frac{aq_1 + bq_2}{q}$$

$$\nu = \frac{cq_1 + dq_2}{q}$$

其中，a、b、c、d 为常量，q_1 和 q_2 为两个可控流量。试求 $a = b = c = 0.5$，$d = 1.0$ 时，该过程的相对增益矩阵，并对结果进行分析。

（4）设过程的传递函数阵为 $\boldsymbol{G}_0(s) = \begin{pmatrix} \dfrac{1}{(s+1)^2} & \dfrac{1}{2s+1} \\ \dfrac{1}{3s+1} & \dfrac{1}{s+1} \end{pmatrix}$，期望的闭环传递函数阵 $\boldsymbol{G}_p(s) = \begin{pmatrix} \dfrac{1}{(s+1)} & 0 \\ 0 & \dfrac{1}{s+1} \end{pmatrix}$，

试用对角设计法，设计解耦器和控制器相结合的装置 $G_{CB}(s)$。

（5）某混合槽，进料 A 的浓度为 80%，进料 B 的浓度为 10%，工艺要求将混合物出料浓度控制在 70%，出料总流量恒定。现采用两种配对方案：

1）用进料 A 控制出料浓度，用进料 B 控制出料总流量；

2）用进料 B 控制出料浓度，用进料 A 控制出料总流量。

试定量说明用哪种配对方案可以减小控制系统的耦合程度？

3. 设计题

（1）已知某单输入 - 单输出过程的传递函数为 $G_0(s) = \dfrac{e^{-2s}}{8s+1}$，控制周期为 50s，试针对该过程分别采用动态矩阵控制、模型算法控制编制仿真算法，并完成如下实验：

1）采用不同的参数，进行仿真实验；

2）若过程的模型分别为 $\hat{G}_0(s) = \dfrac{1.5e^{-2s}}{8s+1}$ 和 $\hat{G}_0(s) = \dfrac{e^{-3s}}{8s+1}$，进行仿真实验，打印仿真结果，并进行实验分析。

（2）在动态矩阵控制中，预测步长 P 和控制步长 L 有不同选择，设有三种情况：① $P = L = 1$；② $P = L \geq 1$；③ $P \neq L$。试针对同一被控过程，求出上述三种情况下的控制量，并进行仿真实验和讨论其控制效果。

第9章 基于网络的过程计算机控制系统

┌─ **教学内容与学习要求** ─────────────────────────────────────

　　本章介绍基于网络的过程计算机控制系统，主要包括集散控制系统和现场总线控制系统。学完本章后，应能达到如下要求：

　　1）了解集散控制系统的基本结构、内涵和特点。

　　2）熟悉现场控制单元的硬件结构形式及功能。

　　3）熟悉集散控制系统的网络结构和通信协议。

　　4）掌握控制算法的组态方法。

　　5）了解现场总线控制系统的基本概念和特点。

　　6）熟悉常见的几种现场总线及其通信模型。

　　7）掌握现场总线控制系统的设计方法。
└──

9.1 集散控制系统

9.1.1 集散控制系统概述

　　集散控制系统（Distributated Control System，DCS）是以微型计算机为基础、将分散型控制装置、通信系统、集中操作与信息管理系统综合在一起的新型过程控制系统。1975年第一套集散控制系统的问世，标志着过程计算机控制技术划时代的进步。目前，集散控制技术已发展成为过程计算机控制的主流技术之一。因此，学习、研究与应用集散控制技术，是过程控制工程技术人员面临的重要任务之一。

　　集散控制系统的主干与核心是基于计算机的控制装置和通信网络。本节将介绍集散控制系统的概念、特点与基本构成、系统通信、系统类型以及集散控制系统在过程控制中的应用等。

　　1. 集散控制系统的基本概念

　　基于工业过程计算机的控制系统按总体结构可分为集中型控制、分散型控制和集散型控制三大类。

　　（1）集中型过程计算机控制系统　由一台计算机对大型生产装置或生产过程进行控制和管理，计算机、指示器、记录仪等安装在中央控制室中，现场传感器、执行器等通过电缆或双绞线与之相连，计算机采集过程数据，进行运算并发出控制信号，以这种方式构成的过程计算机控制系统称为集中型过程计算机控制系统。

　　集中型过程计算机控制系统结构简单，便于实现与维护，但存在如下严重缺点：

　　1）系统主机过于庞大，一旦出现故障，影响全局，可靠性差。

　　2）用一台计算机完成多种不同的任务，实时性差，效率低。

3）信息源（检测点）和执行器距离主机远，传输信息的线路费用高。

4）缺乏灵活性与可扩展性。

（2）分散型过程计算机控制系统　分散型过程计算机控制系统是将计算机安装在现场附近，就地实现各回路的控制与管理，在布局上形成一种按地理位置分散的控制结构。而对整个系统的管理与操作，则需要技术人员巡回进行。

（3）集散型过程计算机控制系统　集散型过程计算机控制系统吸取了"集中型"与"分散型"的优点，以计算机技术和网络技术为基础，对生产过程进行集中监视、操作和管理，而将控制功能分散到现场的一种过程计算机控制系统。图 9-1 示出了它的组成结构框图。

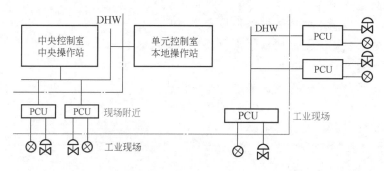

图 9-1　集散型过程计算机控制系统的基本结构框图

如图 9-1 所示，集散型控制系统的基本结构可以由分散控制装置、集中操作与管理系统和通信系统三部分组成。

1）分散控制装置是基于微处理器的过程控制单元（Process Control Unit，PCU），亦称现场控制单元（Field Control Unit，FCU）。它由各类多回路控制器、批量控制器以及数据采集装置等组成，是 DCS 与生产过程的接口部分。分散控制装置按地理位置分散于工厂的各个控制现场，分别独立地控制一个或多个回路。每个控制单元具有几十种甚至上百种运算功能，可独立地对各个回路进行简单或复杂的控制。据此，一个由成百上千个回路组成的、全场范围的复杂大型过程控制系统就被分散到许多现场控制单元或单元控制室。在单元控制室中设有本地操作站。

2）集中操作和管理系统主要由系统操作站、各种管理单元和管理计算机组成。系统操作站是系统的人/机接口，习惯上也称为系统与操作管理人员的界面。

3）通信系统是 DCS 各单元（亦称工作站）的内联网络。全厂范围的中央控制室可通过通信系统汇集分散在各过程控制单元或单元控制室的信息，从而实现信息综合与集中管理。图9-2说明了以上三部分的关系。

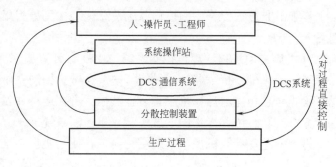

图 9-2　DCS 三个主要组成部分

从技术的角度，集散控制系统综合了计算机技术、通信技术、图形显示技术和过程控制技术，采用了多级分层的结构形式。它不但继承和发展了常规仪表控制系统和计算机集中控制系统的优点，而且还弥补了它们各自的不足。它以崭新的结构体系、先进的技术面貌、复杂的信息处理能力和独具风格的控制方式应用于过程控制的各个领域，已成为当前乃至今后一段时间内过程计算机控制系统发展的主流之一。

2. 集散控制系统的功能

（1）数据采集功能　该功能可将生产过程中的大量过程参数，以数字信号的形式定时采集到计算机中，并将有用信号通过通信网络向系统发送，由各操作站的计算机按预定要求对数据进行分析、计算和处理，并进行 CRT 显示、报警、存储或打印等。

（2）监视操作功能　该功能可将生产过程的各种数据及变化趋势以各种不同的图形（如模拟图、棒形图、曲线图、相关图等）进行画面显示，还可进行制表打印（如定时制表打印、随机打印）等。

（3）过程控制功能　DCS 的过程控制功能分为开环和闭环两大类。被控过程的输入、输出信息可以是连续的，也可以是离散的，但其控制方式则为直接数字控制（Direct Digital Control，DDC）。

3. 集散控制系统的特点

（1）功能分散　集散控制系统最基本的特点之一就是系统实现了功能分散。所谓功能分散是指对过程参数的检测、运算处理、控制策略的实现、控制信息的输出以及过程参数的实时控制等都是在现场的过程控制单元中有效地、长期可靠地、无人干预地自动进行，从而实现了功能的高度分散，其具体内涵又表现在以下几个方面：

1）分散负荷。DCS 的过程控制单元是以微处理器为基础的，因此，它能将集中型过程控制计算机中的控制功能（包括常规和复杂控制功能、优化功能、自整定功能等）承担起来，从而分散了负荷，使集中型控制系统中过程计算机负荷过分集中的现象得以改变。

2）分散显示。分散显示指的是，一方面过程控制单元本身可以与现场的显示装置相接，随时进行实时显示；另一方面中央操作站可以显示全系统任何一个过程单元的全部信息。在有的集散控制系统中，各本地操作站既可以调用其他各地显示操作站的信息，又可以调用中央操作站的信息。因此，无论是中央操作站，还是本地操作站都具备分散显示功能。

3）分散数据库。现代 DCS 的过程控制单元都设有本地数据库，而每个本地数据库又属全系统所共有。这样既增加了分散控制功能，又提高了全系统的信息综合能力。

4）分散通信。现代 DCS 已发展为计算机局域网（如工业以太网），网络节点（即过程控制单元）在局域网中可以互相通信且享有"平等权利"的通信控制权，使通信功能分散，而不需要集中的通信控制器。

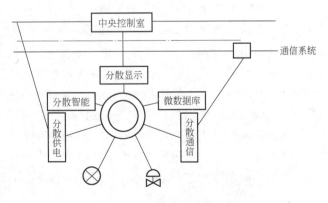

图 9-3　过程控制单元的功能图

5）分散供电。由于过程控制单元分散于现场，刺激了分散供电装置的发展，分散于现场的供电装置应用先进的固态电子技术和微处理器技术，比较容易地实现了 AC-DC、DC-AC转换。

过程控制单元的功能如图9-3所示。

（2）信息综合与集中管理　集散控制系统的另一重要特点是实现了全系统的信息综合与集中管理。集散控制系统将"集"字放在首位，便说明了系统的集中管理与信息综合的重要。"集中"意味着单元体系功能的高水平发挥。

DCS 的功能分工和逻辑关系是一个树形分支结构或塔形结构。按垂直分解通常可分为三级，即过程控制级、控制管理级和生产管理级。各级既相互联系又相互独立。每一级又可按水平分解成若干子集，同级的子集设备具有类似的功能。

由于集散控制系统采用了计算机局域网技术，使通信功能增强，信息传输速度加快，吞吐量加大，为信息的集中管理奠定了基础。同时，计算机管理系统的完整技术又被融入到集散控制系统中，这就更加促使其向信息综合管理系统发展，管理的内容越来越广。它不但包括生产管理（如产品计划、产品设计、制造、检验等）内容，而且还包括商务管理（如包装运输、产品销售等）的内容。

（3）局域网通信技术　现代 DCS 都采用工业局域网进行通信，在传输实时控制信息的同时，进行全系统的信息综合与管理，并对分散于现场的过程控制单元进行操作。现代 DCS 的信息传输率多在 5～10Mbit/s 甚至更高，响应时间仅为数百微秒，误码率可达 10^{-10}，这就为工业实时控制和管理提供了条件。大多数 DCS 都采用了光纤作为传输介质，使通信的安全性大大提高。局域网的通信协议也在向标准化迈进。总之，采用局域网通信技术是 DCS 优于集中型或分散型过程计算机控制系统的主要特征。

（4）高可靠性　DCS 广泛采用了冗余、容错技术，单元故障影响局部化，而且具有自诊断、报警，甚至自修复功能，从而大大提高了系统的可靠性。

（5）构成灵活与扩展方便　DCS 应用标准的硬件模块、标准的 I/O 卡和标准的接插件，可以灵活组建；通过系列选型或系统生成，能构成大、中、小型系统。由于系统采用局域网，所以扩展十分方便。网络节点可以接入所希望的工作站，也可以很方便地和其他网络连接。

（6）采用面向过程的语言，操作使用简单方便　由于不是所有的操作员对计算机的高级语言和机器代码都十分熟悉，所以 DCS 一般都采用面向过程的语言，如功能块语言、面向问题的语言等。操作人员只需从标准的功能块库中选择合适的模块，输入相应的参数，就能通过控制器实现预定的控制要求，这对用户来说，操作使用既简单又方便。

综上所述，DCS 既不同于集中型过程计算机控制系统，又不同于分散型过程计算机控制系统，它吸收了两者的优点。它是以通信网络为纽带，将集中管理、分散控制、配置灵活、扩展方便等特点集于一身的过程计算机控制系统，因而具有显著的优越性和强大的生命力。考察一个 DCS，一方面要认识它分散控制的内涵，另一方面则要了解其综合信息与集中管理的能力，而系统的主干与核心，则是工业计算机局域网技术。

4. 集散控制系统的主要类型

集散控制系统的类型很多，其结构与功能也不尽相同，目前尚无统一的分类方法。现按集散控制系统的发展历程和规模大小进行简单分类。

（1）集散控制系统的发展历程　DCS 发展至今，已经历了四代历程，下面介绍四代

DCS 的一般结构与功能。

1）第一代集散控制系统。通常将 20 世纪 70 年代中期至后期出现的集散控制系统称为第一代集散控制系统，它的系统结构如图 9-4 所示。

由图可见，第一代集散控制系统主要由五部分组成：①过程控制单元（PCU），亦称现场控制单元（FCU）或基本控制器（Basic Control，BC）。一般由微处理器、存储器（ROM、RAM）、多路转换器、I/O 板、A-D 转换、D-A 转换、内总线、电源、通信接口等组成，可以控制一个或多个回路，具有较强的运算能力和较复杂的控制功能。②数据采集装置（Data Acquistion Unit，DAU），亦称过程接口单元（Process Interface Unit，PIU）。是以微处理器为基础构成的数据采集设备。它的主要功能是采集非控制变量并进行数据处理，然后将处理后的数据经数据传输通道传送给上位机或 CRT 操作站。③

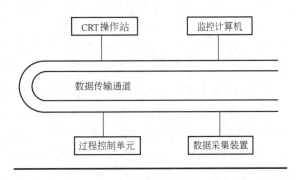

图 9-4　第一代集散控制系统结构简图

CRT 操作站。是集散控制系统的人/机接口装置，由 CRT、微机键盘、打印机等组成，它具有丰富的画面显示与很强的数据处理功能，并能进行多种操作，它既可以对 PCU、DAU 等进行组态和查询，还具有报警、自诊断、系统管理等功能。④监控计算机。是集散控制系统的主计算机，它负责监视全系统的各工作站（PCU、DAU、CRT），管理全系统的所有信息，具有对整个系统进行优化控制和管理等功能。⑤数据传输通道，亦称数据高速公路（DHW）。它是由通信电缆与数据传输管理指挥装置组成，是第一代 DCS 的通信系统。通过它既可将现场 PCU 与 DAU 的信息传送至 CRT 操作站与监控计算机进行集中处理，又可将 CRT 与监控计算机的管理信息和操作命令由它送至 PCU 与 DAU。

2）第二代集散控制系统。进入 20 世纪 80 年代后，由于大规模集成电路技术的发展，16 位、32 位微处理机技术的成熟，尤其是局域网技术的广泛应用，集散控制系统的控制与通信功能迅速得到改善，从而形成了第二代集散控制系统，其结构如图 9-5 所示。

第二代集散控制系统是以局域网统领整个系统，使通信能力大大增强。系统中各单元都被看成网络节点的工作站。局部网络节点又可挂接网间连接器与同网络或不同网络相连。这样，第一代集散控制系统也可以通过网间连接器挂接在第二代集散控制系统的局域网上成为其中的子系统。

第二代集散控制系统的各组成部分及其功能为：①局域网络（Local Area Network，LAN）。它是第二代集散控制系统的通信系统，由传输介质

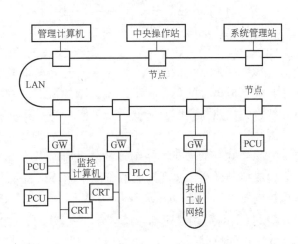

图 9-5　第二代集散控制系统构成简图

（如同轴电缆、双绞线等）和网络节点组成。它的通信功能有较复杂的机制。不同型号的第二代集散控制系统的局域网的名称也不相同。例如，TDC-3000 的局域网取名为局部控制网络，而 CENTUM 的局域网则取名为 HF 总线等。②节点工作站。第二代集散控制系统通常把局域网上的网络节点统称为节点工作站。这里的节点工作站则专指过程控制站（PCU）或现场控制单元。它的过程控制站是在第一代的基础上发展而来，较之第一代又有更多的功能。它不仅有完善的连续控制功能，而且具有顺序控制、批量控制、数据采集等功能。同时，它的通信功能也比第一代更加完善。③中央操作站。第二代集散控制系统的中央操作站是连接在 LAN 上的节点工作站，其主要作用是通过画面对全系统的信息进行综合管理。它是全系统人-机联系的窗口，是全系统的主操作站。④系统管理站。系统管理功能强是第二代集散控制系统的主要特征，有些厂家利用系统管理站可以完成全厂的优化控制、经营管理和生产管理等。⑤网关（Gata Way，GW），亦称网间连接器。它是局域网与其子网或其他工业网络的接口装置，起着通信系统的转换、协议翻译或系统扩展的作用。通过它既可以连接 PLC 组成的控制系统，使传统的过程工业控制与制造工业控制相融合，也可以连接第一代集散控制系统，为工厂的技术更新提供了方便。⑥管理计算机。它是挂接在局部网络上的主计算机，带有海量存储器、温盘等外围设备。具有复杂运算能力和较强的管理功能。

　　3）第三代集散控制系统。随着网络技术的进步，特别是局域网标准化技术的飞速发展，形成了第三代集散控制系统。其结构的主要变化是局域网采用了制造自动化协议（Manufacture Automation Protocol，MAP），或者是与 MAP 兼容，或者 LAN 本身就是实时的 MAPLAN。这是一类最新结构的大型集散控制系统，它可通过宽带和基带网络，在很广的地域内应用。它的结构框图如图 9-6 所示。除了局部网络的根本进步而外，第三代集散控制系统的其他部分（如硬件与软件等）虽然有不同的变化，但系统的基本组成变化不大。

图 9-6　第三代集散控制系统构成简图

　　4）第四代集散控制系统即现场总线控制系统。DCS 发展第三代，尽管采用了一系列新技术，但是生产现场层仍然没有摆脱沿用了几十年的常规模拟仪表。DCS 在输入输出单元以上的各层均采用了计算机和数字通信技术，唯有生产现场层的常规仪表仍然是一对一模拟信号（DC 4~20mA）传输，多台模拟仪表集中与控制器相连。生产现场层的模拟仪表与 DCS 各层形成极大的反差和不协调，制约了 DCS 的发展。电子信息技术的开放潮流和现场总线技术的成熟与应用，造就了新一代 DCS，其技术特点包括全数字化、信息化和集成化。

　　因此，人们要变革现场模拟仪表，改为现场数字仪表，并用现场总线互联。由此带来 DCS 控制器的变革，即将控制器的软功能模块分散地分布在各台现场数字仪表中，并统一组态构成控制回路，实现彻底的分散控制。也就是说，由多台现场数字仪表在生产现场构成虚拟控制器（Virtual Control Station，VCS）。这两项变革的核心是现场总线。

　　20 世纪 90 年代现场总线技术有了重大突破，公布了现场总线的国际标准，而且，现场总线数字仪表也成功生产。现场总线为变革 DCS 带来希望和可能，标志着新一代 DCS 的产

生，它被取名为现场总线控制系统（Fieldbus Control System，FCS），其结构原型如图 9-7
所示。

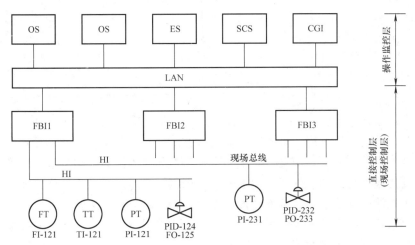

图 9-7　第四代集散控制系统构成简图

图中，现场总线接口（Field Bus Interface，FBI）下接现场总线，上接局域网（LAN），
即 FBI 作为现场总线与局域网之间的网络接口。FCS 变革了 DCS 的现场控制器及现场模拟
仪表，用现场总线将现场数字仪表互联在一起，构成控制回路，形成现场控制层。即 FCS
用现场控制层取代了 DCS 的直接控制层，操作监控层及以上各层仍然与 DCS 相同。

实际上，现场总线技术早在 20 世纪 70 年代末就出现了，但始终只是作为一种低速的数字
通信接口，用于传感器与系统之间交换数据。从技术上，现场总线并没有超出局域网的范围，
其优势在于它是一种低成本的传输方式，比较适合数量庞大的传感器连接。现场总线大面积应
用的障碍在于传感器的数字化，因为只有传感器数字化了，才有条件使用现场总线作为信号的
传输介质。现场总线的真正意义在于这项技术再次引发了控制系统从仪表（模拟技术）发展
到计算机（数字技术）的过程中，没有新的信号传输标准的问题，人们试图通过现场总线标
准的形成来解决这个问题。只有这个问题得到了彻底解决，才可以认为控制系统真正完成了从
仪表到计算机的换代过程。有关现场总线的更详细内容将在第 9.2 节中叙述。

（2）集散控制系统的发展　集散控制系统的发展与科学技术的发展密切相关。在过去
的 30 年中，集散控制系统已经经历了几代的变迁，系统功能不断完善，可靠性不断提高，
开放性不断增强。目前，集散控制系统的发展主要体现在以下几个方面。

1）三网融合的网络结构。传统集散控制系统多采用制造商自行开发的专用计算机网
络。网络的覆盖范围上至用户的厂级管理信息系统，下至过程控制器的 I/O 子系统。随着网
络技术的不断发展，集散控制系统的上层将与 Internet 融合在一起，而下层将采用现场总线
通信技术，使通信网络延伸到现场，最终实现以现场总线为基础的底层网 Infranet、以局域
网为基础的企业网 Intranet 和以广域网为基础的互联网 Internet 所构成的三网融合的网络
结构。

三网融合促进了现场信息、企业信息和市场信息的融合、交流和互动，使基础自动化、
管理自动化和决策自动化有机结合在一起，实现三者的无缝集成（Seamless Integration）。它
可以更好地实现企业的优化运行和最佳调整，并且能在更大的范围内支持企业的正确决策，

给企业创造更好的经济效益。

2）多功能的人机接口技术。工业图形显示系统（Industrial Graphic Display System）是最常用的人机接口设备之一，现正向着高速度、高密度、多画面、多窗口和大屏幕的方向发展。

工业图形显示系统的硬件趋向于采用专用器件，以达到更高的响应速度。如采用 32 位精简指令集计算机 RISC（Reduced Instruction Set Computer）、采用多处理器并行处理、设置专用积压画面存储器等，使工业图形显示系统处理速度达到以前的两倍。

新型工业图形显示系统具有多窗口功能，可从多个帧存储器中随意切出几部分画面，很方便地组合在一起，以多窗口方式显示出来；此外，还具有多层重合画面功能，可将几个画面重合在一起，按其优先顺序，以透过或非透过方式显示。新型工业图形显示系统可定义超出显示器尺寸的大画面，采用滚动方式把一个逻辑上的大画面在有限的显示器屏幕上显示出来。这种滚动方式是连续的、任意方向的，可采用鼠标或专用滚动键操作，还可以保持原画面输入、输出功能的前提下，将画面缩放，在一台显示器上显示多幅画面。

大屏幕显示装置已进入实用阶段。$70 \sim 100$in（$178 \sim 254$cm）的大型显示器和工业电视装置已投入实用。这些大屏幕显示主要用在中央控制室内，同时显示多个运行人员了解信息，可取代 BGT 盘上的显示仪表及记录仪表，同时将来自工作站或个人计算机的文件或图像放大显示，或传达会议信息。

多媒体技术将在人机接口设备中发挥越来越重要的作用。语音信息、图像信息将为操作人员提供良好的"视听功能"。操作人员在操作员站上不但能了解生产过程中的实时数据，而且还能看到现场设备的运行情况，听到现场设备的运行声音，得到运行支持系统的语音提示。

3）标准化、通用化技术。集散控制系统的另一个重要的发展方向是大量采用标准化和通用化技术。集散控制系统的硬件平台、软件平台、组态方式、通信协议、数据库等各方面都采用标准化和通用化技术。例如，现在许多集散控制系统的厂商都推出了基于 PC 和 Windows/UNIX 平台的操作员站。这不仅降低了系统造价，提供了更完善的系统功能，而且便于运行人员学习并掌握使用方法。另外，许多系统都采用了 OPC（OLE for Process）技术，使各种不同厂商的产品之间能十分方便地交换信息。其他组态方法，不少厂商都在向国际电工委员会发布的 IEC1131-3 标准靠拢，用户不必再花费大量精力去学习各种不同集散控制系统的组态方法。为了在分布式环境下更好地组织功能块的运行，新的功能块标准 IEC61499 正在成为 DCS 厂家竞相研究与采纳的标准。

总之，标准化、通用化技术的全面采用，大大提高了集散控制系统的开放程度，显著地减少了系统的制造、开发、调试和维护成本，为用户提供了更广阔的选择余地，同时也为集散控制系统开辟了更广泛的应用前景。

4）人工智能技术。未来的集散控制系统中，将逐渐采取人工智能研究成果，如智能报警系统 IMARK。当生产过程发生异常时，IMARK 可把报警输出数量限制在必要的最低限度，避免当一个主要报警原因发生时，因连锁保护动作而造成大量其他原因的报警。

人工智能还将用于各种运行支持系统。对于火力发电厂的运行支持系统，可分为启停时的运行支持系统、正常运行时的优化支持系统和异常时的运行支持系统。启停时的运行支持系统属于自动化技术范畴，后两项为专家系统的应用技术。这些运行系统都可以在集散控制系统中实现。

基于人工智能的所谓模式控制系统正走向实用阶段。在传统的温度、压力控制系统中，通常将某点的温度或压力作为被控量。而在实际生产过程中，常常需要对某温度场中的温度分布或某容器内的压力分布进行控制，这时，被控量就成为分布在某一空间上的模式控制。之前，因技术上的原因，这种控制方式难以实现。随着人工智能技术的飞速发展，模式识别及模式控制问题可通过智能控制得到较圆满的解决。目前，某些集散控制系统已经能够提供人工智能技术开发平台，或者通过第三方软件公司提供专家系统外壳、模糊控制外壳和神经网络外壳。可以估计，在未来的分散控制系统中，以人工智能方法为基础的各种控制方案会不断出现。

5）厂级监控信息系统。近年来，以经济控制为目标的发电厂厂级监控信息系统 SIS（Supervisory Information System）成为研究的热点，并在新建电厂得以应用。监督控制的目的是在一定的约束条件下，求出一组能够使生产过程的目标取得极值的最优操作变量。从工程应用角度来看，SIS 主要包括五个功能：生产过程的监控、经济信息的管理和生产成本的在线计算、竞价上网报价系统、经济分析和最优控制。例如，能够实现实时优化、生产计划、生产成本实时计算和生产成本预测功能等。

9.1.2　集散控制系统的通信网络

如前所述，集散控制系统的主要功能有两个：一是分散控制单元以适应被控过程分散控制的要求；二是以集中监视和操作管理达到信息综合与掌握全局的目的。与其相对应的两类接口设备分别为"过程接口"和"操作员接口"。这两类"接口"都是基于微处理器的"智能"设备，它们之间必须通过通信网络进行相互连接，才能充分发挥上述功能。由于集散控制系统的过程接口和操作员接口总是分布在一个局部的区域，所以它们的通信网络也称为局部网络（LAN）。它与一般办公室之间的通信网络不同之处在于：①具有快速的实时响应能力，响应时间一般为 $0.01 \sim 0.5\mathrm{s}$，高优先级的媒质存取时间不超过 10ms；②具有极高的可靠性，数据误码率小于 $10^{-8} \sim 10^{-11}$；③能适应工业现场的各种干扰，如电源干扰、雷击干扰、电磁干扰、地电位差干扰等。

集散控制系统的通信网络技术涉及的内容主要包括网络形式、组成结构、通信协议（即访问控制方式）以及通信媒体等。

1. 通信网络的形式

集散控制系统的通信网络一般采用两种基本形式，即主-从形式和同等-同等形式。图9-8为主-从形式的通信网络。

在该网络中，主设备为微型计算机或大型工作站，称之为主站，它承担处理网络设备之间的网络通信指挥任务。PC为从属站，其余从属设备为现场智能变送器、可编程序控制器、单回路调节器以及各种现场控制单元插板等。

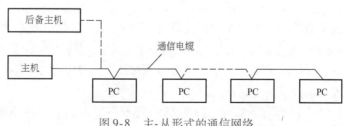

图 9-8　主-从形式的通信网络

在主-从形式中，主站以独立访问每个从属站或从属设备的方式来实现主站与被访问的从属设备之间的数据传送，而从属设备之间不能够直接通信。如果需要在从属设备之间传送信息，则必须首先将信息传送到主站，由主站充当中间桥梁，在确定了传送对象后，主站再依次把该信息传送给指定的从属设备。这种主-从形式具有整体控制的优点。其缺点是整个系统内的通信全部依赖于主站，可靠性较差，因而需要采用辅助的后备主站，以便在主站发生故障时仍能保证网络的正常运行。图 9-9 为同等-同等形式的通信网络。

在该网络中，每个网络设备都有权使用和控制网络，都能够向其他网络设备发送或访问信息。该网络的通信方式往往被称为接力式或令牌式，这是

图 9-9　同等-同等形式的通信网络

因为对网络的控制可以看成是一个设备到另一个设备的依次接力或令牌式地传递。这种方式的优缺点正好与主-从形式相反。它的优点是当一个或几个设备发生故障时，并不影响整个通信网络的正常运行，因而可靠性高。其不足之处就在于，每个网络设备都有权控制网络的数据通信，那么控制权该由哪个设备占用、占用多长时间以及网络通信的类别判定等，这些实现起来既复杂又困难。

2. 通信网络的组成

集散控制系统的通信网络主要由两部分组成，即传输电缆（或其他媒介）和接口设备。传输电缆有同轴电缆、双股电缆、屏蔽双绞线、光缆等；接口设备通常称为键路接口单元，或称调制-解调器、网络适配器等。它们的主要功能是控制数据通信的交换、传送、存取等。由于网络必须设计成在恶劣的工业环境中运行，所以调制-解调器都规定在特定的频率下进行通信以便最大限度地减少干扰和降低传送误差。数据通信控制的主要功能包括：误码检验、数据链路控制管理以及与可编程序控制器、控制单元或计算机之间的通信协议的处理等。

3. 通信网络的拓扑结构

集散控制系统的通信网络拓扑结构常用的有四种。

（1）星形结构　图 9-10 为星形网络结构。该结构属于主-从形式，即主站与各从站之间链路专用，传输效率高，通信简单，便于程序集中研制与资源共享。由于主站承担了全部信息的协调与传输，因而负荷大，对主站的依赖性也大。主站一旦发生故障，则系统的通信立即中断。

（2）总线结构　图 9-11 为总线型网络结构。在这种结构中，所有节点通过接口连接到总线上；每个节点发送的数据可以同时被所有节点所接收。由于每个节点只接收本节点的目的地址的数据，所以每次只允许一台设备发送数据，这样就需要按一定介质（通常有双绞线、同轴电缆和光导纤维等）、访问方法来决定哪一个节点占有网络。

总线网络的结构简单，系统可大可小，易于扩展。若某一设备发生故障，不会影响整个系统。这种结构是目前广泛应用的一种形式。

（3）环形网络结构　图 9-12 为环形网络结构，即网络的首尾连成环形。网络信息的传送是从始发站经过其余各站最后又回到始发站。数据传输方向可单向也可双向，环形网络结构简单，挂接或摘除处理设备较容易，但是若节点处理器或数据通道有故障时会影响整个系统。

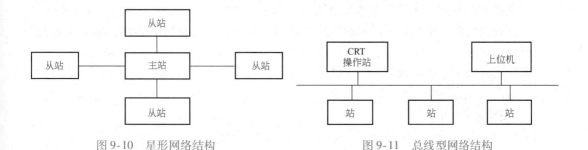

图 9-10 星形网络结构   图 9-11 总线型网络结构

（4）复合型网络结构 在一些规模较大的集散控制系统中，为了提高其实用性，常常将几种网络结构有机地组合并应用于同一系统中，以充分发挥各自的长处。图 9-13a 为环形网络与总线网络的复合结构，图 9-13b 为总线型网络与星形网络的复合结构。

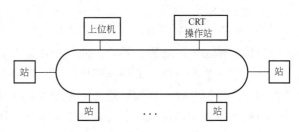

图 9-12 环形网络结构

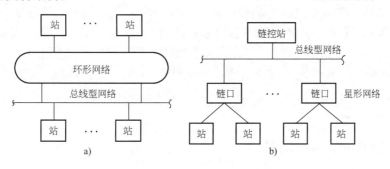

a)   b)

图 9-13 复合型网络结构

a）环形-总线型复合结构 b）总线型-星形复合结构

4. 通信协议

通信双方对信道使用权的规定方式称为通信协议。在集散控制系统中，较常用的有冲突检测式载波侦听多路访问通信协议（Carrier Sensing Multi Access/Collision Detect，CSMA/CD）和令牌传递通信协议两种。在 CSMA/CD 通信协议中，当某个站需要发送信息时，先要侦听信道情况，若信道空闲则开始发送，如发现有多个站同时

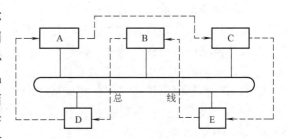

图 9-14 总线上的逻辑环

发送信息而引起冲突时则停止发送，经过延时后再重新发送。在令牌传递过程中，只有得到通行标记（称为令牌）时，工作站才能发送信息。所谓令牌是指一组特定的二进制码，网上各站若按如图 9-14 所示逻辑次序，则令牌传送次序是 ACEBD。

令牌代表了对信道使用的特许权，即每个工作站只有得到令牌时才有权控制和使用网

络。当信息已发送完毕或无信息发送或令牌持有的时间已到时，则必须将令牌交给下一个工作站。令牌在逻辑环上依次传递，没有令牌的其余工作站只能接收信道上的信息或响应发送站的询问。

令牌传送协议可以有效地利用网络能力，防止信息冲突，同时还规定了各工作站不同的优先级，具有信息吞吐量大和实时响应特性好的优点，所以在集散控制系统中被广泛采用。

5. 数据的分类通信

在集散控制系统的通信网络中，其数据通信与其他自动化系统中的差别在于进行了数据的分类通信。

（1）数据分类　在集散控制系统中，根据系统对数据响应速度的不同要求，对数据进行了分类。对于要求实时传送而且变化很快（约为毫秒级）的数据定为第一级，如测量值、部分计算值、输出值与报警信号等。而将操作员需要的数据定为第二级，如选择命令、修改给定值等。这些数据与第一级数据相比，变化速度相对较慢，实时性要求相对低一些。上述两级数据占有信道的时间较长，是通信量的主体。第三级数据主要包括组态数据、算法等。报表、事故记录等为第四级数据。后两级数据的变化速度更慢，一般采用定时传送。按上述分类要求进行数据传送，不仅可以充分利用信道，而且提高了通信效率。

（2）分类通信　所谓分类通信是指根据数据的不同类型采用不同的通信方式。对于那些组态时能够确定的数据（如控制器中接收或发送的量），可以制成接收表或发送表，对这类数据通常采用广播式通信。此时发送站只要将数据发送到接收表或发送表而不必给出目的站地址，而接收站只需从接收表或发送表中取出数据即可。对于组态时无法确定的量（如操作台对某些控制器重新组态或要求发出操作、选择命令等）则需采用点对点的通信方式进行数据通信等。

9.1.3　集散控制系统的控制器

自 1975 年 Honeywell 公司推出第一套 DCS 系统以来，世界上有几十家自动化公司推出了上百种 DCS 系统，虽然这些 DCS 系统各不相同，但是体系结构方面却大同小异，只是采取了不同的计算机、不同的通信协议或不同的设备。由于 DCS 系统的控制器是系统的核心，因此各个厂商都把系统设计的重点放在这里，从主处理器、I/O 模块的设计、内部总线的选择到外形和机械结构的设计，都各有特色。但是，最大差异还是软件的设计和网络的设计，不同的设计使这些系统在功能上、操作性上以及维护性上产生了较大的差异。

一个最基本的 DCS 系统应包含以下部分：一个控制器，一个或多个工作站，一个系统节点间的通信控制网络；还可以包括完成某些专门功能的站，扩充生产管理和信息处理功能的信息网络，以及实现现场仪表、执行机构数字化的现场总线网络。一个典型的 DCS 系统体系结构如图 9-15 所示。

1. 控制器

（1）功能　控制器是 DCS 的核心，主要负责本地控制、管理数据及 I/O 子系统和控制网络之间通信。

（2）配置　控制的硬件一般都采用专门的工业级计算机系统，其中除了计算机系统必备的运算器（CPU）、存储器外，还包括现场测量单元、执行单元的输入/输出设备，即过程量 I/O 或现场 I/O。

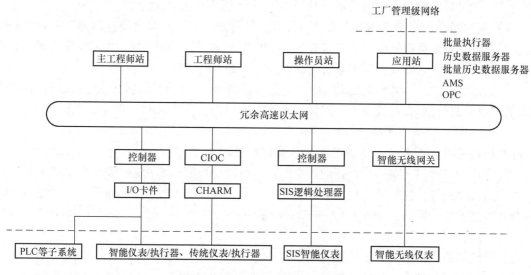

图 9-15　典型 DCS 系统结构简图

（3）各元件功能　在现场控制器内部，主 CPU 和内存等用于数据的处理、计算和存储的部分称为逻辑部分，而现场 I/O 则被称为现场部分，这两个部分是需要严格隔离的，以防止现场的各种信号，包括干扰信号对计算机的处理产生不利影响。控制器内的逻辑部分与现场部分连接，一般采取与工业计算机相匹配的内部并行总线，如 Multibus、VME、STD、ISA、PCI04、PCI 和 Compact PCI 等。

（4）并行总线与串行总线　由于并行总线的结构比较复杂，加之其连接逻辑部分和现场部分很难实现有效的隔离，成本较高，很难方便地实现扩充，因此，控制器的逻辑部分和现场 I/O 部分之间的连接方式转向了串行总线。串行总线的优点是结构简单，成本低，很容易实现隔离，而且容易扩展，可以实现远距离的 I/O 模块连接。目前直接使用串行总线的有：CAN、Profibus、DeviceNet、LonWorks 及 FF 总线等。一般在快速控制系统（控制周期最快可达 50ms）中，宜采用高速的现场总线；而在控制速度要求不是很高的系统中，则采用较低速的现场总线，这样可以适当降低系统的成本。

2. 操作员站

（1）功能　操作员站主要完成人机界面的功能，一般采用桌面型通用计算机系统。

（2）配置　其配置与常规的桌面系统相同，但要求有大尺寸的显示器和性能好的图形处理器，有些系统还要求每台操作员站使用多屏幕，以拓宽操作员的观察范围。为了提高画面的显示速度，一般都在操作员站上配置较大内存。

3. 工程师站

（1）功能　工程师站是 DCS 系统的一个特殊功能站，其主要作用是对 DCS 进行组态与配置。

（2）组态　如何定义一个具体的系统完成什么控制任务，控制的输入/输出是什么，控制算法如何实现，在控制计算中选取什么样的参数，在系统中设置哪些人机界面来实现人对系统的管理与监控，还有诸如报警、报表以及历史数据记录等各个方面的功能的实现，所有这些工作都是组态所要完成的工作。只有完成了正确的组态，一个通用的 DCS 系统才能够称为一个针对具体控制应用的可运行系统。组态分为离线组态和在线组态两种：

1）离线组态：组态工作是在系统运行之前进行的，或者说是离线进行的，一旦组态完成，系统就具备了运行能力。当系统在线运行时，工程师站可起到对 DCS 本身的运行状态进行监视的作用。它能及时发现系统出现的异常，并及时进行处置。

2）在线组态：在 DCS 在线运行中，也允许进行组态，并对系统的一些定义进行修改和添加，这种操作被称为在线组态。同样，在线组态也是工程师站的一种重要功能。

4. 服务器及其他功能站

在现代的 DCS 结构中，除了控制器、操作员站以及工程师站外，还有许多执行特定功能的计算机，如专门记录历史数据的历史站；进行高级控制运算功能的高级计算机；进行生产管理的管理站等。这些节点也通过网络实现与其他各节点的连接，形成了一个功能完备的复杂的控制系统。

5. 系统网络

系统网络是连接系统各个节点的桥梁。由于 DCS 是由各种不同功能的节点组成的，这些节点之间必须实现有效的数据传输，以实现系统总体的功能，因此系统网络的实时性、可靠性和数据通信能力都关系着整个系统的性能。其中最重要的是网络的通信协议，这关系着网络通信的效率和系统功能的实现，因此都是由各个 DCS 系统专门精心设计。

6. 现场总线网络

（1）现场总线的作用　早期的 DCS 在现场检测和控制中仍采用了模拟式仪表的变送单元和执行单元，当现场总线出现以后，这两个部分也被数字化，因此 DCS 成为一个全数字化的系统。以往在采用模拟式变送单元和执行单元时，系统与现场之间是通过模拟信号连接的，而当实现全数字化后，系统与现场之间的连接也将通过计算机数字通信网络，即通过现场总线实现连接，这彻底改变了整个控制系统的面貌。

（2）DCS 体系结构的变化

1）现场信号线的接线方式将从 $1:1$ 的模拟信号线连接改变为 $1:n$ 的数字网络连接，现场与主控制室之间的接出线将大大减少，而可以传递的信息量却大大增加了。

2）由于现场设备大都分散，形成了分散安装、分散调试、分散运行和分散维护的特点，因此安装、调试、运行和维护的方式也将不同，这必然需要有一套全新的方法和工具。

3）回路控制的实现方式也会改变。由于现场 I/O 和现场总线仪表的智能化，它们已经具备了回路控制计算的能力，这便有可能将回路控制的功能由控制器下放到现场 I/O 或现场总线仪表来完成，实现更加彻底的分散控制。

7. 高级管理网络

集散控制系统的过程控制级和过程管理级实现了生产装置或生产过程的集中操作和分散优化控制，而生产管理和经营管理级则对整个企业的生产和经营实现最优化管理。

生产管理级的任务是根据订货情况、库存情况、能源情况来规划产品结构和规模，并对产品进行随时更新，以便适应由于订货情况变化所造成的不可预测事件。此外，生产管理级还可用于对生产状况的观察、产品质量的监测与产品产量的统计，并负责向企业的最高领导传递信息。对于中小规模集散控制系统，生产管理级即为最高级。

经营管理级的任务是处理包括工程技术、商业事务、人事及其他方面的有关问题。这些处理功能通常被集成在管理软件系统中。通过该管理软件，由公司的经理部、市场部、企划部与人事部等通过对用户信息的收集、订货合同的统计分析、接收订货与期限监测、产品的制造、价格的核算、交货期限的监控等实现对整个生产过程的最优化。

图 9-16 所示为 TDCS-3000 的四层体系结构的集散控制系统框图。

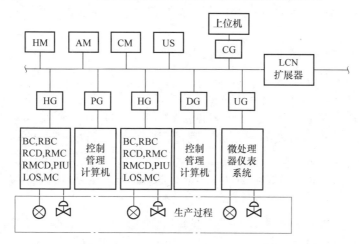

图 9-16　TDCS-3000 的四层体系结构的集散控制系统框图

图 9-16 中，LCN 为局部控制网络，US 为通用操作站，CG、HG、PG、DG、UG 为通信网络连接器，CM 为计算模件，BC 为基本控制器，RBC 为备用基本控制器，RCD 为备用控制器指挥器，AM 为应用模件，MC 为多功能控制器，HM 为历史模件，RMC 为备用多功能控制器，RMCD 为备用多功能控制器指挥器，PIU 为过程接口单元，LOS 为局部操作站。

其中，通用操作站 US 由多台 CRT 和键盘组成，用来集中操作和显示、编制最优控制程序、对生产进行最佳管理和调度、对设备进行诊断维护等。

计算机模件 CM 能进行多种信息处理，主要包括生产计划调度、物资设备管理、市场预测分析、订货合同及销售、生产经营决策、办公自动化等。

应用模件 AM 用于处理复杂的操作和高级的控制算法。

历史模件由一台或两台硬磁盘组成，它用于存储连续过程的历史，为每小时、每班、每天或每月打印数据报表等。

9.1.4　集散控制系统操作员站

操作员站（Operator Operating Station，OOS）是操作员与过程或系统对话的窗口，常被称为人机接口（Man Machine Interface，MMI 或 Human Machine Interface，HMI），或称为人系统接口（Human System Interface，HSI 或 Man System Interface，MSI）。

DCS 的操作员站是处理一切与运行操作有关的人机界面功能的网络节点，其主要功能就是使操作员可以通过操作员站及时了解现场运行状态，各种运行参数的当前值、是否有异常情况发生等。并可通过输出设备对工艺过程进行控制和调节，以保证生产过程的安全、可靠、稳定、高效。

1. 操作员站的结构

在采用 DCS 系统之前，单元控制室里的过程信号是直接通过硬接线的方式从现场变送器连接到单元控制室的。因此，传统控制系统的特点是：

1）信号没有延时。如果某个过程参数发生了改变，就能马上反应到仪表的指针上。

2）操作员面板仪表位置固定。仪表位置较为固定，要观察某个信号，只要观察固定位置的那个指示仪表就行了。

3）故障原因较简单。如指示仪表故障、检测仪表故障或线路故障，这些故障是比较容易判断与解决的。

4）重要参数的报警非常明显。重要仪表的数量有限，重要参数一报警，操作员的注意力比较容易集中到重要的仪表上。

控制系统由DCS实现时，需要认真设计人机接口HMI的组态，否则操作员不容易使用。DCS可以为人们提供大量的数据，这些数据达到人机接口后，要通过HMI的设计将数据转换成信息，并且以操作员习惯的方式按物理过程实际反应出来，这才能体现出DCS的优越性。

操作员站通常由计算机及其辅助设备组成。随着新技术的发展，操作员站的形式也越来越多样化。

操作员站是通过与DCS基本控制单元的通信接口来维护一个实时数据库。实时数据库可以从远处，也可以从DCS的基本控制单元（BCU）中不断地获得数据。

DCS基本控制单元可以通过通信接口将实时数据库中的数据信息传送到DCS数据通道上，或者从数据通道上把数据取下来通过通信接口送到实时数据库。操作员站的计算机则将实时数据库中的数据放到处理缓存区，或从处理缓存区放到实时数据库中。不同的操作员站的内部数据交换通道的结构会有所不同，有的是计算机数据总线的方式，有的是通信的方式。

HMI总是通过其他外设与操作员进行交流，通过显示器将信息传递给操作员，通过键盘鼠标等接收操作员的命令，通过打印机、报警器向操作员打印记录或提供报警等。不论哪种功能，几乎都是通过主机将外设与实时数据库联系起来的。

2. 操作员站的基本功能

HMI的基本功能包括以下几个方面：

1）监视：操作员通过HMI监视、控制工业过程，因此HMI要能够显示过程信息，传递操作员的指令，显示处理各种报警。操作员通过HMI监控DCS的状态，因此，HMI要能够监视DCS中所有设备的状态，包括HMI本身以及其外设的状态。

2）操作：操作设备。

3）记录：记录各种过程与系统的事件，存储、打印记录的结果，生成各种报表。

4）诊断：诊断设备、通道等。

如果把操作员站的工作进一步抽象化，可以看出，全部过程控制的任务是一个信息处理任务，调节器的任务是按照某种控制策略（如PID控制规律）来处理与某个过程相关的输入（如过程变量与阀位反馈）与输出（如阀位指令）信息。这样，操作员站也是一个信息管理系统，介于企业级的经营性管理与过程实时控制管理之间的多数功能都体现在HMI上，如开放的信息通信结构、冗余的信息资源配置等。

（1）监控功能 操作员通过HMI对过程和系统实现监控，这是HMI最常用的功能，操作员在这些工作中几乎全部时间都是用眼睛看着画面，手控制着鼠标和键盘，耳朵听着报警。因此这些功能的设计是操作员站设计的重要部分，也是非常灵活的部分，各个DCS系统在这方面都有自己的特点。现在操作员站计算机的通用化,以及计算机所带来的强大的图形计算能力使得这部分的设计更加多样化。在没有 DCS 的时候,操作员对过程的了解是通过实地观察所得来的直观图像,加上仪表上所显示的数据;有了 DCS 之后,操作员通过显示的画面来了解过程。虽然他们也有对过程的实际印象,但是由于长期观察显示的图像,使得他们反过来按照图像去理解过程,这样就产生了一个问题,各种画面的本来目的是把过程的实质抽象出来,简化操作员的负担,使其注意力集中到重要的过程上去,这时却容易使操作员认为画面就是过程的全部,从而产生对过程的误解。因此,在操作员站画面设计过程中要平衡这个矛盾,即既要最大限度地反映过程全貌,又要同时提取过程的关键信息。另外,人对画面产生的反映是有规律的,如红色是比较刺激的颜色,而绿色是比较柔和的颜色,这些因素都要在画面设计过程中考虑到。

(2) 记录与报表　记录与报表是信息归档的两种形式。

记录是针对事件而言的,当 DCS 或工艺过程中发生了某一件事情时,系统记录下该事件以待今后查找故障的原因或总结控制经验,如某个阀门的开关、某个调节器参数的调整等。

报表是按照某种规律,通常是以时间的某种规律,从 DCS 历史数据库中取出数据放在一起,对数据进行统计分析。

1) 记录的形式与设计。记录一般分为随时记录与事件触发记录两种形式。随时记录是记录一般性问题或操作,具体记录的项目可由工程师站进行组态。记录时像"流水账"一样,以便总结分析,因此这类事件往往很全面。事件触发记录是根据某个事件的发生才被激活记录。记录完成后,存盘或打印。设计这类记录时需要注意,不要滥用 DCS 的资源,事件发生前后的数据记录的密度应与过程变量的时间常数相对应,而不应盲目求密,更不能不加分析地统一采用一样的记录频率。

2) 报表的形成与设计。报表中的数据常来自于历史数据库,而不是实时数据库,设计报表与设计记录类似,通常应该注意以下几点:①报表应尽量提供信息,而不只是数据。把数据从历史数据库中提取出来,打印下来很方便,但这仅仅是数据,这些数据说明了什么,对下一阶段的运行有什么指导、对前一阶段的运行能提出什么结论,这些都是应该从报表中得到的信息。因此,报表应把原始数据进行简单的处理,绘制相应曲线,统计一些参数规律,计算相应的运行指标等。②合理地使用计算机资源。③不应追求与 DCS 以前的手抄表的格式一致,DCS 应该给人们带来更加计算机化的表格。④报表常常与 MIS 联系在一起。

9.1.5　集散控制系统工程师站与组态软件

DCS 与其他工业产品不同,不是安装之后直接使用的,DCS 需要进行大量的软件组态和硬件组态,测试和试车之后,方能交付使用。DCS 为人们提供了各种控制、监控过程的设备。工程师站 (Engineering Workstation, EWS) 是 DCS 中用于系统设计的工作站,它的主要功能是为系统设计工程师提供各种设计工具,工程师利用它们来组合、调用 DCS 的各种资源。同时,由于工程师站的设计对象是 DCS,因此它与特定厂家的 DCS 有密切关系。

9.1.5.1　工程师站

EWS 的作用是通过设计将设备组织联系起来,使所有的功能都能发挥出来。因此,

EWS是针对DCS的应用工程师而设计的。通常EWS是用来为DCS赋予实际工作任务的工作站，利用工作站来组合DCS汇总所提供的控制算法和画面符号，而不是编制具体的计算机程序或软件，也不是用来描绘制造或安装用的图纸，所以习惯上把这种设计过程称为组态或组态设计。这也是DCS的工程师站与其他工程设计工作站的区别。一般来说，EWS在功能、运行环境、使用方法等方面都充分考虑了工程设计工作的特点，使它相当于DCS中的一个设计中心。

工程师站主要由以下部分组成，DCS的总貌图如图9-17所示。

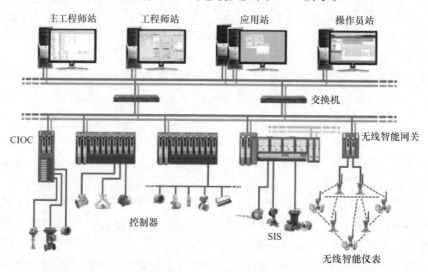

图9-17 DCS的总貌图

1) PC硬件及操作系统。一台完整的PC是工程师站的基本设备，有的工程师站是用"工作站"式的PC；有的工程师站采用服务器–客户机结构，这显然是一种趋势，因为它更适合多个设计者共享一个项目的资源。

2) 工程设计软件。各DCS都有自己进行工程组态的软件，它们只适用于自己的系统。

3) 其他具有辅助性能的软件，如办公软件、数据库软件等。

工程师站在DCS中主要完成以下工作：

(1) 系统组态设计 系统组态设计的主要任务是利用DCS提供的所有控制、监控功能来设计实际的过程控制系统，其主要内容包括：

1) 系统硬件构成的总体设计。DCS中使用的所有硬件设备，它们之间的电气连接、通信方式、逻辑关系等设计都需要在EWS上完成。设计者在EWS上可以很方便地把它们调用出来，组成系统。

所谓组成系统就是画出他们之间的联系图、接线图。用EWS设计这些系统，应该像搭积木一样方便，而不必借助其他的画图软件，如AutoCAD。因为EWS是在组合现成的设备，所以这样的设计使DCS的使用者能够一目了然地了解DCS的总体布置情况。DCS的总貌图如图9-17所示。

2) 系统的硬件设计。系统的硬件设计通常包括过程控制单元中的模件布置、电源分配、现场I/O的连接方法、屏蔽与接地等方面的设计，使用EWS可以很方便地根据DCS的设计规范和过程控制的具体要求设计出这些接线图、配置图。

3）控制逻辑设计。控制逻辑的设计过程是根据 DCS 中给出的控制元件（算法或称功能码）组成控制方案的过程。简单来说，它包括采集现场信号的设计、控制运算、决策的设计、控制输出的设计、通信与传递信号的设计、系统诊断与处理方面的设计等。这方面功能的设计可以包括很多内容。

4）人机接口组态设计。人机接口组态设计是根据运行、维护等日常有操作员完成的任务，通过 DCS 的操作员站提供的功能，设计并组成一个监控系统的过程。大体包括画面设计、报警设计、数据库设计、记录设计、帮助指导设计等。与过程控制组态不同的是，人机接口组态的逻辑性不那么强，某幅画面中的设备画的大一些、小一些并不影响过程的安全，因此这部分设计常常得不到习惯于逻辑思维的控制工程师的重视。然而事实上这部分设计是不可或缺的，从信息的组织方法来说，人机接口系统设计得好坏，体现了设计者是否了解自己的 DCS，是否了解过程。

5）文件组态。这部分组态指的是为使 DCS 正常运行而编制的各种说明性指导文件。DCS 应是自我完善的，DCS 的安装、使用、应用方法和故障处理方法都应该包含在 DCS 中。根据问题性质的不同，或者在人机接口上提供，或者在工程师站上提供，而不是让使用者再"离线"查阅资料。

6）系统运行之后的维护管理基本方法。用户在使用 DCS 的过程中会发现很多问题，有些是 DCS 的问题报告，有些是针对 DCS 改进的设想，有些是对设计改进的要求，这些问题都是围绕 DCS 发生的，应当通过 DCS 本身提供的手段来记录维护这些信息，而不是把这些信息"另入册"。因此，DCS 的组态任务中应包括一套管理这些信息的系统，虽然在 DCS 的设计过程中这些问题可能尚未发生，但如果有了这样一种信息结构，对运行过程中的维护是很有用的，有些 DCS 已经能够自动产生一些关于硬件部分的问题报告。

（2）系统调试与设计更改　由于 EWS 的设计中心地位，所以 DCS 的系统调试与设计更改，发挥着最重要的作用。

调试过程中，可通过 EWS 来确认控制组态是否正确执行，这需要在线运行 EWS，以实时监控过程中的动态数据，发现问题后修改组态。

这些工作不是在其他人机接口上完成的，要在 EWS 上完成。虽然在操作员接口上可以看到一些问题，但是对组态的调整应在一个点进行，在 EWS 上完成。在下载了人机接口的组态之后，如果有问题，也要在 EWS 上修改。所以，在调试过程中，EWS 显得"忙"，这时尤其要注意 EWS 上文件的管理。

（3）运行记录　EWS 的另一项作用是在调试结束之后，当系统进入正常运行时，对某些特殊的过程参数做记录。这些特殊的参数包括：

1）一些操作员并不关心但对系统的控制效果很重要的参数，尤其是一些控制回路之间相关联的变量的耦合程度的参数。

2）系统运行过程中 DCS 的负荷参数、通信负荷率、运算负荷率等。这些参数一方面对控制系统的整定很重要，同时，它们又是在较短期的调试过程中不容易看出来的，需要用相对长的时间来观察，所以在 EWS 上监视这些参数很有必要。在操作员人机接口上监视当然也可以，但是作为系统的设计者，要注意把这些用于控制或系统分析的信息与操作员日常处理的信息分开，以避免这两种不同种类的工作相互干扰。同时，由于这些参数往往是不易确定的、灵活的，所以，在 EWS 上由工程师来监视比在操作员站上监视要方便得多。另外，EWS 上做数据分析的软件比操作员站上的软件要丰富一些，用这些软件对控制系统进行分析会更有效。

（4）文件整理 EWS 既然作为设计中心而存在，那么 EWS 上的文件对于 DCS 来说就显得非常重要。同时，按照前面提到的 DCS 应"自我完善"的概念，EWS 也应该作为向用户提供 DCS 全部设计文件与系统说明文件的中心。实际上，如果 EWS 管理得好，利用有效的话，它还应提供系统调试、运行、管理过程中相关的全部文件，使得与 DCS 相关的文件都可以在 EWS 上找到。这样会促使人们把有关的问题与 DCS 的设计、应用联系起来，也便于获得解决问题的信息。

综上所述，EWS 的作用可以包括以下几个方面：

1）组态设计，包括总体设计、硬件设计、控制逻辑设计、人机接口设计、文件设计和运行维护。

2）系统调试，包括在线调试和离线调试。

3）外部通信。

4）运行记录。

5）文件管理。

6）数据分析与建模。

DCS 的特点是分散控制，而且从可靠性的角度考虑，在 DCS 的网络设计中往往不会有某节点的重要性高于其他节点，只是不同类型的节点完成不同类型的工作。因此，从硬件上或者从通信的逻辑关系上看，EWS 并不比其他节点高级。

而 EWS 的任务是系统设计，且系统运行时并不要求 EWS 必须在线，似乎 EWS 对运行不是很重要。但是从设计上看，控制器和人机接口上的控制与运行方案均来自 EWS。在实时控制过程中，一般不能规定 EWS 有更高的控制与运行方案，因为设计工程师的任务是设计，而操作员的责任是运行整个过程，设计人员没有权利越过操作员去操作现场的设备。

一些控制工程师常常出于调整系统的愿望和责任感，在 EWS 上做修改，甚至越过操作员在 EWS 上操作设备，这是非常不可取的。并不是因为他们的想法错误，而是因为他们忽视了统一指挥对象的重要性，就像控制回路的切换扰动一样，从不同的地方控制一个过程常常带来对过程的扰动。

9.1.5.2 系统组态

1. 组态软件

组态软件安装在工程师站中，这是一组软件工具，是为了将通用的、有普遍适应能力的 DCS 系统，变成一个针对某一个具体应用控制工程的专门 DCS 控制系统。为此，系统要针对这个具体应用进行一系列定义，如硬件配置、数据库的定义、控制算法程序的组态、监控软件的组态、报警报表的组态等。在工程师站上，要做的组态定义主要包括以下几个方面：

1）硬件配置，这应该是最先配置的。根据控制要求配置各个节点的数量、每个节点的网络参数，各个现场 I/O 站的 I/O 的配置（如各种 I/O 模块的数量、是否冗余、与主控单元的连接方式等）及各个节点的功能定义等。

2）定义数据库，包括历史数据库和实时数据库。实时数据是指现场物理 I/O 点的数据和控制计算时中间变量点的数据。历史数据是按一定的数据模型组织形式存储的实时数据，通常将数据存储在硬盘上或刻录在光盘上，以备查用。

3）历史数据和实时数据的趋势显示、列表及打印输出等定义。

4）控制层软件组态，包括确定控制目标、控制方法、控制算法、控制周期及与控制相关的控制变量、控制参数等。

5）监控软件组态，包括各种图形界面（如背景画面和实时刷新的动态数据）、操作功能定义（操作员可以进行哪些操纵，如何进行操作）等。

6）报警定义，包括报警产生的定义、报警方式的定义、报警处理的定义（如对报警信息的保存、报警的确认、报警的清除等）及报警列表的种类与尺寸定义等。

7）系统运行日志的定义，包括各种现场事件的认定、记录方式及各种操作的记录等。

8）报表定义，包括报表的种类、数量、报表的数据来源及在报表中各个数据项的运算处理等。

9）事件顺序记录和事故追忆等特殊报告的定义。

（1）系统配置的设计　系统配置的设计的主要任务是根据应用方面的要求，确定 DCS 的规模和具体组成形式。

1）根据控制应用的要求提出对 DCS 的要求。控制应用的要求可以有很多方面，有些与 DCS 有关，有些与 DCS 关系不大。在提出控制要求的过程中，一方面应用工程师要善于用 DCS 的表达方式来描述问题；另一方面，DCS 工程师也要从控制应用的角度出发去思考问题。

例如，为了确定 DCS 中 I/O 模件的种类与数量，DCS 工程师希望知道每一个控制柜里所包含的 I/O 种类与数量，而要确定这一点，就要对应用要求有细致的分析；而反过来，为了能提出这个要求，应用工程师要对 DCS 模件的能力有所了解，以决定系统如何划分才更合理。要把这个过程当作设计过程来看待，而不是简单地"你提要求，我配置"。

控制应用的要求包括：

① 工艺过程的划分。根据工艺过程的物理位置，确定 DCS 各节点的分布。

② I/O 点的要求。根据每个子系统的 I/O 种类与数量、裕量要求及今后可能进行的扩充，确定每个子系统所需的 I/O 数量与类型。

③ 控制器的要求。提出每个子系统控制方面的大致要求，在这个阶段，这些要求不应以 DCS 控制器的数量来表达，而应以控制回路数、重要程度、设备数量，以及其他控制任务数量的形式来表达，因为选择多少处理器、什么样的处理对于各种 DCS 来说是不一样。

④ 人机接口数量的要求。根据工艺过程覆盖面的大小、运行的要求确定操作员的数量，进而确定操作员站的数目。

⑤ 其他方面的要求。如工程师站的数量、打印机、SOE 设备、远程 I/O 等。

2）根据对 DCS 的要求选择 DCS 的设备。选择什么样的 DCS 设备去完成应用的要求不仅仅是一个技术问题，还要考虑商业方面的问题，无论作为 DCS 供货商还是用户都要寻找一种最理想的配置方案，只是在追求这个最佳方案时，双方采取的准则不尽相同。

这个过程同样应看作一个设计过程，EWS 应在其中发挥作用，有些 DCS 中配有这样的软件，可以自动地从应用要求中产生 DCS 的设备清单，然后人工根据某种原则做适当调整。

3）根据 DCS 设备进行系统组成的设计。所谓系统组成的设计是指对系统硬件连接的设计，他不是设计控制逻辑，而是画出系统的配置或硬接线图。由于系统中采用的绝大部分设备都是 DCS 的设备，所以它们之间的联系图应由 EWS 来生成。这时系统组态的概念是指硬件配置，目前很多 DCS 的这部分工作不是通过 EWS 本身的软件完成，而是通过另外的绘图软件完成的。

组态任务包括以下几方面：

① 系统中各主要设备的通信网络图，图上要标明设备的物理位置、逻辑地址、名称、连线方式等信息。

② DCS 设备的组装图，表明设备的安装、组装方法。

③ 电气电缆、信号的处理、接地、屏蔽、配电的处理。

④ 特殊接线或外部设备的组装方法。

上述组态图纸的详细程序应能够使安装人员根据图纸将 DCS 组装起来，这是硬件配置的根本任务。工程师站应借助 DCS 的组态软件完成这些设计。

（2）过程控制的组态　过程控制的组态是根据控制要求将 DCS 中的控制算法组合起来，形成完整的控制方案的过程。通常是设计人员在了解了控制要求之后，在 EWS 上将 DCS 中的算法块逐一调出来，连好线或填好数据表格以明确它们之间的关系，这样就组成了一些可以在 DCS 中执行的控制方案。

（3）人机接口功能的设计　人机接口功能的设计是指对人机接口上的全部功能组合应用的设计。例如，在人机接口上建立数据库以采集控制器的过程变量；设计人机接口上的画面和画面之间的关系，如从哪幅画面可以调用哪幅画面、怎样管理所有的报警、怎样产生记录等工作。这些设计的结果通常不是图纸，而是一幅幅的工艺画面或各种形式的数据库，这些数据库表明了人机接口处理过程变量时的方式。

2. 系统组态设计与其他设计方法的区别

DCS 的组态是一个设计过程，因此，它具有设计过程的一般特点，如一致性、完整性、完备性等。但与通常的机械设计、电气设计、工艺设计相比，又有它的特殊性，如它对画图的要求不高，对于计算机配置的要求也不高等。归纳起来，DCS 的组态设计具有以下特点。

（1）DCS 的组态是组合 DCS 中的元素　完善的 DCS 组态软件应提供 DCS 本身的全部元素。这样，设计人员的主要任务就是把这些元素组织起来，无论是控制方面的设计还是画面方面的设计。

这意味着 DCS 的组态设计资源是相对有限、针对性很强的。不像其他的设计那样有很大的灵活性与通用性。当然，DCS 提供了开发、设计新的元素的能力，这样的功能越完善，越能使设计人员将精力集中在设计方法上，而不是画具体的图形上。这种设计不仅包括控制逻辑的设计，而且包括 DCS 的硬件设计。

（2）DCS 组态设计的逻辑性　DCS 组态设计具有很强的逻辑性，这是 DCS 组态设计的一个很突出的特点。

机械设计与工艺设计过程中也要有逻辑性，但它们是以尺寸的配合和介质变化的配合来表现的。

DCS 中的逻辑性表现在对不同事件的控制。同一个事件，在过程的不同阶段发生时，处理方法是不一样的，而且事件表现出来的形式也可能不一样。

（3）DCS 组态设计的多样性　DCS 组态涉及方法的多样性是其另一个特点，DCS 的组态设计包含以下几个方面的内容：

1）硬件设计：主要要求画连线图时要准确、清晰、全面，使别人可以据此组装系统，无需任何逻辑性。

2）控制逻辑设计：要求了解工艺过程，了解控制的一般原理，有逻辑设计的能力，对画面方面几乎没什么要求。

3）画面设计：要求深入了解工艺过程，要决定什么样的工艺过程画到画面上，用什么来画，如何画；要了解画面设计的一般规律，如颜色对人的影响，人们判断事物重要性的习惯等。

4）与数据库相关的设计：要求了解计算机处理数据的特点、方法，使用类似数据库管理的软件。

5）文件管理：一定程度上熟悉计算机的文件管理方法。

要求设计人员能够全面掌握这些知识，然而有些属于技巧性的方法是不容易熟练掌握的，而只有完全掌握了这些内容，才能充分发挥 DCS 的作用。

3. 控制器的组态

（1）控制器组态的内容

1）系统配置的组态。

2）系统硬件的组态。

3）控制算法的组态。

4）控制与通信接口的组态。

（2）EWS 的组态元素　要完成过程控制组态范围内的任务，EWS 通常提供了很多标准的表示 DCS 中设备与算法的符号。所谓组态就是将它们按一定规律连接起来。这些符号通常包括如图 9-18 所示的几类。

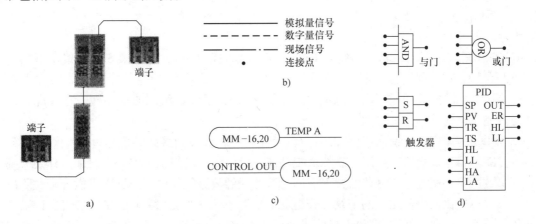

图 9-18　EWS 组态基本元素符号

a）表示模件外观的符号　b）表示模件连线与图标的符号
c）表示组态约定的符号　d）表示控制算法的符号

（3）EWS 提供的组态手段　EWS 作为组态的工具为设计人员提供了丰富的组态手段，主要包括以下几个方面。

1）项目管理。EWS 提供类似观察软件中的文件管理器的方法来组织所有的文件，但是，EWS 的任务不是简单的从文件的角度（如类型、大小、名称等信息）去管理文件，那就真成了文件管理器了。它主要包括：

① 建立一个新的项目，为项目确定基本的信息、用户名称、项目编号等。

② 选择项目中用到的机柜、机械类型、机械的名称等。

③ 在机柜中插入一个模件，选择模件类型，输入模件功能的基本描述。

④ 为硬件画一张组态图，选择边框。

这时的文件管理实际上就是设备组态管理。例如，从一个过程变量的输入信号到针对其执行机构的控制输出信号，其间要经过控制算法、M/A 站、信号变换等运算，因此，EWS 能很方便地列出相应的功能码，由设计人员进行选择。

2）工程画图。工程画图是很重要而且很有特色的一个方面。

以控制系统的组态图为例，虽然是画图，但图纸所表示的信息不是机械、电气类型的信息，因此这里提供的工具不像 AutoCAD 那样有很强的"作图"功能，组态图所表示的是信号流向上所进行的运算。

设计人员所画的连线，并不是真的表示从这个功能码的输出端要连一根线过去，而是表示要把信号从这里送到那里。所以，EWS 不一定关心连线的画法，而只关心连线的起点与终点。

用 EWS 上提供的作图功能去画机械图，显然会让人感到远远不够用，但是用它来表示控制组态就很适用，而机械绘图软件却表示不了这些功能。资源的使用是设计过程中最常碰到的，EWS 往往把 DCS 中的资源分类存在系统中，无论设计人员是要作用于硬件符号还是控制算法，都可以灵活地调出。除此之外，EWS 上还可以调出典型的控制组态。例如，一个典型的双泵控制系统、典型的电动机控制组态等。使用这样的组态一方面节省了工作量，另一方面也保证了设计的质量，因为这些典型的组态是实践了的正确组态。

3）资源使用。工具箱是为修改调整组态而设计的各种使用的工具，如组态的下载与上传、调整、校验等。

4）在线调试。EWS 的作用决定了 EWS 一定有在线调试的功能。EWS 的在线调试功能有以下两个特点。

① 调试的目的往往不是为了调整工艺过程，而是为了验证组态的正确性，或者说验证组态是否能正确地控制工艺过程。

② 调试过程中要得到的参数有很强的灵活性，可能要得到最终结果，可能要得到中间变量，可能要得到现场输入，因此在线监视功能应给设计人员提供足够的手段来选择要监视的过程参数而不必实现组态这些监视组。同时，监视的数据往往要记录下来以供分析，所以记录的方式也应比操作员站上的记录方式更灵活。例如，操作员站关心的是球磨机出口温度的曲线，而 EWS 关心的是球磨机入口冷风温度、热风温度、落煤量三者对出口温度的影响程度，以及这种影响程度随球磨机负荷的变化关系。

（4）用 EWS 组态设计过程

1）确定 EWS 的资源的使用原则。

2）根据应用要求确定系统的组成，并设计主要的硬件图纸。

3）控制功能的组态。

4）组态的编译修改。

5）在线调试。

（5）组态过程的管理　组态过程的管理是一个设计管理问题，除了组态的正确性之外，组态图的一致性是管理的重要内容之一。有些 EWS 中要规定一般性资源的来源，如来自哪个目录、由谁负责更新等。有些 EWS 提供了一些一致性的检查工具，如标签形式的一致性，图框的一致性，传递信号的一致性等。在这种情况下，应该再设计步骤中明确使用这种一致性检查之后的标识，就像机械图纸的标题栏中都有"标准化"一栏一样，通过了一致性检查，组态才算编译成功，才可以下载。为了使一致性得到贯彻，应尽量使用 EWS 中自动化的组态工具，如自动标签、自动填写图纸之间传递的信号标识等。这种功能的使用要尽量在整个项目的范围内进行。而不只是分别在子系统内进行。尽管从完成控制运算的角度上说，组态形式的不一致并不一定是组态错误，但是有些不一致所造成的以后在时间和精力上的浪费都是不能容忍的。

管理的另一方面是组态图的维护问题，这里主要是指组态图的版本控制。EWS 提供了标识、控制版本的工具。例如，编译的时候可以选择针对哪个版本进行编译。由于设计是由多个人员进行的，因此，统一的版本控制原则对最终使用图纸的用户来说很重要。图纸的版本不是以图纸文件存盘的时间来表示的，要充分利用 EWS 提供的功能去控制版本，使用户随时了解当前使用的图纸状态。

（6）组态过程的工具　这类工具往往包括组态过程的控制工具、典型的组态设计工具、调试的统一工具等几个方面。

组态过程的控制工具是为了加快组态设计。通常是逻辑方面的工具，如复制、剪切、粘贴、移动等。

典型的设计工具则根据系统的不同而有很大差异，一个功能码或控制算法就是一个典型的设计，如果能够把各种控制方案都组织起来，使设计人员能够根据应用要求而随意调用，就可以大大提高设计的质量，这类典型组态设计工具所包的范围、深度及使用的方便程度都反映了 DCS 的完善程度。

调试的统一工具是根据调试的要求而设计的，把通常的调试操作以批处理的形式组成，用一个命令就可以完成很多任务。

在做控制回路的组态与调整工作的过程中，经常要使用便携式的组态设备。尽管工程师站有很强的组态功能，用便携式的组态装置往往能使设计与修改更加灵活。在调试与维修过程中有些对系统模件的操作是在机柜进行的，如校验、临时改变模件状态等，这时可用手提式的简易组态装置完成。

手提式的简易组态装置通常包括以下功能：

1）设置模件状态或特殊操作。

2）修改、调整组态。

3）模件故障诊断。

4）模件负荷分析。

4. 操作员站的组态

操作员站的组态包括两个方面：一方面是在 EWS 上如何进行组态的操作，如怎样做画面；另一方面是如何进行操作员站的设计。

（1）HMI 的设计范围　HMI 的形式不同，其设计范围也不同，但总的来说可以包括以下几个方面。

1）HMI 硬件设计：设计 HMI 的布置形式、固定方式、电源连线，与外部系统的通信线的连接，键盘、鼠标、打印机等所有外部设备的连接，使用户可以完全按图纸组装 HMI，而不会产生差错。由于这部分设计方式与 HMI 的其他部分设计截然不同，所以常被错误地忽视。

2）HMI 系统参数设计：系统参数是指为了使 HMI 运行在适当的方式或模式下应设置的参数。与其说设计不如说选择这些参数。为了使 HMI 的资源得到充分使用，根据应用的情况而配置这些资源是十分必要的，否则会使 HMI 过载或空载运行。虽然这是很重要的方面，但它因机器形式的不同有很大差别，应根据说明书，特别是应用实例具体分析。

3）HMI 数据库设计：HMI 在过程与人之间的接口工作是通过数据库的传递、转换、缓存而实现的。过程数据放到数据库中，HMI 显示的信息来自数据库。因此，数据库的完善在一定意义上反映了 HMI 能力的大小。这里所说的数据库是一般意义上的数据库，并不一定是 MSAccess、Excel 或 Orical 之类的数据库，尽管在输入数据时，数据可能以这些通用的形式表现出来。因为 HMI 是专用的，而不是通用的数据处理计算机，所以它的数据库的结构要与 DCS 的信息表达方式密切相关，这样才能有最高的实时效率。

4）HMI 应用设计：它主要包括画面设计、报警设计、记录设计等。

理想的 EWS 应是上述设计的工具，借助 EWS，设计人员应可以完成上面的各种设计任务，形成图纸或数据文件，做成 EWS 的设计包，用于以后的下载、归档、维护等工作。但是，目前 DCS 中的绝大部分 EWS 只看重 HMI 的后两项任务，即数据库设计与应用设计，而将前两项工作留在 HMI 上完成。

（2）组态的手段 从手段上讲，数据库的设计主要是填表格，这其中通常可以使用类似的数据库操作的很多指令或手段，如自动填数据、排序、查找、复制、移动、粘贴等。画面设计是有关图及动态调用的设计。

（3）组态设计的过程 HMI 的设计是非常灵活的，很多情况下，不同的设计结果对过程的运行并不产生影响，正是由于这一点，很多人对人机接口的设计不重视，或者认为很容易。其实，把过程的实质通过人机接口充分表现出来，让人们不是以数字的方式而是以更加形象的方式去认识过程，体味过程是一件很困难的事。要做到这一点，需要考虑几方面的因素，其中重要的一点就是要有一个定义清除的设计过程。通过这个过程，人们可以有规律地处理过程数据的方方面面，最终实现一个完美的设计。

1）运行环境的定义。操作员站是在 HMI 提供的画面环境下与 DCS 交换信息的接口，画面颜色、形式布局、调用方式都应在设计之前定义清楚。整个人机接口中，这部分的一致性越强，操作员使用就越方便，越不容易出错。这些方面设计的不一致会导致很多潜在的错误，如颜色上的不一致就会产生很大的问题。因此，在开始设计之前，定义好所有的系统运行环境参数、形式是设计的第一步。

2）数据库定义。数据库规定了 HMI 处理的所有信息的来源与去向。例如，画面上的动态项的变化取决于数据库中相应变量的数值，操作员的指令也是通过数据库传到现场的，数据库的设计常常放在应用设计之前，完成了数据库的设计，就好像在告诉系统：我的所有可用的信息都在这里，你可以根据需要使用。

3）应用组态设计。应用组态设计是指人机接口的具体功能所做的设计。因此，它因人机接口类型的不同而不同。以下仅列出通常要设计的一些内容，包括：系统参数定义，工艺流程图，控制系统画面，报警系统，记录、报告系统，DCS诊断，操作指导，对外接口系统，操作员级别的定义。

5. 组态的在线测试

（1）组态调试的意义　一个设计好的组态经过调试后才能运行，这在很多人看来已是习以为常的事。但是，设计的组态中什么地方需要调试，怎样调试，怎样算调试好了，以及EWS在调试过程中起什么样的作用，这些问题并不是很容易解释的。

设计过程中，由于信息的并不完善而遗留下的一些问题使系统不能真正起到控制过程中的作用，需要通过调试来获取未知的信息来完成设计过程，这是调试的重要任务。要验证设计的正确性，往往要监视运行中的内容参数，这些参数往往不在HMI上供操作员看，因此，要通过EWS来监视，这也是调试的任务。这两点都是把调试看作设计的完善与验证，是设计过程中的一部分。然而由于现场的调试与实验室设计过程的工作方式的不同，常常使调试人员和设计人员都忽视了这一点，设计人员没有为调试预留接口，调试人员只考虑运行，而不考虑开始的设计目标，把调试的目的变成了"保证系统能运行"。这样便降低了对调试的要求，降低了设计的质量。而EWS是设计与调试过程中都要使用的工具，用EWS把这两者结合起来不是很困难，这也是EWS对调试工作的意义。调试之前的设计工作给调试留下的任务应在EWS上以一定的方式表达出来，调试之后所完成的设计也应放在EWS中作为最终的设计，很多EWS并未就这样的工作提供专门的工具。

（2）EWS的调试功能　EWS的调试功能主要有以下几个方面：

1）监视与控制DCS的运行，下载组态。EWS能控制DCS中各种模件的运行，使其在线或离线监视模件运行的状态。

2）监视过程参数，修改组态。EWS能够从设计的角度去监视过程变量和模件内的参数值，如过程变量的变化、中间变量的变化、系统时间利用率、负荷率等。同时可以根据监视的结果修改、调整模件中的组态，这个过程一般要求能够在线完成。

3）组态的校核。主要是将修改后的组态与模件中的组态做一致性校核，上载修改过的参数，使EWS中的组态与在线运行的组态保持一致。

通过组态的设计，EWS还能完成一些系数仿真的功能。

（3）EWS在系统运行过程中的使用　在系统调试结束之后，EWS应始终起到系统设计运行的管理中心的作用，使用EWS的监视功能监视DCS的重要参数，使用EWS的计算机方面的功能去维护各种设计文件与调试记录问题报告。EWS是DCS的一部分，但同时是一台PC，充分利用其PC的功能把与设计有关的文件组织起来，可以使EWS发挥更大的作用，这些设计文件包括以下几方面：

1）DCS组态图、组态画面、数据库等DCS本身的文件，要控制好这些文件的版本，使它们随时都可以下载使用。

2）设计过程中的文件，如设计说明书、调试报告、设计变更文件等。所有设计变更文件应在EWS上留有记录。经常发生这样的情况，因为某个具体的困难发现某些逻辑不合理，希望修改，但如果不会全面地思考，很可能把以前修改过的组态又修改回去了。设计变更所描述的是一种经验，在每次修改之前要检查所要进行的修改是否合理，这就要借助以往的设计文件，才能使设计保持一致性。

3）运行过程中的故障记录、问题报告。EWS 或系统运行过程中的问题报告应有条理地放在 EWS 中，作为今后进一步开发 DCS 的功能，扩充控制范围的基础。

9.1.6 集散控制系统的设计实例

各行各业的控制系统都有自己的特点，因此在应用设计上也各有各的行规，如发电厂电动机组控制系统的设计过程与化工生产装置控制系统的设计过程有很大不同，但对于最终用户而言，其所要求的实际上并不是一个 DCS 系统，而是一个能够实现预想的控制与自动化功能的完整系统，这涉及许多方面。尽管如此，不同行业的控制系统在设计方法和设计过程方面还是有共同点的，这些控制系统的建造都要遵循共同的设计原则。

1. 储液罐液位流量控制系统介绍

本设计的主要研究对象是储液罐。其任务是将储液罐中的液体保持在一定的液位高度，然后传送给下一道工序。为了使储液罐的液位保持为定值，选取储液罐流出流量为调节参数。但是由于储液罐的容量滞后较大，干扰因素也较多，单回路控制系统不能满足工艺对储液罐液位的要求。为此，可以选择滞后较小的输出流量作为副参数，构成储液罐液位对储液罐流出流量的串级控制系统，利用副回路的快速作用，有效地提高控制质量，从而满足工艺要求。

2. 系统初步设计

控制系统选用艾默生过程管理有限公司的 Deltav 系统。该系统采用高速以太网技术，具有可靠、先进、灵活的特点。在硬件上，系统的总线电源、控制器、I/O 卡件、串行接口等都可采用冗余控制，所有的 Deltav 硬件和智能现场设备均可由系统自动识别，即插即用。

艾默生公司的 Deltav 系统采用模块化设计。Deltav 系统硬件部分主要由电源、控制器、总线接口以及工作站等构成，支持 ProfibusDP、Foundation FieldbusH1 和 HART 三种总线，其中前两种总线是全数字、双向串行总线，后一种具有数字传输与 4～20mA DC 信号传输并存的特点。

经过分析储液罐系统可知，该工程需要产生的输入输出如表 9-1 所示。

表 9-1 储液罐系统 I/O 表

序号	名称	量程	信号类型	备注
1	储液罐液位	0～100%	4～20mA	
2	液体出口流量	0～1m^3/h	4～20mA	
3	电动调节阀阀位反馈	0～100%	4～20mA	阀位反馈
4	电动调节阀阀位给定	0～100%	4～20mA	阀位给定

因此选用模拟量输入 8 通道卡键一个，模拟量输出 8 通道卡件一个。系统设备组态如图 9-19 所示，DST 组态如表 9-2 所示。

3. 控制系统组态实现

采用艾默生公司的 Deltav12 版本，系统的网络从上到下分为监控网络、系统网络和控制网络三个层次，监控网络实现工程师站、操作员站与系统服务器的互联，系统网络实现控制器与系统服务器的互联，控制网络实现控制器与过程 I/O 单元的通信。

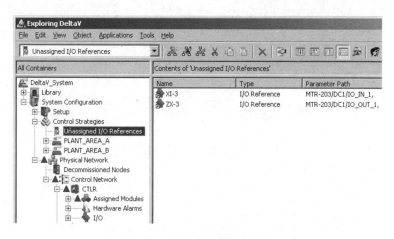

图 9-19　系统设备组态示意图

表 9-2　DST 组态表

序号	通道	DST	类型
1	C01Ch1	储液罐液位	模拟量输入
2	C01Ch2	液体出口流量	模拟量输入
3	C01Ch3	电动调节阀阀位反馈	模拟量输入
4	C01Ch4	电动调节阀阀位给定	模拟量输出

　　储液罐采用串级控制算法。串级控制采用两套检测变送器和两个调节器，前一个调节器的输出作为后一个调节器的设定，后一个调节器的输出送往调节阀。整个系统包括两个控制回路：主回路和副回路。主回路由主变量检测变送、主 PID 调节功能块构成；副回路由副变量检测变送、副 PID 调节功能块、调节阀和副过程构成。

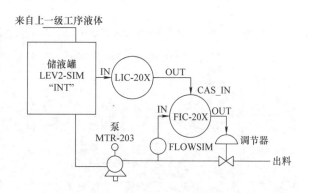

图 9-20　串级调节系统流程图

　　图 9-20 所示是储液罐的串级控制系统。液位是最终控制目标，而且其时间常数较大，因而选择作为系统的主变量；液体输出流量为副变量，是由于流量的时间常数小，延时小，当扰动引起液体输出流量变化时，可以由副回路迅速加以克服，使扰动对主变量的影响最小。储液罐液位控制回路的 PID 调节输出用作流量控制回路的设定值。

　　通过组态软件，建立主回路 PID 功能块和副回路 PID 功能块，如图 9-21 所示，相应的组态数据见表 9-2。

　　PID 功能块实现模拟量输入通道处理，为比例－积分－微分（PID）控制，还有模拟量输出通道处理。PID 功能块支持模式控制、信号缩放和限制、前馈控制、输出跟踪、报警检测和信号状态传播，可以通过仿真测试。允许测量值和状态以手动或另一个功能块经由 SIMULATE_IN 输入来提供。串级（Cas）模式下，设定值（SP）由主控制器调整。自动

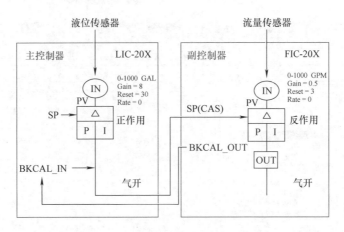

图 9-21　串级控制功能块组态示意图

（Auto）模式下，SP 可以由操作员调整。在这两种模式下，输出是由标准或者级数 PID 方程形式来计算的。手动（Man）模式下，功能块输出由操作员设置。PID 功能块也有两种远程模式：远程串级和远程输出。这些模式与串级模式及手动模式相似，只是 SP 和 OUT 由远程监督程序提供。

对于操作界面的组态，使用 Deltav 的主工程师站的图形组态软件，先在软件模板基础上离线设计图形页，完成系统图形组态如图 9-22 所示。

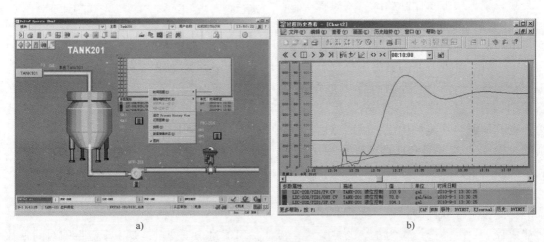

图 9-22　系统组态示意图

a）流量 - 液位串级控制系统组态界面图　b）历史趋势图

完成控制算法的组态后，还需要完成相应的操作员站的组态。

整个工程完成后，需要将编译好的工程生成下载文件后进行下载，下载包含下装控制器、下装数据库、下装操作员站。最后，进行在线测试。

9.2 基于现场总线的过程控制系统

9.2.1 现场总线的基本概念

9.2.1.1 现场总线及其作用

随着控制、计算机、通信、网络、信息等技术的迅速发展，引起了过程控制系统结构的变革，逐步形成以网络集成与自动化系统为基础的企业信息系统，现场总线（Fieldbus）就是顺应这一形势发展起来的新技术。

现场总线是应用在生产现场、微机化测量与控制设备之间实现双向串行、多节点数字通信系统，也称开放式、数字化、多点通信的底层网络系统。

现场总线技术将专用微处理器置入传统的测量与控制仪表，使它们各自都具有数字计算和数字通信的能力，并用总线将它们连接在一起，按公开、规范的通信协议，把单个分散的测量控制设备变成网络节点，相互实现数据传输与信息交换，以形成各种基于网络的过程控制系统。此外，还可使生产现场的控制设备与更高管理层网络之间建立起密切的联系，为实现厂矿企业的综合自动化创造条件。

现场总线系统突破了集散控制系统中通信由专用网络完成的封闭式信息"孤岛"状况，而把集散控制系统中集中与分散相结合的系统结构，变成了新型的全分布式结构，将控制功能彻底下放到了现场，并依靠现场智能设备本身实现其控制与通信功能。此外，还借助设备的计算、通信能力，在现场即可进行许多复杂的计算，形成独立、完整的现场控制系统，从而大大提高了控制系统运行的可靠性。

9.2.1.2 现场总线的特点

1. 现场总线的结构特点

现场总线系统打破了传统控制系统的结构形式。传统模拟控制系统采用一对一的设备连线，按控制回路进行连接，即位于现场的测量变送器与位于控制室的控制器之间、控制器与现场的执行器之间均为一对一的物理连接。基于现场总线的控制系统由于采用了智能设备，能够把 DCS 系统中处于控制室的控制模块、各输入/输出模块置入现场设备，加之现场设备具有通信能力，现场的测量变送等智能仪表可以与智能阀门定位器、智能执行器等直接传送信号，因而控制系统的功能能够不依赖控制室的计算机或控制仪表而直接在现场完成，实现了彻底的分散控制。图 9-23 所示为现场总线控制系统与传统控制系统的结构对比。

2. 现场总线系统的技术特点

（1）开放性 开放性是指一个系统或设备能与世界上任何地方遵守相同标准的其他系统或设备相连，通信协议一致公开，各不同厂家的设备之间可以实现信息交换。按照这一定义，现场总线系统是具有开放性的工厂底层网络控制系统。用户可以按照自己的需要，把来自不同供应商的产品按照同一通信协议进行组合，并通过现场总线构建自己需要的开放互连式的过程控制系统。

（2）互可操作性和互用性 互可操作性是指能够实现互连设备间、系统间的信息传输

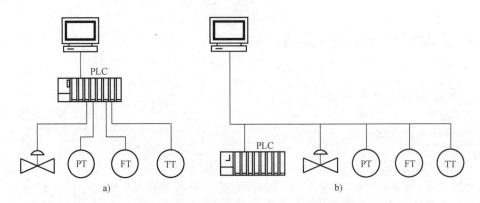

图 9-23　现场总线控制系统与传统控制系统结构比较

a) 传统控制系统　b) 现场总线控制系统

与交换；而互用性是指不同生产厂家的性能类似的设备可实现相互替换。

（3）功能自治性　现场总线系统将传感测量、补偿计算、工程量处理与控制等功能分散到现场设备中进行，现场设备可以独立完成过程控制的基本功能，并可随时诊断设备的运行状态。

（4）结构的高度分散性　现场总线采用了全分散性的体系结构，从根本上改变了现有DCS 系统集中与分散相结合的体系，简化了控制系统的结构，提高了可靠性。

（5）对现场环境的适应性　作为工厂网络底层的现场总线，是专为现场环境而设计的。对各种不同的传输介质，如双绞线、同轴电缆、光缆、电力线等均可采用，且具有较强的抗干扰能力。还能实现两线制供电与通信，并可满足本质安全防爆等要求。

9.2.2　现场总线的通信模型

现场总线的通信模型是在开放系统互连参考模型 OSI 的基础上制定的，在具体介绍现场总线通信模型之前，简要介绍一下 OSI 模型是必要的，详细内容请参阅计算机网络与通信的有关文献。

9.2.2.1　开放系统互连模型

开放系统互连（Open System Interconnection，OSI）模型，简称 OSI 参考模型。它的目的是为异种计算机互连提供一个共同的基础和标准框架，并为保持相关标准的一致性和兼容性提供共同的参考。一个系统是开放的，是指它可以与世界上任何地方遵守同一协议标准的其他任何系统进行通信。这里的"开放"，仅指对 OSI 标准的遵从。OSI 参考模型是在博采众长的基础上形成的系统互连技术的产物。它不仅促进了数据通信的发展，而且还导致了整个计算机网络的发展。

1. OSI 参考模型的结构

OSI 参考模型如图 9-24 所示。

该模型提供了概念性和功能性结构。它将开放系统的通信功能划分为七个层次，将相似的功能集中在同一层内，功能差别较大时则分层处理。每一层的功能是独立的，只对相邻的上、下层定义接口。换句话说，它只利用下一层提供的服务并为其上一层提供服务，而与其他层的具体情况无关。两个开放系统的同等层之间按照协议（即通信规则和约定）实现相互通信。有关 OSI 参考模型的详细内容在计算机网络课程中已经叙述，这里简要介绍该模型各层的主要功能。

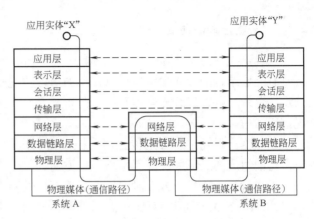

图 9-24　OSI 参考模型

2. OSI 参考模型各层的功能

（1）物理层（Physical Layer）　物理层处于 OSI 参考模型的最底层。它不是物理媒体本身，而是物理媒体实现物理连接的功能描述和执行连接的规则，并为在物理上连接的两个数据链路实体之间提供透明的位流传送。物理层有时也称物理接口，其典型的物理接口标准有 EIA—232—D 或 "RS—232 标准" 等。

（2）数据链路层（Datalink Layer）　数据链路层是在物理层提供位流传输服务的基础上，在通信实体之间建立、维持和拆除链路连接，并传送以帧为单位的数据，通过差错控制、流量控制，使有差错的物理线路变成无差错的数据链路，所采用的协议主要有高级数据链路控制（High Level Data Link Control，HDLC）协议。

（3）网络层（Network Layer）　网络层是 OSI 模型中的第三层，是主机与网络通信的接口。它以链路层提供的无差错传输为基础，向传输层提供两个主机之间的数据传输服务，其主要功能为路由选择与中继、网络流量控制、网络的连接与管理等。

物理层、数据链路层和网络层是 OSI 模型中的低层。低层协议涉及的是节点之间或主机与节点之间的协议和接口。

（4）传输层（Trosport Layer）　传输层不再考虑主机如何与网络相连，它是主机到主机之间的协议。传输层向高层屏蔽了下层数据通信的细节，是计算机通信体系中关键的一层。

（5）会话层（Session Layer）　会话层的主要功能是组织与同步两个通信会话服务用户之间的对话，并管理数据的交换。它通过会话服务与活动管理达到协调进程之间的会话过程，以确保分布进程通信的顺利进行。

（6）表示层（Presentation Layer）　表示层的主要功能是通过一些编码规则定义通信中传送这些信息所需要的传送语法，即两个通信系统交换信息的表示方式，主要包括数据格式的变换，数据加密、解密、压缩与恢复算法等。

（7）应用层（Applicational Layer）　应用层是 OSI 参考模型的最高层。它实现的功能有用户应用进程和系统应用管理进程两部分。系统应用管理进程用于管理系统资源，如优化分配系统资源、控制资源的使用和负责系统的重启等；用户应用进程由用户要求决定，通常有数据库访问、分布计算与处理等。通用的应用程序有电子邮件、事务处理、文件传输协议和作业操作协议等。目前 OSI 标准的应用层协议有：文件传送访问和管理、公共管理信息、虚拟终端、事务处理、远程数据库访问、制造业报文规范、目录服务、报文处理系统等。

9.2.2.2 现场总线的通信模型

1. 通信模型的制定原则与一般结构

具有七层结构的 OSI 参考模型可支持的通信功能相当强大。可是，作为工业控制现场底层的现场总线，要构成开放互连系统，是否需要 OSI 的全部功能？这需要从过程控制的实际情况进行考虑。

在工业生产现场中，大量传感器、控制器、执行器等都相当零散地分布在较大的范围内，由它们组成的工业底层控制网络，一方面其单个节点面向控制的信息量不大，信息传输的任务也相对简单，另一方面对实时性、快速性的要求却较高，若全部采用七层模型及其功能协议，则网络接口和时间开销过高。因此，为满足实时性和降低网络成本，通常在 OSI 模型的基础上进行适当的增减。

部分现场总线的通信模型与 OSI 参考模型的对应关系如图 9-25 所示。

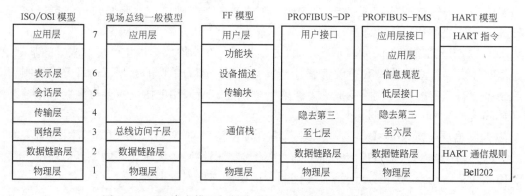

图 9-25　OSI 参考模型与部分现场总线通信模型的对应关系图

由图可见，现场总线通信模型的一种典型结构采用 OSI 参考模型中物理层、数据链路层和应用层，在省去第三至六层后，考虑到现场总线的通信特点，增设了现场总线访问子层。该模型的特点是：结构简单、执行协议直观、价格低廉且满足工业现场的应用要求。它是在 OSI 模型的基础上，依据开放系统集成的原则，并兼顾测控应用的特殊性和低成本的要求而制定的，因而在较大范围内得到了用户和制造商的认可。但对于不同的现场总线，其通信模型又有所差别，下面仅对典型现场总线的通信模型进行简要介绍。

2. 典型现场总线的通信模型

（1）基金会现场总线 FF（Foundation Fieldbus）模型　基金会现场总线模型如图 9-26 所示。它以 OSI 模型为基础，取其物理层、数据链路层、应用层为其相应层次，并在应用层上增加了用户层，隐取了第三至六层，成为统一四层框架结构。

基金会现场总线模型是由现场基金会组织开发、为适应自动化系统特

图 9-26　FF 现场总线模型与 OSI

别是过程控制系统在功能、环境与技术上的需要而设计的。依据该模型设计的现场总线网络系统可以在工厂的生产现场环境下工作，能适应本质安全防爆的要求，并能通过数据传输总线为现场设备提供工作电源。

目前，该模型标准得到了国际上主要控制设备供应商的广泛支持，具有较强的影响力，已成为现场总线国际标准的子集之一。

FF 总线系统是开放的，其开放性表现在：由现场设备和其他控制监视设备组成的分布式过程控制系统可由不同制造商生产的测量、控制设备构成，只要这些制造商设计开发的设备遵循 FF 总线的协议规范，并在产品开发期间通过一致性测试确认其产品与协议的一致性，即可将不同制造商的产品连接到同一网络，以实现各设备间的互操作、信息共享和相同功能设备之间的相互替换。

FF 总线分低速 H1 和高速 H2 两种通信速率。H1 主要用于过程自动化，其传输速率为 31.25Kbit/s，通信距离可达 1900m（可加中继线延长），可支持总线供电和支持本质安全防爆。H2 主要用于制造自动化，其传输速率有 1Mbit/s 和 2.5Mbit/s 两种，其通信距离为 750m。物理传输介质可支持双绞线、光缆和无线发射。传输信号采用曼彻斯特编码。

（2）过程现场总线 PROFIBUS（Process Fieldbus）模型　PROFIBUS 是由德国慕尼黑大学的一位教授于 1984 年提出的技术构想、由德国的十几家生产自动化控制系统的公司与研究所共同开发而成，于 1991 年成为德国国家标准，1996 年成为欧洲标准，并迅速向欧洲以外的地区扩展。1997 年它在中国建立了 PROFIBUS 中国用户协会 CPO。PROFIBUS 有 PROFIBUS-DP、PROFIBUS-FMS、PROFIBUS-PA 三个兼容版本，其应用范围如图 9-27 所示。

其中，PROFIBUS-DP 是一种高速（数据传输速率为 9.6Kbit/s～12Mbit/s）、经济的设备级网络，物理传输介质可支持 RS—485 双绞线、双线电缆或光缆。PROFIBUS-DP 主要用于现场控制器与分散 I/O 之间的通信。除此之外，还提供了强有力的诊断和配置功能。诊断功能体现了对故障的快速定位，而配置功能则为系统配置组态提供了灵活性。DP 的扩展功能允许非循环的读写功能并中断并行于循环数据传输的应答。PROFIBUS-DP 的通信模型如图 9-25 第四列所示。该模型采用了 OSI 中的第一、二层，并增加了用户接口层。第三至七层未加描述。用户接口规定了用户和系统以及不同设备可调用的应用功能，并详细说明了各种不同 PROFIBUS-DP 设备的设备行为，可满足系统快速响应的时间要求。

图 9-27　PROFIBUS 三个兼容版本的应用范围

PROFIBUS-FMS 的设计旨在解决车间一级的通信，完成中等传输速度的循环或非循环数据交换任务，因而对它的功能要求比反应时间显得更加重要。PROFIBUS-FMS 的通信模型如图 9-25 第五列所示。该模型采用了 OSI 中的第一、二与七层，隐去了 OSI 的第三至六层。第七层（应用层）包括两部分：①现场总线信息规范（Fieldbus Message Specification，FMS），用于描述通信对象及服务；②底层接口（Lower Layer Interface，LLI），用于将 FMS 适配到第二层。换言之，FMS 包括了应用协议并向用户提供可广泛选用的强有力的通信服务。LLI 则协调不同的通信关系并提供不依赖设备的第二层访问接口。第二层（数据链路层）可提供总线访问控制和保证数据的可靠性，它还为 PROFIBUS- FMS 提供 RS-485 传输或光纤传输。

PROFIBUS-PA 是 PROFIBUS 的过程自动化解决方案。PA 可将自动化系统与带有现场设备（例如压力、温度和液位变送器等）的过程控制系统连接，并可取代 4 ~ 20mA DC 的模拟技术。PROFIBUS-PA 采用 IEC1158-2 传输技术，该传输技术能满足化工和石化工业的要求，可确保其本质安全性，而且可以通过总线给现场设备供电。PA 的传输速率为 31.25Kbit/s。

（3）HART 通信协议 HART（Highway Addressable Remote Transduce）通信协议最早由 Rosemount 公司开发，于 1993 年成立了 HART 通信基金会。HART 通信协议的特点是在 4 ~ 20mA DC 模拟信号上叠加一个频率信号（FSK），使模拟信号与数字信号双向通信能同时进行，还可在一根双绞线上以全数字的方式通信，是模拟系统向数字系统转变的过渡性产品。HART 的通信模型如图 9-25 的第六列所示。该模型包括物理层、数据链路层和应用层。

1）物理层采用 Bell 202 国际标准，其基本特征为：①波特率为 1200bit/s；②逻辑 1 为 1200Hz；③逻辑 0 为 2200Hz。

2）数据链路层用于按 HART 通信协议规则建立的 HART 报文格式，其信息构成包括前导码、帧前定界码、现场设备地址、字节数、现场设备状态与通信状态、数据、奇偶校验等，如图 9-28 所示。

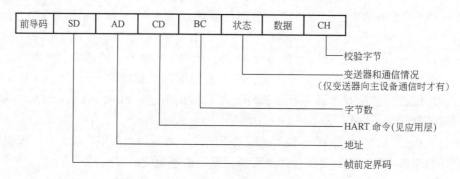

图 9-28　HART 数据格式

3）应用层规定了 HART 命令。智能设备从这些命令中辨识对方信息的含义。其命令分为三类：①通用命令；②普通应用命令；③专用命令。通用命令对所有遵从 HART 协议的智能设备，不管它是哪个公司的产品都适用；普通应用命令对大多数智能设备都适用，但不要求完全一样，这类命令包括最常用的现场设备的功能库；专用命令是针对某些具体设备的特殊性而设立的，不要求统一，这类命令既可以在基金会中开放使用，又可以为开发此命令的公司所独有。在一个现场设备中通常可以允许同时存在这三种命令。

HART 通信协议有两种通信模式：①"问答"模式，即主设备向从设备发出命令，从设备予以回答，每秒钟可以交换两次数据；②"成组"模式，即无需主设备发出请求而从设备自动地连续发出数据，传输率可达 3.7 次/s，但这只适用于"点对点"的连接方式，而不适用于多站连接方式。

　　HART 通信协议被认为是事实上的工业标准，其本身不算现场总线，是一种过渡性协议。它的缺点是信号传输速度较慢（1200bit/s）。一台智能设备要么选用"成组"方式，要么在"主-从"方式中充当从设备回答主设备的询问，而不能既用作从设备，又用作主设备。但由于目前使用 4~20mA DC 标准的现场仪表大量存在，所以，现场总线进入工业应用之后，HART 依然占有一定的市场。

　　HART 通信的应用方式通常有三种：①手持通信终端与现场智能仪表通信方式，该方式只能使用手动操作，无法自动编程实现自动操作，因而不够灵活；②可组态多台通信方式，该方式可以使带有 HART 通信功能的控制室仪表与多台 HART 仪表进行通信并组态，以构成小规模控制系统；③与 PC 或 DCS 操作站通信方式，该方式带有系统性质，功能丰富、使用灵活，但涉及较多的接口硬件和通信软件问题。该方式主要用于设备管理系统。该管理系统通常由在 PC 上加 HART 通信功能及相应软件构成。

　　HART 采用统一的设备描述语言 DDL。DDL 语言是一种可读的结构文本语言，它表示一个现场设备如何与主机及其他现场设备相互作用。HART 采用这种标准语言描述设备特性，并由 HART 基金会负责将其编成设备描述字典，用于理解这些设备的特性参数，而不必再为这些设备开发专用接口。

　　以上介绍的只是几种有影响的现场总线通信模型与通信协议，其他现场总线模型如 LonWorks、CAN（Control Area Network）等，限于篇幅，不再介绍。

　　由此可见，众多的现场总线通信模型，在某种程度上妨碍了现场总线技术的发展与应用。但由于自主知识产权的保护等原因，在今后一段时间内，多种现场总线通信模型共存、同一生产现场异构网络互联通信的局面仍不可避免。依靠市场的力量，发展共同遵从的统一的现场总线标准规范模型，真正形成开放互连的现场总线网络系统，则是大势所趋。为了加快统一标准的现场总线控制系统的开发，人们正在寻找新的出路。几种可能的方案有：

　　1）各种现场总线统一到 1~2 种，这种可能性几乎很小。

　　2）采用已经是通用的国际标准以太网（Ethernet）、TCP/IP 等协议，并解决它在工业控制中应用存在的有关问题。既便这样，它也不可能全部占领自动化市场。

　　3）开发所有现场总线的通用接口（如计算机的 USB 接口一样），这样做虽然成本很高，但比较可行，因为它能保证各公司的利益。目前已有的总线接口产品有：瑞典 HMS 公司的 Anybus 总线接口；加拿大 SST 公司的网络接口卡等。

　　3. 现场总线通信方式的实现

　　现场总线是连接智能现场设备和自动化系统的数字式、双向传输、多分支结构的通信网络。每种现场智能设备，都可以挂接在现场总线的通信电缆上，与其他各种智能化现场控制设备以及上层管理控制计算机实现双向信息通信。尽管目前有多种类型的现场总线通信协议标准，但其通信方式的实现却大同小异，即它们均由微处理器、通信控制单元和媒体访问单元组成，其一般原理框图如图 9-29 所示。

图 9-29　现场总线通信方式实现的原理框图

　　图中，微处理器 CPU 实现数据链路层和应用层的功能；通信控制单元实现物理层的功能，完成信息帧的编码和解码、帧校验、数据的发送与接收；媒体访问单元的主要功能是发送与接收符合现场总线规范的信号，根据所采用的通信控制芯片的不同，其功能则略有差异。限于篇幅，这里不再介绍。

9.2.3　基于现场总线的控制系统的设计

9.2.3.1　现场总线控制系统概述

基于现场总线的计算机过程控制系统，是一种新型的网络集成式全分布控制系统，以下简称现场总线控制系统（Fieldbus Control System，FCS）。它是继基地式仪表控制系统、单元组合式仪表控制系统、数字计算机集中式控制系统、集散控制系统之后的新型过程控制系统。它的最大特点在于，其控制单元在物理位置上可与测量变送单元及操作单元合为一体，因而可以在现场构成完整的基本控制系统；又由于它所具有的通信能力，可以与多个现场智能设备互换信息，从而可以很方便地构成复杂的过程控制系统。此外，由于现场总线仪表的数字化，不仅可以传递被控参数的数值信息，而且可以传递设备标识、运行状态、故障诊断状态等信息，因而可以构成智能仪表的设备资源管理系统。在系统构成上，现场总线控制系统中的现场设备采用多点共享总线而不是点对点连接，这不仅节约了连线、降低了成本、增加了可靠性和可维护性，而且实现了通信链路的多信息传输，提高了工作效率。

总之，现场总线控制系统与传统集散控制系统相比，具有控制功能更加分散，智能化与功能自治性更高、系统的构成更加灵活、可扩展性与可互换性更强、可靠性与可维护性更好等诸多优点。所以也有人将它称为第四代集散控制系统。

9.2.3.2　现场总线控制系统的方案设计

现以锅炉汽包水位控制为例，介绍现场总线控制系统方案设计的步骤与软、硬件配置方法。

1. 锅炉汽包水位常规仪表控制系统

图 9-30 所示为锅炉汽包按扰动补偿的水位-流量串级控制系统框图。图中，汽包水位为主被控量，给水流量为副被控量，蒸汽流量为干扰量。该系统若采用常规仪表实现，测量部分通常采用孔板加差压变送器测量流量的方案。为使测量信号与流量成线性关系，还需加开方器。此外，为了克服汽包水位、蒸汽流量、给水流量的频繁波动，还需配置阻尼器对测量信号进行预处理；为形成串级控制，尚需配置主、副两个调节器。可见，常规仪表控制系统所需硬件设备较多，安装工时长，费用高。

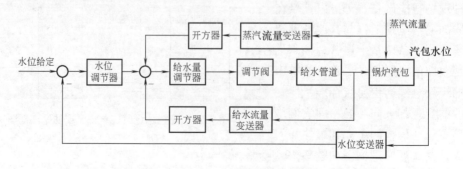

图 9-30　锅炉汽包水位-流量串级控制系统框图

2. 基于现场总线的过程控制系统

对于已经确定的控制方案，若采用现场总线技术，则控制系统的设计步骤为

（1）选择必需的智能仪表 对于构成现场总线控制系统而言，智能变送器与智能执行器是必需的。这样，实现阻尼、开方、加减和 PID 运算等功能则完全由嵌入在现场智能变送器、智能执行器中的功能块软件完成，从而可以减少硬件投资，节省安装工时与费用。

（2）选择计算机与网络配件的配置方案 计算机与网络配件通常存在两种配置方案。

1）基于 PC 总线接口卡（PCI）的配置方案。该方案通常配置一台或多台工业 PC 和 PC 现场总线接口卡。PC 总线接口卡把工业 PC 与现场总线网段连接成为能够完成组态、运行、操作等功能的完整的控制与网络系统。该接口卡有多个通道，能够把多个现场总线网段连接在一起。电源、终端器、缆线等，也是现场总线系统的基本硬件。图 9-31a 为基于现场总线接口卡的硬件配置方案示意图。图中两台配置相同的工业 PC 主要是为系统的安全冗余而设置的。图中所表示的现场总线接口卡具有 4 个通道，每个接口卡可与 4 条总线网段相接。

2）基于通信控制器的配置方案。该方案要求设计一个通信控制器，它的一侧与现场总线网段连接，另一侧按 PC 联网方式（如以太网方式），采用 TCP/IP 通信协议、网络 BIOS 协议，完成现场总线网段与 PC 之间的信息交换。图 9-31b 即为基于通信控制器的硬件配置方案示意图。

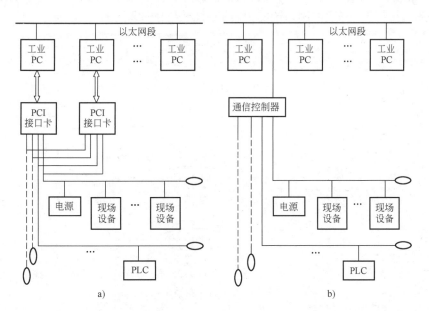

图 9-31 控制系统硬件配置示意图

a）方案一 b）方案二

在现场总线控制系统中，除了上述用于现场的各种测控设备外，通常还有用于连锁系统开关量控制的 PLC，它也需要与现场测控设备交换信息，因此可将 PLC 与现场总线网段相接，使 PLC 成为现场总线网段的一个节点之一。

（3）选择或开发组态软件 组态软件是现场总线控制系统中的特色软件，也是现场总线控制系统集成、运行的重要组成部分，它所具备的功能有：①能在应用软件的界面上选择所连

接的现场总线设备；②能对所选设备分配位号；③能从设备功能库中选择功能模块；④能实现功能模块的链接；⑤能按应用要求为功能模块赋予特征参数；⑥能进行网络组态；⑦能下载组态信息等。具备上述功能的组态软件一般由制造厂商提供，也可由用户自行开发。

（4）组态过程示例　结合锅炉汽包水位控制系统，将实现组态的有关过程叙述如下：

1）选择功能模块。对于锅炉汽包水位控制系统，在现场设备（如智能变送器、智能执行器等）选择的基础上，对功能模块的选择为：①在汽包液位变送器内，选用 AI 模拟输入功能块和主调节器 PID 功能块；②在给水流量变送器内，选用 AI 模拟输入功能块与求和算法功能块；③在蒸汽流量变送器内，选用 AI 输入功能块；④在阀门定位器内，选用副调节器 PID 功能块和 AO 输出功能块，并实现现场总线信号到调节阀门的电-气转换。

需要说明的是，现场总线功能模块的选择可以是任意的，上述选择方案仅为其中之一，并非唯一的。

2）完成功能模块的位号分配及其链接。功能模块的位号分配及其链接如图 9-32 所示。图中虚线表示物理设备，实线表示功能模块；LT101 为水位变送器的位号，FT102、FT103 分别为蒸汽、给水流量变送器的位号，FV101 为给水调节阀的位号，BK—CAL IN、BK—CAL OUT 分别表示反馈信号的输入、输出，CAS—IN 表示串级输入。组态时，只需在窗口式图形界面上选择相应设备中的功能模块，并在功能模块的输入输出间进行简单连线，即可建立起信号传输通道。完成控制系统的组态链接，如图 9-32 所示。

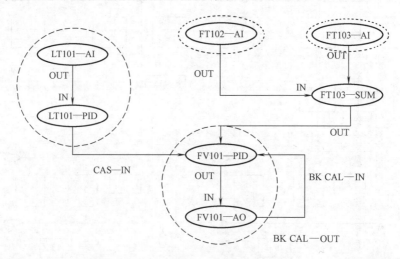

图 9-32　功能块的分布与组态链接

3）确定功能模块的特征参数。每种功能模块除了具有各自的功能外，还有各自的特征参数。组态的另一任务是确定功能模块中的特征参数。图 9-33 所示为给水流量测量变送器 AI 功能模块的特征参数图。图中，测量输入范围、输出量程、工程单位、滤波时间、是否需要开方运算等特征参数，均由组态软件确定。

4）网络的组态。由于总线网络是现场总线控制系统的重要组成之一，毫无疑问，对网络的组态也是组态软件的重要内容。网络组态的范围包括现场总线网段和与工业 PC 相连的网段等，具体内容有：网络节点号的分配、链路活动主管的确定以及后备链路活动主管的确定等。

5）下载组态信息。组态的最后操作是下载组态信息，即将组态信息的代码送到相应的现场设备，并启动系统运行。

至此，整个组态工作即告完成。

（5）选择或开发现场总线控制系统的其他软件　现场总线控制系统除了具备组态软件外，还需具备其他软件，其中主要包括：

1）用于对现场控制系统软、硬件的运行状态进行监测、故障诊断和维护的软件。

2）用于对现场总线控制系统的部件（如通信节点、网段、功能模块等）进行仿真的软件以及对系统进行组态、测试、研究的工具软件等。

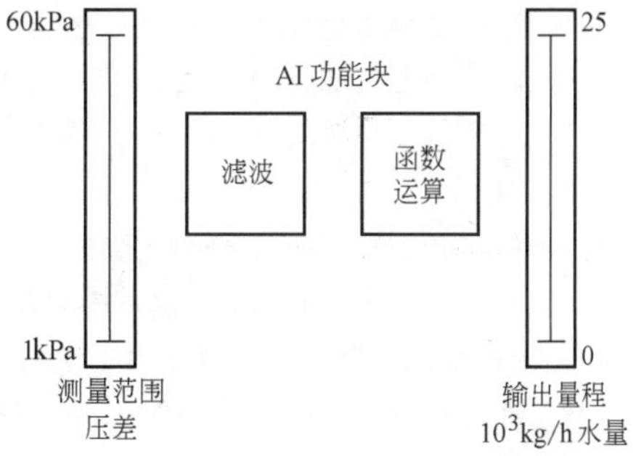

3）用于对现场设备进行维护管理的工具软件等。

图 9-33　AI 功能块的特征参数图

4）直接用于生产操作和监视的控制系统软件包。它的主要功能有：①实时数据采集，即将现场的实时数据送入计算机，并置入实时数据库的相应位置；②常规控制的计算与处理，如标准 PID、积分分离、超前滞后、比例、一阶或二阶惯性滤波、高值选择或低值选择、输出限位等；③优化控制，即在已知数学模型的条件下，实现最优控制、自适应控制等；或在数学模型不十分清楚的情况下，实现预测控制、模糊控制、神经网络控制等；④逻辑控制，即完成开、停车等顺序起停过程的控制等；⑤报警监视，即监视生产过程的参数变化，并对信号越限进行相应处理，如声光报警等；⑥运行参数的画面显示，即带有实时数据的流程图、棒图显示、历史趋势显示等；⑦报表输出，即完成报表的打印输出等；⑧操作与参数修改，即实现操作人员对生产过程的人工干预、修改给定值与控制参数、报警限制等；⑨文件管理、数据库管理等；⑩实时统计质量控制，内容包括在线与历史数据预处理、各种统计控制图、直方图的制作、事件触发采样、在线报警、过程能力分析、用户评述记录等。

5）人机接口装置的驱动软件。由于现场总线控制系统大都采用工业控制计算机作为监控计算机，其人机接口装置与普通计算机差异不大，所以人机接口的驱动软件尽可能采用 Windows 系列的软件资源，而不必重复开发。

思考题与习题

1. 基本练习题

（1）什么叫集散控制系统？与常规仪表控制系统和计算机集中控制系统相比有什么特点？它的高可靠性体现在哪些方面？

（2）集散控制系统由哪些部分组成？各部分完成什么功能？

（3）集散控制系统分散控制的内涵是什么？

（4）简述第一、二、三代集散控制系统之间的联系与区别。

（5）集散控制系统操作站的典型功能包括哪些方面？

（6）集散控制系统的过程控制单元有哪几种硬件结构形式？它的功能特性有哪些？

（7）集散控制系统的过程输入-输出单元的主要功能是什么？它有哪些主要类型？

（8）简述集散控制系统的过程控制级、过程管理级、生产管理级和经营管理级的主要功能及相互关系。

（9）集散控制系统的控制算法组态的具体步骤有哪些？在具体进行组态时应注意哪些问题？

（10）集散控制系统的通信网络与一般的办公室局域网络有何不同？它的通信网络形式主要有哪两种？它们各自的特点如何？

（11）集散控制系统通信网络的拓扑结构有哪几种？各自的优缺点是什么？

（12）集散控制系统的通信协议常用的有哪两种？它们是怎样进行工作的？

（13）在过程控制局部网络通信中，为什么要对数据进行分类？分类后的数据通信方式又是怎样的？

（14）集散控制系统的应用软件包括哪些部分？

（15）什么是现场总线和现场总线控制系统？现场总线控制系统有什么特点？

（16）基金会现场总线采用什么样的通信模型？

（17）PROFIBUS 总线有哪几种类型？各自有什么特点以及适用范围？

（18）从用户的角度考虑，现场总线控制系统需要开发哪些应用软件？

（19）展望 FCS 的发展前景，目前有哪些因素妨碍现场总线控制系统在工业中的推广应用？

2. 综合练习与设计题

（1）现场总线控制系统与集散控制系统在结构上有什么不同？试画出 FCS 的结构图。

（2）试以 TDCS-3000 为例，对一个前馈-反馈复合控制系统进行组态，并列写组态数据表，画出组态字功能图。

（3）试以一个单回路控制系统为例，说明现场总线控制系统与其他控制系统在构成上有什么不同？

（4）试以一个串级控制系统为例，说明现场总线控制系统的组态过程，并画出组态功能与连接图。

第10章 典型生产过程控制与工程设计

┌─ **教学内容与学习要求** ──────────────────────────────

    本章首先对电厂锅炉和精馏过程的控制任务及设计方案进行讨论，然后对工程设计的基本内容进行简要介绍，目的是使学生掌握典型过程控制系统的分析与设计方法，并建立起工程设计的基本概念，了解设计步骤和设计内容。学完本章后，应能达到如下要求：

    1）了解电厂锅炉的各种控制要求，熟悉它们的控制方案。

    2）掌握锅炉燃烧过程控制系统的设计方法。

    3）了解精馏塔的控制任务，熟悉各变量之间的关系。

    4）掌握精馏过程控制系统的设计方法。

    5）了解工程设计的基本要求与基本内容。

    6）了解项目报告、施工图的设计方法以及抗干扰问题的解决方案。

10.1 典型生产过程控制

10.1.1 电厂锅炉的过程控制

在火力发电厂，最基本的工艺过程是用锅炉生产蒸汽，使汽轮机运转，进而带动发电机发电。锅炉控制是火力发电生产过程自动化的重要组成部分，它的主要任务是根据负荷设备（汽轮机）的需要，供应一定规格（压力、温度、流量和纯度）的蒸汽。电厂锅炉是一个复杂的被控装置，它的被控参数和控制参数众多且存在相互关联，实际上它是一个多变量耦合过程。通常的设计思想是，在可能的情况下，将其划分为几个相互独立的控制区域。当某些通道与其他通道的关联较小时，则将其忽略，按单变量自治系统的设计方法进行设计；当有的通道与其他通道关联较强时，则只能以多变量耦合控制系统的设计方法进行设计。下面仅以锅炉汽包水位控制、过热蒸汽温度控制、锅炉燃烧控制为例讨论它们的控制方案。

10.1.1.1 汽包水位控制

1. 汽包水位控制的重要性

将锅炉的汽包水位控制在一个允许范围内，是锅炉运行的主要指标，也是锅炉能提供符合质量要求的蒸汽负荷的必要条件。如果汽包水位过低，则汽包内的水量较少，当蒸汽负荷很大时，水的汽化速度和水量变化速度都很快，如不及时控制，可能会使汽包内的水全部汽化，导致锅炉烧坏或爆炸；相反，当水位过高则会影响汽包的汽水分离，产生蒸汽带液现象，使过热器管壁结垢而损坏，同时还会使过热蒸汽温度下降损坏汽轮机叶片，影响运行的安全性与经济性。总之，汽包水位过高或过低所产生的后果极为严重，必须严格加以控制。

2. 汽包水位的控制方案

考虑到锅炉汽包存在虚假水位现象（参见 4.1 节），一种可行的控制方案是以汽包水位为主被控参数、给水流量为副被控参数、蒸汽流量为前馈信号的三冲量前馈-反馈串级控制系统。采用这种控制方案的理由分析如下。

（1）单冲量水位控制方案 以汽包水位为被控参数、给水流量为控制参数构成的单回路控制系统称为单冲量控制系统。这种系统结构简单、设计方便，缺点是克服给水自发性干扰和负荷干扰的能力差。尤其是当大中型锅炉存在负荷干扰时，严重的虚假水位将导致给水调节阀产生误动作，使汽包水位产生激烈波动，从而影响设备寿命和安全。所以，单冲量的控制方案不宜采用。

（2）双冲量水位控制方案 在汽包水位的控制中，最主要的干扰是蒸汽负荷的变化。如果根据蒸汽流量的变化来校正虚假水位的误动作，就能使调节阀动作准确及时，减少水位的波动，改善控制质量。也就是说，若将蒸汽流量作为前馈信号，就构成了双冲量控制系统。图 10-1 是双冲量控制系统的流程图及框图，这实际上是一个前馈-反馈复合控制系统。

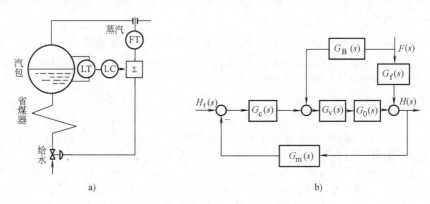

图 10-1 双冲量控制系统流程图及框图

a）流程图 b）框图

显而易见，该控制方案与单冲量水位控制相比，控制质量已有明显改善，但它对于给水系统的干扰仍不能有效克服，需要再引入给水流量信号构成三冲量串级控制系统。

（3）三冲量串级控制方案 三冲量串级控制方案的结构框图如图 10-2 所示。

该控制系统由主、副两个调节器和三个冲量（汽包水位、蒸汽流量、给水流量）构成。其中，主调节器为水位调节器，副调节器为给水流量调节器，蒸汽流量为前馈信号。准确地说，该系统应称为三冲量前馈-反馈串级控制系统。该系统的主要优点是：当负荷（即蒸

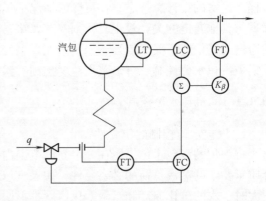

图 10-2 汽包水位三冲量串级控制系统流程图

汽流量）变化时，它早于水位偏差进行前馈控制，能及时地调节调节阀的给水流量，以跟

踪蒸汽流量的变化，维持进出汽包的物料平衡，从而有效地克服虚假水位的影响，抑制水位的动态偏差；当蒸汽流量不变时，由给水流量为副被控量构成的副回路，可及时消除给水流量的自身干扰（主要由给水压力的波动引起）。汽包水位是主被控量，主调节器采用 PI 调节规律。动态过程中，它根据水位偏差调节给水流量的设定值；稳态时，它可使汽包水位等于设定值。由此可见，三冲量前馈-反馈串级控制系统在克服虚假水位的影响、维持水位稳定、提高给水控制质量等多方面都优于前述两种控制系统，是现场广泛采用的汽包水位控制方案。

10.1.1.2　过热蒸汽温度控制

1. 控制要求与过程特性

由工艺可知，过热蒸汽温度过高，则过热器容易损坏，也会使汽轮机内部引起过度的热膨胀，严重影响运行的安全；过热蒸汽温度过低，则使汽轮机的效率降低，同时也使通过汽轮机的蒸汽湿度增加，引起叶片磨损。因此，过热蒸汽温度是影响安全和经济的重要参数，一般要求保持在 ± 5℃的范围内。例如，30 万 kW 的机组锅炉过热蒸汽温度为(565 ± 5)℃。

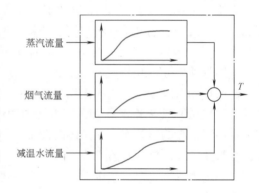

过热蒸汽的温度控制系统一般包括一级过热器、减温器、二级过热器等。过热蒸汽温度控制系统的控制任务是使过热器出口温度维持在允许范围内，并且使过热器的管壁温度不超过允许的工作范围。

影响过热蒸汽温度的外界因素很多，例如蒸汽流量、减温水量、流经过热器的烟气温度和流速等的变化都会影响过热蒸汽的温度。各种阶跃干扰对过热蒸汽温度的阶跃响应曲线如图 10-3 所示。

图 10-3　不同干扰对过热蒸汽温度的
阶跃响应曲线

由图 10-3 可知，在各种阶跃干扰作用下，其动态特性都有时延和惯性，只是时延和惯性的大小不同而已。

2. 控制变量的选择与控制方案的确定

由于蒸汽流量的变化是负荷干扰，因而不能作为控制变量；若采用烟气侧干扰作为控制变量，则会使锅炉的结构复杂，给设计制造带来困难，也不宜作为控制变量；为了保护过热器，保证机组安全运行，在锅炉设计时，已经设置了喷水减温装置，若采用减温水流量作为控制变量则既简单又易行。但存在的问题是：①减温水流量与过热蒸汽温度之间存在较大的时延和惯性；②在工艺上，锅炉给水与减温水常常合用一根总管，这样会导致减温水自身波动频繁。针对上述存在的问题，如果设计简单控制系统则无法满足生产工艺的要求。为此，需要设计较为复杂的控制系统，以提高控制质量。一种可行的控制方案是设计串级控制系统，如图 10-4 所示。该控制系统是将减温器后的汽温信号 T_2 作为副被控参数构成副回路，当减温水自身出现波动时，T_2 比主汽温 T_1 能提前感受到它的影响，并使副调节器及时动作，使减温水的干扰能够及时得以克服。当主汽温因受其他干扰（如烟道气）而偏离给定值时，主汽温信号 T_1 经测量、变送反馈至主调节器，使主调节器发出控制指令改变副调节器的设定值，副调节器随之动作，控制调节阀，从而使主汽温控制在允许的范围之内，使控制质量得到保证。为进一步提高控制质量，还可以考虑将负荷干扰作为前馈信号，构成前馈-反馈串级控制系统。由于其设计思想与锅炉水位控制类似，这里不再赘述。

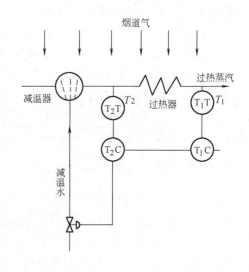

图 10-4 过热蒸汽温度串级控制

10.1.1.3 锅炉燃烧过程的控制

1. 锅炉燃烧过程的控制任务

锅炉燃烧过程的控制任务是使燃料所产生的热量能够适应锅炉产汽的需要，同时还要保证锅炉的安全、经济运行。其具体任务又可分为：①使锅炉出口蒸汽压力保持稳定；②保证燃烧过程的经济性和对环境保护的要求；③使炉膛负压保持恒定；④确保燃烧过程的安全性等。上述各项任务是互相关联的。为了完成上述任务，有三个可供选择的调节量，即燃料量、送风量和引风量。它们的作用分别为：①当负荷干扰使蒸汽压力变化时，通过调节燃料量（或送风量）使之稳定；②在蒸汽压力恒定的情况下，欲使燃料量消耗最少、燃烧尽量完全以保证较高的热效率，必须随时调节燃料量与送风量的比值；③为保证锅炉燃烧的安全性，必须使炉膛严格保持在微负压（−78.4 ～ −19.6Pa）状态，否则，当负压太小甚至为正时，炉膛内热烟气及火焰则会向外冒出，影响设备和操作人员的安全；反之，当负压太大时，大量冷空气将会进入炉膛，导致热量损失增加，降低热效率。可通过调节引风量实现微负压的控制。

依据上述锅炉燃烧过程的控制任务，该控制系统的设计原则是：当生产负荷产生变化时，燃料量、送风量和引风量应同时协调动作，达到既要适应负荷变化、又要使燃料量和送风量成一定比例、还要使炉膛负压保持一定的数值；当生产负荷相对稳定时，应保持燃料量、送风量和引风量也相对稳定，并能迅速消除外界干扰对它们各自的影响。

此外，为确保设备与人身安全，对因燃料的流速过快而导致烧嘴背压过高产生的"脱火"现象、或因烧嘴背压过低产生的"回火"现象，都应设计相应的安全保护系统，防止上述现象的发生。

2. 蒸汽压力控制方案

影响蒸汽压力的外界因素主要是蒸汽负荷的变化与燃料量的波动。当蒸汽负荷及燃料量波动较小、对燃烧的经济性要求不高时，可以采用调节燃料量以控制蒸汽压力的简单控制方案；而当燃料量波动较大、对燃烧的经济性又有较高要求时，则需采用燃料量/空气量对蒸汽压力的串级/比值控制方案。在串级/比值控制方案中，由于燃料量是随蒸汽负荷而变化的，所以为主动量，它与空气量（从动量）组成单闭环比值控制系统，使燃料量与空气量保持一定比例，以确保燃烧的充分性。图 10-5 所示为蒸汽压力的两种基本控制方案。

图 10-5a 所示基本控制方案是将蒸汽压力调节器 PC 作为串级控制的主调节器，其输出同时作为燃料流量调节器和空气流量调节器 FC 的设定值，燃料流量调节器和空气流量调节

器则构成各自的副回路，用以迅速克服它们自身的干扰。该方案一方面可以克服蒸汽负荷的干扰而确保蒸汽压力的恒定，同时燃料量和空气量的比值则通过燃料流量调节器和空气流量调节器的正确动作而得到间接保证。图 10-5b 所示基本控制方案是将蒸汽压力与燃料流量构成串级控制，而送风量则随燃料量变化而变化，从而构成比值控制，这样可以确保燃料量与送风量的比例。但该控制方案的缺点是，当负荷发生变化时，送风量的变化必然落后于燃料量的变化，导致燃烧不充分。为此可设计如图 10-6 所示的燃烧过程的改进型控制方案。该控制方案在蒸汽负荷减小、压力增大时，可通过低值选择器 LS 先减少燃料量，后减少空气量；而当蒸汽负荷增加、压力减小时，可通过高值选择器 HS 先加大空气量，再加大燃料量，从而可使两种情况下的燃烧均较为充分。

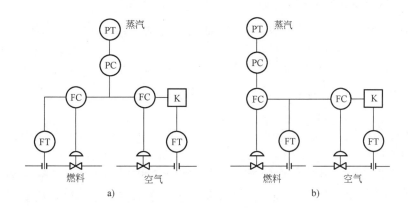

图 10-5　蒸汽压力两种基本控制方案

a）方案一　b）方案二

3. 燃烧过程的最优化控制方案

在图 10-6 所示的锅炉燃烧过程改进型控制方案中，虽然考虑了燃料量与送风量的比例和燃烧的充分性，但并不能确保燃烧的"优良"性（即两流量的比值最优）。这不仅是因为流量信号的测量难以准确，还有可能是由于燃料的质量经常发生变化。即使不考虑上述两方面的原因，随着锅炉蒸汽负荷的不同，燃料量和送风量之间的最优比值也随之不同。因此，最好能选择一个衡量燃料量与送风量的比值是否适当的直接指标，以此来校正送风量。这就是下面要讨论的燃烧过程的最优化控制问题。

理论分析和工程实践均表明，锅炉的燃烧状况主要反映在烟气成分（特别是含氧量）和烟气温度两个方面，而烟气中各

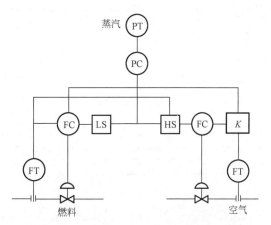

图 10-6　燃烧过程的改进型控制方案

种成分如氧气、二氧化碳、一氧化碳以及未燃烧烃的含量基本上可以反映燃料燃烧的状况，通常最简便的方法是用烟气中的氧含量 a 来表征。根据燃料燃烧时的化学反应方程式，可以

计算出使燃料完全燃烧时所需的氧气量，进而可得出所需的空气量。假如理论上所需的空气量用 q_T 表示，但实际上在完全燃烧时所需的实际空气量 q_P 往往要大于 q_T，存在一定的过剩空气量。而过剩空气量对不同的燃料都有一个最优值，对于液体燃料，最优过剩空气量约为 10% 左右。液体燃料的过剩空气量与能量损失的关系如图 10-7 所示。

过剩空气量常用过剩空气率 μ 来表示，μ 为实际空气量和理论空气量之比，即

$$\mu = q_P / q_T \qquad (10\text{-}1)$$

一般情况下，$\mu > 1$。由此可知，μ 是衡量经济燃烧的一种直接指标。但由于 μ 很难直接测量，因而可用 μ 与烟气中含氧量 a 存在的近似关系，计算出 a 的最优值，即

$$\mu = \frac{0.22}{0.22 - a} = 1 + \frac{a}{0.22 - a} \qquad (10\text{-}2)$$

例如，当 μ 的最优值为 $1.08 \sim 1.15$ 时，可得 a 的最优值为 $1.6\% \sim 2.9\%$。因此，烟气中的含氧量 a 可作为一种衡量经济燃烧的间接指标。

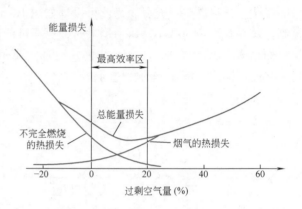

图 10-7　液体燃料的过剩空气量与能量损失的关系图

根据以上分析可知，只要在图 10-6 的控制方案上对进风量用烟气含氧量加以校正，就可构成如图 10-8 所示的烟气含氧量的闭环控制系统。在该控制系统中，只要把含氧量成分控制器的给定值按正常负荷下烟气含氧量的最优值设定，即可使过剩空气量稳定在最优值，从而保证锅炉燃烧最经济，热效率最高。

此外，在锅炉实际运行中，蒸汽负荷是经常变动的，而烟气含氧量的最优值又常常与蒸汽负荷存在一种非线性关系。要使不同负荷运行时的锅炉总是处于最佳燃烧状态，则烟气含氧量的最优值还需随之变化，这就需要对图 10-8 的闭环控制系统进一步加以改进。经工艺研究可知，蒸汽流量与烟气中最优含氧量之间呈一非线性曲线关系，在实际使用时可用图 10-9 所示的折线来近似。

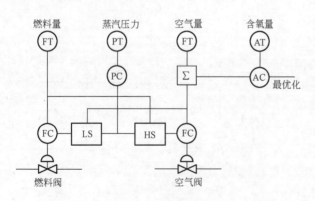

图 10-8　烟气含氧量的闭环控制系统

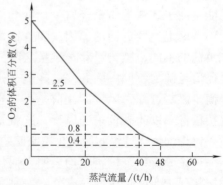

图 10-9　蒸汽流量与最优含氧量近似关系

由图 10-9 可知，当负荷下降时，烟气中最优含氧量增大，也即意味着过剩空气量增大，

反之亦然。根据这一原理，可在图 10-8 所示的闭环控制系统中增加一折线函数发生器，对空气过剩量进行修正，构成如图 10-10 所示的最佳烟气含氧量锅炉燃烧控制系统。

在该系统中，当蒸汽流量变化时，其变化的信号经函数发生器改变含氧量成分调节器的设定值，然后再由含氧量成分调节器校正过剩空气量，使锅炉燃烧过程在不同负荷下，始终处于最佳过剩空气量的状态。

4. 炉膛负压控制与安全保护控制方案

图 10-11 所示为锅炉燃烧过程炉膛负压控制与安全保护控制系统。由图可知，该控制系统由三个子系统构成。

（1）炉膛负压控制 炉膛负压控制一般可通过控制引风量来实现。当锅炉负荷变化较大时，单回路控制系统难以满足工艺要求。这是因为，当负荷变化后，燃料与送风量均将变化，引风量只有在炉膛负压产生偏差时，才能由引风调节器去控制，这样引风量的变化总是落后于送风量，从而造成炉膛负压的较大波动。为解决这一问题，可将反映负荷变化的蒸汽压力作为前馈信号，组成前馈-反馈复合控制。其中，前馈控制器通常采用静态前馈补偿，其补偿系数为 K。通常把炉膛负压控制在 $-20Pa$ 左右。

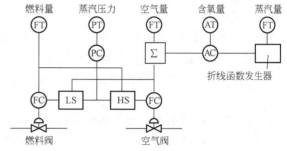

图 10-10 最佳烟气含氧量的锅炉燃烧控制系统

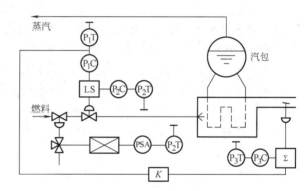

图 10-11 炉膛负压控制与安全保护控制系统

（2）防"脱火"控制 防"脱火"控制通常可以采用自动选择性控制方案。在烧嘴背压正常的情况下，由蒸汽压力控制器控制燃料阀，维护锅炉出口蒸汽压力相对稳定。当烧嘴背压过高时，为避免"脱火"现象，此时背压控制 P_2C 通过低值选择器 LS 控制燃料阀，使烧嘴背压下降，以免"脱火"现象的发生。

（3）防"回火"控制 防"回火"控制是一个连锁保护控制系统。在烧嘴背压过低时，为避免"回火"现象，由继电器（PSA）系统带动连锁装置，把燃料的上游阀切断。

10.1.2 精馏塔的过程控制

精馏过程是现代工业生产中应用极为广泛的传质、传热过程，其目的是利用混合液中各组分挥发度的不同，将各组分进行分离以达到规定的纯度。

在石油、化工等工业生产中，许多原料、中间产品或粗成品，往往是由若干组分所组成的混合物，需要通过精馏过程进行分离或精制。精馏塔就是用于精馏过程的重要设备。它一般为圆柱形体，内部装有提供汽、液分离的多层塔板，塔身设有混合物进料口和产品出料口。

精馏塔是一个内在机理非常复杂的被控设备。在精馏操作过程中，被控参数多，可供选用的操作参数也多，它们之间又有各种不同的组合，而且各参数间还存在相互关联，对控制作用的响应也比较缓慢；不同工艺要求下塔的结构也各不相同且控制要求又较高，……，所有这些都给精馏塔的控制带来一定难度。

10.1.2.1 精馏塔的控制目标及变量分析

1. 控制目标

要对精馏塔实施有效控制，必须首先了解精馏塔的控制目标。精馏塔的控制目标通常表现在产品质量、产品产量及能量消耗三个方面。

（1）产品质量 精馏操作的目的是将混合液中各组分分离为产品，产品质量必须符合规定的要求。

在二元组分的精馏中，质量指标是指塔顶产品中轻组分纯度要符合技术规定或塔底产品中重组分纯度需符合技术要求。在多元组分的精馏中，一般只控制关键组分，即控制对产品质量影响较大的组分。通常将由塔顶分离出挥发度较大的组分称为轻关键组分，而将由塔底分离出挥发度较小的组分称为重关键组分。例如，在脱乙烷的精馏塔中，乙烷及更轻的组分从塔顶分离出，乙烷被称为轻关键组分；比乙烷重的组分如丙烯等则从塔底被分离出，丙烯被称为重关键组分。这样，对多元组分的分离就被简化为对二元关键组分的分离，从而大大简化了精馏操作。

毫无疑问，质量指标是精馏塔控制的首要目标之一。如果质量不合格，它的价值就远远低于合格产品，使总的生产效率降低。但也不能说质量越高越好，若质量超过规定要求，产品产量有可能下降，物耗、能耗等将会增加，同样会导致总的生产效率降低。由此可见，产品质量一定要符合规定，既不能高于规定要求，也不能低于规定要求。此外，在保证产品质量的前提下要尽可能考虑产品的产量和物质与能量的消耗。

（2）产品产量与经济效益 任何产品都要求在确保质量的前提下，尽可能提高产品的产量和降低成本、最大限度地提高经济效益。

在精馏过程中，通常将产品的产量与进料中该产品的组分量之比定义为产品的收率（即生产效率）。显然，当进料产品的组分一定时，该产品的产量与收率成正比。

生产效率不等于经济效益。经济效益除了需确保质量、提高产量外，还要尽可能降低消耗（主要是能量消耗）。因此，在精馏塔操作中，质量指标、产品收率和能量消耗均是控制目标。其中质量指标是必要条件，在质量指标一定的条件下，应使产品的产量尽可能提高，同时能量消耗尽可能降低。

2. 变量分析

精馏塔的进、出料流程图如图10-12所示。

（1）不可控干扰 一般情况下，塔的进

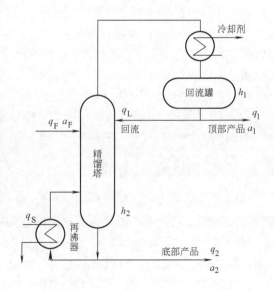

图10-12 精馏塔的进、出料流程图

料流量 q_F 是不可控的,它由前一工序决定;而进料成分 a_F 的变化也是无法控制的,它也由前一工序决定,不过在大多数情况下 a_F 的变化是缓慢的。所以,进料流量 q_F 及进料成分 a_F 的变化是精馏过程中的主要干扰量。其他干扰如进料温度、进料热焓等,可以通过各自的控制系统使它们保持相对稳定。

(2)被控量与控制量 除了上述主要干扰量以外,在精馏过程中,还存在八种参数变量,它们分别是:塔顶产品的成分 a_1、塔底产品的成分 a_2、回流罐液位 h_1 和塔底液位 h_2、塔顶产品流量 q_1、塔底产品流量 q_2、回流量 q_L 及再沸器加热用蒸汽流量 q_S。

显而易见,为了实现精馏过程的首要控制目标和保证精馏过程的正常进行,塔顶产品的成分 a_1 与塔底产品的成分 a_2、回流罐液位 h_1 与塔底液位 h_2 应为被控量,而塔顶产品流量 q_1 与塔底产品流量 q_2、回流量 q_L 与再沸器加热用蒸汽流量 q_S 应分别作为控制量。

由此可知,在精馏塔控制中,控制变量与被控变量之间的配对关系共有 24 种选择。

(3)变量配对原则 在选取变量配对时一般应遵循如下原则:①要求输入变量对输出变量的影响大、反应速度快;②尽量采用"参数就近"的原则并力求使塔的能量平衡控制与物料平衡控制间的相互关联最小;③控制装置尽可能简单且易于实现。实践表明,在上述 24 种可能的变量配对选择中,要想同时满足上述诸项要求是比较困难的,只能在设计中进行认真的研究与比较,从中选出相对合理的配对方案。

由生产工艺的要求可知,精馏产品(塔顶及塔底的馏出物)的成分控制具有极其重要的意义。因此,在变量配对时首先要解决产品成分的变量配对问题。

10.1.2.2 精馏塔的控制方案

精馏塔的控制方案繁多,这里只择其最具代表性的、常见的控制方案进行介绍。

1. 一端产品质量控制

所谓一端产品质量控制,是指塔顶产品或塔底产品要达到规定的纯度,而对另一端的产品纯度只要保持在一定范围内即可。它分为塔顶产品成分控制和塔底产品成分控制两种。

(1)塔顶产品成分控制 当工艺上对塔顶产品的成分有严格要求、而塔底产品成分只要保持在一定范围内即可时,只需对塔顶产品成分进行质量控制。例如,在对甲醇进行分离的精馏塔中,其进料为甲醇、甲醛和水的混合液,工艺要求把甲醇分离出来。因甲醇为轻组分,所以这是一个塔顶产品成分的控制问题。某甲醇分馏的参数见表 10-1。

表 10-1 某甲醇分馏参数表

工 况 参 数 成 分	进 料	塔顶馏出物	塔底馏出物
流量/(kg/s)	400	17.5	382.5
甲醇成分	$y = 0.046$	$y_1 = 0.986$	$y_2 = 0.003$
甲醛成分	$\left.\begin{array}{l}0.196\\0.758\end{array}\right\}1-y$	$\left.\begin{array}{l}0.006\\0.008\end{array}\right\}1-y_1$	$\left.\begin{array}{l}0.205\\0.792\end{array}\right\}1-y_2$
水的成分			

根据变量配对的要求,通常采用的控制方案是:用塔顶产品流量控制塔顶产品成分;用回流量控制回流罐液位;用塔底产品流量控制塔底液位;蒸汽的热釜(再沸器)进行自身

流量的控制，如图 10-13 所示。

该控制方案表明，在仅仅需要控制塔的一端产品质量时，应该选用物料平衡控制方式，即用塔顶产品流量或塔底产品流量来保证塔顶成分达到规格要求；同时应以塔的上、下两端产品中流量较小、参数就近者作为控制量去控制塔顶的产品质量。根据这一原则，选用塔顶产品流量作为控制量则比较适宜。在图 10-13 中，调节器的输出均通过电-气转换后变成气压信号，经气动阀门定位器进行功率放大，进而推动气动薄膜调节阀。这样做的目的主要是为了本质安全防爆，以确保生产安全。

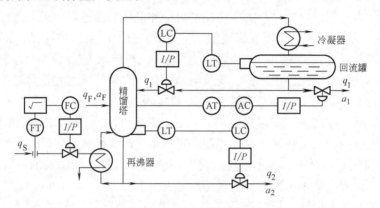

图 10-13 塔顶产品成分控制方案

（2）塔底产品成分控制 塔底产品成分控制的目的是把进料中挥发度较小的重组分从塔底分离出来，并严格控制其质量要求，而对塔顶产品组分只要保持在一定范围内即可。一般采用的控制方案如图 10-14 所示。由图可知，用塔底产品流量控制塔底产品成分，以保证控制质量；对塔顶产品只进行流量控制；用回流量控制回流罐液位，用蒸汽量控制塔底液位，使精馏操作能正常进行。

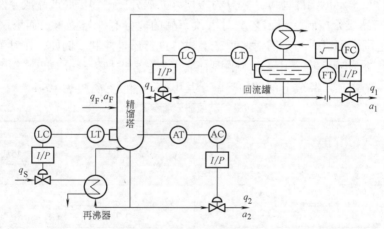

图 10-14 塔底产品成分控制方案

2. 两端产品质量均需控制

当塔顶及塔底产品分别需要满足一定质量指标时，则需要对塔的两端产品质量同时进行控制。通常采用的控制方案如图 10-15 所示。

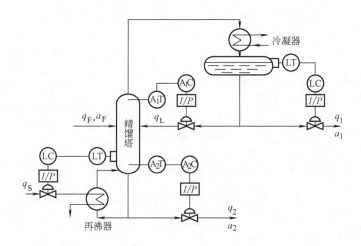

图 10-15　两端产品质量控制方案

在该控制方案中，用回流量控制塔顶产品成分，用塔底流量控制塔底产品成分，其目的是保证两端产品的控制质量；用塔顶流量控制回流罐液位，用蒸汽流量控制再沸器液位，使精馏操作能正常进行。但是，由精馏操作的内在机理可知，当改变回流量时，不仅影响塔顶产品组分的变化，同时也会引起塔底产品组分的变化；同理，当控制塔底的加热用蒸汽流量时，也将引起塔内温度的变化，从而不但使塔底产品组分产生变化，同时也将影响到塔顶产品组分的变化。可见，这是一个 2×2 的多变量耦合系统，其控制框图如图 10-16 所示。

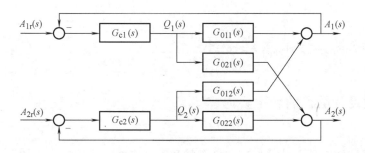

图 10-16　精馏塔两端产品成分控制框图

显然，此时应进行解耦设计，两端产品成分解耦控制方案如图 10-17 所示。该控制方案的设计思想是：为使回流量的变化只影响塔顶组分而不影响塔底组分，设计了解耦装置 $D_{21}(s)$，使蒸汽阀门预先动作，予以补偿；同样，为使蒸汽量的变化只影响塔底组分而不影响塔顶组分，设计了另一个解耦装置 $D_{12}(s)$，使回流阀预先动作，予以补偿。从而实现了两端产品质量的解耦控制。关于解耦装置数学模型 $D_{21}(s)$、$D_{12}(s)$ 的取得，可根据不变性原理的前馈补偿法进行设计，其框图如图 10-18 所示。

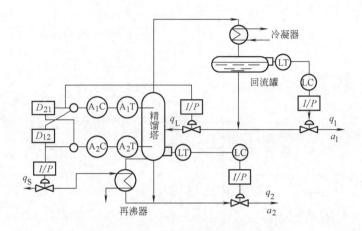

图 10-17 两端产品质量的解耦控制方案

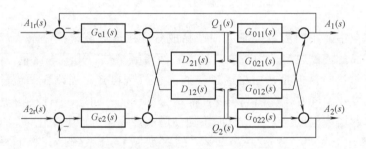

图 10-18 前馈补偿法解耦控制系统框图

10.2 过程控制系统的工程设计

10.2.1 工程设计的目的和主要内容

1. 目的

过程控制系统的工程设计是指用图样资料和文件资料表达控制系统的设计思想和实现过程，并能按图样进行施工。设计文件和图样一方面要提供给上级主管部门，以便对该建设项目进行审批，另一方面则作为施工建设单位进行施工安装的主要依据。因此，工程设计既是生产过程自动化项目建设中的一项极其重要的环节，也是自动化类专业的学生强化工程实际观念、运用"过程控制工程"的知识进行全面综合训练的重要实践过程。

过程控制系统的工程设计要求设计者既要掌握大量的专业知识，还要懂得设计工作的程序。换句话说，既要掌握控制工程的基本理论，又要熟悉自动化技术工具（控制、检测仪表）及常用元件材料的性能、使用方法及型号、规格、价格等信息，还要学习本专业的有关工程实践知识，如工程设计的程序和方法、仪表的安装和调校等。为达此目的，需要设计者查阅大量有关文献资料，从中学习工程设计的方法和步骤，训练和提高图纸资料和文件资料的绘制和编制能力。

过程控制系统的工程设计，不管具体过程和控制方案如何，其基本的设计程序和方法是相似的。我国在 20 世纪 70～90 年代分别制定了有关控制工程设计的施工图内容及深度的规定，是自动化专业人员进行控制工程设计的指导性文件，必须认真学习并在实践中加以贯彻。

2. 主要内容

过程控制系统工程设计的主要内容包括：①在熟悉工艺流程、确定控制方案的基础上，完成工艺流程图和控制流程图的绘制；②在仪表选型的基础上完成有关仪表信息的文件编制；③完成控制室的设计及其相关条件的设计；④完成信号连锁系统的设计；⑤完成仪表供电、供气系统图及管线平面图的绘制以及控制室与现场之间水、电、气（汽）的管线布置图的绘制；⑥完成与过程控制有关的其他设备、材料的选用情况统计及安装材料表的编制；⑦完成抗干扰和安全设施的设计；⑧完成设计文件的目录编写等。

10.2.2 工程设计的具体步骤

在确定了过程控制系统工程设计的主要内容以后，可分两步进行工程设计，即立项报告设计和施工图的设计。下面分别对这两步主要工作进行简要介绍。

10.2.2.1 立项报告的设计

立项报告设计的目的是为了给上级主管部门提供项目审批的依据，并为订货做好必要的准备。立项报告的设计也分两步进行。

1. 设计前的准备工作

为了使设计的立项报告科学合理、切实可行，能够比较顺利地被审批通过，必须认真做好设计前的准备工作。

（1）调查研究　对所承担的具体设计项目，首先应进行认真深入的调查研究，全面了解国内外同类项目目前的自动化程度、现状及发展趋势，尤其是国内同类企业的自动化发展状况，以便从中吸取有益的经验与教训。

（2）规划目标　根据企业的经济、技术现状，规划设计项目的总体思路与设想，提出质量总目标、分目标及创优规划，避免不切实际的"高、精、尖"做法。

（3）收集资料　收集与项目设计有关的参考图样、设计文本以及一系列设计手册和规范标准，作为设计时的参考依据。

2. 立项报告的设计

立项报告的设计工作主要体现在以下几个方面：

1）系统控制方案的论证与确定，所用仪表的选型，电源、气源供给方案的论证与确定，控制室的平面布置和仪表盘的正面布置方案的论证与确定，工艺控制流程图的绘制等。

2）说明采用了哪种技术标准与技术规范作为设计的依据。

3）说明设计的分工范围，即哪些内容由企业人员自行设计、哪些内容由制造厂家设计、哪些内容由协作单位设计等。

4）说明所设计的控制系统在国际、国内同行业中的自动化水平以及新工艺、新技术的采用情况等。

5）提供仪表设备汇总表、材料清单以及主要的供货厂家、供货时间与相应的价格，并和概算专业人员共同做出经费预算及使用情况的说明等。

6）提出参加该项工作的有关人员和完成该项工作所需时间以及存在的问题及解决的办法等。

7）预测所设计的控制系统投入正常运行后所产生的经济效益。

10.2.2.2　施工图的设计

当立项报告设计的审批文件下达后，即可进行施工图的设计。施工图是进行施工用的技术文件与图样资料，必须从施工的角度解决设计中的细节部分。图样的详略程度可根据施工单位的情况而定，有的详细，有的则可简单些。现以常规仪表控制系统和集散控制系统（DCS）为例，简要介绍施工图的设计内容。

1. 常规仪表控制系统施工图的设计

常规仪表控制系统施工图设计的文件种类很多，这里仅将主要内容分述如下：

（1）图样目录　图样目录应包括工程设计图、复用图及标准图，当不采用带位号的安装图时，仪表安装图应列入标准图类。

（2）说明书　说明书的内容应包括：①立项设计报告被审查批准的文件号以及对立项设计报告中重要内容的修改意见；②设计所依据的标准和规范文件；③施工安装所采用的安装规程以及安装要求；④仪表防爆、防腐、防冻等保护措施；⑤成套采购及风险说明；⑥设计人员需要特殊说明的问题等。

（3）设备汇总表　设备汇总表反映了所选用仪表的类型、规格、数量、制造厂家、安装地点等详细内容。它是投资概算、设备订货的依据。汇总表必须按类别、按次序填写。

（4）设备装置数据表　这类表格种类虽多，但主要是指调节阀、节流装置、传感器以及各种附件的数据表。这类表格必须根据每一设备装置的特征数据进行填写。所谓特征数据是指能满足设计计算的需要而必须具备的数据，如调节阀的数据表应填写阀门类型、公称通径、阀座直径、导向、阀体各部分材质、泄漏等级、流量特性等，这些数据都是系统设计计算时不可缺少的，必须认真填写。

（5）材料表　该表主要有综合材料表和电气设备材料表两种。前者主要统计仪表盘成套订货以外的仪表、装置所需要的管路及安装用材料，后者则用来统计仪表盘成套订货以外的电气设备材料。

（6）连接关系表　该表主要有电缆表和管缆表两种。前者用来表明各电缆的连接关系，因而在表中必须标明电缆编号、型号、规格、长度及保护管规格、长度等；后者则用来表明各气动管缆的连接关系，表中只需标明管缆的编号、型号、规格、长度即可。

（7）测量管路和绝热、伴热方式表　前者表明各测量管路的起点、终点、规格、材料和长度；后者是在管路需要绝热伴热时，表示其绝热或伴热方式、被测介质的名称、温度及安装图等。

（8）铭牌注字表　该表列有各仪表及电气设备的铭牌注字内容。

（9）信号原理图　信号原理图分为信号连锁原理图和半模拟盘信号原理图。

前者应注明所有电气设备、元件及触点的编号和原理图接点号，并列表说明各信号连锁回路的工艺要求和作用，注明连锁时的工艺参数，当用可编程控制器构成信号连锁系统时，应明确提出程序的条件，并用文字或程序框图加以说明；后者表明半模拟盘信号灯回路的动作原理。

（10）平面布置图　平面布置图主要包括控制室仪表盘正面布置总图、仪表盘正面布置图、架装仪表布置图、报警器灯屏布置图、半模拟盘正面布置图、继电器箱正面布置图、控制室内外电（管）缆平面布置图等。上述图样在绘制时，必须注明绘制所用的是几号图样以及比例尺度；图中所有设备、元件、管线及测量点等，都必须注明它们的特征参数，如型号规格、编号、安装位置和尺寸大小等。

（11）接线（管）图　接线（管）图的种类很多，其中主要有：总供电箱接线图、分供电箱接线图、仪表回路接线图、报警回路接线图、接线箱接线图、仪表回路接管图、空气分配器接管图以及各种端子图，如仪表盘、半模拟盘、继电器箱的端子图等。上述各种接线（管）图的共同要求是除必须注明仪表与仪表之间的连接关系外，还必须注明连接端子的编号、接头号、所在设备的位号、去向号等。必要时，还要编制有关目录表和材料表。

（12）空视图　空视图是按比例以立体的形式绘制。主要有仪表供气（汽）空视图和伴热保温供气（汽）空视图。绘制时要标明供气（汽）管路的规格、长度、管高、坡度以及管路上的切断阀、排放阀等。

（13）安装图　安装图主要有（带位号的）安装图和非标准部件安装制造图。安装图须标明安装方式、仪表位号及制造图等。

（14）工艺管道和仪表流程图　绘制该图时，要符合《过程检测和控制系统用图形符号和文字代号》（HG 20505—1992）以及《自控专业工程设计用图形符号和文字代号》（HG/T 20637.2）的规定。

（15）接地系统图　接地系统图要求绘出控制室仪表工作接地和保护接地系统，图中应注明接地分干线的规格和长度，并编制材料表。

（16）任选图的设计（略）。

2. 集散控制系统（DCS）施工图的设计

集散控制系统（DCS）施工图的设计内容主要有：

（1）文件目录　文件目录应列出采用集散控制系统工程设计项目的全部技术文档文件和图样目录。前者包括回路名称及说明、网络组数据文件、连锁设计文件、流程图画面设计书、软件设计说明书、硬件及设备清单和系统操作手册等；后者包括各种图表的名称、图幅、张数等。

（2）集散控制系统技术规格说明书　集散控制系统技术规格说明书应包括工程项目简介、厂商责任、系统规模、功能、硬件、性能要求、质量、文件交付、技术服务与培训、质量保证、检验及验收、备品备件与消耗品以及计划进度等。

（3）集散控制系统 I/O 表　集散控制系统 I/O 表应包括集散控制系统监视、控制仪表的位号、名称，输入、输出信号及地址分配，安全栅和电源等。

（4）连锁系统逻辑图　连锁系统逻辑图是用逻辑符号表示的连锁系统逻辑关系图，主要有输入、输出和逻辑功能等。

（5）仪表回路图　该图是采用图形符号表示检测或控制回路的构成，并要注明所用仪器设备名称及其端子号和连接关系等。

（6）控制室布置图　控制室布置图要表示出控制室内所有仪表设备的安装位置。

（7）端子配线图 端子配线图要表示出控制室内所有仪表设备的输入与输出端子的配线规格与种类。

（8）电缆布置图 电缆布置图要表示控制室内电缆及桥架的安装位置、标高和尺寸；进控制室的电缆桥架安装固定的倾斜度、密封结构以及电缆排列和编号等。

（9）仪表接地系统图 仪表接地系统图要表示控制室和现场仪表的接地系统，包括接地点位置、接地电缆的敷设以及规格、数量和接地电阻的大小等。

（10）集散控制系统监控数据表 该数据表应标出检测控制回路的仪表位号、用途、测量范围、控制与报警的设定值、控制器的正（反）作用与参数、阀的正（反）作用及其他要求等。

（11）集散控制系统配置图 集散控制系统配置图要用图形和文字表示集散控制系统的结构与组成，并附输入、输出信号的种类与数量以及其他硬件配置等。

（12）端子（安全栅）柜布置图 端子（安全栅）柜布置图应表示出接线端子排（安全栅）在柜中的正面布置。标明相对位置的尺寸、安全栅的位号、端子排的编号以及设备材料表和端子柜的外形尺寸等。

（13）机房设计 机房设计要根据系统性能规范中关于环境的要求和其他相关部门的设计人员共同完成。其主要内容有：控制室位置的确定、控制室建筑要求的设计、控制室房间的配置及室内设备平面布置图的设计、控制室内环境要求（如温度、湿度、洁净度、照明度等要求）的设计、办公室与维修室的布局设计、电缆的敷设方式及屏蔽设计、供电电源及接地要求的设计、地板结构和防火要求设计等。

（14）集散控制系统组态文件的设计 组态文件的内容有：工艺流程显示图、集散控制系统操作组分配表（如工作站、工程师站、过程站的站号和 I/O 卡件号）、集散控制系统趋势组分配表、网络组态数据文件表（包括输入处理、算法、量程、工程单位及内部仪表参数等）、集散控制系统生产报表、组态（如画面组态、控制回路组态、数据库组态等）、软件设计说明书、系统操作手册等。

上述施工图的设计内容是原则性、概要性的。某一具体项目的实际施工图的内容，尚需根据项目的规模大小、复杂程度、指标要求、厂商提供的资料等进行适当的增、减，决不能不切实际地生搬硬套，使设计的施工图给施工单位、供货单位和生产单位造成很多不便，更不能出现错误，以免造成不必要的损失或灾难性的后果。

10.2.3 控制系统的抗干扰和接地设计

仪表及控制系统的干扰是普遍存在的，若不对仪表或系统存在的干扰采取措施加以消除，轻者会影响仪表或系统的精度，重者使其无法工作，甚至会造成安全事故。所以，分析干扰的来源，采取相应的消除措施，也是工程设计的一项重要内容。

10.2.3.1 干扰的来源

仪表及控制系统的干扰主要来自以下几个方面：

1. 电磁辐射干扰

电磁辐射干扰主要是由雷电、无线电广播、电视、雷达、通信以及电力网络与电气设备的暂态过程而产生的。电磁辐射干扰的共同特点是空间分布范围广、强弱差异大、性质比较复杂。

2. 引入线传输干扰

这类干扰主要通过电源引入线和信号引入线传输给仪表和系统，它们大多分布在工业现场。

（1）电源引入线传输干扰 工业控制机系统的正常供电电源均由电网供电。一方面，电网会受到所有电磁波的干扰而在线路上产生感应电压和电流；另一方面，电网内部的变化，如开关操作、大型电力设备的起停、电网短路等也会产生冲击电压和电流。所有这些干扰电压和干扰电流都将通过输电线路传至电源变压器的一次侧，如果不采取有效的防范措施，往往会导致工业控制机系统经常发生故障。

（2）信号引入线传输干扰 信号引入线的干扰通常有两种来源：一是电网干扰通过传感器供电电源或共用信号仪表（配电器）的供电电源传播到信号引入线上；二是直接由空间电磁辐射在信号引入线上产生电磁感应。信号引入线传输干扰会引起 I/O 接口工作异常和测量精度的降低，严重时还会引起元器件的损伤或损坏。

3. 接地系统的干扰

工业控制系统存在多种接地方式，其中包括模拟地、逻辑地、屏蔽地、交流地和保护地等。接地系统混乱会使大地电位分布不均，导致不同接地点之间存在电位差而产生环路电流，影响系统正常工作。

4. 系统内部干扰

这类干扰主要由系统内部元器件相互之间的电磁辐射产生，如逻辑电路相互辐射及对模拟电路的影响，模拟地与逻辑地的相互不匹配使用等。

10. 2. 3. 2 抗干扰措施

针对上述种种干扰，通常采用如下抗干扰措施：

1. 隔离

隔离的方法很多，其中最常用的是可靠的绝缘、合理的布线和采用合适的隔离器件（如隔离变压器、光耦合隔离器）等。可靠的绝缘是指导线绝缘材料的耐压等级、绝缘电阻必须符合规定；合理布线是指通过不同的布线方式，尽量减少干扰对信号的影响。例如，当动力线与信号线平行敷设时，两者之间必须保持一定的间距；两者交叉敷设时，要尽可能垂直；当电线需要导管时，不能将电源线和信号线以及不同幅值的信号线穿在同一导管内；当采用金属汇线槽敷设时，不同信号幅值的导线、电缆与电线需用金属板隔开。对于供电电源，常用的隔离方法是采用隔离变压器隔断其与电力系统的电气联系。

2. 屏蔽

屏蔽是用金属导体将被屏蔽的元件、组合件、电路、信号线等包围起来。如在信号线外加上屏蔽层或将导线穿过钢制保护管或敷设在钢制加盖汇线槽内等。这种方法对抑制电容性噪声耦合特别有效。应当注意，非磁性屏蔽体对磁场无屏蔽效果。除了采用磁性体屏蔽外，还可用双绞线代替两根平行导线以抑制磁场的干扰。

3. 滤波

对由电源线或信号线引入的干扰，可设计各种不同的滤波电路进行抑制。如在信号线与地之间并接电容，可减少共模干扰；在信号两极间加装 Ⅱ 形滤波器，可减少差模干扰。

4. 避雷保护

避雷保护的方法通常是将信号线穿在接地的金属导管内，或敷设在接地的、封闭的金属汇线槽内，使因雷击而产生的冲击电压与大地短接。对于易受雷击的场所，最好在现场安装避雷器；对于备用的多芯电缆，也应使其一端接地，以防止雷击时感应出高电压。

10.2.3.3 接地系统及其设计

在上述种种抗干扰措施中，有相当部分是和接地系统有关的，因而有必要对接地系统的作用和设计方法进行讨论。

1. 接地系统的作用及类型

接地系统的主要作用是保护人身与设备的安全和抑制干扰。不良的接地系统，轻者使仪表或系统不能正常工作，重者则会造成严重后果。

接地系统的类型主要分为两类，即保护性接地和工作接地。工作接地中又可分为屏蔽接地、本质安全接地和信号回路接地。

（1）保护性接地 保护性接地是指将电气设备、用电仪表中不应带电的金属部分与接地体之间进行良好的金属连接，以保证这些金属部分在任何时候都处于零电位。

在过程控制系统中，需要进行保护性接地的设备有：仪表盘（柜、箱、架）及底盘；各种机柜、操作站及辅助设备；配电盘（箱）；用电仪表的外壳；金属接线盒、电缆槽、电缆桥架、穿线管、铠装电缆的铠装层等。

一般情况下，24V DC 供电或低于 24V DC 供电的现场仪表、变送器、就地开关等无需做保护性接地。

（2）工作接地 正确的工作接地可抑制干扰，提高仪表的测量精度，保证仪表系统能正常可靠地工作。工作接地中又可分为信号回路接地、屏蔽性接地和本质安全接地。简述如下：

1）信号回路接地是指由仪表本身结构所形成的接地和为抑制干扰而设置的接地。前者如接地型热电偶的金属保护套管和设备相连时，必须与大地连接；后者如 DDZ- Ⅲ 仪表放大器公用端的接地等。

2）屏蔽性接地是指对电缆的屏蔽层、排扰线、仪表外壳、未作保护接地的金属导线（管）、汇线槽以及强雷击区室外架空敷设的多芯电缆的备用芯线等所作的接地处理。

3）本质安全接地是指本质安全仪表系统为了抑制干扰和具有本质安全性而采取的接地措施。

2. 接地系统的设计

接地系统的设计内容主要有以下几个方面：

（1）接地系统图的绘制 接地系统如图 10-19 所示。由图可知，它一般由接地线（包括接地支线、接地分干线、接地总干线）、接地汇流排、公用连接板、接地体等几部分组成。

（2）接地连接方式的确定 接地连接方式主要根据接地系统的类型分为保护性接地方式、工作接地方式和特殊要求接地方式。

1）保护性接地方式是指将用电仪表、可编程序控制器、集散控制系统、工业控制机等电子设备的接地点直接和厂区电气系统接地网相连。

2）工作接地（包括信号回路与屏蔽接地）需根据不同情况采取不同的接地方式：①当

厂区电气系统接地网接地电阻较小、设备制造厂又无特殊要求时，工作接地可直接与电气系统接地网相连；②当电气系统接地网接地电阻较大或设备制造厂有特殊要求时，应独立设置接地系统。

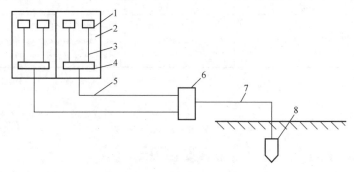

图 10-19　接地系统示意图

1—仪表　2—表盘　3—接地支线　4—接地汇流盘　5—接地分干线
6—公用连接板　7—接地总干线　8—接地体

　　3）特殊要求接地方式主要有：①本质安全仪表应独立设置接地系统并要求与电气系统接地网或其他仪表系统接地网相距 5m 以上；②同一信号回路、同一屏蔽层或同一排扰线只能用一个接地点，否则会因地电位差的存在而形成地回路给仪表引入干扰；各仪表回路和系统也尽可能采用一个信号回路接地点，否则须用变压器耦合型隔离器或光电耦合型隔离器，将各接地点之间的直流信号回路隔离开；③信号回路的接地位置则随仪表的类型不同而有所不同。如接地型一次仪表则在现场接地；二次仪表的信号公共线、电缆（线）的屏蔽层、排扰线等在控制室接地；如果有些系统的信号回路、信号源和接收仪表的公共线都要接地，需在加装隔离器后分别在现场和控制室接地。

　　（3）接地体、接地线和接地电阻的选择　埋入地中并和大地接触的金属导体称为接地体；用电仪表和电子设备的接地部分与接地体连接的金属导体称为接地线；接地体对地电阻和接地线电阻的总和称为接地电阻。上述数值的选择是接地系统设计的重要内容之一。

　　1）接地电阻是接地系统的一个非常重要的参数，接地电阻越小，说明接地性能越好，接地电阻大到一定数值，系统就不能实现接地目的。接地电阻小到何种程度，将受技术和经济因素制约，因此有必要选择合适的数值。接地电阻值选择的方法是：①保护性接地电阻值一般为 4Ω，最大不超过 10Ω。当设置有高灵敏度接地自动报警装置时，接地电阻值可略大于 10Ω。常用电子设备的保护性接地电阻值应小于 4Ω。②工作接地电阻值需根据设备制造厂的要求以及环境条件确定。若制造厂无明确要求，设计者可按具体情况决定，一般为 1 ~ 4Ω。若控制系统与电力系统共用接地体，则可采用与电气系统相同的接地电阻值。

　　2）接地线的选择方法是：①接地线应使用多股铜心绝缘电线或电缆。其中，接地总干线、接地分干线和接地支线的截面积数值可分别选为 16 ~ 100mm²、4 ~ 25mm²、1 ~ 2.5mm²。②工作接地的接地线应接到接地端子或接地汇流排。接地汇流排宜采用 25mm × 6mm 的铜条，并设置绝缘支架支撑。

　　3）为了满足系统接地电阻的要求，可将多个接地体用干线连接成接地网。接地体和干线一般用钢材，其规格可按表 10-2 选用。当接地电阻要求较高时，可选用铜材。对安装在腐蚀性较强场所的接地体和干线，应采取防腐措施或加大截面积。

总之，过程控制系统的工程设计涉及的内容既广泛又复杂，更多的内容还需结合具体工程项目进一步补充和完善，这里不再一一详细叙述。

表 10-2 接地体和接地网干线所用钢材规格表

名 称	扁 钢	圆 钢	角 钢	钢 管
规格/mm	25×4	$\phi 14 \sim \phi 20$	$30 \times 30 \times 4$ $40 \times 40 \times 4$ $50 \times 50 \times 5$	45×3.5 57×3.5

思考题与习题

1. 基本练习题

（1）锅炉控制的基本任务是什么？它有哪些主要的控制系统？

（2）在锅炉水位控制中，可能的控制方案有哪几种？试分别说明它们的优缺点。

（3）图 10-20 所示为某厂辅助锅炉燃烧系统的控制流程图。试分析该控制方案的工作原理及调节阀的气开、气关形式、调节器的正反作用以及进入加法器信号的正负号。

（4）精馏塔控制的基本任务是什么？它有哪两类控制方案？

（5）精馏过程的主要干扰有哪些？被控参数和控制参数又有哪些？

（6）为什么说两端产品成分同时控制的过程是一个耦合过程？除了用前馈补偿法进行解耦外，还可以采用什么解耦控制方法？

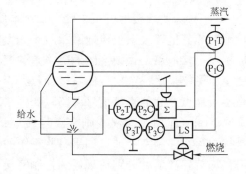

图 10-20 某厂辅助锅炉燃烧系统控制流程图

（7）在工程设计中，设计文件和图样有什么作用？设计者应具备哪些基本素质？

（8）工程设计的主要内容有哪些？

（9）立项报告的设计有何重要意义？为做好此项设计，需要做好哪些准备工作？设计的主要内容有哪些？

（10）在集散控制系统施工图的设计中，组态文件的设计包括哪些内容？

（11）仪表及控制系统存在哪些干扰？克服这些干扰的主要措施有哪些？

（12）在过程控制系统中，"有效接地"有何重要意义？

（13）在接地系统中，什么是保护性接地？它是怎样实现的？在什么情况下，又不需要保护性接地？

（14）工作接地有什么重要意义？它又有哪些类型？

（15）接地电阻的大小对接地系统的性能有何影响？如何确定接地电阻的大小？

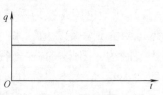

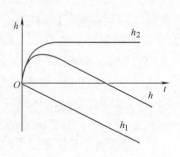

图 10-21 蒸汽流量阶跃作用下的水位响应曲线

2. 综合练习题

（1）在蒸汽量 q 的阶跃干扰作用下，锅炉水位 h 的响应曲线如图 10-21 所示。试分析这种现象产生的机理，并求 $H(s)/Q(s)$ 的近似表达式。

（2）在图 10-22 所示的锅炉水位双冲量控制系统中，加法器的输出是 $u = k_1 u_C + k_2 u_B + u_0$，试说明它们的物理意义，并求静态前馈补偿系数 k_2 的表达式。

（3）图 10-23 所示为锅炉燃烧系统选择性控制。它可以根据用户对蒸汽量的要求，自动调节燃料量和助燃空气量，不仅能维持两者的比值不变，而且能使燃料量与空气量的调整满足下述逻辑关系：当蒸汽用量增加时，先增加空气量后增加燃料量；当蒸汽用量减少时，先减燃料量后减空气量。根据上述要求，试确定图中控制阀的气开、气关形式、调节器的正、反作用及选择器的类型，并画出系统框图。

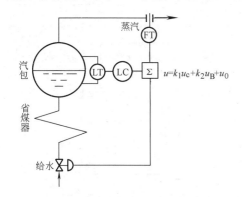

图 10-22　锅炉水位双冲量控制流程图

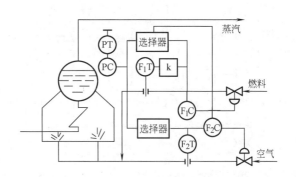

图 10-23　锅炉燃烧系统选择性控制流程图

3. 设计题

（1）由于减温器的结构形式不同，过热蒸汽温度控制通道的动态特性存在差异，其控制框图如图 10-24 所示。试用 MATLAB 语言编写程序并进行仿真，比较两种情况下烟气温度作阶跃干扰时的过渡过程质量。

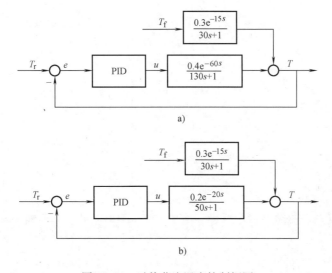

图 10-24　过热蒸汽温度控制框图

（2）在乙烯工程中有一吸收塔，其釜液作为脱乙烷塔的回流。正常情况下为保证脱乙烷塔的正常操作，采用流量定值控制。一旦吸收塔液位低于 5% 的极限，为保证吸收塔的正常操作，需及时改为按吸收塔液位来控制。为此设计了图 10-25 所示的选择性控制方案。试分析确定该系统中调节阀的气开、气关形式、调节器的正、反作用方式及选择器的类型，并画出控制系统框图。

（3）图 10-26 所示精馏塔再沸器采用蒸汽进行加热，进料量为 q，为保证塔底产品质量指标，要求对塔底温度进行控制，但由于受到前面工序的影响，q 经常发生波动，又不允许对其进行定值控制，在这种情况下，应采用何种控制方案为好？画出系统的结构图与框图，选择调节阀的气开、气关形式及调节器的正、反作用。

如果供给的蒸汽压力也经常波动，又应该采取何种控制方案？画出系统的流程图与方框图。

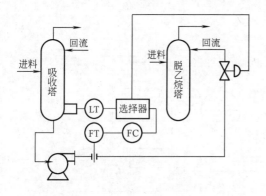

图 10-25　吸收塔液位选择性控制流程图

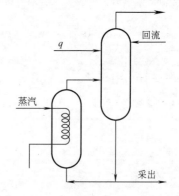

图 10-26　精馏塔再沸器流程图

附　　录

附　录　A

表 A-1　铂热电阻（分度号 Pt100）分度表（$R_0 = 100\Omega$，$\alpha = 0.003850$）

温度/℃	00	10	20	30	40	50	60	70	80	90
	电阻值/Ω									
-200	18.49	—	—	—	—	—	—	—	—	—
-100	60.25	56.19	52.11	48.00	43.37	39.71	35.53	31.32	27.02	22.80
-0	100.0	96.06	92.16	88.22	84.27	80.31	76.32	72.33	68.33	64.30
0	100.00	103.90	107.79	111.67	115.54	119.40	123.24	127.07	130.89	134.70
100	138.50	142.29	146.06	149.82	153.58	157.31	161.04	164.76	168.46	172.16
200	175.84	179.51	183.17	186.32	190.45	194.07	197.69	201.29	204.88	208.45
300	212.02	215.57	219.12	222.65	226.17	229.67	233.17	236.65	240.13	243.59
400	247.04	250.48	253.90	257.32	260.72	264.11	267.49	270.86	274.22	277.56
500	280.90	284.22	287.53	290.83	294.11	297.39	300.65	303.91	307.15	310.38
600	313.59	316.80	319.99	323.18	326.35	329.51	332.66	335.79	338.92	342.03
700	345.13	348.22	351.30	354.37	357.42	360.47	363.50	366.52	369.53	372.52
800	375.51	378.48	381.45	384.40	387.34	390.26	—	—	—	—

表 A-2　铜热电阻（分度号 Cu50）分度表（$R_0 = 50\Omega$，$\alpha = 0.004280$）

温度/℃	00	10	20	30	40	50	60	70	80	90
	电阻值/Ω									
-0	50.00	47.85	45.70	43.55	41.40	39.24	—	—	—	—
0	50.00	52.14	54.28	56.42	58.56	60.70	62.84	64.98	67.12	69.26
100	71.40	73.54	75.68	77.83	79.98	82.13	—	—	—	—

表 A-3　铜热电阻（分度号 Cu100）分度表（$R_0 = 100\Omega$，$\alpha = 0.004280$）

温度/℃	00	10	20	30	40	50	60	70	80	90
	电阻值/Ω									
-0	100.00	95.70	91.40	87.10	82.80	78.49	—	—	—	—
0	100.00	104.28	108.56	112.84	117.12	121.40	125.68	129.96	134.34	138.52
100	142.80	147.08	151.36	155.66	159.96	164.27	—	—	—	—

附 录 B

表 B-1　铂铑₁₀-铂热电偶（分度号 S）分度表（自由端温度为 0℃）

工作端温度 /℃	00	10	20	30	40	50	60	70	80	90
	热电动势/mV									
0	0.000	0.055	0.113	0.173	0.235	0.299	0.365	0.432	0.502	0.573
100	0.645	0.719	0.795	0.872	0.950	1.029	1.109	1.190	1.273	1.356
200	1.440	1.525	1.611	1.698	1.785	1.873	1.962	2.051	2.141	2.232
300	2.323	2.414	2.506	2.599	2.692	2.786	2.880	2.974	3.069	3.164
400	3.260	3.356	3.452	3.549	3.645	3.743	3.840	3.938	4.036	4.135
500	4.234	4.333	4.432	4.532	4.632	4.732	4.832	4.933	5.034	5.136
600	5.237	5.339	5.442	5.544	5.648	5.751	5.855	5.960	6.064	6.169
700	6.274	6.380	6.486	6.592	6.699	6.805	6.913	7.020	7.128	7.236
800	7.345	7.454	7.563	7.672	7.782	7.892	8.003	8.114	8.225	8.336
900	8.448	8.560	8.673	8.786	8.899	9.012	9.126	9.240	9.355	9.470
1000	9.585	9.700	9.816	9.932	10.048	10.165	10.282	10.400	10.517	10.635
1100	10.754	10.872	10.991	11.110	11.229	11.348	11.467	11.587	11.707	11.827
1200	11.947	12.067	12.188	12.308	12.429	12.550	12.671	12.792	12.913	13.034
1300	13.155	13.276	13.397	13.519	13.640	13.761	13.883	14.004	14.125	14.247
1400	14.368	14.489	14.610	14.731	14.852	14.973	15.094	15.215	15.336	15.456
1500	15.576	15.697	15.817	15.937	16.057	16.176	16.296	16.415	16.534	16.653
1600	16.771									

表 B-2　铂铑₃₀-铂铑₆ 热电偶（分度号 B）分度表（自由端温度为 0℃）

工作端温度 /℃	00	10	20	30	40	50	60	70	80	90
	热电动势/mV									
0	−0.000	−0.002	−0.003	−0.002	0.000	0.002	0.006	0.011	0.017	0.025
100	0.033	0.043	0.053	0.065	0.078	0.092	0.107	0.123	0.140	0.159
200	0.178	0.199	0.220	0.243	0.266	0.291	0.317	0.344	0.372	0.401
300	0.431	0.462	0.494	0.527	0.561	0.596	0.632	0.699	0.707	0.746
400	0.786	0.827	0.870	0.913	0.957	1.002	1.048	1.095	1.143	1.192
500	1.241	1.292	1.344	1.397	1.450	1.505	1.560	1.617	1.674	1.732
600	1.791	1.851	1.912	1.974	2.036	2.100	2.164	2.230	2.296	2.363
700	2.430	2.499	2.569	2.639	2.710	2.782	2.855	2.928	3.003	3.078
800	3.154	3.231	3.308	3.387	3.466	3.546	3.626	3.708	3.790	3.873
900	3.957	4.041	4.126	4.212	4.298	4.386	4.474	4.562	4.652	4.742
1000	4.833	4.924	5.016	5.109	5.202	5.297	5.391	5.487	5.583	5.680
1100	5.777	5.875	5.973	6.073	6.172	6.273	6.374	6.475	6.577	6.680
1200	6.783	6.887	6.991	7.069	7.202	7.308	7.414	7.521	7.628	7.736
1300	7.845	7.953	8.063	8.172	8.283	8.393	8.504	8.616	8.727	8.839
1400	8.952	9.065	9.178	9.291	9.405	9.519	9.634	9.748	9.863	9.979
1500	10.094	10.210	10.325	10.441	10.558	10.674	10.790	10.907	11.024	11.141
1600	11.257	11.374	11.491	11.608	11.725	11.842	11.959	12.076	12.193	12.310
1700	12.426	12.543	12.659	12.776	12.892	13.008	13.124	13.239	13.354	13.470
1800	13.585									

表 B-3　镍铬-镍硅（镍铝）热电偶（分度号 K）分度表（自由端温度为 0℃）

工作端温度 /℃	00	10	20	30	40	50	60	70	80	90
	热电动势/mV									
− 0	− 0.000	− 0.392	− 0.777	− 1.156	− 1.527	− 1.889	− 2.243	− 2.586	− 2.920	− 3.242
+ 0	0.000	0.397	0.798	1.203	1.611	2.022	2.463	2.850	3.266	3.681
100	4.095	4.508	4.919	5.327	5.733	6.137	6.539	6.939	7.338	7.737
200	8,137	8.537	8.938	9.341	9.745	10.151	10.560	10.969	11.381	11.793
300	12.207	12.623	13.039	13.456	13.874	14.292	14.712	15.132	15.552	15.974
400	16.395	16.818	17.241	17.664	18.088	18.513	18.938	19.363	19.788	20.214
500	20.640	21.066	21.493	21.919	22.346	22.772	23.198	23.624	24.050	24.476
600	24.902	25.327	25.751	26.176	26.599	27.022	27.445	27.867	28.288	28.709
700	29.128	29.547	29.965	30.383	30.799	31.214	31.629	32.042	32.455	32.866
800	33.277	33.686	34.095	34.502	34.909	35.314	35.718	36.121	36.524	36.925
900	37.325	37.724	38.122	38.519	38.915	39.310	39.703	40.096	40.488	40.897
1000	41.269	41.657	42.045	42.432	42.817	43.202	43.585	43.968	44.349	44.729
1100	45.108	45.486	45.863	46.238	46.612	46.985	47.356	47.726	48.095	48.462
1200	48.828	49.192	49.555	49.916	50.276	50.633	50.990	51.344	51.697	52.049
1300	52.398									

表 B-4　铜-康铜热电偶（分度号 T）分度表（自由端温度为 0℃）

工作端温度 /℃	00	10	20	30	40	50	60	70	80	90
	热电动势/mV									
− 200	− 5.603	− 5.753	− 5.889	− 6.007	− 6.105	− 6.181	− 6.232	− 6.258		
− 100	− 3.378	− 3.656	− 3.923	− 4.177	− 4.419	− 4.648	− 4.865	− 5.069	− 5.261	− 5.439
− 0	− 0.000	− 0.383	− 0.757	− 1.121	− 1.475	− 1.819	− 2.152	− 2.475	− 2.788	− 3.089
0	0.000	0.391	0.789	1.196	1.611	2.035	2.467	2.908	3.357	3.813
100	4.277	4.749	5.227	5.712	6.204	6.702	7.207	7.718	8.235	8.757
200	9.286	9.320	10.360	10.905	11.456	12.011	12.572	13.137	13.707	14.281
300	14.860	15.443	16.030	16.621	17.217	17.816	18.420	19.027	19.638	20.252
400	20.869									

参 考 文 献

[1] Dale E Seborg, Thomas F Edgar, Duncan A. 过程的动态特性与控制 [M]. 王京春，王宁，金以慧，等译. 北京：电子工业出版社，2006.

[2] Shinskey F G. 过程控制系统：应用、设计与整定 [M]. 3版. 萧德云，等译. 北京：清华大学出版社，2004.

[3] Curtis, Johnson. Process Control Instrumentation Technology [M]. 6th ed. London：Pearson Education Inc.，2002.

[4] 潘永湘，等. 过程控制与自动化仪表 [M]. 北京：机械工业出版社，2007.

[5] 施仁. 自动化仪表与过程控制 [M]. 北京：电子工业出版社，2003.

[6] 邵裕森，戴先中. 过程控制工程 [M]. 北京：机械工业出版社，2000.

[7] 杨丽明，张光新. 化工自动化及仪表 [M]. 北京：化学工业出版社，2004.

[8] 王再英，刘淮霞，陈毅静. 过程控制系统与仪表 [M]. 北京：机械工业出版社，2005.

[9] 俞金寿. 过程自动化及仪表 [M]. 北京：化学工业出版社，2003.

[10] 孙传友，孙晓斌. 感测技术基础 [M]. 北京：电子工业出版社，2001.

[11] 徐科军，等. 传感器与检测技术 [M]. 北京：电子工业出版社，2004.

[12] 王化祥. 自动检测技术 [M]. 北京：化学工业出版社，2004.

[13] 向婉成. 控制仪表与装置 [M]. 北京：机械工业出版社，1999.

[14] 何离庆. 过程控制系统与装置 [M]. 重庆：重庆大学出版社，2003.

[15] 林锦国. 过程控制系统·仪表·装置 [M]. 南京：东南大学出版社，2001.

[16] 周泽魁. 控制仪表与计算机控制装置 [M]. 北京：化学工业出版社，2002.

[17] 方崇智，萧德云. 过程辨识 [M]. 北京：清华大学出版社，2002.

[18] 侯媛彬，等. 系统辨识及其 MATLAB 仿真 [M]. 北京：科学出版社，2004.

[19] 顾钟文，杨双华. 工业系统建模 [M]. 杭州：浙江大学出版社，1995.

[20] 王树青，等. 工业过程控制工程 [M]. 北京：化学工业出版社，2003.

[21] 何衍庆，等. 工业生产过程控制 [M]. 北京：化学工业出版社，2004.

[22] 陈夕松，汪木兰. 过程控制系统 [M]. 北京：科学出版社，2005.

[23] 黄德先，王京春，金以慧. 过程控制系统 [M]. 北京：清华大学出版社，2011.

[24] 顾钟文，等. 高级过程控制 [M]. 杭州：浙江大学出版社，1995.

[25] Harmon Ray W. Advanced Process Control [M]. New York：McGraw-Hill，1981.

[26] 苏迪前. 预测控制系统及其应用 [M]. 北京：机械工业出版社，1996.

[27] 刘晨晖. 多变量过程控制系统解耦理论 [M]. 北京：水利电力出版社，1984.

[28] 朱磷章. 过程控制系统设计 [M]. 北京：机械工业出版社，1995.

[29] 王常力，罗安. 集散控制系统选型与应用 [M]. 北京：清华大学出版社，2001.

[30] 张新薇，陈旭东，等. 集散系统及系统开放 [M]. 北京：机械工业出版社，2005.

[31] 张浩. 工业计算机网络与多媒体技术 [M]. 北京：机械工业出版社，1998.

[32] 阳宪惠. 现场总线技术及其应用 [M]. 北京：清华大学出版社，1999.

[33] 刘泽祥. 现场总线技术 [M]. 北京：机械工业出版社，2005.

[34] 张云生，祝晓红，王静. 网络控制系统 [M]. 重庆：重庆大学出版社，2003.

[35] 孙洪程，翁唯勤. 过程控制工程设计 [M]. 北京：化学工业出版社，2001.

[36] 翁维勤，周庆海. 过程控制系统及工程 [M]. 北京：化学工业出版社，1996.

[37] B Wayne Bequette. Process Control：Modeling Design and Simulation [M]. 北京：世界图书出版公司，2009.